TEST CASE OF LOW VOLTAGE HIGH-SPEED POWER LINE COMMUNICATION INTERCONNECTION

低压电力线高速载波通信互联互通测试用例

《低压电力线高速载波通信互联互通测试用例》编委会　编

中国电力出版社
CHINA ELECTRIC POWER PRESS

内 容 提 要

本书系统地阐述了低压电力线高速载波通信互联互通系统的相关测试用例，提供了一套全新而完整的低压电力线高速载波通信互联互通检测方法，可定量和定性地分析低压电力线高速载波通信设备的信号质量、组网性能等，实现了测试结果的稳定性、可靠性和可重复性，满足电网企业标准对性能测试、协议一致性测试、互操作性测试等的要求。本书所述系统适用于实验室认证测试和通信组网性能标量评价，并可用于国家电网有限公司要求的招标前入网许可测试和到货抽检测试。

本书适用于电力线载波通信互联互通系统研究和开发的技术人员，也可以作为高等院校信息与通信专业师生的参考书。

图书在版编目（CIP）数据

低压电力线高速载波通信互联互通测试用例 /《低压电力线高速载波通信互联互通测试用例》编委会编．—北京：中国电力出版社，2020.5

ISBN 978-7-5198-3835-5

Ⅰ．①低… Ⅱ．①低… Ⅲ．①低压－电力线载波通信系统－测试 Ⅳ．① TM73

中国版本图书馆 CIP 数据核字（2019）第 239386 号

出版发行：中国电力出版社
地　　址：北京市东城区北京站西街 19 号（邮政编码 100005）
网　　址：http://www.cepp.sgcc.com.cn
责任编辑：崔素媛（010-63412392）
责任校对：李　楠
装帧设计：王红柳
责任印制：杨晓东

印　刷：北京天宇星印刷厂印刷
版　次：2020 年 5 月第一版
印　次：2020 年 5 月北京第一次印刷
开　本：787 毫米 ×1092 毫米　16 开本
印　张：18.25
字　数：396 千字
定　价：69.00 元

版权专有　侵权必究

本书如有印装质量问题，我社营销中心负责退换

编委会

主　任　徐英辉

副主任　葛得辉　周　晖　雷　民　章　欣

林繁涛　刘　宣

主　编　刘　宣

副主编　张海龙　葛得辉　周　晖　唐　悦

李　然　彭楚宁　王　齐　郑安刚

参　编　陈丽恒　赵　锋　叶步财　董海涛

胡泽鑫　翟梦迪　窦　健　阿辽沙·叶

郑国权　卢继哲　郄　爽　任　毅

刘　喆　章宏伟　成　倩　张双沫

李建岐　孟　静　巨汉基　王伟峰

叶　君　李　飞　黄　瑞　张卫欣

朱彬若　李新家　李　宁　赵宇东

黄吉涛　唐晓柯　潘　宇　张保军

前言

电力线通信由于其不用重新布线的优势，具有十分广阔的应用前景。随着技术的发展，电力线通信的应用范围越来越广，其不仅可以作为传统通信方式的补充，而且能同新兴产业相结合，在智慧园区、智能家居、物联网和可见光通信等行业都有很大的发展潜力，也是现阶段信息技术发展的热点。然而，由于电力线不是专门为通信应用而设计的，电力线信道并不是理想的通信介质。电力线路的电压高、电流大、噪声大、负载种类多，都对系统设备的抗干扰性和稳定性提出了严峻的挑战。电力线的信道噪声是电力线通信发展的主要问题，如何解决这个问题是电力线载波通信发展的关键因素。

同时，电力线通信作为一种基础性的核心通信技术，涉及信息安全和网络安全。中国电力科学研究院根据我国电力线信道特点，结合最新发展的技术，把国内科研院所和企业的研究和调试经验吸收进来，以自主知识产权为核心，借鉴国外标准的优秀经验，最终制定了《低压电力线高速载波通信互联互通技术规范》，该规范为我国高速电力线通信产业的发展和提升奠定了坚实的基础，有力地保障整个行业健康发展。

《低压电力线高速载波通信互联互通技术规范》大量使用自主创新技术，提出以OFDM、双二元Turbo编码、时频分集拷贝为核心的物理层通信技术规范，以及以信道时序优化、树形组网、多台区网络协调为代表的数据链路层技术规范。该标准的发布填补了中频电力线载波通信应用在智能电网领域标准的空白，提升我国在物联网领域的国际影响力和话语权。

为确保低压电力线高速载波系统真正的互联互通，便于实际电力应用的广泛推广，有必要根据《低压电力线高速载波通信互联互通技术规范》，设计一套完整而可靠的低压电力线高速载波通信互联互通测试系统。

目前常见的测试系统采用工频载波加电能表和集中器配套的测试方案，可测终端数量少且通信路径损耗具有不确定性，造成测试环境无法标定；因为实际使用环境的噪声、阻抗变化的随机性和诸多不确定因素的存在，若采用现场测试的方式，无法准确定量评价载波通信设备的性能。

本书在《低压电力线高速载波通信互联互通技术规范》的基础上，对低压电力线高速载波产品测试系统与测试用例进行了讨论和研究。本书介绍的低压电力线高速载波通信互联互通检测系统主要包括性能测试、协议一致性测试、互操作性测试三部分。其中，性能测试主要测试低压电力线高速载波通信单元物理层的通信性能；协议一致性测试主要检查低压电力线高速载波通信单元在数据链路层和应用层的一致性要求；互操作性测试主要测试低压电力线高速载波通信单元的通信组网、业务流程及多网络协调等功能。

本书采用的设计方案可以有效地实现信号屏蔽和隔离，性能测试数据精确，网络拓扑可控、可调，测试结果稳定、可靠、可重复，具备很强的实用性和推广价值，适用于对低压电力线高速载波通信的定量分析和检测认证。

本书内容安排如下：

第 1 章对低压电力线载波通信技术与测试系统进行概述，并概述低压电力线高速载波通信互联互通测试用例的测试范围与测试内容。

第 2 章介绍低压电力线高速载波通信互联互通测试系统、测试扩展协议、测试基础条件。

第 3 章介绍低压电力线高速载波通信互联互通测试软件，包括测试软件模块划分、测试软件基础接口等。

第 4~ 第 6 章介绍低压电力线高速载波通信互联互通测试用例，包括性能测试用例、协议一致性测试用例和互操作性测试用例。

第 7 章介绍低压电力线高速载波通信互联互通测试常见问题及解决方法。

附录介绍名词术语及缩略语、低压电力线高速载波通信互联互通测试报文、低压电力线高速载波通信互联互通测试用例一览表。

由于作者学识水平有限，书中疏漏之处在所难免，希望读者不吝赐教。

编者

第1章 背景及概述

1.1 低压电力线通信概述

电力线通信（Power Line Communication，PLC）是一种利用电力线作为通信介质进行数据传输的通信技术，它将所要传输的信息数据调制适合在电力线介质传输的低频或高频载波信号上，并沿电力线传输，接收端通过解调载波信号来恢复原始信息数据。该技术也可以用于同轴电缆、电话线等媒介。由于电力线是最普及、覆盖范围最广的一种物理媒介，利用电力线传输数据信息，具有极大的便捷性，无须重新布线，将所有与电力线相连接的设备组成一个通信网络，并进行信息交互。这种方式实施简单，维护方便，减少构建通信网络的支出，有效降低运营成本，因而已成为我国智能电网“最后1公里通信”及智能能源管理、智慧家庭的主要通信手段，也是现阶段信息技术发展的热点。

电力线通信按其使用的频段通常分为窄带电力线通信和宽带电力线通信。窄带电力线通信使用的频率为3~500kHz，由于带宽有限（仅仅约500kHz），所以称其为窄带电力线通信，能实现的数据速率也较低，通常为每秒几千比特至每秒几十千比特，最高不超过每秒几百千比特。因而，窄带电力线适用于数据速率要求不高的应用场景，提供较低传输速率的通信服务，如智能电能表用电信息采集或其他远程抄表系统、工业控制、物联网等控制信息的传输。宽带电力线通信使用的频率为1~100MHz，具有较宽的可用带宽，可实现较高的数据速率，利用现有电力线组建宽带网络，实现宽带数据和多媒体信号传输，能够提供2Mbit/s以上的数据传输速率。

1.2 低压电力线通信应用现状

经过多年的发展，电力线通信技术得到了飞速的发展，在国外无论是窄带电力线通信还是宽带电力线通信都已经形成了产业规模，技术及标准也越来越成熟。在中国，窄带电力线通信发展很快，技术也比较成熟，占据了国内绝大部分市场，宽带电力线通信在中国发展较慢，产品均基于国外的高速电力线芯片的方案，国内尚未有性能与之匹配的芯片可以替代。从这方面也可以看出国内电力线技术与国外的差距，如果不奋起直追，这种差距会越来越大。

电力线通信由于其不用重布线的先天性优势，具有十分广阔的应用前景。随着技术的发展，电力线通信应用的范围会越来越广，其不仅可以作为传统通信方式的补充，而且能同新兴产业相结合，在智慧园区、智能家居、物联网和可见光通信等行业都有很大的发展潜力。

目前国内高速电力线通信应用还没有普及，一方面与技术还不成熟有关，另一方面与我国电力线通信信道独有的特性有关，国外成熟的技术和产品不能完全照搬过来。众所周知，电力线原本是用来传输电力的线路，供电网络不是专门为通信应用而设计的，所以电力线信道不是理想的通信介质。电力线信道具有如下特点：

（1）阻抗匹配问题。由于不断会有设备接入或拔出，低压电力线的输入阻抗和输出阻抗常会发生剧烈变化，因而如何进行合理的电路设计以使得输入、输出阻抗匹配是一个难题。

（2）噪声干扰问题。与其他通信信道相比，除了有背景噪声干扰外，电力线信道还存在以下几种噪声干扰：窄带噪声、与工频同步周期性噪声、与工频异步周期性噪声、突发性噪声等。

（3）信号衰减大的问题。电力线信道上存在一定的信号衰减。衰减和距离和通信频率有关。

（4）市场上的主流载波通信产品均采用私有协议开发，不同厂商的产品无法实现互联互通，导致产品在仓储、配送、安装、调试、维护等环节的成本较高。

在线路上电压高、电流大、噪声大、负载种类多，要在电力线上传输信号，这些都是对技术设备的抗干扰性和稳定性的挑战。电力线中的信道噪声是电力线通信发展的主要问题，如何解决这个问题成为电力线载波通信发展的问题关键。

由于我国低压配电网的结构、负荷特性、供电方式和国外有很大的不同，国外已有的产品需要根据我国配电线路的实际情况进行改进才能使用，这就大大影响了产品的性能，同时众多国外芯片不能兼容，这些都极大地影响我国电力线通信产业的发展，迫切需要一套统一的适应国内低压用电环境的载波通信技术标准及检测方法来规范国内电力用户用电信息采集本地载波通信技术。

1.3 低压电力线高速载波通信互联互通标准

为引导我国电力线通信产业的健康发展，迫切需要结合我国的电力线信道特点和技术积累开展电力线通信标准的制定工作，从底层到上层分析和制定一系列配套标准，把拥有我国自主知识产权的技术吸纳进来。

1. 现有宽带载波标准不能满足应用需求

现有宽带载波标准存在以下几个方面的问题：

（1）现有国外标准的制定大多着眼于要应用于各个应用领域，如家庭智能组网、电力线上网，因此标准制定得非常复杂，更多追求传输速率的优越。

（2）国外的电力线频段规划清晰，电气产品非常规范，因此电力环境相对干净，和国内电力线环境差异非常大。

（3）国外产品的成本非常高，给产业化的推广带来了制约。

（4）国外产品的通信距离不佳，无法满足应用的需求。

（5）现有国外宽带载波通信标准都是面向短距离且简单的应用，如互联网接入、电动汽车充电控制等，缺失远距离、面向上百个节点的复杂网络应用（如电力用电信息采集、路灯控制、能耗监测等）宽带载波通信标准。

因此，亟须基于国内电力线环境的特性，立足本国国情，并紧紧围绕电力线通信发展需求，制定具有我国自主知识产权的高速电力线通信标准。

2. 自主知识产权

电力线通信作为一种基础性的核心通信技术，涉及信息安全和网络安全。因此，以标准制定为契机，使我国的企业和科研机构积极参与到高速载波通信技术的研发中，集中社会资源提升我国宽带电力线通信产业的技术含量，开发出我国自主的宽带电力线通信核心技术，并遵循以下原则。

（1）要尽量保证国内企业拥有自主知识产权，掌握关键技术。

（2）对相关国际电力线载波通信技术进行专利分析，根据分析结果进行标准化布局。

（3）对核心与关键技术，要保证我国拥有自主知识产权，并且积极推动企业和科研机构就这些技术进行研发和专利申请。

（4）使用拥有自主知识产权的标准，才能够在标准的实施过程中避免受制于人。

（5）在技术开发完成后，加强技术的知识产权保护，同时将自有技术纳入国家标准中，形成拥有自己掌握核心技术与知识产权的高速电力线通信标准。

3. 未来将其推广向国际标准转化工作

所制定标准在我国国内充分验证后，后续应推动其转化为相关国际标准（如 ITU、IEC 或 IEEE），从而将我国高速载波技术研发成果推广到其他国家，惠及世界人民。

中国电力科学研究院（以下简称中国电科院）根据我国电力线信道的特点，结合最新发展的技术，把国内科研院所、企业的研究和调试经验吸收进来，以自主知识产权为核心，吸收国外标准的优秀经验，最终制定出高速载波互联互通标准的物理层技术规范和数据链路层技术规范。这也是整个电力线通信标准制定的核心工作，这两个规范将为我国电力线载波通信产业的发展和提升奠定了坚实的基础，能有力地保障整个行业未来的健康发展。

基于上述背景，紧紧围绕电力线通信发展需求，完成具有我国自主知识产权的高速载波通信标准的制定。由中国电力科学研究院（国家电网计量中心）牵头，国网北京市电力公司、国网天津市电力公司、国网冀北电力有限公司、国网江苏省电力有限公司、国网浙江省电力有限公司、国网重庆市电力公司、国网信息通信产业集团有限公司、全球能源互联网研究院等共同参与，并邀请上海海思技术有限公司、青岛东软载波科技股份有限公司、青岛鼎信通讯股份有限公司、深圳市力合微电子股份有限公司等社会企业共同讨论验证，历经 14 次工作组会议、13 轮标准修订、11 次实验室方案验证、6 次现场测试，最终制定了《低压电力线高速载波通信互联互通技术规范》，并于 2019 年 10 月 10 日由国家电网公司正式发布并实施。该标准是国际首个面向电力业务应用的高速载波通信标准。

《低压电力线高速载波通信互联互通技术规范》大量使用创新技术，提出以 OFDM、双二元 Turbo 编码、时频分集拷贝为核心的物理层通信技术规范，以及以信道时序优化、树形组网、多台区网络协调为代表的数据链路层技术规范。该标准的发布，填补了中频电力线载波通信应用在智能电网领域标准的空白，提升了我国在物联网领域的国际影响力和话语权。

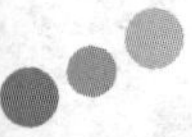

《低压电力线高速载波通信互联互通技术规范》通过构建高带宽、高可靠、低时延、低成本的电力线通信网络，支持远程自动抄表、配电台区监测等多种应用场景，实现以电力线载波通信为基础的物联网技术在能源互联网中的有效应用，将促进电力线载波通信芯片、通信模组、智能终端全产业的发展。该标准分为 6 个部分：

第 1 部分：总则；

第 2 部分：技术要求；

第 3 部分：检验方法；

第 4 部分：物理层通信协议；

第 5 部分：数据链路层通信协议；

第 6 部分：应用层通信协议。

1.4 低压电力线高速载波通信互联互通测试系统

为了保证低压电力线高速载波系统的真正互联互通，便于实际电力应用的推广，因此，有必要根据低压电力线高速载波通信技术规范，设计一套完整的低压电力线高速载波通信测试系统。该测试系统以 6 个规范文件作为依据，包括《低压电力线高速载波通信互联互通技术规范 第 1 部分：总则》《低压电力线高速载波通信互联互通技术规范 第 2 部分：技术要求》《低压电力线高速载波通信互联互通技术规范 第 3 部分：检验方法》《低压电力线高速载波通信互联互通技术规范 第 4–1 部分：物理层通信协议》《低压电力线高速载波通信互联互通技术规范 第 4–2 部分：数据链路层通信协议》《低压电力线高速载波通信互联互通技术规范 第 4–3 部分：应用层通信协议》等。

因此，一方面为了保证低压电力线高速载波通信产品的可实用性、可靠性等性能，另一方面为了保证各厂家产品的互联互通性能，需要有一套完备的测试系统与测试用例来对各类低压电力线高速载波通信产品进行全面的测试。

为保证产业有序发展，最终的产品都应在标准符合性测试规范的约束下进行工作。不同厂家、不同类型的产品只有通过标准符合性测试规范的测试，才能在同一个电力线信道上正常运行，并实现真正的互联互通，并不会干扰到别的设备或被别的设备所干扰。

因此，如何制订低压电力线高速载波互联互通检测内容和检测方法非常重要。

现有的电力载波检测方案分为以下两种。

（1）使用工频载波加电能表和集中器配套的测试方案。

其优势是在实验室下可以较完善的模拟实际工作环境的组网环境，但是因为可测终端数量少且通信路径损耗的不确定性，测试环境无法标定；另外，通信过程中的串扰和负载造成测试结果不稳定、可重复性差。

（2）采用现场测试的方式。

其优势是它可以完全考察低压高速载波设备在实际工作环境中的组网性能，但是因为实际使用环境的噪声和阻抗变化的随机性且诸多不确定因素的存在，无法准确定量评价载波通信设备的性能。

第 2 章 低压电力线高速载波通信互联互通测试系统

2.1 低压电力线高速载波互联互通测试系统简介

低压电力线高速载波通信互联互通测试系统是依据中国智能量测产业技术创新战略联盟发布的相关技术规范研制开发的，该系统测试对象为本地通信单元芯片级（集中器Ⅰ型 /HPLC）、通信单元（单相载波 /HPLC）、通信单元（三相载波 /HPLC）等，测试项目主要有三大类，即性能测试、协议一致性测试和互操作性测试，共 146 项测试用例。

其中，性能测试主要考查待测设备的性能指标是否满足技术规范要求，主要包括工作频段和功率谱密度（PSD）测试、抗衰减性能测试、抗窄带性能测试、抗频偏性能测试、抗脉冲噪声性能测试、抗白噪声测试及通信速率测试等；协议一致性测试主要考查待测设备在载波通信过程中所发的数据帧格式是否符合技术规范要求及待测设备能否正确处理标准设备发出的标准数据帧；互操作性测试主要考查待测设备与标准设备之间能否混装并实现互联互通，包括 10 项测试用例，即全网组网测试、新增站点入网测试、站点离线测试、代理变更测试、全网抄表测试、广播校时测试、搜表功能测试、事件主动上报测试、实时费控测试、多网络综合测试。互操作性测试主要测试方法如下：使用待测 CCO，均匀混合布置标准 STA 和待测 STA 共 145 个，控制衰减器（强电环境）和噪声源分别组建星形、线形、树形网络，在每种网络拓扑条件下，测试全网组网、新增站点入网、站点离线、代理变更、全网抄表、广播校时、搜表功能、事件主动上报、实时费控、多网络综合，成功率均应大于 98%。其中，多网络综合用例包括相位识别测试，通过节点信息 (10F2) 和监控从节点 (13F1) 两种方式查询待测设备相位信息。软件可显示网络拓扑层级关系，系统最大网络层级为 15 级。

本书低压电力线高速载波测试用例主要从物理层通信性能、协议一致性及互操作性角度来对低压电力线高速载波通信产品进行测试。

物理层通信性能测试主要测试高速载波通信单元物理层的通信性能，物理层通信性能是决定低压电力线高速载波通信产品整体性能的基础。物理层通信性能测试包括频谱符合性、接收灵敏度、系统鲁棒性、抗噪声性能、通信速率等方面的测试。频谱符合性要求低压电力线高速载波通信产品工作频段、带内发射功率谱密度、带外泄漏功率谱密度等指标符合标准的要求。在最大发射功率一定的条件下，接收灵敏度决定了产品的抗衰减性能。从应用的角度来说，抗衰减性能越强，产品点对点可通信距离越远。本书测试用例来用抗衰减性能指标来测试产品的接收灵敏度。另外，电力线系统为传输能量而设计，电力线上用电负载种类繁多，对载波通信系统的干扰严重，因此抗噪声性能对于低压电力线高速载波通信系统的全时段通信可靠性和长时间稳定性具有重要意义。电力线通信系统中存在的主要噪声和干扰包括白噪声、窄带噪声、突发脉冲噪声等，本书测

试用例从以上几个角度对低压电力线高速载波通信产品的抗噪声性能进行测试。通信速率是低压电力线高速载波通信产品的关键指标之一，决定了系统的业务承载能力，本书测试用例在给定衰减和发射功率的条件下，对不同子频段工作模式，统计应用层报文通信通信成功率，来进行综合的通信速率测试。

协议一致性测试主要检查高速载波通信单元在数据链路层和应用层的一致性要求，协议一致性是低压电力线高速载波通信产品互联互通组网通信的重要保障。协议一致性包括物理层、数据链路层和应用层的协议一致性。物理层协议一致性主要是指低压电力线高速载波通信产品需按照协议规定支持所有的 TMI 模式和 ToneMask 功能，并按照协议规定的格式组织物理层报文。数据链路层协议一致性从信标机制、时隙管理、信道访问、MAC 报文数据处理、选择确认重传、报文过滤、单播 / 广播、时钟同步、多网协调与共存、单网络组网、网络维护等方面来进行全面的测试。应用层协议一致性主要保障抄表、校时、事件上报、升级等应用层事件的统一性，本书从应用层抄表、从节点主动注册、应用层校时、应用层事件上报、系统升级、通信测试命令、台区户变关系识别、流水线 ID 信息读取这几个角度来对应用层协议一致性进行测试。

互操作测试主要负责测试载波通信单元的通信组网、远程通信、应用业务及多网络协调等；互操作性从产品整体层面上体现了低压电力线高速载波产品的互联互通性能和具体应用性能。本书用例从网络组建与管理、电力集抄应用等方面来进行测试。网络组建与管理包括全网组网、新增站点入网、站点离线、代理变更等测试，电力集抄应用包括全网抄表、广播校时、搜表功能、事件主动上报、实时费控及多网络综合测试等。

2.2 低压电力线高速载波互联互通测试扩展协议

为了便于测试，需要扩展相应的测试命令，使待测设备进入测试模式或者对待测设备进行相应配置操作。对于 STA 和 CCO，该命令均从载波信道接收。被测设备需要支持物理层透传模式、物理层回传模式、MAC 层透传模式、频段切换操作、ToneMask 配置操作。被测设备复位后，切换回普通工作模式。

扩展命令使用通信测试命令下行报文，使用其“保留”和“转发数据长度”域，见表 2-1。

表 2-1 扩展命令格式

<table>
<tr><th>域</th><th>字节号</th><th>比特位</th><th>域大小 (bit)</th></tr>
<tr><td>协议版本号</td><td rowspan="2">0</td><td>0~5</td><td>6</td></tr>
<tr><td rowspan="2">报文头长度</td><td>6~7</td><td rowspan="2">6</td></tr>
<tr><td rowspan="2">1</td><td>0~3</td></tr>
<tr><td>保留 / 测试模式 / 频段切换 /ToneMask</td><td>4~7</td><td>4</td></tr>
</table>

续表

域	字节号	比特位	域大小 (bit)
转发数据的规约类型	2~3	0~3	4
转发数据长度 / 测试模式持续时间（单位：min）/ 频段值 /ToneMask 值		4~7 0~7	12

将“保留”域扩展为“测试模式 / 配置操作”数据域，将“转发数据长度”域扩展为“模式持续时间 / 配置值”数据域，其具体取值对应关系如下。

（1）测试模式 / 配置操作——值 1：代表转发应用层报文至应用层串口信道测试模式，在转发完成第一帧报文后退出该测试模式，“模式持续时间 / 配置值”域填 0 即可该测试模式目前暂未使用。

（2）测试模式 / 配置操作——值 2：代表转发应用层报文至载波信道测试模式，在转发完成第一帧报文后退出该测试模式，“模式持续时间 / 配置值”域填 0 即可该测试模式目前暂未使用。

（3）测试模式 / 配置操作——值 3：进入物理层透传测试模式，透传接收到的 FC+PB 到串口信道，保持测试模式到测试模式持续时间后退出，“模式持续时间 / 配置值”域填写具体的测试模式持续时间（单位为 min）。

（4）测试模式 / 配置操作——值 4：进入物理层回传测试模式，自动回复接收到的 FC+PB 到载波信道，保持测试模式到测试模式持续时间后退出，“模式持续时间 / 配置值”域填写具体的测试模式持续时间（单位为 min）。

（5）测试模式 / 配置操作——值 5：进入 MAC 层透传测试模式，透传接收到的报文的 MSDU 到串口信道，保持测试模式到测试模式持续时间后退出，“模式持续时间 / 配置值”域填写具体的测试模式持续时间（单位为 min）。

（6）测试模式 / 配置操作——值 6：进行频段切换操作，“模式持续时间 / 配置值”域填写需要切换到的目标频段对应的值。其中，值 0 表示通信频段 0，即 1.953 ~ 11.96MHz；值 1 表示通信频段 1，即 2.441 ~ 5.615MHz；值 2 表示通信频段 2，即 0.781 ~ 2.930MHz；值 3 表示通信频段 3，即 1.758 ~ 2.930MHz。

（7）测试模式 / 配置操作——值 7：进行 ToneMask 配置操作，“模式持续时间 / 配置值”域填写需要配置的目标 ToneMask 对应的值。其中，值 0 表示频段 0 对应的 ToneMask 配置，即 [zeros(1,80), 1 0 0 1 1 0 1 0 0 1 1 1 0 0 0 1 0 0 1 1 1 1 zeros(1,30), ones(1,359), zeros(1,21)]；值 1 表示频段 1 对应的 ToneMask 配置，即 [zeros(1,100), 1 0 1 1 1 1 1 1 1 0 1 0 0 1 1 1 0 1 1 1 1 ones(1,109), zeros(1,512–231)]；值 2 表示频段 2 对应的 ToneMask 配置，即 [zeros(1,32),ones(1,8), 1 1 1 0 0 0 1 1 1 1 0 0 1 1 ones(1,67),zeros(1,391)]；值 3 表示频段 3 对应的 ToneMask 配置，即 [zeros(1,72),1 1 1 0 1 0 0 1 1 1 1 0 1 1 ones(1,35), zeros(1,391)]。

（8）其他非 0 值保留，后续根据需求扩展。

扩展命令使用注意事项如下：

（1）上述测试模式 1 和测试模式 2 目前暂未使用。

（2）对于上述测试模式或者配置操作报文，待测设备均在上电 30s 内方能响应，超过 30s 后不再作为测试模式报文或配置操作报文进行处理。

（3）物理层透传模式、物理层回传模式、MAC 层透传模式不可同时使用，以第一个配置的测试模式为准。

（4）在物理层透传模式和 MAC 层透传模式下，串口配置为“115200, 8, N, 1”。

（5）被测对象为 STA 模块时，测试平台需要在 STA 模块获得表地址后，再发送测试命令帧。

（6）配置操作可与测试模式同时使用，例如，可在上电 30s 内，先切换待测设备频段，并配置 ToneMask 后，再让待测设备进入物理层回传模式。

（7）扩展命令格式 (nid 为 0，源 TEI 规定为 0；目的 TEI 规定为 FFF)。

（8）对于不同的测试测试命令帧，填充的 MSDU 序列号不同。

2.3　低压电力线高速载波互联互通测试基础条件

低压电力线高速载波互联互通测试基础条件如下。

（1）DUT 需支持物理层透传模式及物理层回传模式。在此模式下，DUT 仅作为单纯的物理层模块进行测试，此时其串口配置如下：115200, 8, N, 1。

（2）在物理层透传模式下，DUT 不发送任何数据，并且当 DUT 接收到一帧数据，就将其接收数据（FC16B+ 载荷的 PB 块数据）通过串口上报。如果当前接收数据为 ACK 帧或者网间协调帧，则将 FCH 的 16B 数据上报。

（3）在物理层回传模式下，DUT 不主动发送任何数据，并且当 DUT 接收到一帧数据，DUT 都会以同样模式（包括 FCH 配置、TMI、ToneMask，即确保 FCH 的数据与接收到的 FCH 数据相同）将相同的数据（确保载荷的 CRC24 与接收到的数据相同）回传。

（4）待测设备（CCO 或 STA）在物理层透传模式和物理层回传模式，测试系统软件平台在测试过程中均会发送中央信标进行全网同步。

（5）物理层透传、物理层回传、MAC 层回传测试时，都会发送中央信标帧，用于被测设备时钟同步，信标帧不需透传或回传。

（6）模块默认的工作频段为通信频段 1（2.441 ~ 5.615MHz）。

（7）DUT 需支持工作频段的切换，具体如下。

①协议一致性和性能测试用例，测试平台会通过互联互通检测扩展命令，在 4 个工作频段发出切换频段的命令帧，使得 DUT 进入目标频段。

②互操作性测试用例，测试平台通过 Q/GDW 1376.2 命令（AFN=05H，F16）告知主节点测试的目标频段，从而进行全网频段切换。

第3章 低压电力线高速载波通信互联互通测试软件

3.1 测试软件模块划分

本章主要介绍低压电力线高速载波通信互联互通测试软件的功能模块，如图 3-1 所示。

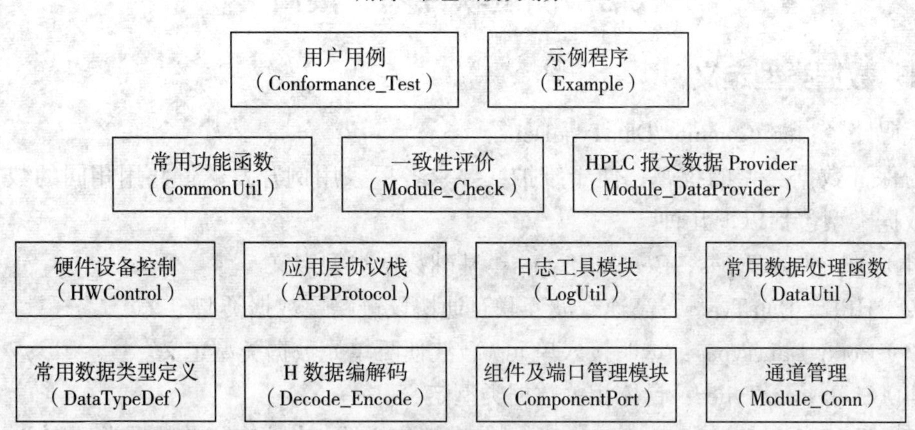

图 3-1 低压电力线高速载波通信互联互通测试软件的功能模块

各功能模块说明如下。

（1）常用数据类型定义：定义了基本数据类型和 HPLC 协议数据类型，如 MAC 地址、Beacon、SOF、SACK、网间协调、站点能力条目等，基本涵盖了协议涉及的所有数据结构。

（2）基础数据编解码：通道交互数据编解码、HPLC 报文编解码，使得用户可不感知具体报文，只需关心业务。

（3）一致性评价：集成了多种报文的一致性判断，方便各用例编写过程中调用，如判断 Beacon、SOF、FC 的合法性等，在判断不合法的同时，将返回具体错误的原因，具体到某个域。

（4）通道管理：建立和硬件设备的连接，进行数据收发，支持快速新增通道。

（5）硬件设备控制：控制频谱分析仪、任意波形发生器、机柜等硬件设备等。

（6）HPLC 报文数据 Provider：指定相应参数，即可生成常用的 HPLC 报文。

（7）应用层协议栈：集成了 Q/GDW 1376.2、DL/T 645 等应用层协议栈，后续可扩展 DL/T 698.45 等更丰富的功能，支持 C 或 TTCN 的扩展实现。

（8）常用数据处理函数：crc32、crc24、字节串逆序 / 查找等。

（9）常用功能函数：sleep、查询 NTB 等。

（10）日志工具模块：支持日志显示格式自定义、辅助日志筛选查看，后续将完善更多功能，如指定日志存储的文件路径等。

（11）组件及端口管理模块：支持方便地增加、删除硬件设备端口，如新增一个硬件设备，即可按照模板，快速新增对应的端口。

（12）示例程序：物理层、数据链路层、应用层测试用例示意，供用例编写者参考。

（13）用户用例：用户自行编写的用例，包括物理层用例、数据链路层用例，应用层用例等，以及协议一致性测试用例、性能测试用例和互操作测试用例。

3.2 测试软件基础接口

3.2.1 数据类型定义

代码路径：src/Common/DataTypeDef。

为保证数据类型的统一，便于维护，要求各厂家用例开发尽量共用相同的数据类型，数据类型包括以下几种。

（1）Base_DataTypes、General_Types：基础数据类型定义。

（2）HPLC_DataTypes：高速载波互联互通协议链路层数据类型定义。

（3）Conn_DataTypes：透明接入单元 / 载波侦听单元数据类型定义。

（4）Shelf_DataTypes：台体相关数据类型定义。

（5）SimuConcentratorMeter_DataTypes：模拟集中器 / 电能表相关数据类型定义。

3.2.2 组件与端口

代码路径：src/Common/Module_Component.ttcn、src/Common/Module_PortType.ttcn。

为保证各用例使用的数据收发通道一致，需确保用例使用相同的组件和端口。

（1）组件：Module_Component，包括以下几种。

MTC_HPLC：主线程，进行数据收发均使用该线程内的端口。

PTC_HPLC：从线程，用例编写不感知。

STC_HPLC：与硬件设备通信的线程，仅需在用例名称后声明成 System 即可。

（2）端口：用例编写直接操作的端口，包括（可根据需求变更进行扩展）以下几种。

port_hplc_mtc_tx：透明接入单元。

port_hplc_mtc_rx：载波侦听单元。

port_hplc_mtc_waveform：任意波形发生器。

port_hplc_mtc_spectrum：频谱分析仪。

port_hplc_mtc_shelf：台体。

port_hplc_mtc_simu_concen_meter：模拟集中器、电能表。

port_hplc_mtc_cco：CCO（使用裸串口调试）。

目前端口支持发送 / 接收统一的数据类型包括以下几种。

MPDU_FRAME_SOF：SOF 报文。

MPDU_FRAME_SOF_MULTI_PB：多 PBSOF 报文。

MPDU_FRAME_BEACON：信标报文。

MPDU_FRAME_COD_FC：网间协调报文。

MPDU_TYPE_SACK_FC：ACK 报文。

FC_PB_PACKET_DATA：原始 FC、PB 数据。

CONTROL_PACKET：透明接入单元 / 载波侦听单元控制报文。

APP_USER_DATA：模拟集中器用户数据区数据。

Octetstring：字节流。

Charstring：字符串（主要是任意波形发生器 / 频谱分析仪使用）。

3.2.3　用例初始化与结束

代码路径：src/Common/CommonUtil.ttcn。

用户初始化与结束函数见表 3-1。

表 3-1　用户初始化与结束函数

序号	函数名称	功能描述
1	init_Cco_Test_Env( )	初始化 CCO 测试环境，包括建立连接、重置环境、切换频段、配置主节点地址等
2	init_Sta_Test_Env q( )	初始化 STA 测试环境，包括建立连接、重置环境、切换频段、设置表地址等
3	tc_init ( )	用例初始化，仅包括创建连接、重置环境，可用于物理层测试，更多功能由用户手动完成
4	setTcResult( )	结束用例并设置用例执行结果

3.2.4　公共参数引用

为便于图形化设置用例公共参数，用例编写需要引用公共模块（CommonModulePar）中的公共参数。代码路径：src/Common/ CommonModulePar.ttcn。公共参数引用函数见表 3-2。

表 3-2　公共参数引用函数

序号	函数名称	功能描述
1	getChannelNum( )	获取模块通道（插槽）号
2	getFreq( )	获取非物理层测试用例测试频段

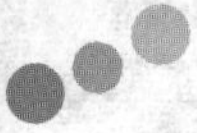

续表

序号	函数名称	功能描述
3	getInitAttenuVal( )	获取台体默认程控衰减值
4	getTestmodeTime( )	获取测试模式时长

3.2.5 日志输出

代码路径：src/Common/ LogUtil.ttcn。

为便于日志分等级输出、界面查看清晰，用例编写时需引用日志模块中的接口进行日志输出。

（1）日志模块：LogUtil。

（2）日志方法：

LogI(in charstring logstr)——普通（完整）日志时使用。

LogU(in charstring logstr)——关键日志信息输出时使用。

第4章 性能测试用例

4.1 性能测试环境

低压电力线高速载波通信测试系统的性能测试环境示意图如图 4-1 所示，各个组成部分的作用如下。

（1）软件平台：主要用于测试数据生成、测试脚本执行、测试流程记录及测试结果判定。

（2）载波透明接入单元：主要用于将软件平台生成的测试数据转发至物理信道，同时用于模拟标准测试设备（STA 或 CCO），具有连续发送测试报文、频偏调整等功能。该单元功能由 FPGA 系统实现。

（3）载波信道侦听单元：主要用于侦听测试环境中的电力线报文，并将数据透传解析发送到软件平台。该单元软硬件功能由 FPGA 系统或芯片模块实现。

（4）待测设备接入工装：用于转接待测设备（CCO、STA）的串口通信信道，实现待测设备应用层的数据收发，同时连接待测设备接入工装控制串口到应用控制程序，实现应用层的事件及控制仿真，也可以控制其电源接入，实现 RST、SET、EVENTOUT 等 I/O 电平的控制，监控并上报 STA（载波发送信号）等 I/O 信号的变化。

（5）待测设备：待测的 CCO 或 STA 设备。

（6）屏蔽接入硬件平台：包括屏蔽箱、通信线缆、衰减器、干扰注入设备、测试设备等，实现各种测试场景。

（7）串口 - 网口转换单元：将被测设备串口与软件平台相连，将待测设备接入工装与工装控制程序相连。

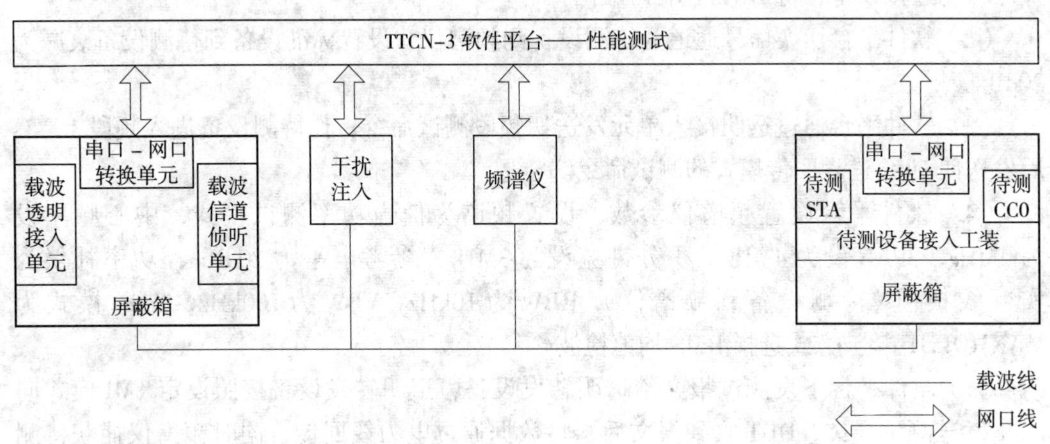

图 4-1 低压电力线高速载波通信测试系统的性能测试环境示意图

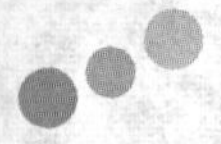

（8）干扰注入：可编程信号发射器，用于性能测试或物理层测试时产生底噪。

（9）频谱仪：可编程频谱仪，用于性能测试或物理层测试时观测被测设备的频谱。

4.2　工作频段及功率谱密度测试用例

工作频段及功率谱密度测试用例依据《低压电力线高速载波通信互联互通技术规范 第4-1部分：物理层通信协议》，验证DUT所发信号是否满足标准的要求。本测试用例的检查项目如下。

（1）验证DUT所发信号的工作频段。

（2）验证DUT所发信号的带内发送功率不大于 -45dBm/Hz。

（3）验证DUT所发信号的带外发送功率不大于 -75dBm/Hz。

工作频段及功率谱密度测试用例的报文交互流程如图4-2所示。

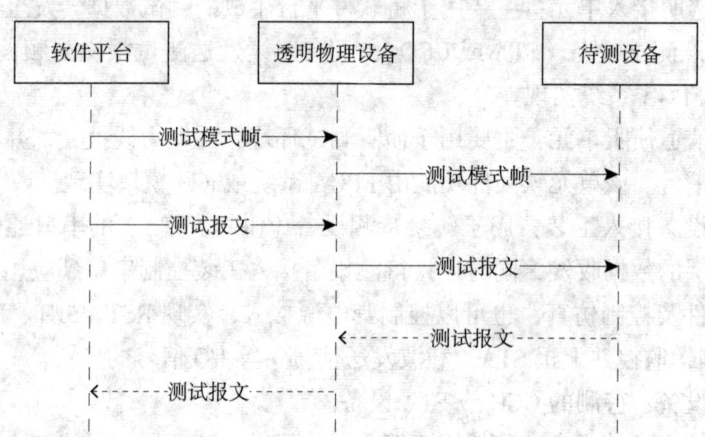

图4-2　工作频段及功率谱密度测试用例的报文交互流程

工作频段及功率谱密度测试用例的测试步骤如下。

（1）连接设备，将DUT上电初始化。

（2）软件平台切换信号通道为待测设备到频谱仪，设置标准设备到待测设备衰减为20dB。

（3）软件平台通过透明接入单元发送切频段测试命令，让待测设备进入频段1，然后发送使DUT进入回传模式的测试命令。

（4）软件平台设置频谱仪参数，设置频谱为信道功率测试模式，中心频率设为4MHz，SPAN设为4MHz，积分带宽设为3MHz，参考电平为20dBm，功率补偿为实际线损值（待测设备到频谱仪），RBW为10kHz，VBW为100kHz，Trace模式为MAXHOLD，检波方式选择RMS均值检波。

（5）软件平台下发测试报文给透明转发设备，透明转发设备按照设定TMI模式向DUT发送测试报文，DUT收到报文后，将数据通过电力线回传，同时频谱仪捕获待测设备发送信号。

（6）软件平台设定标准设备发送测试报文次数为 1500 次。

（7）获取频谱仪显示图形的所有点横坐标 (Hz)、纵坐标 (dBm) 数值，PSD 值为频段 1 带内 PSD。

（8）软件平台读取点数，计算频谱的上升沿拐点和下降沿拐点，并将其作为工作频段。

（9）软件平台重新设置频谱仪参数，设置频谱为信道功率测试模式，中心频率设为 1.15MHz，SPAN 设为 2.5MHz，积分带宽设为 1.3MHz，参考电平为 20dBm，功率补偿为实际线损值（待测设备到频谱仪），RBW 为 10kHz，VBW 为 100kHz，Trace 模式为 MAXHOLD，检波方式选择 RMS 均值检波（带外频率范围：0.5~1.8MHz）。

（10）软件平台下发测试报文给透明转发设备，透明转发设备按照设定 TMI 模式向 DUT 发送测试报文，DUT 收到报文后，将数据通过电力线回传，同时频谱仪捕获待测设备发送信号。

（11）软件平台设定标准设备发送测试报文次数为 1500 次。

（12）软件平台从频谱仪获取带外 PSD 值，记为 PSD1。

（13）软件平台重新设置频谱仪参数，设置频谱为信道功率测试模式，中心频率设为 28.25MHz，SPAN 设为 46MHz，积分带宽设为 43.5MHz，参考电平为 20dBm，功率补偿为实际线损值（待测设备到频谱仪），RBW 为 100kHz，VBW 为 1MHz，Trace 模式为 MAXHOLD，检波方式选择 RMS 均值检波（带外频率范围：6.5~50MHz）。

（14）软件平台下发测试报文给透明转发设备，透明转发设备按照设定 TMI 模式向 DUT 发送测试报文，DUT 收到报文后，将数据通过电力线回传，同时频谱仪捕获待测设备发送信号。

（15）软件平台设定标准设备发送测试报文次数为 1500 次。

（16）软件平台从频谱仪获取带外 PSD 值，记为 PSD2。

（17）软件平台计算 PSD1 和 PSD2，其中较大的为频段 1 带外 PSD。

（18）将待测设备重新上电，切换目标工作频段为频段 2，软件平台通过透明物理设备向待测设备发送测试模式配置报文，使待测设备进入物理层回传测试模式。

（19）软件平台设置频谱仪参数，设置频谱为信道功率测试模式，中心频率设为 1.85MHz，SPAN 设为 2.5MHz，积分带宽设为 2.1MHz，参考电平为 20dBm，功率补偿为实际线损值（待测设备到频谱仪），RBW 为 10kHz，VBW 为 100kHz，Trace 模式为 MAXHOLD，检波方式选择 RMS 均值检波。

（20）软件平台下发测试报文给透明转发设备，透明转发设备按照设定 TMI 模式向 DUT 发送测试报文，DUT 收到报文后，将数据通过电力线回传，同时频谱仪捕获待测设备发送信号。

（21）软件平台设定标准设备发送测试报文次数为 1500 次。

（22）获取频谱仪显示图形的所有点横坐标 (Hz)、纵坐标 (dBm) 数值，带内 PSD 值为频段 2 带内 PSD。

（23）软件平台读取点数，计算频谱的上升沿拐点和下降沿拐点，并将其作为工作频段。

（24）软件平台重新设置频谱仪参数，设置频谱为信道功率测试模式，中心频率设为27MHz，SPAN设为50MHz，积分带宽设为46MHz，参考电平为20dBm，功率补偿为实际线损值（待测设备到频谱仪），RBW为100kHz，VBW为1MHz，Trace模式为MAXHOLD，检波方式选择RMS均值检波（带外频率范围：4~50MHz）。

（25）软件平台下发测试报文给透明转发设备，透明转发设备按照设定TMI模式向DUT发送测试报文，DUT收到报文后，将数据通过电力线回传，同时频谱仪捕获待测设备发送信号。

（26）软件平台设定标准设备发送测试报文次数为1500次。

（27）软件平台从频谱仪获取带外PSD值，记为频段2带外PSD。

工作频段及功率谱密度测试用例采用的测试TMI集合见表4-1。

表4-1　工作频段及功率谱密度测试用例采用的测试TMI集合

序号	频段	TMI模式
1	0	TMI = 4，物理块数 =1
2	1	TMI = 4，物理块数 =1
3	2	TMI = 4，物理块数 =1
4	3	TMI = 4，物理块数 =1

4.3　抗白噪声性能测试用例

抗白噪声性能测试用例依据《低压电力线高速载波通信互联互通技术规范　第4-1部分：物理层通信协议》，验证DUT在抗白噪声性能测试TMI集合下的接收性能。

本测试用例的检查项目如下：验证DUT TMI模式集合下，每种TMI在成功率刚刚小于90%时的衰减值。

抗白噪声性能测试用例的报文交互流程如图4-3所示。

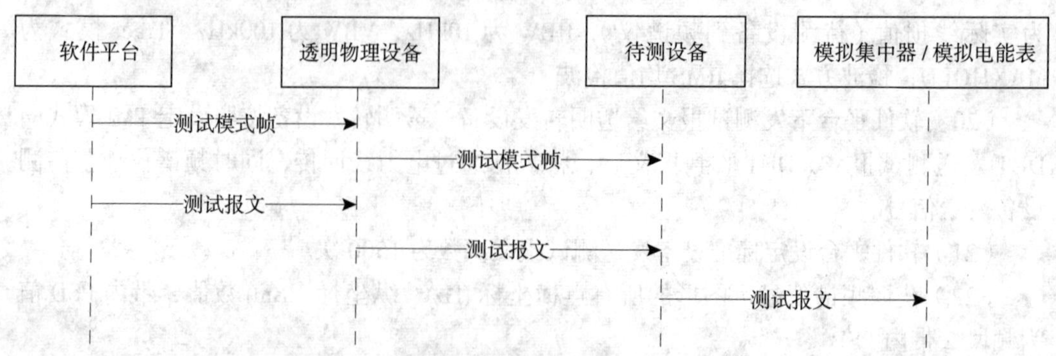

图4-3　抗白噪声性能测试用例的报文交互流程

抗白噪声性能测试用例的测试步骤如下。

（1）连接设备，将 DUT 上电初始化。

（2）初始化台体环境，确保噪声关闭，使用透明接入设备自带时钟源，设置程控衰减器默认衰减值为 20dB。

（3）软件平台在频段 0、频段 1、频段 2 和频段 3 各发送 20 次测试命令帧（TMI=4），设置 DUT 的目标工作频段。

（4）软件平台发送 20 次测试命令帧（TMI=4），让 DUT 进入透传模式。

（5）软件平台设置信号发生器输出带宽 25MHz、功率为 –30dBm 的高斯白噪声。

（6）软件平台连续发送 5 个信标帧，用于待测设备进行时钟同步，信标间隔为 1s（待测设备 (CCO/STA) 接收到的信标仅用于时钟同步，不进行回传）。

（7）软件平台选择 TMI 模式集合中的测试报文，下发测试报文给透明接入设备，同时保存报文的 FC+PB 内容（ACK 仅保留 FC），发送次数为 500 次（每间隔 100 帧报文均发送 5 个信标帧）。

（8）透明转发设备转发软件平台下发的测试报文到 PLC，DUT 收到报文后，通过串口上报收到报文的数据（FC16B+ 载荷的 PB 块数据）。

（9）软件平台收到 FC+PB 报文内容后，和发送前保存的内容相比较，若收到的 FC+PB 内容和发送的内容相同，则认为该报文 DUT 透传成功，通信成功次数加 1；若前后报文数据不一致，则通信成功次数不变。

（10）统计成功率。若成功率小于 90%，则结束测试；若成功率大于 90%，则增大程控衰减器值（步进 10dB，若离极限值不足 10dB，则步进 1dB，其余性能测试用例衰减步进控制相同，不再赘述）。

（11）重复步骤 6~10，直到成功率刚刚小于 90%，结束当前测试，记录此 TMI 模式的衰减值。

（12）继续选择下一个 TMI 模式，重复步骤 6~10（在从当前测试频段切换到下一测试频段测试时，需要重新设置 DUT、透明接入单元、载波侦听单元的频段）。

抗白噪声性能测试用例采用的测试 TMI 集合如表 4–2 所示。

表 4–2　抗白噪声性能测试用例采用的测试 TMI 集合

序号	频段	TMI 模式
1	0	ACK
2	0	TMI = 0，物理块数 =1
3	0	TMI = 0，物理块数 =4
4	0	TMI = 1，物理块数 =1
5	0	TMI = 1，物理块数 =4
6	0	TMI = 4，物理块数 =1

续表

序号	频段	TMI 模式
7	0	TMI = 4，物理块数 =4
8	0	TMI = 6，物理块数 =1
9	0	TMI = 6，物理块数 =4
10	0	TMI = 9，物理块数 =1
11	0	TMI = 10，物理块数 =1
12	0	TMI = 10，物理块数 =4
13	0	TMI = 12，物理块数 =1
14	0	TMI = 12，物理块数 =4
15	0	TMI = 14，物理块数 =1
16	0	TMI = 14，物理块数 =4
17	1	ACK
18	1	TMI = 0，物理块数 =1
19	1	TMI = 1，物理块数 =1
20	1	TMI = 1，物理块数 =4
21	1	TMI = 4，物理块数 =1
22	1	TMI = 4，物理块数 =4
23	1	TMI = 6，物理块数 =1
24	1	TMI = 6，物理块数 =4
25	1	TMI = 9，物理块数 =1
26	1	TMI = 10，物理块数 =1
27	1	TMI = 12，物理块数 =1
28	1	TMI = 14，物理块数 =1
29	1	TMI = 14，物理块数 =4
30	2	ACK
31	2	TMI = 0，物理块数 =1
32	2	TMI = 1，物理块数 =1
33	2	TMI = 1，物理块数 =4

续表

序号	频段	TMI 模式
34	2	TMI = 4，物理块数 =1
35	2	TMI = 6，物理块数 =1
36	2	TMI = 6，物理块数 =4
37	2	TMI = 9，物理块数 =1
38	2	TMI = 10，物理块数 =1
39	2	TMI = 12，物理块数 =1
40	2	TMI = 14，物理块数 =1
41	2	TMI = 14，物理块数 =4
42	3	ACK
43	3	TMI = 0，物理块数 =1
44	3	TMI = 1，物理块数 =1
45	3	TMI = 4，物理块数 =1
46	3	TMI = 6，物理块数 =1
47	3	TMI = 10，物理块数 =1
48	3	TMI = 14，物理块数 =1

4.4　抗频偏性能测试用例

抗频偏性能测试用例依据《低压电力线高速载波通信互联互通技术规范　第 4–1 部分：物理层通信协议》，验证 DUT 在抗频偏性能测试 TMI 集合下的抗频偏性能。

本测试用例的检查项目如下：验证 DUT 的正向抗频偏值和负向抗频偏值。

抗频偏性能测试用例的报文交互流程如图 4–4 所示。

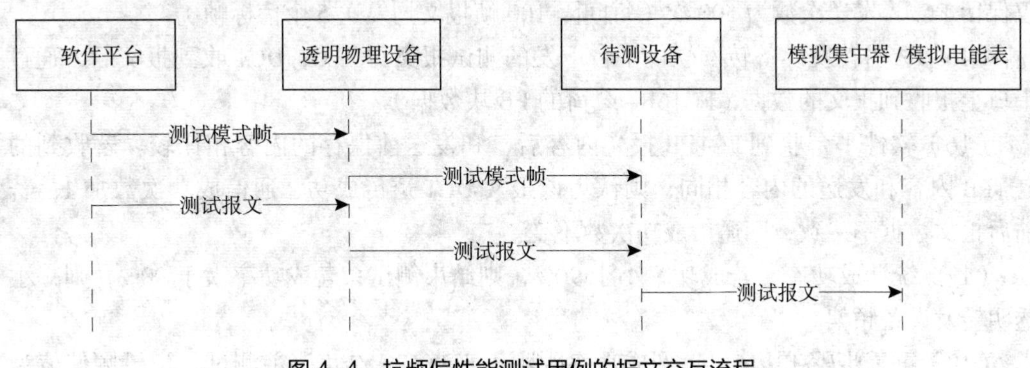

图 4–4　抗频偏性能测试用例的报文交互流程

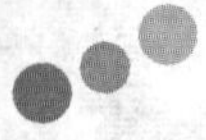

抗频偏测试用例的测试步骤如下。

（1）连接设备，将 DUT 上电初始化。

（2）初始化台体环境，确保噪声关闭，使用透明接入设备自带时钟源，设置程控衰减器默认衰减值为 20dB。

（3）软件平台在频段 0、频段 1、频段 2 和频段 3 各发送 20 次测试命令帧（TMI=4），设置 DUT 的目标工作频段。

（4）软件平台发送 20 次测试命令帧（TMI=4），让 DUT 进入透传模式。

（5）软件平台设置透明转发设备频偏为 0ppm @ 25MHz，其中 ppm（parts per million）为频偏单位。

（6）软件平台连续发送 5 个信标帧，用于待测设备进行时钟同步，信标间隔为 1s [待测设备 (CCO/STA) 接收到的信标仅用于时钟同步，不进行透传]。

（7）软件平台选择 TMI 模式集合中的测试报文，下发测试报文给透明接入设备，同时保存报文的 FC+PB 内容（ACK 仅保留 FC），发送次数为 500 次（每间隔 100 帧报文均发送 5 个信标帧）。

（8）透明转发设备转发软件平台下发的测试报文到 PLC，DUT 收到报文后，通过串口上报收到报文的数据（FC16B+ 载荷的 PB 块数据）。

（9）软件平台收到 FC+PB 报文内容后，和发送前保存的内容相比较。若收到的 FC+PB 内容和发送的内容相同，则认为该报文 DUT 透传成功，通信成功次数加 1；若前后报文数据不一致，则通信成功次数不变。

（10）统计成功率。若成功率小于 90%，则结束测试；若成功率大于 90%，则增大透明转发设备频偏（步进 10ppm，若离极限值不足 10ppm，则步进 1ppm，下同，不再赘述）。

（11）重复步骤 6~9，直到成功率刚刚小于 90%，结束当前测试，记录频偏值为 DUT 的正向抗频偏值。

（12）断电重启待测设备，软件平台设置透明转发设备频偏为 0ppm @ 25MHz，开始测试负向抗频偏值。

（13）软件平台连续发送 5 个中央信标帧（信标帧间隔 1s）。

（14）软件平台下发测试报文给透明接入设备，同时保存报文的 FC+PB 内容（ACK 仅保留 FC），发送次数为 500 次（每间隔 100 帧报文均发送 5 个信标帧）。

（15）透明转发设备转发软件平台下发的测试报文到 PLC，DUT 收到报文后，通过串口上报收到报文的数据（FC16B+ 载荷的 PB 块数据）。

（16）软件平台收到 FC+PB 报文内容后，和发送前保存的内容相比较。若收到的 FC+PB 内容和发送的内容相同，则认为该报文 DUT 透传成功，通信成功次数加 1；若前后报文数据不一致，则通信成功次数不变。

（17）统计成功率。若成功率小于 90%，则结束测试；若成功率大于 90%，则减小透明转发设备频偏。

（18）重复步骤 13~16，直到成功率刚刚小于 90%，结束当前测试，记录频偏值为

DUT 的负向抗频偏值。

抗频偏性能测试用例采用的测试 TMI 集合如表 4–3 所示。

表 4–3　抗频偏性能测试用例采用的测试 TMI 集合

序号	频段	TMI 模式
1	0	TMI = 4，物理块数 =1
2	1	TMI = 4，物理块数 =1
3	2	TMI = 4，物理块数 =1
4	3	TMI = 4，物理块数 =1

4.5　抗衰减性能测试用例

抗衰减性能测试用例依据《低压电力线高速载波通信互联互通技术规范　第 4–1 部分：物理层通信协议》，验证 DUT 在抗衰减性能 TMI 集合下的抗衰减性能是否满足要求。

本测试用例的检查项目如下：验证 DUT TMI 模式集合下，每种 TMI 在成功率刚刚小于 90% 时的衰减值，频段 0 和频段 1 的衰减值不能低于 85dB。

抗衰减性能测试用例的报文交互流程如图 4–5 所示。

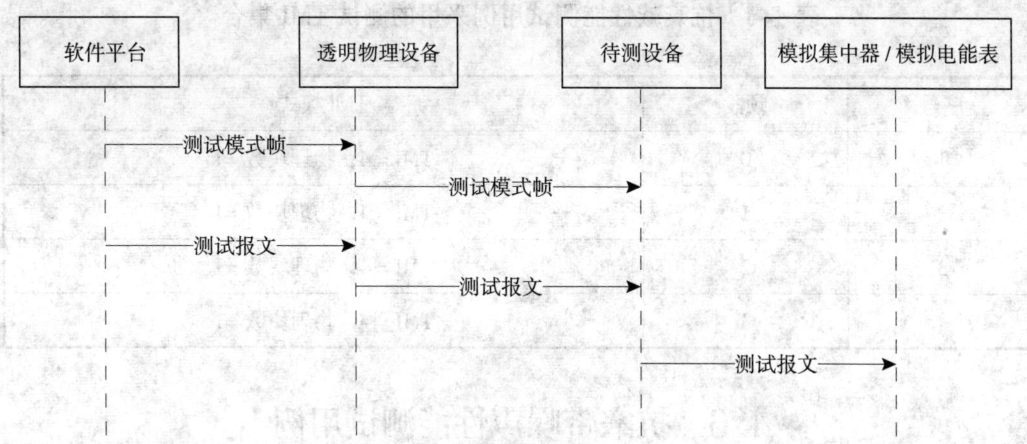

图 4–5　抗衰减性能测试用例的报文交互流程

抗衰减性能测试用例的测试步骤如下。

（1）连接设备，将 DUT 上电初始化。

（2）初始化台体环境，确保噪声关闭，使用透明接入设备自带时钟源，设置程控衰减器默认衰减值为 20dB。

（3）软件平台在频段 0、频段 1、频段 2 和频段 3 各发送 20 次测试命令帧（TMI=4），设置 DUT 的目标工作频段。

（4）软件平台发送 20 次测试命令帧（TMI=4），让 DUT 进入透传模式。

（5）软件平台连续发送 5 个信标帧，用于待测设备进行时钟同步，信标间隔为 1s [待测设备 (CCO/STA) 接收到的信标仅用于时钟同步，不进行回传]。

（6）软件平台选择 TMI 模式集合中的测试报文，下发测试报文给透明接入设备，同时保存报文的 FC+PB 内容（ACK 仅保留 FC），发送次数为 500 次（每间隔 100 帧报文均发送 5 个信标帧）。

（7）透明转发设备转发软件平台下发的测试报文到 PLC，DUT 收到报文后，通过串口上报收到报文的数据（FC16B+ 载荷的 PB 块数据）。

（8）软件平台收到 FC+PB 报文内容后，和发送前保存的内容相比较。若收到的 FC+PB 内容和发送的内容相同，则认为该报文 DUT 透传成功，通信成功次数加 1；若前后报文数据不一致，则通信成功次数不变。

（9）统计成功率。若成功率小于 90%，则结束测试；若成功率大于 90%，则增大程控衰减器值。

（10）重复步骤（5）~（9），直到成功率刚刚小于 90%，结束当前测试，记录此 TMI 模式的衰减值。

（11）继续选择下一个 TMI 模式，重复步骤（6）~（10）（在从当前测试频段切换到下一测试频段测试时，需要重新设置 DUT、透明接入单元、载波侦听单元的频段）。

抗衰减性能测试用例采用的测试 TMI 集合如表 4-4 所示。

表 4-4　抗衰减性能测试用例采用的测试 TMI 集合

序号	频段	TMI 模式
1	0	TMI = 4，物理块数 =1
2	1	TMI = 4，物理块数 =1
3	2	TMI = 4，物理块数 =1
4	3	TMI = 4，物理块数 =1

4.6　抗窄带噪声性能测试用例

抗窄带噪声性能测试用例依据《低压电力线高速载波通信互联互通技术规范　第 4-1 部分：物理层通信协议》，验证 DUT 在抗窄带噪声性能测试 TMI 集合下的接收性能。

本测试用例的检查项目如下：验证 DUT TMI 模式集合下，每种 TMI 在成功率刚刚小于 90% 时的衰减值。

抗窄带噪声性能测试用例的报文交互流程如图 4-6 所示。

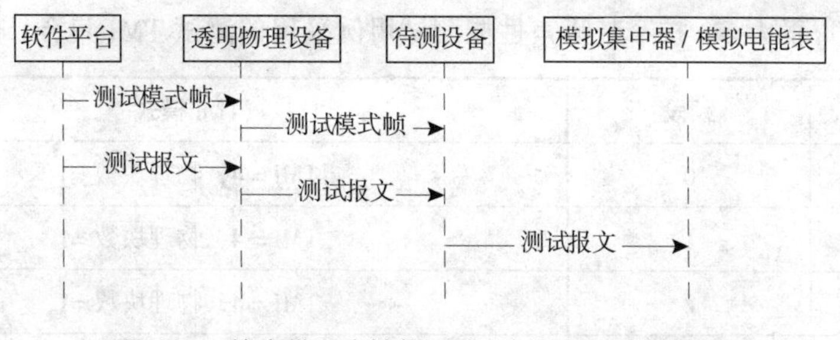

图 4-6　抗窄带噪声性能测试用例的报文交互流程

抗窄带噪声性能测试用例的测试步骤如下。

（1）连接设备，将 DUT 上电初始化。

（2）初始化台体环境，确保噪声关闭，使用透明接入设备自带时钟源，设置程控衰减器默认衰减值为 20dB。

（3）软件平台在频段 0、频段 1、频段 2 和频段 3 各发送 20 次测试命令帧（TMI=4），设置 DUT 的目标工作频段。

（4）软件平台发送 20 次测试命令帧（TMI=4），让 DUT 进入透传模式。

（5）软件平台设置信号发生器输出的窄带干扰信号。

频段 0：（1MHz，−20dBm）、（8MHz，−30dBm）、（15MHz，−20dBm）；

频段 1：（1MHz，−20dBm）、（3MHz，−30dBm）、（6MHz，−30dBm）；

频段 2：（500kHz，−20dBm）、（2MHz，−30dBm）、（5MHz，−30dBm）；

频段 3：（500kHz，−20dBm）、（2MHz，−30dBm）、（5MHz，−30dBm）。

（6）软件平台连续发送 5 个信标帧，用于待测设备进行时钟同步，信标间隔为 1s（待测设备 (CCO/STA) 接收到的信标仅用于时钟同步，不进行回传）。

（7）软件平台选择 TMI 模式集合中的测试报文，下发测试报文给透明接入设备，同时保存报文的 FC+PB 内容（ACK 仅保留 FC），发送次数为 500 次（每间隔 100 帧报文均发送 5 个信标帧）。

（8）透明转发设备转发软件平台下发的测试报文到 PLC，DUT 收到报文后，通过串口上报收到报文的数据（FC16B+ 载荷的 PB 块数据）。

（9）软件平台收到 FC+PB 报文内容后，和发送前保存的内容相比较。若收到的 FC+PB 内容和发送的内容相同，则认为该报文 DUT 透传成功，通信成功次数加 1；若前后报文数据不一致，则通信成功次数不变。

（10）统计成功率。若成功率小于 90%，则结束测试；若成功率大于 90%，则增大程控衰减器值。

（11）重复步骤（6）~（9），直到成功率刚刚小于 90%，结束当前测试，记录此 TMI 模式的衰减值。

（12）继续选择下一个 TMI 模式，重复（6）~（10）步骤（在从当前测试频段切换到下一测试频段测试时，需要重新设置 DUT、透明接入单元、载波侦听单元的频段）。

抗窄带噪声性能测试用例采用的测试 TMI 集合如表 5-6 所示。

表 4–5 抗窄带噪声性能测试用例采用的测试 TMI 集合

序号	频段	TMI 模式
1	0	TMI = 4，物理块数 =1
2	1	TMI = 4，物理块数 =1
3	2	TMI = 4，物理块数 =1
4	3	TMI = 4，物理块数 =1

4.7 抗脉冲噪声性能测试用例

抗脉冲噪声性能测试用例依据《低压电力线高速载波通信互联互通技术规范 第 4–1 部分：物理层通信协议》，验证 DUT 在抗脉冲噪声性能测试 TMI 集合下的抗脉冲性能。

本测试用例的检查项目如下：验证 DUT TMI 模式集合下，每种 TMI 在成功率刚刚小于 90% 时的衰减值。

抗脉冲噪声性能测试用例的报文交互流程如图 4–7 所示。

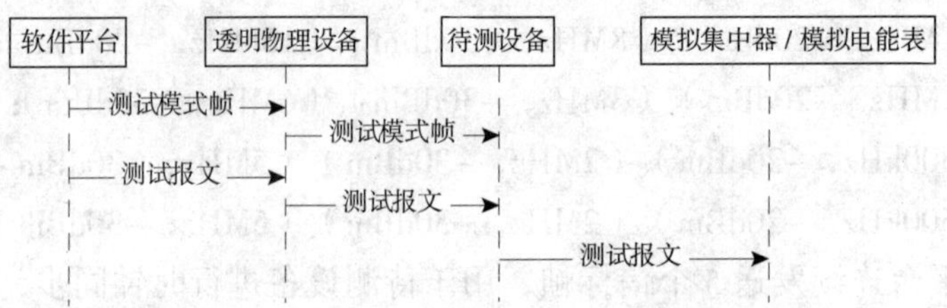

图 4–7 抗脉冲噪声性能测试用例的报文交互流程

抗脉冲噪声测试用例的测试步骤如下。

（1）连接设备，将 DUT 上电初始化。

（2）初始化台体环境，确保噪声关闭，使用透明接入设备自带时钟源，设置程控衰减器默认衰减值为 20dB。

（3）软件平台在频段 0、频段 1、频段 2 和频段 3 各发送 20 次测试命令帧（TMI=4），设置 DUT 的目标工作频段。

（4）软件平台发送 20 次测试命令帧（TMI=4），让 DUT 进入透传模式。

（5）软件平台设置信号发生器输出脉冲频率 100kHz、脉宽 1μs、幅值 Vpp=4V 的脉冲信号。

（6）软件平台连续发送 5 个信标帧，用于待测设备进行时钟同步，信标间隔为 1s（待测设备 (CCO/STA) 接收到的信标仅用于时钟同步，不进行透传）。

（7）软件平台选择 TMI 模式集合中的测试报文，下发测试报文给透明接入设备，同时保存报文的 FC+PB 内容（ACK 仅保留 FC），发送次数为 500 次（每间隔 100 帧报文均发送 5 个信标帧）。

（8）透明转发设备转发软件平台下发的测试报文到 PLC，DUT 收到报文后，通过串口上报收到报文的数据（FC16B+ 载荷的 PB 块数据）。

（9）软件平台收到 FC+PB 报文内容后，和发送前保存的内容相比较。若收到的 FC+PB 内容和发送的内容相同，则认为该报文 DUT 透传成功，通信成功次数加 1；若前后报文数据不一致，则通信成功次数不变。

（10）统计成功率。若成功率小于 90%，则结束测试；若成功率大于 90%，则增大程控衰减器值，

（11）重复步骤（6）~（9），直到成功率刚刚小于 90%，结束当前测试，记录此 TMI 模式的衰减值。

（12）继续选择下一个 TMI 模式，重复步骤（6）~（10）（在从当前测试频段切换到下一测试频段测试时，需要重新设置 DUT、透明接入单元、载波侦听单元的频段）。

抗脉冲噪声性能测试用例采用的测试 TMI 集合如表 4-6 所示。

表 4-6　抗脉冲噪声性能测试用例采用的测试 TMI 集合

序号	频段	TMI 模式
1	0	TMI = 4，物理块数 =1
2	1	TMI = 4，物理块数 =1
3	2	TMI = 4，物理块数 =1
4	3	TMI = 4，物理块数 =1

4.8　通信速率性能测试用例

通信速率性能测试用例依据《低压电力线高速载波通信互联互通技术规范　第 4-1 部分：物理层通信协议》，验证 DUT 在通信速率性能测试 TMI 集合下的应用层报文通信速率。

本测试用例检查项目如下：验证 DUT 在相应 TMI 模式集合下的应用层报文通信速率，应用层报文通信速率不能低于 1Mbit/s。

通信速率性能测试用例的报文交互流程如图 4-8 所示。

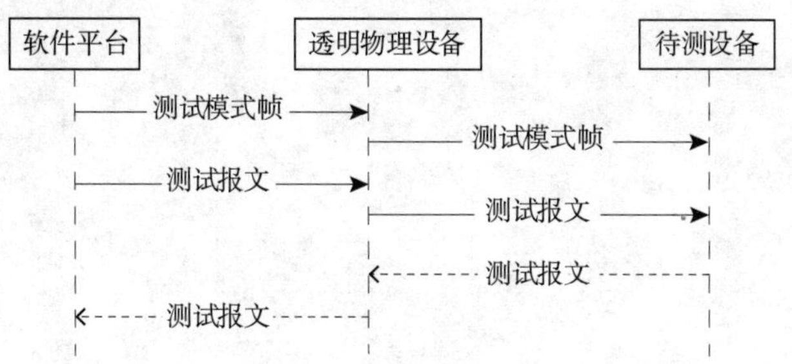

图 4-8　通信速率性能测试用例的报文交互流程

通信速率性能测试用例的测试步骤如下。

（1）连接设备，将 DUT 上电初始化。

（2）初始化台体环境，确保噪声关闭，使用透明接入设备自带时钟源，设置程控衰减器默认衰减值为 20dB。

（3）软件平台在频段 0、频段 1、频段 2 和频段 3 各发送 20 次测试命令帧（TMI=4），设置 DUT 的目标工作频段。

（4）软件平台发送 20 次测试命令帧（TMI=4），让 DUT 进入回传模式。

（5）软件平台连续发送 5 个信标帧，用于待测设备进行时钟同步，信标间隔为 1s（待测设备 (CCO/STA) 接收到信标仅用于时钟同步，不进行回传）。

（6）软件平台选择 TMI 模式集合中的测试报文，下发测试报文给透明接入设备，同时保存报文的 FC+PB 内容（ACK 仅保留 FC），启动定时器（1s）。

（7）透明转发设备转发软件平台下发的测试报文到 PLC，DUT 收到报文后，将通过电力线回传 FC+PB 的全部内容。

（8）载波侦听单元依次将透明接入单元发出的 FC+PB 内容和待测设备回传的 FC+PB 内容上报给软件平台。

（9）软件平台收到 FC+PB 报文内容后，和发送前保存的内容相比较。若两次收到的 FC+PB 内容均和发送的内容相同，则停止定时器，认为该报文 DUT 回传成功，该 TMI 模式测试通过，继续执行步骤 11。

（10）若定时器超时，则该报文此次测试失败，重复步骤 6~8，总共重复次数不超过 20 次，如果 20 次都测试失败，则认为该 TMI 测试失败。

（11）继续选择下一个 TMI 模式，重复步骤 5~10（在从当前测试频段切换到下一测试频段测试时，需要重新设置 DUT、透明接入单元、载波侦听单元的频段）。

（12）若所有基础 TMI 模式测试通过，则该用例测试通过；否则该用例测试结果为失败。

通信速率性能测试用例采用的测试 TMI 集合如表 4-7 所示。

表 4-7　通信速率性能测试用例采用的测试 TMI 集合

序号	频段	TMI 模式
1	1	TMI= 扩展 6，物理块数 =1、2

第5章 协议一致性测试用例

5.1 协议一致性测试环境

低压电力线高速载波通信测试系统的协议一致性测试环境示意图如图 5-1 所示，各个组成部分的作用如下。

（1）软件平台：主要用于测试数据生成、测试脚本执行、测试流程记录及测试结果判定。

（2）载波透明接入单元：主要用于将软件平台生成的测试数据转发至物理信道，同时用于模拟标准测试设备（STA 或 CCO），具有连续发送测试报文、频偏调整等功能。该单元软硬件功能由 FPGA 系统实现。

（3）载波信道侦听单元：主要用于侦听测试环境中的电力线报文，并将数据透传解析发送到软件平台。该单元软硬件功能由 FPGA 系统或芯片模块实现。

（4）待测设备接入工装：用于转接待测设备 (CCO、STA) 的串口通信信道，实现待测设备应用层的数据收发，同时连接待测设备接入工装控制串口到应用控制程序，实现应用层的事件及控制仿真，也可以控制其电源接入，实现 RST、SET、EVENTOUT 等 I/O 电平的控制，监控并上报 STA（载波发送信号）等 I/O 信号的变化。

（5）待测设备：待测的 CCO 或 STA 设备。

（6）屏蔽接入硬件平台：包括屏蔽箱、通信线缆、衰减器、干扰注入设备、测试设备等，实现各种测试场景。

（7）串口 – 网口转换单元：将被测设备串口与软件测试平台相连，将待测设备接入工装与工装控制程序相连。

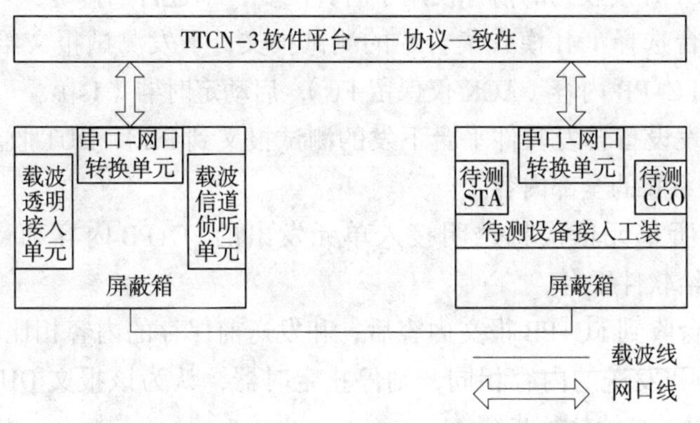

图 5-1　低压电力线高速载波通信测试系统的协议一致性测试环境示意图

5.2 物理层一致性测试用例

5.2.1 TMI 模式遍历测试用例

TMI 模式遍历测试用例依据《低压电力线高速载波通信互联互通技术规范 第 4-1 部分：物理层通信协议》，验证 DUT 是否支持 TMI 遍历测试 TMI 集合的所有模式。

本测试用例的检查项目如下：每个 TMI 模式是否都能被 DUT 成功回传。

TMI 模式遍历测试用例的报文交互如图 5-2 所示。

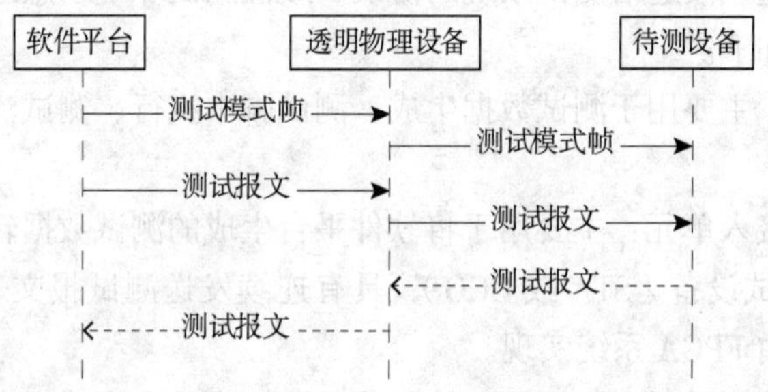

图 5-2 TMI 模式遍历测试用例的报文交互流程

TMI 模式遍历测试用例的测试步骤如下。

（1）连接设备，将 DUT 上电初始化。

（2）初始化台体环境，确保噪声关闭，使用透明接入设备自带时钟源，设置程控衰减器默认衰减值为 20dB。

（3）软件平台在频段 0、频段 1、频段 2 和频段 3 各发送 20 次测试命令帧（TMI=4），设置 DUT 的目标工作频段。

（4）软件平台发送 20 次测试命令帧（TMI=4），让 DUT 进入回传模式。

（5）软件平台连续发送 5 个信标帧，用于待测设备进行时钟同步，信标间隔为 1s（待测设备 (CCO/STA) 接收到的信标仅用于时钟同步，不进行回传）。

（6）软件平台选择 TMI 模式集合中的测试报文，下发测试报文给透明接入设备，同时保存报文的 FC+PB 内容（ACK 仅保留 FC），启动定时器（1s）。

（7）透明转发设备转发软件平台下发的测试报文到 PLC，DUT 收到报文后，将通过电力线回传 FC+PB 的全部内容。

（8）载波侦听单元依次将透明接入单元发出的 FC+PB 内容和待测设备回传的 FC+PB 内容上报给软件平台。

（9）软件平台收到 FC+PB 报文内容后，和发送前保存的内容相比较。若两次收到的 FC+PB 内容均和发送的内容相同，则停止定时器，认为该报文 DUT 回传成功，该 TMI 模式测试通过，继续执行步骤 11。

（10）若定时器超时，则该报文此次测试失败，重复步骤 6~8，总共重复次数不超过 20 次，如果 20 次都测试失败，则认为该 TMI 测试失败。

（11）继续选择下一个 TMI 模式，重复步骤 5~10（在从当前测试频段切换到下一测试频段测试时，需要重新设置 DUT、透明接入单元、载波侦听单元的频段）。

（12）若所有基础 TMI 模式测试通过，则该用例测试通过；否则该用例测试结果为失败。

TMI 模式遍历测试用例采用的测试 TMI 集合如表 5-1 所示。

表 5-1　TMI 模式遍历测试用例采用的测试 TMI 集合

序号	频段	TMI 模式
1	0	ACK
2	0	TMI = 0，物理块数 =1、2、3、4
3	0	TMI = 1，物理块数 =1、2、3、4
4	0	TMI = 2，物理块数 =1、2、3、4
5	0	TMI = 3，物理块数 =1、2、3、4
6	0	TMI = 4，物理块数 =1、2、3、4
7	0	TMI = 5，物理块数 =1、2、3、4
8	0	TMI = 6，物理块数 =1、2、3、4
9	0	TMI = 7，物理块数 =1、2、3
10	0	TMI = 8，物理块数 =1、2、3、4
11	0	TMI = 9，物理块数 =1、2、3、4
12	0	TMI = 10，物理块数 =1、2、3、4
13	0	TMI = 11，物理块数 =1、2、3、4
14	0	TMI = 12，物理块数 =1、2、3、4
15	0	TMI = 13，物理块数 =1、2、3、4
16	0	TMI = 14，物理块数 =1、2、3、4
17	0	TMI = 扩展 1，物理块数 =1、2、3、4
18	0	TMI = 扩展 2，物理块数 =1、2、3、4
19	0	TMI = 扩展 3，物理块数 =1、2、3、4
20	0	TMI = 扩展 4，物理块数 =1、2、3、4
21	0	TMI = 扩展 5，物理块数 =1、2、3、4
22	0	TMI = 扩展 6，物理块数 =1、2、3、4

续表

序号	频段	TMI 模式
23	0	TMI = 扩展 10，物理块数 =1、2、3、4
24	0	TMI = 扩展 11，物理块数 =1、2、3、4
25	0	TMI = 扩展 12，物理块数 =1、2、3、4
26	0	TMI = 扩展 13，物理块数 =1、2、3、4
27	0	TMI = 扩展 14，物理块数 =1、2、3、4
28	1	ACK
29	1	TMI = 0，物理块数 =1、2、3
30	1	TMI = 1，物理块数 =1、2、3、4
31	1	TMI = 2，物理块数 =1、2、3、4
32	1	TMI = 3，物理块数 =1、2
33	1	TMI = 4，物理块数 =1、2、3、4
34	1	TMI = 5，物理块数 =1、2、3、4
35	1	TMI = 6，物理块数 =1、2、3、4
36	1	TMI = 7，物理块数 =1
37	1	TMI = 8，物理块数 =1
38	1	TMI = 9，物理块数 =1、2
39	1	TMI = 10，物理块数 =1、2、3
40	1	TMI = 11，物理块数 =1、2、3、4
41	1	TMI = 12，物理块数 =1、2
42	1	TMI = 13，物理块数 =1、2、3、4
43	1	TMI = 14，物理块数 =1、2、3、4
44	1	TMI = 扩展 1，物理块数 =1、2、3、4
45	1	TMI = 扩展 2，物理块数 =1、2、3、4
46	1	TMI = 扩展 3，物理块数 =1、2、3、4
47	1	TMI = 扩展 4，物理块数 =1、2、3、4
48	1	TMI = 扩展 5，物理块数 =1、2、3、4
49	1	TMI = 扩展 6，物理块数 =1、2、3、4

续表

序号	频段	TMI 模式
50	1	TMI = 扩展 10，物理块数 =1、2、3、4
51	1	TMI = 扩展 11，物理块数 =1、2、3、4
52	1	TMI = 扩展 12，物理块数 =1、2、3、4
53	1	TMI = 扩展 13，物理块数 =1、2、3、4
54	1	TMI = 扩展 14，物理块数 =1、2、3、4
55	2	ACK
56	2	TMI = 0，物理块数 =1、2
57	2	TMI = 1，物理块数 =1、2、3、4
58	2	TMI = 2，物理块数 =1、2、3、4
59	2	TMI = 3，物理块数 =1
60	2	TMI = 4，物理块数 =1、2
61	2	TMI = 5，物理块数 =1、2、3
62	2	TMI = 6，物理块数 =1、2、3、4
63	2	TMI = 8，物理块数 =1
64	2	TMI = 9，物理块数 =1
65	2	TMI = 10，物理块数 =1、2
66	2	TMI = 11，物理块数 =1、2
67	2	TMI = 12，物理块数 =1
68	2	TMI = 13，物理块数 =1、2、3、4
69	2	TMI = 14，物理块数 =1、2、3、4
70	2	TMI = 扩展 1，物理块数 =1、2、3、4
71	2	TMI = 扩展 2，物理块数 =1、2、3、4
72	2	TMI = 扩展 3，物理块数 =1、2、3、4
73	2	TMI = 扩展 4，物理块数 =1、2、3、4
74	2	TMI = 扩展 5，物理块数 =1、2、3、4
75	2	TMI = 扩展 6，物理块数 =1、2、3、4
76	2	TMI = 扩展 10，物理块数 =1、2、3、4

续表

序号	频段	TMI 模式
77	2	TMI = 扩展 11，物理块数 =1、2、3、4
78	2	TMI = 扩展 12，物理块数 =1、2、3、4
79	2	TMI = 扩展 13，物理块数 =1、2、3、4
80	2	TMI = 扩展 14，物理块数 =1、2、3、4
81	3	ACK
82	3	TMI = 0，物理块数 =1
83	3	TMI = 1，物理块数 =1、2
84	3	TMI = 2，物理块数 =1、2、3
85	3	TMI = 4，物理块数 =1
86	3	TMI = 5，物理块数 =1
87	3	TMI = 6，物理块数 =1、2
88	3	TMI = 10，物理块数 =1
89	3	TMI = 11，物理块数 =1
90	3	TMI = 13，物理块数 =1、2、3、4
91	3	TMI = 14，物理块数 =1、2
92	3	TMI = 扩展 1，物理块数 =1、2、3、4
93	3	TMI = 扩展 2，物理块数 =1、2、3、4
94	3	TMI = 扩展 3，物理块数 =1、2、3、4
95	3	TMI = 扩展 4，物理块数 =1、2、3、4
96	3	TMI = 扩展 5，物理块数 =1、2
97	3	TMI = 扩展 6，物理块数 =1、2、3、4
98	3	TMI = 扩展 10，物理块数 =1、2、3、4
99	3	TMI = 扩展 11，物理块数 =1、2、3、4
100	3	TMI = 扩展 12，物理块数 =1、2、3、4
101	3	TMI = 扩展 13，物理块数 =1、2、3、4
102	3	TMI = 扩展 14，物理块数 =1、2、3、4

5.2.2　ToneMask 功能测试用例

ToneMask 功能测试用例依据《低压电力线高速载波通信互联互通技术规范　第 4-1 部分：物理层通信协议》，验证 DUT 的 ToneMask 功能测试 TMI 集合的 ToneMask 功能。

本测试用例的检查项目如下：每个 TMI 模式是否都能被 DUT 成功回传。

ToneMask 功能测试用例的报文交互流程如图 5-3 所示。

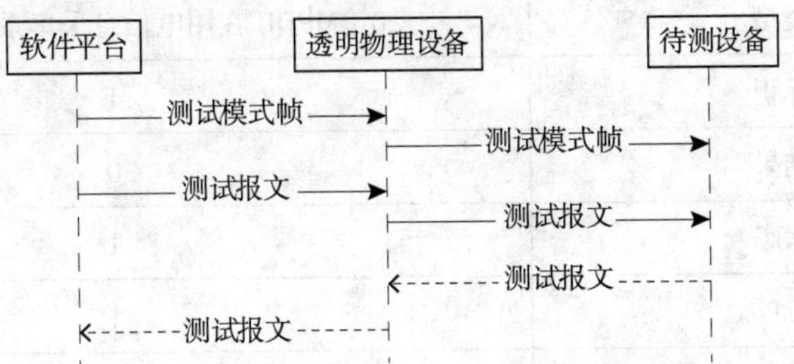

图 5-3　ToneMask 功能测试用例的报文交互流程

物理转发设备所发 SOF 帧的 FCH 部分需按照表 5-2 配置。

表 5-2　SOF 帧的 FCH 部分填充内容

SOF 帧的 FCH 域	填充内容
定界符	1（SOF 帧）
网络类型	0（MPDU 在用电信息采集系统中传输）
网络标识	1
源 TEI	1
目的 TEI	0xFFF
链路标识符	1
帧长	按照实际配置（帧间隔设定为 400 μs，无 ACK）
物理块个数	按照实际配置
符号数	按照实际配置
广播标志位	1
重传标志位	0
保留	0
分集拷贝基本模式	按照实际配置
分集拷贝扩展模式	按照实际配置
标准版本号	0
帧控制校验序列	按照实际计算

物理转发设备所发 ACK 帧需按照表 5-3 配置。

表 5-3　ACK 帧 FCH 部分的填充内容

ACK 的 FCH 域	填充内容
定界符	2（SOF 帧）
网络类型	0（MPDU 在用电信息采集系统中传输）
网络标识	1
接收结果	0
接收状态	1
源 TEI	1
目的 TEI	0xFFF
接收物理块个数	1
保留	0
信道质量	0xFF
站点负载	0
保留	0
扩展帧类型	0
标准版本号	0
帧控制序列号	按照实际计算

物理转发设备所发 SOF 帧的负荷部分需按照表 5-4 配置。

表 5-4　SOF 帧负荷部分的填充内容

SOF 帧的负荷域	填充内容
物理块头	按照实际配置
物理块体	随机值
物理块体校验序列	按照实际计算

ToneMask 功能测试用例的测试步骤如下。

（1）连接设备，将 DUT 上电初始化。

（2）初始化台体环境，确保噪声关闭，使用透明接入设备自带时钟源，设置程控衰减器默认衰减值为 20dB。

（3）软件平台在频段 0、频段 1、频段 2 和频段 3 各发送 20 次测试命令帧（TMI=4），设置 DUT 的目标工作频段。

（4）软件平台发送 20 次测试命令帧（TMI=4），设置 DUT 的 ToneMask 参数。

（5）软件平台发送 20 次测试命令帧（TMI=4），让 DUT 进入回传模式。

（6）软件平台连续发送 5 个信标帧，用于待测设备进行时钟同步，信标间隔为 1s（待测设备 (CCO/STA) 接收到的信标仅用于时钟同步，不进行回传）。

（7）软件平台选择 TMI 模式集合中的测试报文，下发测试报文给透明接入设备，同时保存报文的 FC+PB 内容（ACK 仅保留 FC），启动定时器（1s）。

（8）透明转发设备转发软件平台下发的测试报文到 PLC，DUT 收到报文后，将通过电力线回传 FC+PB 的全部内容。

（9）载波侦听单元依次将透明接入单元发出的 FC+PB 内容和待测设备回传的 FC+PB 内容上报给软件平台。

（10）软件平台收到 FC+PB 报文内容后，和发送前保存的内容相比较。若两次收到的 FC+PB 内容均和发送的内容相同，则停止定时器，认为该报文 DUT 回传成功，该 TMI 模式测试通过，继续执行步骤（12）。

（11）若定时器超时，则该报文此次测试失败，重复步骤（7）~（9），总共重复次数不超过 20 次，如果 20 次都测试失败，则认为该 TMI 测试失败。

（12）继续选择下一个 TMI 模式，重复步骤（6）~（11）（在从当前测试频段切换到下一测试频段测试时，需要重新设置 DUT、透明接入单元、载波侦听单元的频段）。

（13）若所有基础 TMI 模式及扩展 TMI6 测试通过，则该用例测试通过；否则该用例测试结果为失败。

ToneMask 功能测试用例采用的测试 TMI 集合如表 5-5 所示。

表 5-5 ToneMask 功能测试用例采用的测试 TMI 集合

序号	频段	TMI 模式	ToneMask 配置
1	0	TMI =1，物理块数 =1	[zeros(1,80), 1 0 0 1 1 0 1 0 0 1 1 1 0 0 0 1 0 0 1 1 1 1 zeros(1,30), ones(1, 359), zeros(1, 21)]
2	1	TMI =1，物理块数 =1	[zeros(1,100), 1 0 1 1 1 1 1 1 1 1 0 1 0 0 1 1 1 0 1 1 1 1 ones(1,109), zeros(1, 512–231)]
3	2	TMI =1，物理块数 =1	[zeros(1,32),ones(1,8), 1 1 1 0 0 0 1 1 1 1 0 0 1 1 ones(1,67), zeros(1,391)]
4	3	TMI =1，物理块数 =1	[zeros(1,72),1 1 1 0 1 0 0 1 1 1 1 0 1 1 ones(1,35),zeros(1,391)]

5.3 数据链路层信标机制一致性测试用例

5.3.1 CCO 发送中央信标的周期性与合法性测试用例

CCO 发送中央信标的周期性与合法性测试用例的主要目的为验证 CCO 能否在 A、

B、C 三相线上周期性发送正确的中央信标。本测试用例的检查项目如下。

（1）帧控制。

① 定界符类型（3bit）：是否为 0（信标帧）。

② 网络类型（5bit）：是否为 0（MPDU 在用电信息采集系统中传输）。

③ 网络标识 (24bit)：范围 1~16777215（在当前网络中是否一致）。

④ 标准版本号 (4bit)：是否为 0。

⑤ 可变区域（88bit）：

a. 信标时间戳（32bit）；

b. 源 TEI（32bit）：是否为 1（主节点恒为 1）。

c. 分级拷贝模式（4bit）：范围 0~14。

d. 符号数（9bit）：是否满足分级拷贝模式对应的符号数。

e. 相线（2bit）：是否为 1、2、3（A/B/C 相）。

f. 保留（9bit）。

（2）信标（MPDU）帧载荷。

① 物理块格式（72/136/264/520B）：根据帧控制中分级拷贝模式确定物理块长度，取出物理块。

② 帧载荷校验序列（4B）：计算物理块中帧载荷部分的 32bit 循环冗余校验，应与物理块中帧载荷校验序列一致。

③ 物理块检查序列（3B）：计算物理块中帧载荷和帧载荷校验部分的 24bit 循环冗余校验，应与物理块中物理块检查序列一致。

（3）信标（MPDU）物理块帧载荷。

① 信标类型（3bit）：是否为 2（中央信标）。

② 关联标志位（1bit）：是否为 0 或 1（1—允许站点发起关联请求）。

③ 信标使用标志位：是否为 0 或 1（1—允许使用信标进行信道评估）。

④ 组网序列号（8bit）：每次组网过程中，该序列号是否一致；重新组网时是否递增 1。

⑤ CCO MAC 地址（48bit）：判断 MAC 地址是否与从平台获取的一致。

⑥ 信标周期计数（32bit）：上电初始化为 0，判断每个信标周期是否递增 1。

（4）信标（MPDU）物理块帧载荷→信标管理信息（变长）。

信标条目数（1B）：必须是 0x03\0x04(3 至 4 条）。

（5）帧载荷→信标管理信息→信标条目→站点能力条目。

① 信标条目头（1B）：是否为 0x00。

② 信标条目长度（1 字节）：0x0F。

③ TEI(12bit)：是否为 1。

④ 代理站点 TEI(12bit)：是否为 0。

⑤ 发送信标站点 MAC 地址 (48bit)：是否为当前 CCO 的 MAC 地址。

⑥ 路径最低通信成功率 (8bit)：是否为 100。

⑦ 角色（4bit）：是否为 0x4（CCO）。

⑧ 层级数（4bit）：0。

⑨ 相线（2bit）：信标帧发送到的目的相线，STA 收到后是否不做改变。

（6）帧载荷→信标管理信息→信标条目→路由参数通知条目。

① 信标条目头（1B）：是否为 0x01。

② 信标条目长度：0x0A。

③ 路由周期（16bit）：20~420s。

④ 路由评估剩余时间（16bit）：< 0~ 路由周期。

⑤ 代理站点发现列表周期（16bit）：<（路由周期 /10）。

⑥ 发现站点发现列表周期（16bit）：<（路由周期 /10）。

（7）帧载荷→信标管理信息→信标条目→频段通知条目。

① 信标条目头（1B）：是否为 0x02。

② 信标条目长度（1 字节）：0x07。

③ 目标频段 (8bit)：是否为 0x00、0x01、0x02 或 0x03。

（8）帧载荷→信标管理信息→信标条目→时隙分配条目。

① 信标条目头（1B）：是否为 0xC0。

② 信标条目长度（2 字节）：35~467。

③ 非中央信标时隙总数 (8bit)：大于代理信标时隙总数。

④ 中央信标时隙总数 (4bit)。

⑤ CSMA 时隙支持的相线数 (2bit)：其范围是否符合 1~3。

⑥ 代理信标时隙总数 (8bit)：PCO 个数。

⑦ 信标时隙长度 (8bit)：两个信标间的发送间隔为此值。

⑧ 起始网络基准时间 (32 bit)：本信标周期应不变。

⑨ 信标周期长度 (32 bit)：1~10s。

（9）判断每个信标周期内是否都成功发出 A、B、C 三相中央信标。

（10）判断每个信标周期中相邻两相信标帧的发送间隔是否与中央信标时隙分配条目中信标时隙长度值一致。

（11）判断每两个相邻信标周期起始信标帧的发送间隔是否等于中央信标帧载荷的时隙条目中的信标周期长度。

（12）判断每个信标周期的中央信标中信标周期计数是否递增 1。

CCO 发送中央信标的周期性与合法性测试用例的报文交互流程如图 5-4 所示。

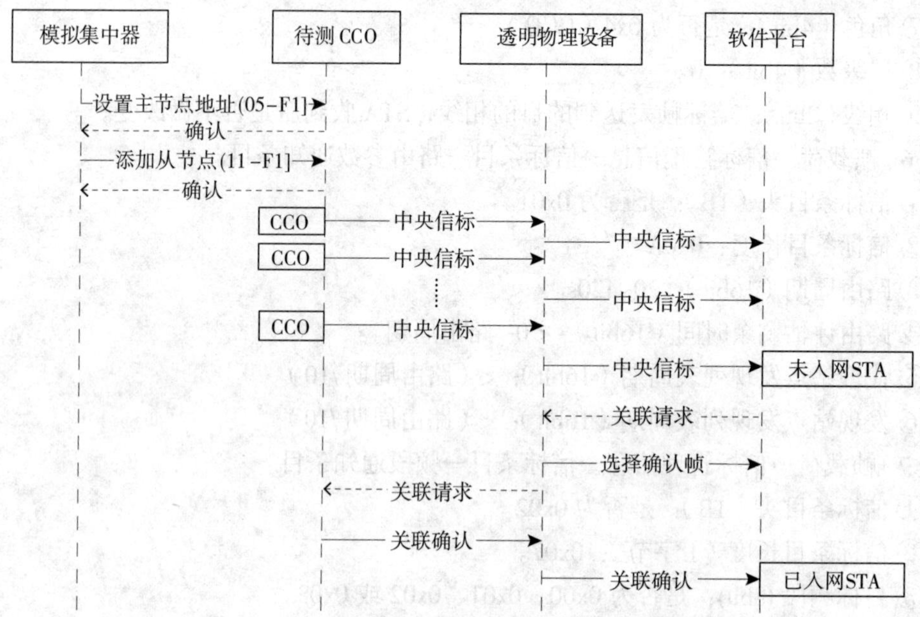

图 5-4　CCO 发送中央信标的周期性与合法性测试用例的报文交互流程

CCO 发送中央信标的周期性与合法性测试用例的测试步骤如下。

（1）配置硬件连接环境，上电初始化。

（2）软件平台模拟集中器，向待测 CCO 下发“设置主节点地址”命令，在收到“确认”后，向待测 CCO 下发“添加从节点”命令，将 STA 的 MAC 地址下发到 CCO 中，等待“确认”。

（3）软件平台收到待测 CCO 发送的“中央信标”后，转到协议一致性评价模块判断“中央信标”各个字段是否合法，若合法，则查看其是否在规定的中央信标时隙内发出。

（4）启动定时器（定时时长为 120s），连续监测 10 个信标周期，判断每个信标周期内是否都成功发出 A、B、C 三相中央信标；判断每个信标周期中相邻两相信标帧的发送间隔是否与中央信标时隙分配条目中信标时隙长度值一致；判断每两个相邻信标周期起始信标帧的发送间隔是否等于中央信标帧载荷的时隙条目中的信标周期长度 (CCO 根据网络规模计算出信标周期 1~10s)，判断每个信标周期的中央信标中信标周期计数是否递增 1。

（5）软件平台收到待测 CCO 周期性发送的中央信标后，模拟未入网的 STA 通过透明传输设备向 CCO 发送关联请求，查看是否能收到关联确认报文。若收到，则继续查看是否能收到待测 CCO 发的关联确认报文。

5.3.2　CCO 通过代理组网过程中的中央信标测试用例

CCO 通过代理组网过程中的中央信标测试用例的主要目的为验证 CCO 能否成功发出中央信标，接收并解析来自 PCO1 的代理信标和来自 STA2 的关联请求。本测试用例的检查项目如下。

（1）检查 CCO 发出的中央信标各个字段，并检查中央信标站点能力条目中各字段是否与该 CCO 相符。

（2）检查中央信标时隙分配条目中是否有 STA1 和 STA2 的时隙信息。

① 非中央信标时隙总数 (8bit)：2。

② 代理信标时隙总数 (8bit)：1。

（3）判断非中央信标信息中是否有 PCO1 和 STA2 的下列字段信息。

① TEI（12bit）。

② 信标类型（1bit）：是否为 1(代理)。

③ TEI（12bit）。

④ 信标类型（1bit）：是否为 0（发现）。

（4）判断 CCO 能否接收并解析各个 STA 发出的关联请求，并给出正确的关联确认。

（5）组网完成后，检查网络拓扑是否符合要求。

CCO 通过代理组网过程中的中央信标测试用例的网络拓扑如图 5-5 所示。

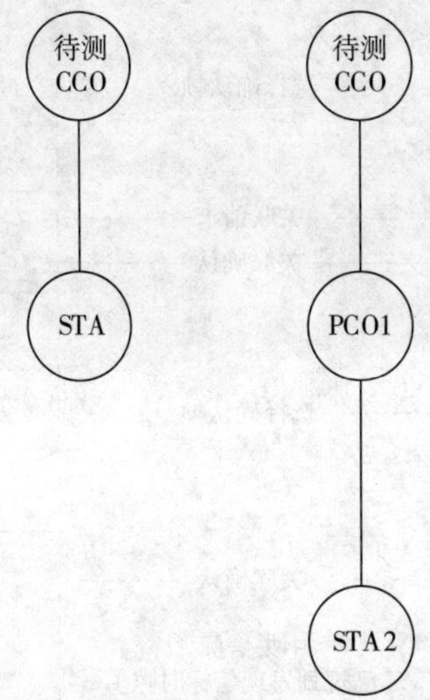

图 5-5　CCO 通过代理组网过程中的中央信标测试用例的网络拓扑

CCO 通过代理组网过程中的中央信标测试用例的报文交互流程如图 5-6 所示。

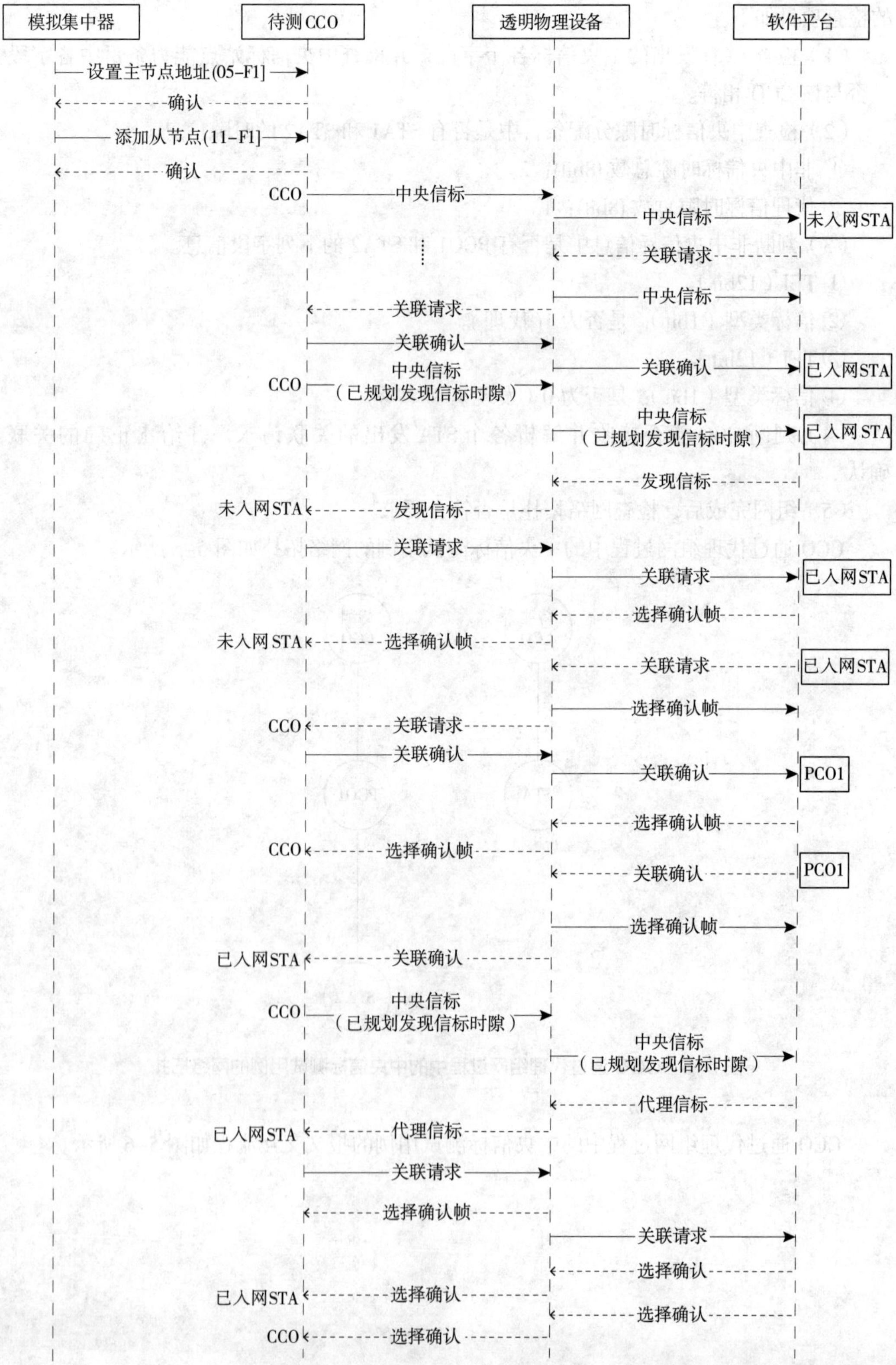

图 5-6　CCO 通过代理组网过程中的中央信标测试用例的报文交互流程

CCO 通过代理组网过程中的中央信标测试用例的测试步骤如下。

（1）配置硬件连接环境，上电初始化。

（2）软件平台模拟集中器，向待测 CCO 下发“设置主节点地址”命令，在收到“确认”后，向待测 CCO 下发“添加从节点”命令，将 STA 的 MAC 地址下发到 CCO 中，等待“确认”。

（3）启动定时器（定时时长 300s），在这段超时时间内，软件平台若能成功收到待测 CCO 发出的合法的 A、B、C 相“中央信标”各多次，并在成功收到 CCO 对测试平台发出的关联确认帧后，再次从 CCO 收到的信标帧中判断非中央信标信息各字段是否符合网络拓扑要求，符合则测试通过。

5.3.3 CCO 组网过程中的中央信标测试用例

CCO 组网过程中的中央信标测试用例主要验证 CCO 能否成功发出中央信标，接收并解析来自 STA 的关联请求。本测试用例的检查项目如下。

（1）CCO 发出的中央信标各个字段是否合法。

（2）每个信标时隙是否成功发出中央信标。

（3）CCO 能否成功解析关联请求。

（4）CCO 发出的关联确认是否合法。

（5）组网完成后，检查非中央信标信息各字段是否符合网络拓扑要求。

CCO 组网过程中的中央信标测试用例的报文交互流程如图 5-7 所示。

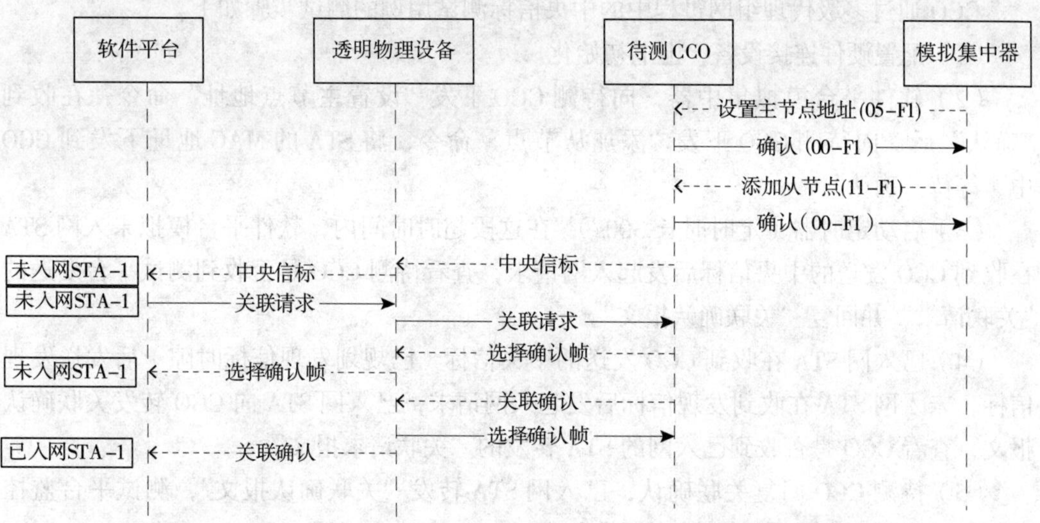

图 5-7 CCO 组网过程中的中央信标测试用例的报文交互流程

CCO 组网过程中的中央信标测试用例的测试步骤如下。

（1）配置硬件连接环境，上电初始化。

（2）软件平台模拟集中器，向待测 CCO 下发“设置主节点地址”命令，在收到“确认”后，向待测 CCO 下发“添加从节点”命令，将 STA 的 MAC 地址下发到 CCO

中，等待“确认”。

（3）启动定时器（定时时长 60s），在这段超时时间内，软件平台能成功收到待测 CCO 发出的合法的 A、B、C 相“中央信标”至少各一次，并能成功收到 CCO 发出的关联确认帧。

（4）软件平台收到 CCO 发出的信标帧后，判断非中央信标信息各字段是否符合网络拓扑要求，符合则测试通过。

5.3.4 CCO 通过多级代理组网过程中的中央信标测试用例

CCO 通过多级代理组网过程中的中央信标测试用例主要验证 CCO 能否成功发出中央信标和关联确认。本测试用例的检查项目如下。

（1）检查 CCO 发出的中央信标各个字段，并检查中央信标—站点能力条目中各个字段的值是否与 CCO 的信息相符。

（2）判断时隙分配条目中：

① 非中央信标时隙总数 (8bit)：7。

② 代理信标时隙总数 (8bit)：6。

（3）判断非中央信标信息下列字段。

① 信标类型（1bit）：1(代理)。

② 信标类型（1bit）：0(发现)。

CCO 通过多级代理组网过程中的中央信标测试用例的报文交互流程如图 5-8 所示。

CCO 通过多级代理组网过程中的中央信标测试用例的测试步骤如下。

（1）配置硬件连接设备，上电初始化。

（2）软件平台模拟集中器，向待测 CCO 下发“设置主节点地址”命令，在收到“确认”后，向待测 CCO 下发“添加从节点”命令，将 STA 的 MAC 地址下发到 CCO 中，等待“确认”。

（3）启动定时器（定时时长 300s），在这段超时时间内，软件平台模拟未入网 STA 在收到 CCO 发送的中央信标后发起入网请求，查看待测 CCO 是否收到测试平台发送的“关联请求”并回复“关联确认报文”。

（4）已入网 STA 在收到 CCO 发送的中央信标（已规划发现信标时隙）后发送发现信标，未入网 STA 在收到发现信标后发起入网请求，已入网 STA 向 CCO 转发关联确认报文，查看 CCO 是否收到已入网的 STA 转发的“关联请求报文”。

（5）待测 CCO 回复关联确认，已入网 STA 转发“关联确认报文”，测试平台监控是否能够收到 CCO 发送的“关联请求”。

（6）测试平台在收到 CCO 发送的中央信标（已规划代理信标时隙）后发送代理信标，查看未入网 STA 在收到代理信标后是否发起入网请求，若是则继续查看 CCO 是否收到测试平台转发的“关联请求”。

（7）软件平台若能成功收到待测 CCO 发出的合法的 A、B、C 相“中央信标”各多次，并在成功收到 CCO 对测试平台发出的关联确认帧后，再次从 CCO 收到的信标帧中判断非中央信标信息各字段是否符合网络拓扑要求，符合则测试通过。

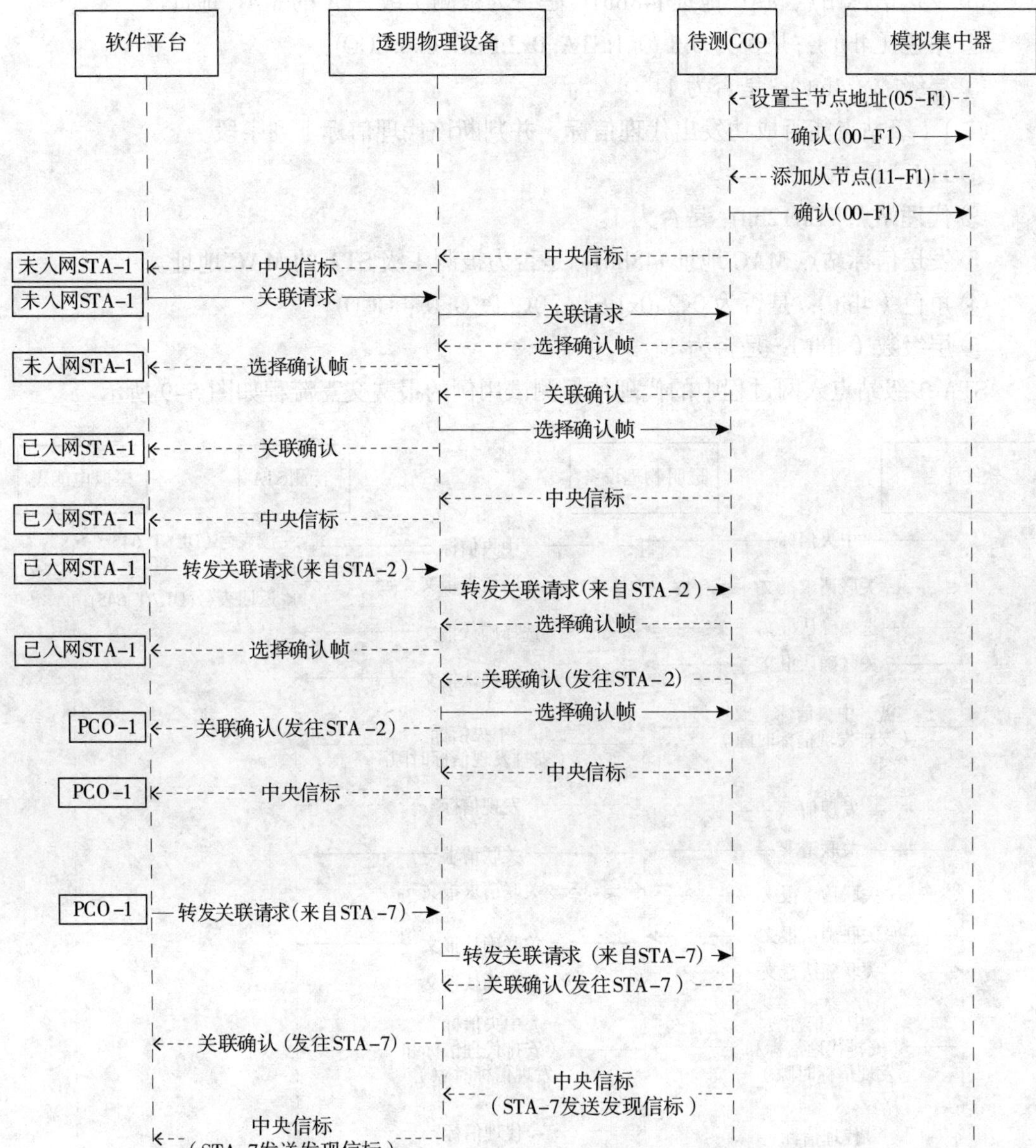

图 5-8　CCO 通过多级代理组网过程中的中央信标测试用例的报文交互流程

5.3.5　STA 多级站点入网过程中的代理信标测试用例

STA 多级站点入网过程中的代理信标测试用例主要验证 STA 能否成功发出代理信标和发现信标。本测试用例的检查项目如下。

（1）1 级站点能否成功发出发现信标，并判断该发现信标下列字段。

① TEI：是否为 2。

② 代理站点 TEI(12bit)：是否为 1。

③ 发送信标站点 MAC 地址 (48bit)：是否为被测 1 级 STA 的 MAC 地址。

④ 角色（4bit）：是否为 0x1 (0x1:STA; 0x2:PCO; 0x4:CCO)。

⑤ 层级数（4bit）：是否为 1。

（2）1 级站点能否成功发出代理信标，并判断该代理信标下列字段。

① TEI：是否为 2。

② 代理站点 TEI(12bit)：是否为 1。

③ 发送信标站点 MAC 地址 (48bit)：是否为被测 1 级 STA 的 MAC 地址。

④ 角色（4bit）：是否为 0x2 (0x1:STA; 0x2:PCO; 0x4:CCO)。

⑤ 层级数（4bit）：是否为 1。

STA 多级站点入网过程中的代理信标测试用例的报文交互流程如图 5-9 所示。

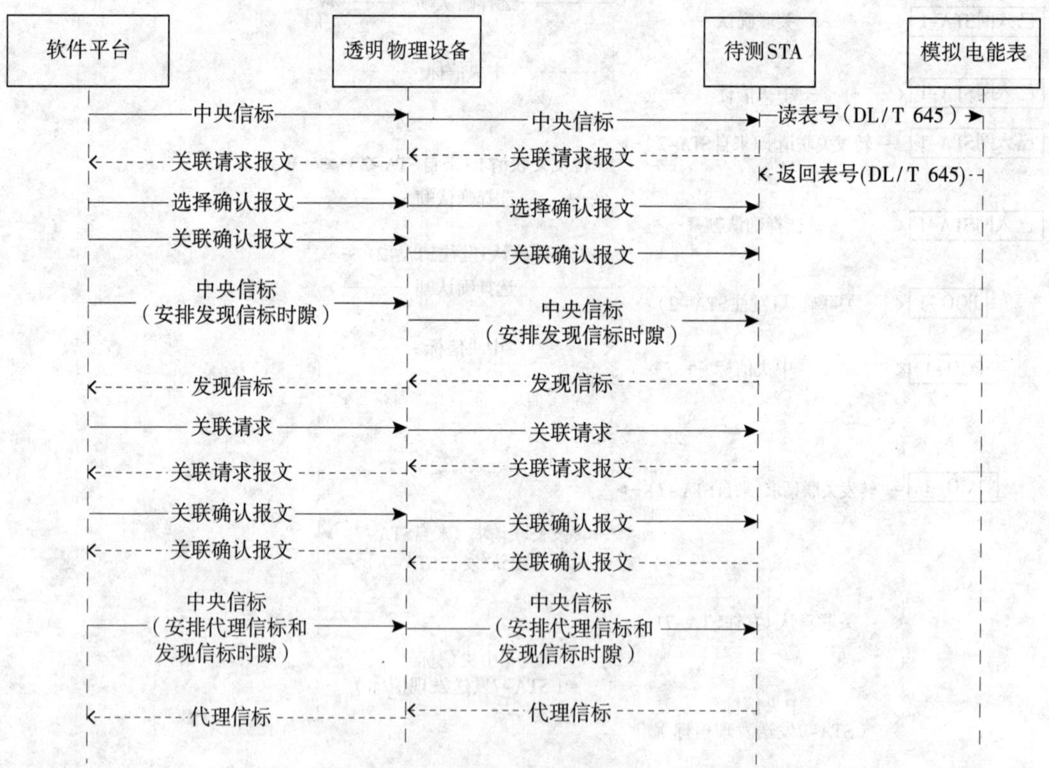

图 5-9　STA 多级站点入网过程中的代理信标测试用例的报文交互流程

STA 多级站点入网过程中的代理信标测试用例的测试步骤如下。

（1）配置硬件连接环境，上电初始化。

（2）软件平台模拟电能表，在收到待测 STA 的读表号请求后，向其下发电能表地址信息。

（3）启动 30s 定时器，软件平台模拟 CCO 对入网请求的 STA 进行处理，确定站点入网成功。软件平台模拟 CCO 发送中央信标，安排入网 STA 发现信标时隙；定时器超时前，收到 STA 发送的发现信标且符合发现信标时隙要求，则测试通过，否则失败。

（4）启动定时器（定时时长 300s），在这段超时时间内，待测 STA 入网成功后，软件平台模拟 2 级站点向 STA 发起关联请求，申请入网；STA 转发模拟 2 级站点的关联请求给软件平台，软件平台判断 STA 转发的关联请求正确后，模拟 CCO 发送关联请求确认给 STA，STA 转发 CCO 的关联确认报文给软件平台模拟 2 级站点。

（5）软件平台模拟 CCO 发送中央信标，安排入网 STA 代理信标时隙和模拟 2 级站点发现信标时隙。定时器到期前，STA 转发的模拟 2 级站点关联请求和 STA 转发的模拟 CCO 2 级站点关联确认报文正确，STA 能够发出代理信标且正确，则测试通过，否则失败。

5.3.6　STA 在收到中央信标后发送发现信标的周期性和合法性测试用例

STA 在收到中央信标后发送发现信标的周期性和合法性测试用例主要验证 STA 在收到中央信标后发送发现信标的周期性和合法性。本测试用例的检查项目如下。

（1）1 级站点入网后能否成功发出发现信标，并判断该发现信标下列字段。

① NID 是否为平台模拟 CCO 发出的中央信标携带的 NID。

② TEI 是否为 2。

③ 信标类型是否为发现信标。

④ 组网序列号是否为平台模拟 CCO 发出的中央信标携带的组网序列号。

⑤ MAC 地址是否为入网的 MAC 地址。

⑥ 站点角色是否为 1。

⑦ 站点层级是否为 1。

⑧ 非中央信标时隙总数是否为 1。

⑨ 信标时隙安排是否正确。

（2）170s 内是否能够收到待测 STA 发出的合法的发现信标至少 2 次。

STA 在收到中央信标后发送发现信标的周期性和合法性测试用例的报文交互流程如图 5-10 所示。

STA 在收到中央信标后发送发现信标的周期性和合法性测试用例的测试步骤如下。

（1）配置硬件连接环境，上电初始化。

（2）软件平台模拟电能表，在收到待测 STA 的读表号请求后，向其下发电能表地址信息。

（3）软件平台模拟 CCO 对入网请求的 STA 进行处理，确定站点入网成功。

（4）启动定时器（定时时长 3 × 200s），在这段超时时间，软件平台若能在 170s 内至少成功收到待测 STA 发出的合法发现信标 2 次，则发现信标测试通过。

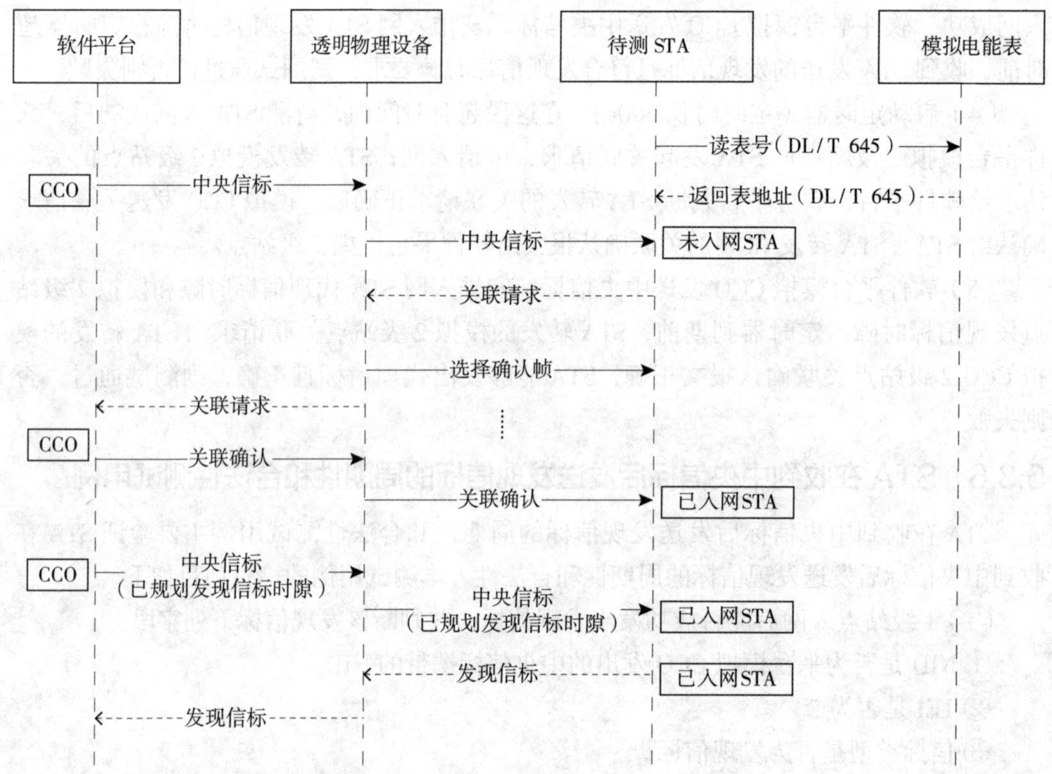

图 5-10 STA 在收到中央信标后发送发现信标的周期性和合法性测试用例的报文交互流程

5.4 数据链路层时隙管理一致性测试用例

5.4.1 CCO 对全网站点进行时隙规划并在规定时隙发送相应帧测试用例

CCO 对全网站点进行时隙规划并在规定时隙发送相应帧测试用例主要验证 CCO 对全网站点进行时隙规划并在规定时隙发送相应帧。本测试用例的检查项目如下。

（1）测试 CCO 是否在中央信标规定的中央信标时隙内发送中央信标帧。

（2）测试 CCO 是否在中央信标规定的 CSMA 时隙内发送 SOF 帧。

（3）测试 CCO 是否根据网络拓扑的改变，对入网站点进行了信标、CSMA 等时隙的规划。

CCO 对全网站点进行时隙规划并在规定时隙发送相应帧测试用例的报文交互流程如图 5-11 所示。

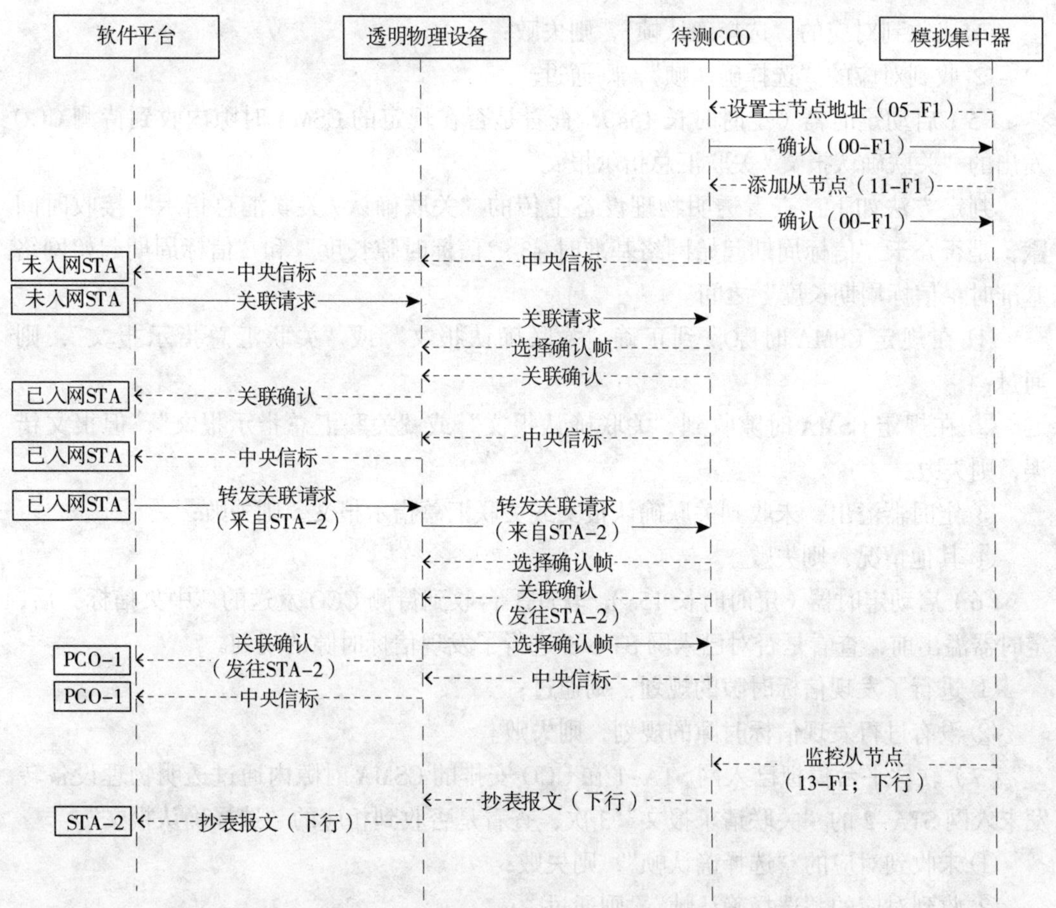

图 5-11 CCO 对全网站点进行时隙规划并在规定时隙发送相应帧测试用例的报文交互流程

CCO 对全网站点进行时隙规划并在规定时隙发送相应帧测试用例的测试步骤如下。

（1）连接设备，上电初始化。

（2）软件平台模拟集中器，通过串口向待测 CCO 下发“设置主节点地址”命令，在收到“确认”后，再通过串口向待测 CCO 下发“添加从节点”命令，将目标网络站点的 MAC 地址下发到 CCO 中，等待“确认”（面向对象测试用例下发的从节点规约类型为 3（DL/T 698.45），非面向对象测试用例下发的从节点规约类型为 2（DL/T 645）。

（3）软件平台收到待测 CCO 发送的“中央信标”后，查看其是否是在规定的中央信标时隙内发出的。判定方法如下：查看收到的“中央信标”的“信标时间戳”是否介于“信标周期起始网络基准时 +i× 信标时隙长度”和“信标周期起始网络基准时 +（i+1）× 信标时隙长度”之间，其中 i=0 或 1 或 2。

① 在中央信标时隙发出“中央信标”，则通过；

② 其他情况，则失败。

（4）软件平台模拟未入网 STA-1 通过透明物理设备在 CCO 安排的 CSMA 时隙向待测 CCO 设备发送“关联请求报文”3 次，查看是否收到相应的“选择确认报文”。

①未收到对应的“选择确认帧”，则失败；

②收到对应的“选择确认帧”，则通过。

（5）启动定时器（定时时长15s），查看是否在规定的CSMA时隙内收到待测CCO发出的“关联确认报文/关联汇总指示报文”。

判定方法如下：查看透明物理设备上传的“关联确认/关联汇总指示”接收时间戳，是否介于“信标周期起始网络基准时+3×信标时隙长度”和“信标周期起始网络基准时+信标周期长度”之间。

①在规定CSMA时隙收到正确“关联确认报文”或“关联汇总指示报文”，则通过；

②在规定CSMA时隙收到“关联确认报文”或“关联汇总指示报文”，但报文错误，则失败；

③定时器溢出，未收到关联确认报文或关联汇总指示报文，则失败；

④其他情况，则失败。

（6）启动定时器（定时时长15s），软件平台收到待测CCO发送的“中央信标”后，定时器溢出前，查看是否对已入网STA-1进行了发现信标时隙的规划。

①进行了发现信标时隙的规划，则通过；

②没有进行发现信标时隙的规划，则失败。

（7）软件平台模拟已入网STA-1在CCO安排的CSMA时隙内通过透明物理设备转发未入网STA-2的“关联请求报文”3次，查看是否收到相应的“选择确认报文”。

①未收到对应的“选择确认帧”，则失败；

②收到对应的“选择确认帧”，则通过。

（8）启动定时器（定时时长15s），查看是否在规定的CSMA时隙内收到待测CCO发出的“关联确认报文”。

判定方法如下：查看透明物理设备上传的“关联确认”接收时间戳，是否介于“信标周期起始网络基准时+4×信标时隙长度”和“信标周期起始网络基准时+信标周期长度”之间。

①在规定CSMA时隙收到正确“关联确认报文”，则通过；

②在规定CSMA时隙收到“关联确认报文”，但报文错误，则失败；

③定时器溢出，未收到“关联确认报文”，则失败；

④其他情况，则失败。

（9）启动定时器（定时时长15s），软件平台收到待测CCO发送的“中央信标”后，查看是否对新入网的STA-2进行了发现信标时隙的规划，是否对虚拟PCO-1进行了代理信标时隙的规划。

①对STA-2进行了发现信标时隙的规划且对PCO-1进行了代理信标时隙的规划，则通过；

②未对STA-2进行发现信标时隙的规划或未对PCO-1进行代理信标时隙的规划，则失败；

③ 其他情况，则失败。

（10）软件平台模拟集中器通过串口向待测 CCO 发送目标站点为 STA-2 的“监控从节点”命令（面向对象测试用例下发的报文内包含 DL/T 698.45 报文，非面向对象测试用例下发的报文内包含 DL/T 645 报文），同时启动定时器（定时时长 15s），查看是否收到“监控从节点”上行报文。

① 定时器溢出前，收到正确的“监控从节点”上行报文，则通过；

② 定时器溢出，未收到正确的“监控从节点”上行报文，则失败；

③ 其他情况，则失败。

（11）启动定时器（定时时长 15s），软件平台查看是否在规定的 CSMA 时隙内收到正确的下行“抄表报文”。

判定方法如下：查看透明物理设备上传的“抄表报文”接收时间戳，是否介于“信标周期起始网络基准时 +5 × 信标时隙长度”和“信标周期起始网络基准时 + 信标周期长度”之间。

① 在规定的 CSMA 时隙内收到正确的下行“抄表报文”，则通过；

② 在规定的 CSMA 时隙收到下行“抄表报文”，但报文错误，则失败；

③ 定时器溢出，未收到下行“抄表报文”，则失败；

④ 其他情况，则失败。

注：所有需要“选择确认帧”确认的测试用例，若没有收到“选择确认帧”，则失败。所有的“发现列表报文”“心跳检测报文”等其他本测试例不关心的报文被收到后，直接丢弃，不做判断。

5.4.2 STA/PCO 在规定时隙发送相应帧测试用例

STA/PCO 在规定时隙发送相应帧测试用例主要验证 STA/PCO 是否能够在中央信标指定的时隙内完成信标帧及 SOF 帧的发送。本测试用例的检查项目如下。

（1）测试 STA 是否在中央信标规定的 CSMA 时隙的相应相线发送 SOF 帧。

（2）测试中央信标未给 STA 规划发现信标时隙时，STA 是否不会发出发现信标。

（3）测试 STA 是否在中央信标规定的发现信标时隙内发送发现信标。

（4）测试 PCO 是否在中央信标规定的 CSMA 时隙的相应相线发送 SOF 帧。

（5）测试中央信标未给 PCO 规划代理信标时隙时，PCO 是否不会发出代理信标。

（6）测试 PCO 是否在中央信标规定的代理信标时隙内发送代理信标。

STA/PCO 在规定时隙发送相应帧测试用例的网络拓扑结构如图 5-12 所示。

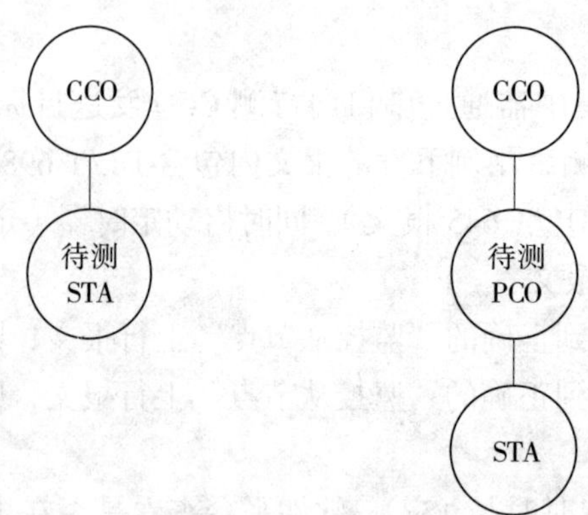

图 5-12　STA/PCO 在规定时隙发送相应帧测试用例的网络拓扑结果

STA/PCO 在规定时隙发送相应帧测试用例的报文交互流程如图 5-13 所示。

STA/PCO 在规定时隙发送相应帧测试用例的测试步骤如下。

（1）连接设备，将待测 STA 连接在特定相线，上电初始化。

（2）软件平台模拟电能表，在收到待测 STA 的读表号请求后，通过串口向其下发表地址（对于面向对象测试用例，等待符合 DL/T 698.45 规范的表地址请求报文，并回复表地址；对于非面向对象测试用例，等待符合 DL/T 645 规范的表地址请求报文，并回复表地址）。

（3）软件平台模拟 CCO 通过透明物理设备向待测 STA 设备发送“中央信标”，同时启动定时器（定时时长 15s），查看是否在规定的 CSMA 时隙收到待测 STA 发出的“关联请求报文”。

判定方法如下：查看透明物理设备上传的“关联请求”接收时间戳，是否介于“信标周期起始网络基准时 +3× 信标时隙长度”和“信标周期起始网络基准时 + 信标周期长度”之间。

① 若在规定时隙内收到正确的“关联请求报文”，则通过；

② 若在规定时隙内收到错误的“关联请求报文”，则失败；

③ 若在规定时隙内未收到“关联请求报文”，则失败；

④ 其他情况，则失败。

（4）软件平台向待测 STA 发送对应的“选择确认帧”，选择确认帧由接收机自动完成，并在 CSMA 时隙通过透明物理设备向待测 STA 发送“关联确认报文”。

（5）软件平台模拟 CCO 通过透明物理设备向待测 STA 设备发送“中央信标”，不安排已入网 STA 的发现信标时隙，同时启动定时器（定时时长 15s），查看是否不会收到待测 STA 发出的“发现信标”。

① 定时器溢出，若没有响应，则通过；

② 其他情况，则失败。

（6）软件平台模拟 CCO 通过透明物理设备向待测 STA 设备发送“中央信标”，安排已入网 STA 的发现信标时隙，同时启动定时器（定时时长 15s），查看是否在规定的发现信标时隙收到待测 STA 发出的“发现信标”。

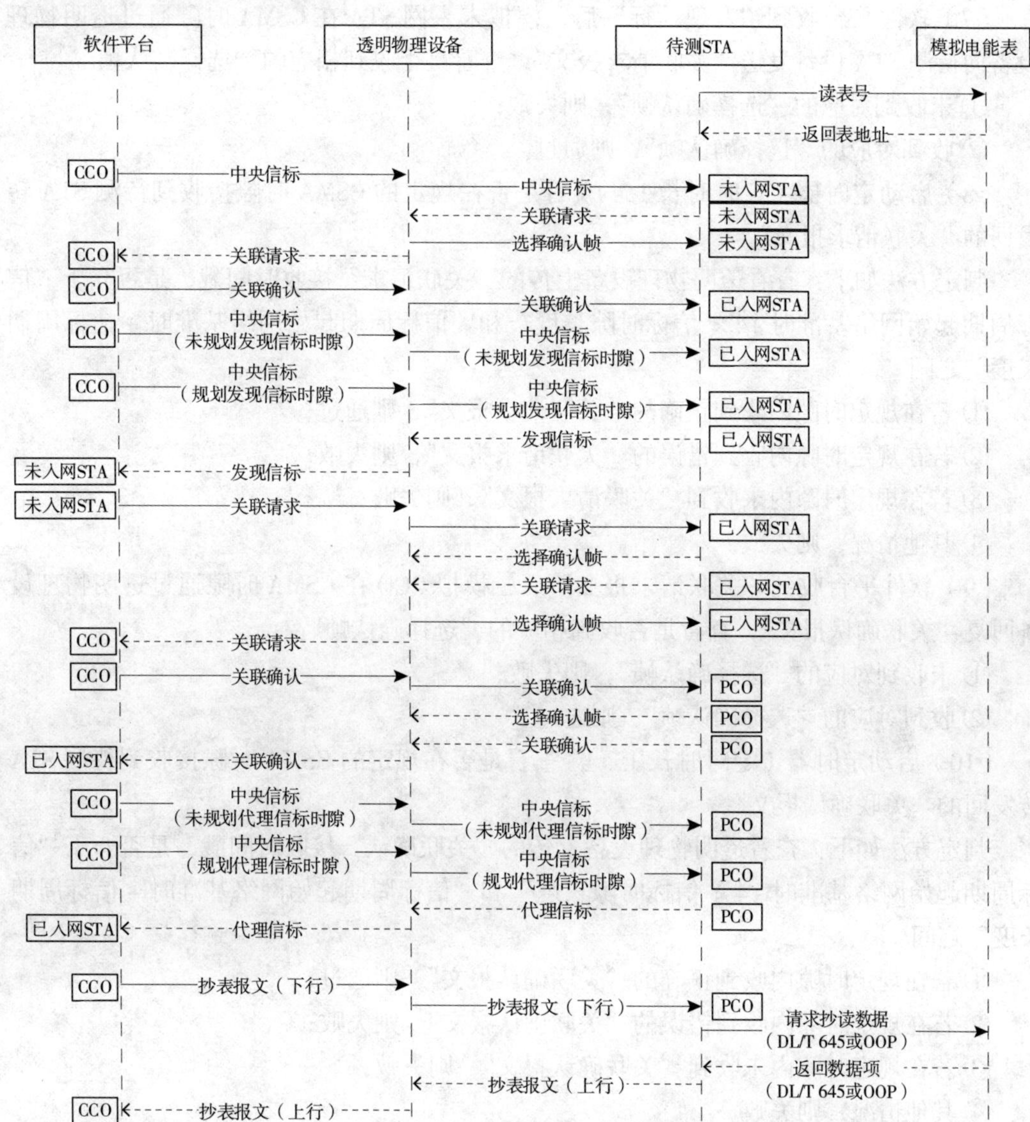

图 5-13　STA/PCO 在规定时隙发送相应帧测试用例的报文交互流程

判定方法如下：查看透明物理设备上传的“发现信标”的“信标时间戳”，是否介于“信标周期起始网络基准时 +3 × 信标时隙长度”和“信标周期起始网络基准时 +4 × 信标时隙长度”之间。

① 若在规定时隙内收到正确的“发现信标”，则通过；

② 若在规定时隙内收到错误的“发现信标”，则失败；

③ 若在规定时隙未收到“发现信标”，则失败；

④ 其他情况，则失败。

（7）软件平台收到“发现信标”后，模拟未入网 STA 在 CSMA 时隙通过透明物理设备向待测 STA 设备发送“关联请求报文”，查看是否收到相应的“选择确认帧”。

① 未收到对应的“选择确认帧”，则失败；

② 收到对应的“选择确认帧”，则通过。

（8）启动定时器（定时时长 15s），看是否在规定的 CSMA 时隙接收到待测 STA 转发回的“关联请求报文”。

判定方法如下：查看透明物理设备上传的“关联请求”接收时间戳，是否介于“信标周期起始网络基准时 +4× 信标时隙长度”和“信标周期起始网络基准时 + 信标周期长度”之间。

① 若在规定时隙内收到正确的“关联请求报文”，则通过；

② 若在规定时隙内收到错误的“关联请求报文”，则失败；

③ 若在规定时隙内未收到“关联请求报文”，则失败；

④ 其他情况，则失败。

（9）软件平台收到“关联请求报文”后，模拟 CCO 在 CSMA 时隙通过透明物理设备回复“关联确认报文”，查看是否收到相应的“选择确认帧”。

① 未收到对应的“选择确认帧”，则失败；

② 收到对应的“选择确认帧”，则通过。

（10）启动定时器（定时时长 15s），查看是否在规定的 CSMA 时隙接收到待测 STA 转发回的“关联确认报文”。

判定方法如下：查看透明物理设备上传的“关联确认”接收时间戳，是否介于“信标周期起始网络基准时 +4× 信标时隙长度”和“信标周期起始网络基准时 + 信标周期长度”之间。

① 若在规定时隙内收到正确的“关联确认报文”，则通过；

② 若在规定时隙内收到错误的“关联确认报文”，则失败；

③ 若在规定时隙内未收到“关联确认报文”，则失败；

④ 其他情况，则失败。

（11）软件平台收到“关联确认报文”后，模拟 CCO 通过透明物理设备发送“中央信标”，不安排 PCO 的代理信标时隙，同时启动定时器（定时时长 15s），查看是否不会收到待测 PCO 发出的“代理信标”。

① 定时器溢出，若没有“代理信标”，则通过；

② 其他情况，则失败。

（12）软件平台收到“关联确认”后，模拟 CCO 通过透明物理设备发送“中央信标”，安排 PCO 的代理信标时隙，同时启动定时器（定时时长 15s），查看是否在规定的代理信标时隙内收到待测 PCO 的“代理信标”。

判定方法如下：查看透明物理设备上传的“代理信标”的“信标时间戳”，是否介于“信标周期起始网络基准时 +4× 信标时隙长度”和“信标周期起始网络基准时 +5×

信标时隙长度”之间。

① 若在规定时隙内收到正确的代理信标，则通过；

② 若在规定时隙未收到报文，则失败；

③ 其他情况，则失败。

（13）软件平台模拟 CCO 通过透明物理设备向待测 PCO 发送“抄表报文”（下行），用于点抄待测 PCO 的特定数据项，查看是否收到相应的“选择确认帧”（对于面向对象测试用例，下行抄表报文抄读数据内容符合 DL/T 698.45 规范；对于非面向对象测试用例，下行抄表报文抄读数据内容符合 DL/T 645 规范）。

① 未收到对应的“选择确认帧”，则失败；

② 收到对应的“选择确认帧”，则通过。

（14）软件平台在串口收到待测 PCO 的抄读数据请求后，软件平台模拟电能表通过串口向其返回数据项。

（15）启动定时器（定时时长 15s），软件平台查看是否在规定的 CSMA 时隙收到待测 PCO 返回的“抄表报文”（上行）。

判定方法如下：查看透明物理设备上传的“抄表报文”接收时间戳，是否介于“信标周期起始网络基准时 +5 × 信标时隙长度”和“信标周期起始网络基准时 + 信标周期长度”之间。

① 在规定 CSMA 时隙收到“抄表报文”，则通过；

② 定时器溢出，未在规定 CSMA 时隙收到“抄表报文”，则失败；

③ 其他情况，则失败。

注：所有需要“选择确认帧”确认的测试用例，若没有收到“选择确认帧”，则失败。所有的“发现列表报文”“心跳检测报文”等其他本测试用例不关心的报文被收到后，直接丢弃，不做判断。

5.5　数据链路层信道访问一致性测试用例

5.5.1　CCO 的 CSMA 时隙访问测试用例

CCO 的 CSMA 时隙访问测试用例主要验证待测 CCO 所发送的 SOF 帧是否在中央信标的 CSMA 时隙内。

CCO 的 CSMA 时隙访问测试用例的报文交互流程如图 5-14 所示。

CCO 的 CSMA 时隙访问测试用例的测试步骤如下。

（1）连接设备，上电初始化。

（2）软件平台模拟集中器，向待测 CCO 下发“添加从节点”命令，将目标网络站点的 MAC 地址下发到 CCO 中，等待“确认”[面向对象测试用例下发的从节点规约类型为 3（DL/T 698.45），非面向对象测试用例下发的从节点规约类型为 2（DL/T 645）]。

（3）软件平台收到待测 CCO 发送的“中央信标”后，模拟未入网 STA 向待测 CCO 发送关联请求，并入网成功。

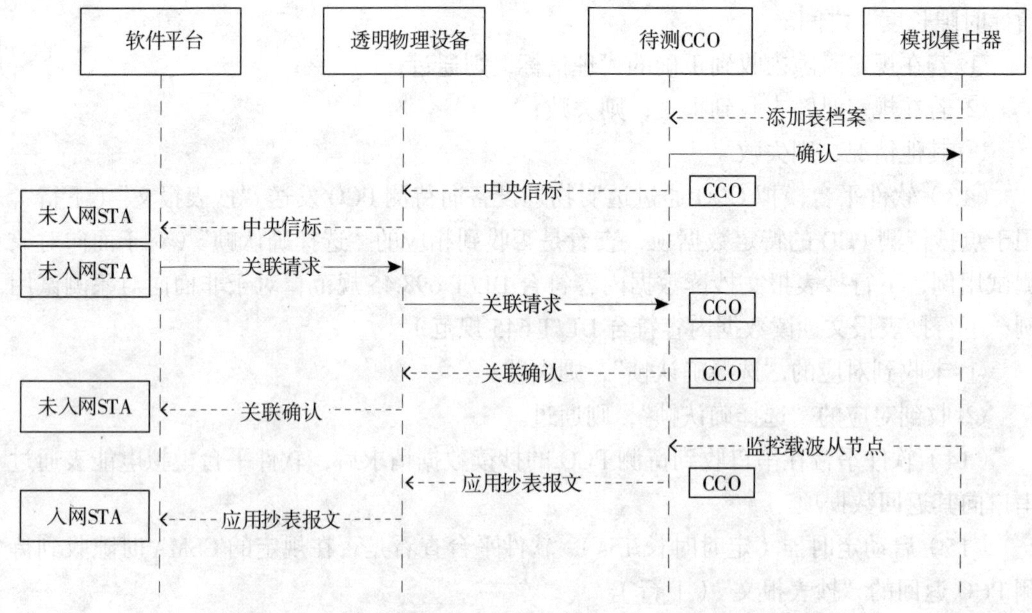

图 5-14　CCO 的 CSMA 时隙访问测试用例的报文交互流程

（4）软件平台模拟集中器，向待测 CCO 下发“监控载波从节点”命令（目的地址为模拟未入网 STA 入网时发送的 MAC 地址），并启动定时器（定时时长 30s）（面向对象测试用例下发的报文内包含 DL/T 698.45 报文，非面向对象测试用例下发的报文内包含 DL/T 645 报文）。

（5）在定时时间内，软件平台若没有收到站点发出的“抄表”报文，则失败；若收到，则查看软件平台所接收到报文的时间戳值是否在中央信标所安排的 CSMA 时隙内，若是，则测试通过，若不是，则测试失败。

5.5.2　CCO 的冲突退避测试用例

CCO 的冲突退避测试用例验证待测 CCO 冲突帧退避间隔是否符合协议规定退避间隔。本测试用例的检查项目如下。

（1）判断硬件平台上报的多条 SOF 帧帧间隔 NTB 差值是否大于 400μs。

（2）检查 SOF 帧控制域帧长（FL>40μs）。

CCO 的冲突退避测试用例的报文交互流程如图 5-15 所示。

CCO 的冲突退避测试用例的测试步骤如下。

（1）连接设备，上电初始化。

（2）软件平台模拟集中器，向待测 CCO 下发“添加从节点”命令，将目标网络站点的 MAC 地址下发到 CCO 中，等待“确认”[面向对象测试用例下发的从节点规约类型为 3（DL/T 698.45），非面向对象测试用例下发的从节点规约类型为 2（DL/T 645）]。

（3）软件平台收到待测 CCO 发送的中央信标后，模拟未入网 STA 向待测 CCO 设备发送关联请求，并入网成功。

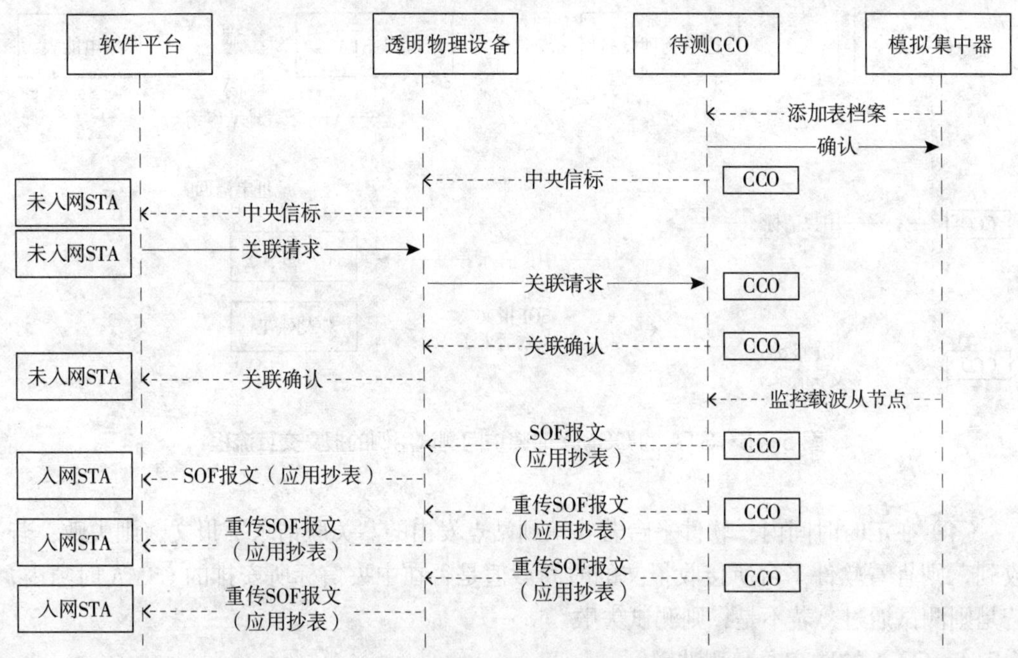

图 5-15　CCO 的冲突退避测试用例的报文交互流程

（4）软件平台模拟集中器，向待测 CCO 下发“监控载波从节点”命令（目的地址为模拟未入网 STA 入网时发送的 MAC 地址），并启动定时器（定时时长 30s）（面向对象测试用例下发的报文内包含 DL/T 698.45 报文，非面向对象测试用例下发的报文内包含 DL/T 645 报文）。

（5）在定时时间内，软件平台若收不到站点发出的抄表报文（即 SOF 报文），则失败；若收到，软件平台不对该抄表报文回复 SACK，造成待测 CCO 认为需要回复 SACK 帧，待测 CCO 未得到回复，被多条“抄表”重传帧冲突导致丢失情况（或回复 SACK 帧中接收结果域为 1——“SOF 帧的物理块存在循环冗余校验失败的情形”）。

（6）软件平台等待接收到多条“抄表”重传帧，并对比多条重传帧 NTB 值及帧控制域帧长度 FL 值。

5.5.3　STA 的 CSMA 时隙访问测试用例

STA 的 CSMA 时隙访问测试用例验证待测 STA 所发送的 SOF 帧是否在中央信标的 CSMA 时隙内。

STA 的 CSMA 时隙访问测试用例的报文交互流程如图 5-16 所示。

STA 的 CSMA 时隙访问测试用例的测试步骤如下。

（1）连接设备，将待测 STA 上电初始化。

（2）软件平台模拟电能表，在收到待测 STA 的读表号请求后，向其下发表地址。

（3）软件平台模拟 CCO 周期性向待测 STA 发送“中央信标”，同时启动定时器（定时时长 30s），等待待测 STA 发出的“关联请求”报文。

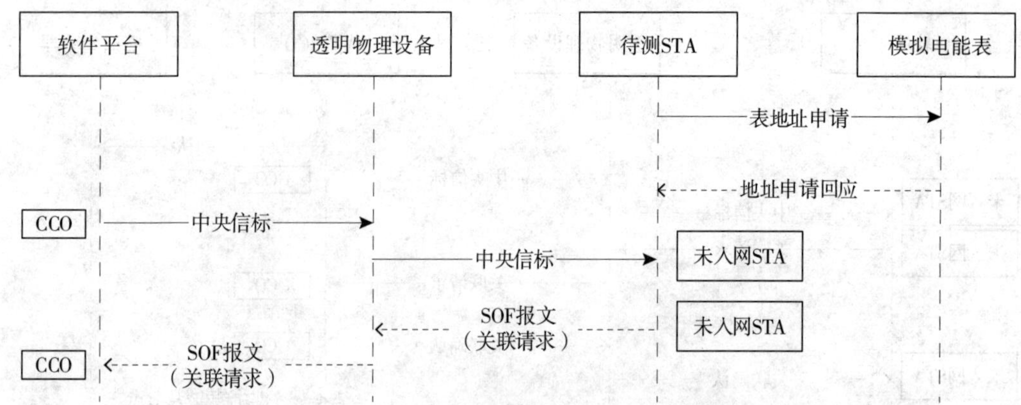

图 5-16　STA 的 CSMA 时隙访问测试用例的报文交互流程

（4）在定时时间内，软件平台若收不到站点发出的“关联请求”报文，则失败；若收到，则查看软件平台所接收报文的时间戳值是否在中央信标所安排的 CSMA 时隙内，若是则测试通过，若不是，则测试失败。

5.5.4　STA 的冲突退避测试用例

STA 的冲突退避测试用例验证待测 STA 冲突帧退避间隔是否符合协议规定退避间隔。本测试用例的检查项目如下。

（1）判断硬件平台上报的多条 SOF 帧帧间隔 NTB 差值是否大于 400μs。

（2）检查 SOF 帧控制域帧长（FL>40μs）。

STA 的冲突退避测试用例的报文交互流程如图 5-17 所示。

STA 的冲突退避测试用例的测试步骤如下。

（1）连接设备，将待测 STA 上电初始化。

（2）软件平台模拟电能表，在收到待测 STA 的读表号请求后，向其下发表地址。

（3）软件平台模拟 CCO 周期性向待测 STA 设备发送“中央信标”，同时启动定时器（定时时长 30s），等待待测 STA 发出的“关联请求”报文。

（4）在定时时间内，软件平台若收不到站点发出的“关联请求”报文（即单播 SOF 帧），软件平台不回复 SACK 帧，造成待测 STA 认为需要回复 SACK 帧，待测 STA 未得到回复，被多条关联请求重传帧冲突导致丢失情形（或回复 SACK 帧中接收结果域为 1——“SOF 帧的物理块存在循环冗余校验失败的情形”）。

（5）软件平台等待接收到多条关联请求重传帧，并对比多条关联请求帧的重传帧间隔 NTB 值及帧控制域帧长度 FL，计算对应的帧间隔是否符合竞争间隔大小要求。若符合，则测试通过；否则，测试未通过，并记录相关数据信息。

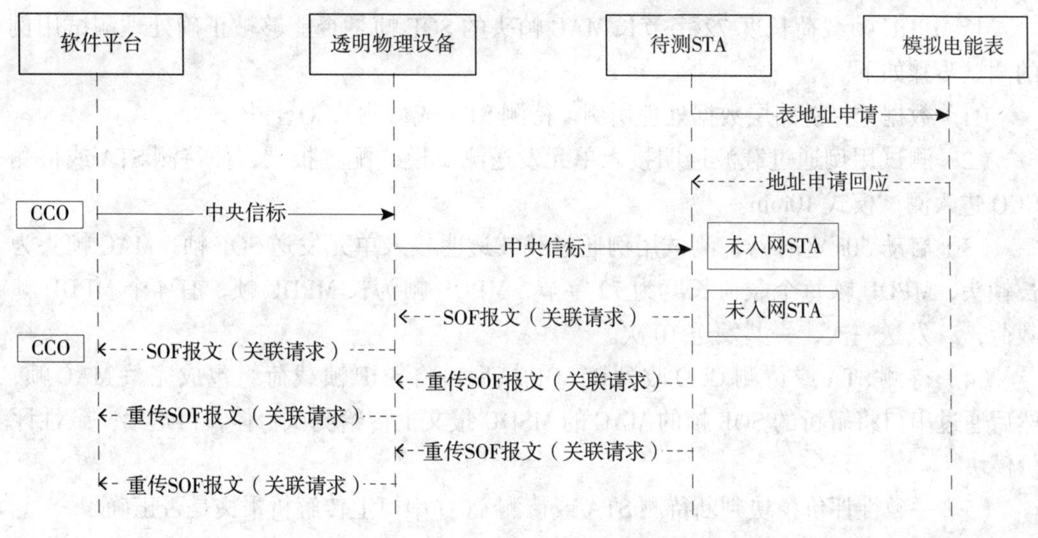

图 5-17　STA 的冲突退避测试用例的报文交互流程

5.6　数据链路层 MAC 报文数据处理协议一致性测试用例

5.6.1　长 MPDU 帧载荷长度 72 字节长 MAC 帧头的 SOF 帧是否能够被正确处理测试用例

长 MPDU 帧载荷长度 72 字节长 MAC 帧头的 SOF 帧是否能够被正确处理测试用例依据《低压电力线高速载波通信互联互通技术规范　第 4-2 部分：数据链路层通信协议》，验证 DUT 长 MPDU 帧载荷长度 72 字节长 MAC 帧头的 SOF 帧是否能够被正确处理及 DUT 串口上传解析报文与测试台体发送 SOF 帧的 MAC 的 MSDU 报文是否相同。

长 MPDU 帧载荷长度 72 字节长 MAC 帧头的 SOF 帧是否能够被正确处理测试用例的报文交互流程如 5-18 所示。

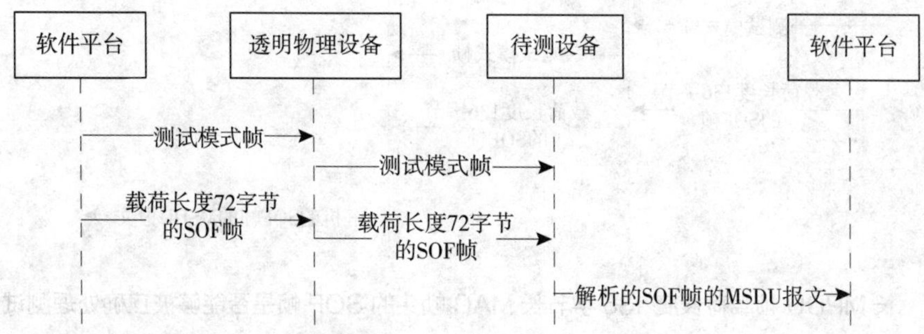

图 5-18　长 MPDU 帧载荷长度 72 字节长 MAC 帧头的 SOF 帧是否能够被正确处理测试用例的报文交互流程

长 MPDU 帧载荷长度 72 字节长 MAC 帧头的 SOF 帧是否能够被正确处理测试用例的测试步骤如下。

（1）数据选择链路层数据处理用例，待测 STA 或待测 CCO 上电。

（2）测试用例通过载波透明接入单元发送测试模式配置报文，使待测 STA 或待测 CCO 进入测试模式 10min。

（3）启动 50s 定时器，测试用例通过载波透明接入单元发送 SOF 帧，MAC 帧头为长帧头，MPDU 帧每个载荷长度为 72 字节，MPDU 帧为长 MPDU 帧，有 4 个 MPDU 帧载荷，5s 发送一次，一共发送 10 次。

（4）待测 STA 或待测 CCO 收到该 SOF 帧后，将 SOF 帧载荷组包成完整 MAC 帧，然后通过串口将解析的 SOF 帧的 MAC 的 MSDU 报文上传给测试台体，再送给一致性评价模块。

（5）一致性评价模块判断待测 STA 或待测 CCO 串口上传解析报文是否正确。

（6）在 50s 定时器到时前，若待测 STA 或待测 CCO 的串口上传解析报文正确，则测试通过。

5.6.2 长 MPDU 帧载荷长度 136 字节长 MAC 帧头的 SOF 帧是否能够被正确处理测试用例

长 MPDU 帧载荷长度 136 字节长 MAC 帧头的 SOF 帧是否能够被正确处理测试用例依据《低压电力线高速载波通信互联互通技术规范　第 4-2 部分：数据链路层通信协议》，验证 DUT 长 MPDU 帧载荷长度 136 字节长 MAC 帧头的 SOF 帧是否能够被正确处理及 DUT 串口上传解析报文与测试台体发送 SOF 帧的 MAC 的 MSDU 报文是否相同。

长 MPDU 帧载荷长度 136 字节长 MAC 帧头的 SOF 帧是否能够被正确处理测试用例的报文交互流程如图 5-19 所示。

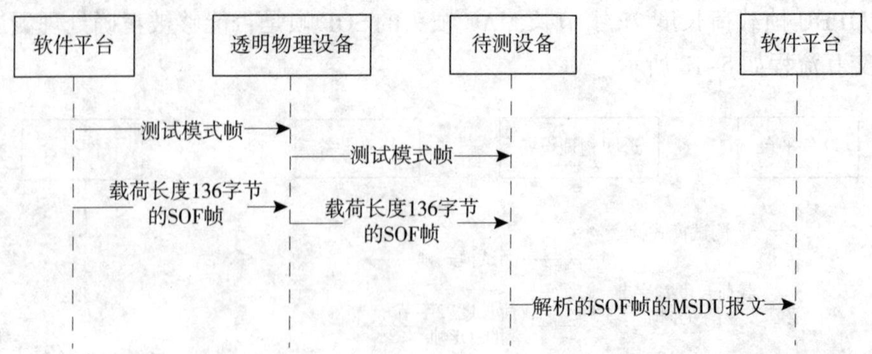

图 5-19　长 MPDU 帧载荷长度 136 字节长 MAC 帧头的 SOF 帧是否能够被正确处理测试用例的报文交互流程

长 MPDU 帧载荷长度 136 字节长 MAC 帧头的 SOF 帧是否能够被正确处理测试用例的测试步骤如下。

（1）选择数据链路层数据处理用例，待测 STA 或待测 CCO 上电。

（2）测试用例通过载波透明接入单元发送测试模式配置报文，使待测 STA 或待测 CCO 进入测试模式 10min。

（3）启动 50s 定时器，测试用例通过载波透明接入单元发送 SOF 帧，MAC 帧头为长帧头，MPDU 帧每个载荷长度为 136 字节，MPDU 帧为长 MPDU 帧，有 4 个 MPDU 帧载荷，5s 发送一次，一共发送 10 次。

（4）待测 STA 或待测 CCO 收到该 SOF 帧后，将 SOF 帧载荷组包成完整 MAC 帧，然后通过串口将解析的 SOF 帧的 MAC 的 MSDU 报文上传给测试台体，再送给一致性评价模块。

（5）一致性评价模块判断待测 STA 或待测 CCO 串口上传解析报文是否正确。

（6）在 50s 定时器到时前，若待测 STA 或待测 CCO 的串口上传解析报文正确，则测试通过。

5.6.3　长 MPDU 帧载荷长度 264 字节长 MAC 帧头的 SOF 帧是否能够被正确处理测试用例

长 MPDU 帧载荷长度 264 字节长 MAC 帧头的 SOF 帧是否能够被正确处理测试用例依据《低压电力线高速载波通信互联互通技术规范　第 4–2 部分：数据链路层通信协议》，验证 DUT 长 MPDU 帧载荷长度 264 字节长 MAC 帧头的 SOF 帧是否能够被正确处理及 DUT 串口上传解析报文与测试台体发送 SOF 帧的 MAC 的 MSDU 报文是否相同。

长 MPDU 帧载荷长度 264 字节长 MAC 帧头的 SOF 帧是否能够被正确处理测试用例的报文交互流程如图 5–20 所示。

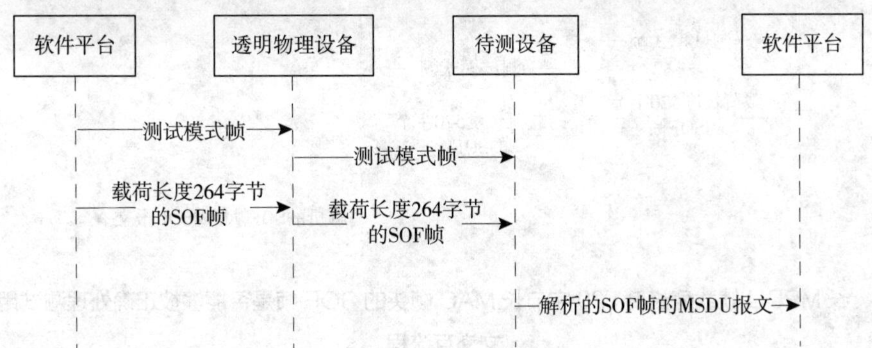

图 5–20　长 MPDU 帧载荷长度 264 字节长 MAC 帧头的 SOF 帧是否能够被正确处理测试用例的报文交互流程

长 MPDU 帧载荷长度 264 字节长 MAC 帧头的 SOF 帧是否能够被正确处理测试用例的测试步骤如下。

（1）选择数据链路层数据处理用例，待测 STA 或待测 CCO 上电。

（2）测试用例通过载波透明接入单元发送测试模式配置报文，使待测 STA 或待测

CCO 进入测试模式 10min。

（3）启动 50s 定时器，测试用例通过载波透明接入单元发送 SOF 帧，MAC 帧头为长帧头，MPDU 帧每个载荷长度为 264 字节，MPDU 帧为长 MPDU 帧，有 4 个 MPDU 帧载荷（频段 2 为两个 MPDU 帧载荷），5s 发送一次，一共发送 10 次。

（4）待测 STA 或待测 CCO 收到该 SOF 帧后，将 SOF 帧载荷组包成完整 MAC 帧，然后通过串口将解析的 SOF 帧的 MAC 的 MSDU 报文上传给测试台体，再送给一致性评价模块。

（5）一致性评价模块判断待测 STA 或待测 CCO 串口上传解析报文是否正确。

（6）在 50s 定时器到时前，若待测 STA 或待测 CCO 的串口上传解析报文正确，则测试通过。

5.6.4 长 MPDU 帧载荷长度 520 字节长 MAC 帧头的 SOF 帧是否能够被正确处理测试用例

长 MPDU 帧载荷长度 520 字节长 MAC 帧头的 SOF 帧是否能够被正确处理测试用例依据《低压电力线高速载波通信互联互通技术规范　第 4-2 部分：数据链路层通信协议》，验证 DUT 长 MPDU 帧载荷长度 520 字节长 MAC 帧头的 SOF 帧是否能够被正确处理及 DUT 串口上传解析报文与测试台体发送 SOF 帧的 MAC 的 MSDU 报文是否相同。

长 MPDU 帧载荷长度 520 字节长 MAC 帧头的 SOF 帧是否能够被正确处理测试用例的报文交互流程如图 5-21 所示。

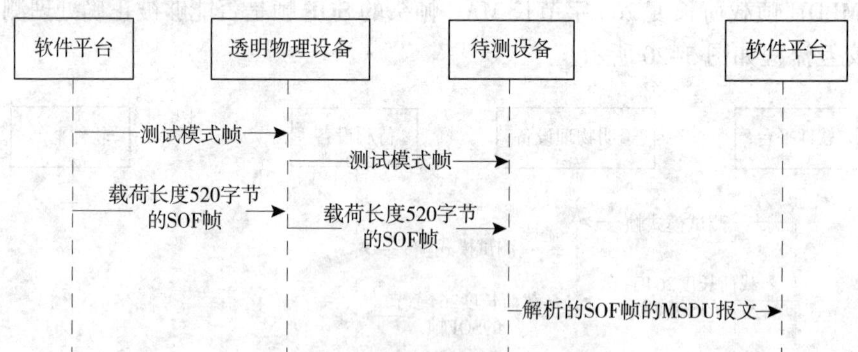

图 5-21　长 MPDU 帧载荷长度 520 字节长 MAC 帧头的 SOF 帧是否能够被正确处理测试用例的报文交互流程

长 MPDU 帧载荷长度 520 字节长 MAC 帧头的 SOF 帧是否能够被正确处理测试用例的测试步骤如下。

（1）选择数据链路层数据处理用例，待测 STA 或待测 CCO 上电。

（2）测试用例通过载波透明接入单元发送测试模式配置报文，使待测 STA 或待测 CCO 进入测试模式 10min。

（3）启动 50s 定时器，测试用例通过载波透明接入单元发送 SOF 帧，MAC 帧头为长帧头，MPDU帧每个载荷长度为520字节，MPDU帧为长MPDU帧，有4个MPDU帧载荷，5s发送一次，一共发送10次。

（4）待测STA或待测CCO收到该SOF帧后，将SOF帧载荷组包成完整MAC帧，然后通过串口将解析的SOF帧的MAC的MSDU报文上传给测试台体，再送给一致性评价模块。

（5）一致性评价模块判断待测STA或待测CCO串口上传解析报文是否正确。

（6）在50s定时器到时前，若待测STA或待测CCO的串口上传解析报文正确，则测试通过。

5.6.5 长MPDU帧载荷长度72字节短MAC帧头的SOF帧是否能够被正确处理测试用例

长MPDU帧载荷长度72字节短MAC帧头的SOF帧是否能够被正确处理测试用例依据《低压电力线高速载波通信互联互通技术规范　第4-2部分：数据链路层通信协议》，验证DUT长MPDU帧载荷长度72字节短MAC帧头的SOF帧是否能够被正确处理及DUT串口上传解析报文与测试台体发送SOF帧的MAC的MSDU报文是否相同。

长MPDU帧载荷长度72字节短MAC帧头的SOF帧是否能够被正确处理测试用例的报文交互流程如图5-22所示。

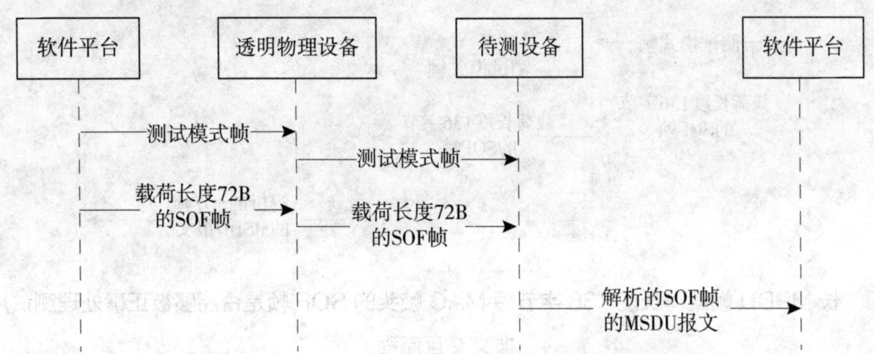

图5-22　长MPDU帧载荷长度72字节短MAC帧头的SOF帧是否能够被正确处理测试用例的报文交互流程

长MPDU帧载荷长度72字节短MAC帧头的SOF帧是否能够被正确处理测试用例的测试步骤如下。

（1）选择数据链路层数据处理用例，待测STA或待测CCO上电。

（2）测试用例通过载波透明接入单元发送测试模式配置报文，使待测STA或待测CCO进入测试模式10min。

（3）启动50s定时器，测试用例通过载波透明接入单元发送SOF帧，MAC帧头为短帧头，MPDU帧每个载荷长度为72字节，MPDU帧为长MPDU帧，有4个MPDU帧载荷，5s发送一次，一共发送10次。

（4）待测 STA 或待测 CCO 收到该 SOF 帧后，将 SOF 帧载荷组包成完整 MAC 帧，然后通过串口将解析的 SOF 帧的 MAC 的 MSDU 报文上传给测试台体，再送给一致性评价模块。

（5）一致性评价模块判断待测 STA 或待测 CCO 串口上传解析报文是否正确。

（6）在 50s 定时器到时前，若待测 STA 或待测 CCO 的串口上传解析报文正确，则测试通过。

5.6.6 长 MPDU 帧载荷长度 136 字节短 MAC 帧头的 SOF 帧是否能够被正确处理测试用例

长 MPDU 帧载荷长度 136 字节短 MAC 帧头的 SOF 帧是否能够被正确处理测试用例依据《低压电力线高速载波通信互联互通技术规范　第 4–2 部分：数据链路层通信协议》，验证 DUT 长 MPDU 帧载荷长度 136 字节短 MAC 帧头的 SOF 帧是否能够被正确处理及 DUT 串口上传解析报文与测试台体发送 SOF 帧的 MAC 的 MSDU 报文相同。

长 MPDU 帧载荷长度 136 字节短 MAC 帧头的 SOF 帧是否能够被正确处理测试用例的报文交互流程如图 5–23 所示。

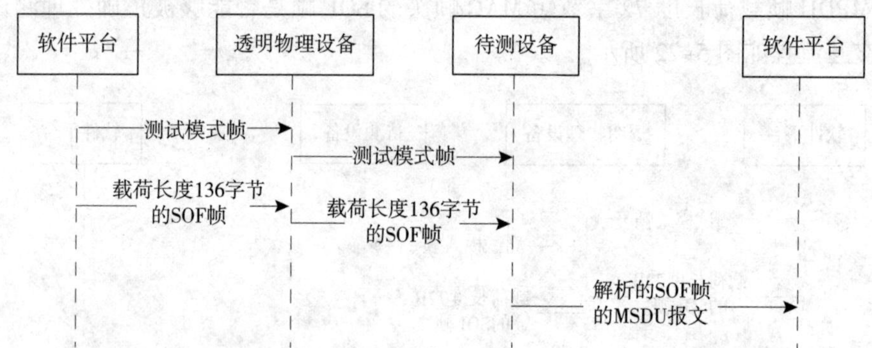

图 5–23　长 MPDU 帧载荷长度 136 字节短 MAC 帧头的 SOF 帧是否能够被正确处理测试用例的报文交互流程

长 MPDU 帧载荷长度 136 字节短 MAC 帧头的 SOF 帧是否能够被正确处理测试用例的测试步骤如下。

（1）选择数据链路层数据处理用例，待测 STA 或待测 CCO 上电。

（2）测试用例通过载波透明接入单元发送测试模式配置报文，使待测 STA 或待测 CCO 进入测试模式 10min。

（3）启动 50s 定时器，测试用例通过载波透明接入单元发送 SOF 帧，MAC 帧头为短帧头，MPDU 帧每个载荷长度为 136 字节，MPDU 帧为长 MPDU 帧，有 4 个 MPDU 帧载荷，5s 发送一次，一共发送 10 次。

（4）待测 STA 或待测 CCO 收到该 SOF 帧后，将 SOF 帧载荷组包成完整 MAC 帧，然后通过串口将解析的 SOF 帧的 MAC 的 MSDU 报文上传给测试台体，再送给一致性评价模块。

（5）一致性评价模块判断待测 STA 或待测 CCO 串口上传解析报文是否正确。

（6）在 50s 定时器到时前，若待测 STA 或待测 CCO 的串口上传解析报文正确，则测试通过。

5.6.7　长 MPDU 帧载荷长度 264 字节短 MAC 帧头的 SOF 帧是否能够被正确处理测试用例

长 MPDU 帧载荷长度 264 字节短 MAC 帧头的 SOF 帧是否能够被正确处理测试用例依据《低压电力线高速载波通信互联互通技术规范　第 4-2 部分：数据链路层通信协议》，验证 DUT 长 MPDU 帧载荷长度 264 字节短 MAC 帧头的 SOF 帧是否能够被正确处理及 DUT 串口上传解析报文与测试台体发送 SOF 帧的 MAC 的 MSDU 报文是否相同。

长 MPDU 帧载荷长度 264 字节短 MAC 帧头的 SOF 帧是否能够被正确处理测试用例的报文交互流程如图 5-24 所示。

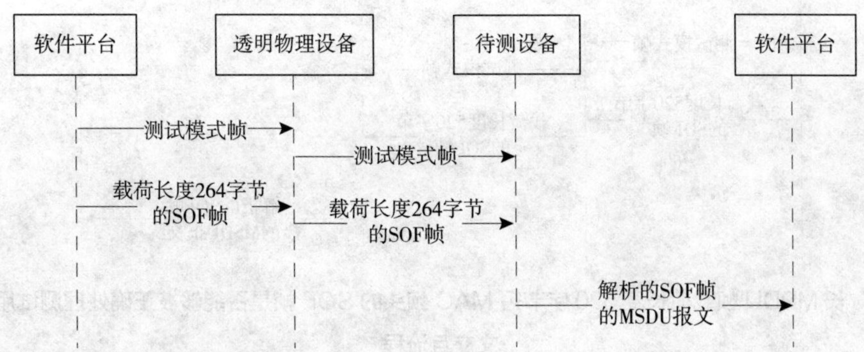

图 5-24　长 MPDU 帧载荷长度 264 字节短 MAC 帧头的 SOF 帧是否能够被正确处理测试用例的报文交互流程

长 MPDU 帧载荷长度 264 字节短 MAC 帧头的 SOF 帧是否能够被正确处理测试用例的测试步骤如下。

（1）选择数据链路层数据处理用例，待测 STA 或待测 CCO 上电。

（2）测试用例通过载波透明接入单元发送测试模式配置报文，使待测 STA 或待测 CCO 进入测试模式 10min。

（3）启动 50s 定时器，测试用例通过载波透明接入单元发送 SOF 帧，MAC 帧头为短帧头，MPDU 帧每个载荷长度为 264 字节，MPDU 帧为长 MPDU 帧，有 4 个 MPDU 帧载荷（频段 2 为两个 MPDU 帧载荷），5s 发送一次，一共发送 10 次。

（4）待测 STA 或待测 CCO 收到该 SOF 帧后，将 SOF 帧载荷组包成完整 MAC 帧，然后通过串口将解析的 SOF 帧的 MAC 的 MSDU 报文上传给测试台体，再送给一致性评价模块。

（5）一致性评价模块判断待测 STA 或待测 CCO 串口上传解析报文是否正确。

（6）在 50s 定时器到时前，若待测 STA 或待测 CCO 的串口上传解析报文正确，则测试通过。

5.6.8 长 MPDU 帧载荷长度 520 字节短 MAC 帧头的 SOF 帧是否能够被正确处理测试用例

长 MPDU 帧载荷长度 520 字节短 MAC 帧头的 SOF 帧是否能够被正确处理测试用例依据《低压电力线高速载波通信互联互通技术规范　第 4-2 部分：数据链路层通信协议》，验证 DUT 长 MPDU 帧载荷长度 520 字节短 MAC 帧头的 SOF 帧是否能够被正确处理及 DUT 串口上传解析报文与测试台体发送 SOF 帧的 MAC 的 MSDU 报文是否相同。

长 MPDU 帧载荷长度 520 短 MAC 帧头的 SOF 帧是否能够被正确处理测试用例的报文交互流程如图 5-25 所示。

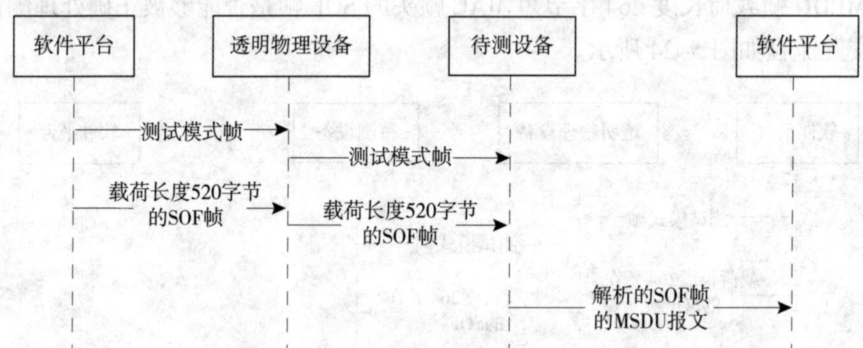

图 5-25　长 MPDU 帧载荷长度 520 字节短 MAC 帧头的 SOF 帧是否能够被正确处理测试用例的报文交互流程

长 MPDU 帧载荷长度 520 字节短 MAC 帧头的 SOF 帧是否能够被正确处理测试用例的测试步骤如下。

（1）选择数据链路层数据处理用例，待测 STA 或待测 CCO 上电。

（2）测试用例通过载波透明接入单元发送测试模式配置报文，使待测 STA 或待测 CCO 进入测试模式 10min。

（3）启动 50s 定时器，测试用例通过载波透明接入单元发送 SOF 帧，MAC 帧头为短帧头，MPDU 帧每个载荷长度为 520 字节，MPDU 帧为长 MPDU 帧，有 4 个 MPDU 帧载荷，5s 发送一次，一共发送 10 次。

（4）待测 STA 或待测 CCO 收到该 SOF 帧后，将 SOF 帧载荷组包成完整 MAC 帧，然后通过串口将解析的 SOF 帧的 MAC 的 MSDU 报文上传给测试台体，再送给一致性评价模块。

（5）一致性评价模块判断待测 STA 或待测 CCO 串口上传解析报文是否正确。

（6）在 50s 定时器到时前，若待测 STA 或待测 CCO 的串口上传解析报文正确，则测试通过。

5.6.9　短 MPDU 帧载荷长度 72 字节长 MAC 帧分多包 MPDU 的 SOF 帧是否能够被正确处理测试用例

短 MPDU 帧载荷长度 72 字节长 MAC 帧分多包 MPDU 的 SOF 帧是否能够被正确处理测试用例依据《低压电力线高速载波通信互联互通技术规范　第 4-2 部分：数据链路层通信协议》，验证 DUT 短 MPDU 帧载荷长度 72 字节长 MAC 帧分多包 MPDU 的 SOF 帧是否能够被正确处理及 DUT 串口上传解析报文与测试台体发送 SOF 帧的 MAC 的 MSDU 报文是否相同。

短 MPDU 帧载荷长度 72 字节长 MAC 帧分多包 MPDU 的 SOF 帧是否能够被正确处理测试用例的报文交互流程如图 5-26 所示。

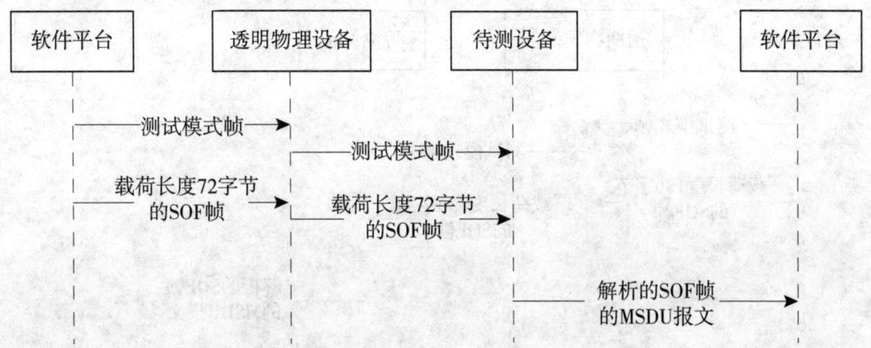

图 5-26　短 MPDU 帧载荷长度 72 字节长 MAC 帧分多包 MPDU 的 SOF 帧是否能够被正确处理测试用例的报文交互流程

短 MPDU 帧载荷长度 72 字节长 MAC 帧分多包 MPDU 的 SOF 帧是否能够被正确处理测试用例的测试步骤如下。

（1）选择数据链路层数据处理用例，待测 STA 或待测 CCO 上电。

（2）测试用例通过载波透明接入单元发送测试模式配置报文，使待测 STA 或待测 CCO 进入测试模式 10min。

（3）启动 50s 定时器，测试用例通过载波透明接入单元发送 SOF 帧，MSDU 长度为 242 字节，MAC 帧头为长帧头，MPDU 帧载荷长度为 72 字节，MPDU 帧为短 MPDU 帧，只有 1 个 MPDU 帧载荷，共 4 个 MPDU 报文，5s 发送一次，一共发送 10 次。

（4）待测 STA 或待测 CCO 收到该 SOF 帧后，将 SOF 帧载荷组包成完整 MAC 帧，然后通过串口将解析的 SOF 帧的 MAC 的 MSDU 报文上传给测试台体，再送给一致性评价模块。

（5）一致性评价模块判断待测 STA 或待测 CCO 串口上传解析报文是否正确。

（6）在 50s 定时器到时前，若待测 STA 或待测 CCO 的串口上传解析报文正确，则测试通过。

5.6.10 短 MPDU 帧载荷长度 136 字节长 MAC 帧分多包 MPDU 的 SOF 帧是否能够被正确处理测试用例

短 MPDU 帧载荷长度 136 字节长 MAC 帧分多包 MPDU 的 SOF 帧是否能够被正确处理测试用例依据《低压电力线高速载波通信互联互通技术规范 第 4–2 部分：数据链路层通信协议》，验证 DUT 短 MPDU 帧载荷长度 136 字节长 MAC 帧分多包 MPDU 的 SOF 帧是否能够被正确处理及 DUT 串口上传解析报文与测试台体发送 SOF 帧的 MSDU 是否相同。

短 MPDU 帧载荷长度 136 字节长 MAC 帧分多包 MPDU 的 SOF 帧是否能够被正确处理测试用例的报文交互流程如图 5–27 所示。

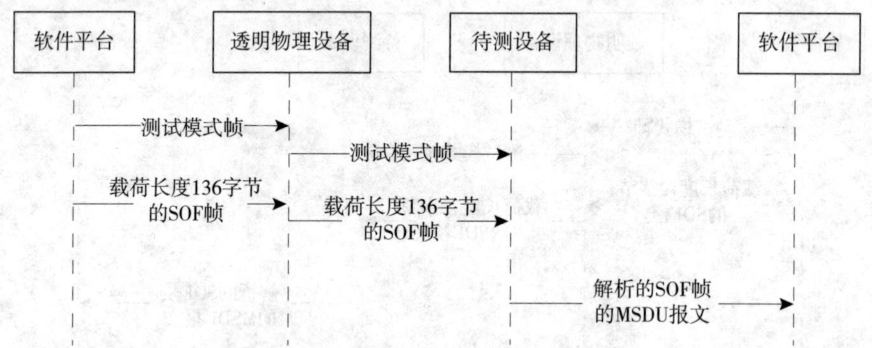

图 5–27 短 MPDU 帧载荷长度 136 字节长 MAC 帧分多包 MPDU 的 SOF 帧是否能够被正确处理测试用例的报文交互流程

短 MPDU 帧载荷长度 136 字节长 MAC 帧分多包 MPDU 的 SOF 帧是否能够被正确处理测试用例的测试步骤如下。

（1）选择数据链路层数据处理用例，待测 STA 或待测 CCO 上电。

（2）测试用例通过载波透明接入单元发送测试模式配置报文，使待测 STA 或待测 CCO 进入测试模式 10min。

（3）启动 50s 定时器，测试用例通过载波透明接入单元发送 SOF 帧，MSDU 长度为 498 字节，MAC 帧头为长帧头，MPDU 帧载荷长度为 136 字节，MPDU 帧为短 MPDU 帧，只有 1 个 MPDU 帧载荷，共 4 个 MPDU 报文，5s 发送一次，一共发送 10 次。

（4）待测 STA 或待测 CCO 收到该 SOF 帧后，将 SOF 帧载荷组包成完整 MAC 帧，然后通过串口将解析的 SOF 帧的 MAC 的 MSDU 报文上传给测试台体，再送给一致性评价模块。

（5）一致性评价模块判断待测 STA 或待测 CCO 串口上传解析报文是否正确。

（6）在 50s 定时器到时前，若待测 STA 或待测 CCO 的串口上传解析报文正确，则测试通过。

5.6.11　短 MPDU 帧载荷长度 264 字节长 MAC 帧分多包 MPDU 的 SOF 帧是否能够被正确处理测试用例

短 MPDU 帧载荷长度 264 字节长 MAC 帧分多包 MPDU 的 SOF 帧是否能够被正确处理测试用例依据《低压电力线高速载波通信互联互通技术规范　第 4-2 部分：数据链路层通信协议》，验证 DUT 短 MPDU 帧载荷长度 264 字节长 MAC 帧分多包 MPDU 的 SOF 帧是否能够被正确处理及 DUT 串口上传解析报文与测试台体发送 SOF 帧的 MAC 的 MSDU 报文是否相同。

短 MPDU 帧载荷长度 264 字节长 MAC 帧分多包 MPDU 的 SOF 帧是否能够被正确处理测试用例的报文交互流程如图 5-28 所示。

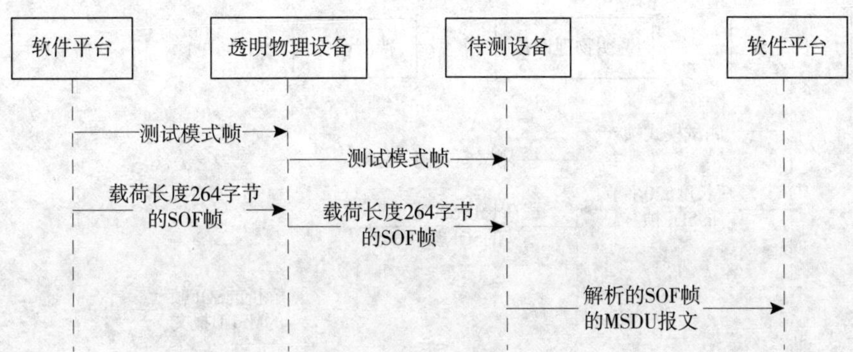

图 5-28　短 MPDU 帧载荷长度 264 字节长 MAC 帧分多包 MPDU 的 SOF 帧是否能够被正确处理测试用例的报文交互流程

短 MPDU 帧载荷长度 264 字节长 MAC 帧分多包 MPDU 的 SOF 帧是否能够被正确处理测试用例的测试步骤如下。

（1）选择数据链路层数据处理用例，待测 STA 或待测 CCO 上电。

（2）测试用例通过载波透明接入单元发送测试模式配置报文，使待测 STA 或待测 CCO 进入测试模式 10min。

（3）启动 50s 定时器，测试用例通过载波透明接入单元发送 SOF 帧，MSDU 长度为 1010 字节，MAC 帧头为长帧头，MPDU 帧载荷长度为 264 字节，MPDU 帧为短 MPDU 帧，只有 1 个 MPDU 帧载荷，共 4 个 MPDU 报文，5s 发送一次，一共发送 10 次。

（4）待测 STA 或待测 CCO 收到该 SOF 帧后，将 SOF 帧载荷组包成完整 MAC 帧，然后通过串口将解析的 SOF 帧的 MAC 的 MSDU 报文上传给测试台体，再送给一致性评价模块。

（5）一致性评价模块判断待测 STA 或待测 CCO 串口上传解析报文是否正确。

（6）在 50s 定时器到时前，若待测 STA 或待测 CCO 的串口上传解析报文正确，则测试通过。

5.6.12 短MPDU帧载荷长度520字节长MAC帧分多包MPDU的SOF帧是否能够被正确处理测试用例

短MPDU帧载荷长度520字节长MAC帧分多包MPDU的SOF帧是否能够被正确处理测试用例依据《低压电力线高速载波通信互联互通技术规范 第4-2部分：数据链路层通信协议》，验证DUT短MPDU帧载荷长度520字节长MAC帧分多包MPDU的SOF帧是否能够被正确处理及DUT串口上传解析报文与测试台体发送SOF帧的MAC的MSDU报文是否相同。

短MPDU帧载荷长度520字节长MAC帧分多包MPDU的SOF帧是否能够被正确处理测试用例的报文交互流程如图5-29所示。

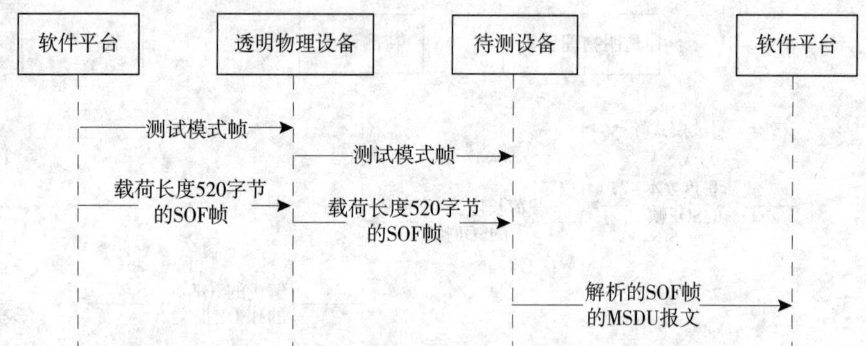

图5-29 短MPDU帧载荷长度520字节长MAC帧分多包MPDU的SOF帧是否能够被正确处理测试用例的报文交互流程

短MPDU帧载荷长度520字节长MAC帧分多包MPDU的SOF帧是否能够被正确处理测试用例的测试步骤如下。

（1）选择数据链路层数据处理用例，待测STA或待测CCO上电。

（2）测试用例通过载波透明接入单元发送测试模式配置报文，使待测STA或待测CCO进入测试模式10min。

（3）启动50s定时器，测试用例通过载波透明接入单元发送SOF帧，MSDU长度为2032字节，MAC帧头为长帧头，MPDU帧载荷长度为520字节，MPDU帧为短MPDU帧，只有1个MPDU帧载荷，共4个MPDU报文，5s发送一次，一共发送10次。

（4）待测STA或待测CCO收到该SOF帧后，将SOF帧载荷组包成完整MAC帧，然后通过串口将解析的SOF帧的MAC的MSDU报文上传给测试台体，再送给一致性评价模块。

（5）一致性评价模块判断待测STA或待测CCO串口上传解析报文是否正确。

（6）在50s定时器到时前，若待测STA或待测CCO的串口上传解析报文正确，则测试通过。

5.6.13　短 MPDU 帧载荷长度 72 字节短 MAC 帧分多包 MPDU 的 SOF 帧是否能够被正确处理测试用例

短 MPDU 帧载荷长度 72 字节短 MAC 帧分多包 MPDU 的 SOF 帧是否能够被正确处理测试用例依据《低压电力线高速载波通信互联互通技术规范　第 4-2 部分：数据链路层通信协议》，验证 DUT 短 MPDU 帧载荷长度 72 字节短 MAC 帧分多包 MPDU 的 SOF 帧是否能够被正确处理及 DUT 串口上传解析报文与测试台体发送 SOF 帧的 MAC 的 MSDU 报文是否相同。

短 MPDU 帧载荷长度 72 字节短 MAC 帧分多包 MPDU 的 SOF 帧是否能够被正确处理测试用例的报文交互流程如图 5-30 所示。

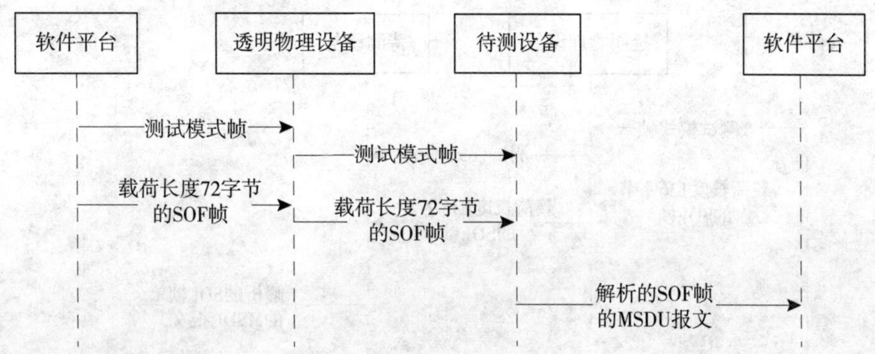

图 5-30　短 MPDU 帧载荷长度 72 字节短 MAC 帧分多包 MPDU 的 SOF 帧是否能够被正确处理测试用例的报文交互流程

短 MPDU 帧载荷长度 72 字节短 MAC 帧分多包 MPDU 的 SOF 帧是否能够被正确处理测试用例的测试步骤如下。

（1）选择数据链路层数据处理用例，待测 STA 或待测 CCO 上电。

（2）测试用例通过载波透明接入单元发送测试模式配置报文，使待测 STA 或待测 CCO 进入测试模式 10min。

（3）启动 50s 定时器，测试用例通过载波透明接入单元发送 SOF 帧，MSDU 长度为 254 字节，MAC 帧头为短帧头，MPDU 帧载荷长度为 72 字节，MPDU 帧为短 MPDU 帧，只有 1 个 MPDU 帧载荷，共 4 个 MPDU，5s 发送一次，一共发送 10 次。

（4）待测 STA 或待测 CCO 收到该 SOF 帧后，将 SOF 帧载荷组包成完整 MAC 帧，然后通过串口将解析的 SOF 帧的 MAC 的 MSDU 报文上传给测试台体，再送给一致性评价模块。

（5）一致性评价模块判断待测 STA 或待测 CCO 串口上传解析报文是否正确。

（6）在 50s 定时器到时前，若待测 STA 或待测 CCO 的串口上传解析报文正确，则测试通过。

5.6.14 短 MPDU 帧载荷长度 136 字节短 MAC 帧分多包 MPDU 的 SOF 帧是否能够被正确处理测试用例

短 MPDU 帧载荷长度 136 字节短 MAC 帧分多包 MPDU 的 SOF 帧是否能够被正确处理测试用例依据《低压电力线高速载波通信互联互通技术规范 第 4–2 部分：数据链路层通信协议》，验证 DUT 短 MPDU 帧载荷长度 136 字节短 MAC 帧分多包 MPDU 的 SOF 帧是否能够被正确处理及 DUT 串口上传解析报文与测试台体发送 SOF 帧的 MAC 的 MSDU 报文是否相同。

短 MPDU 帧载荷长度 136 字节短 MAC 帧分多包 MPDU 的 SOF 帧是否能够被正确处理测试用例的报文交互流程如图 5–31 所示。

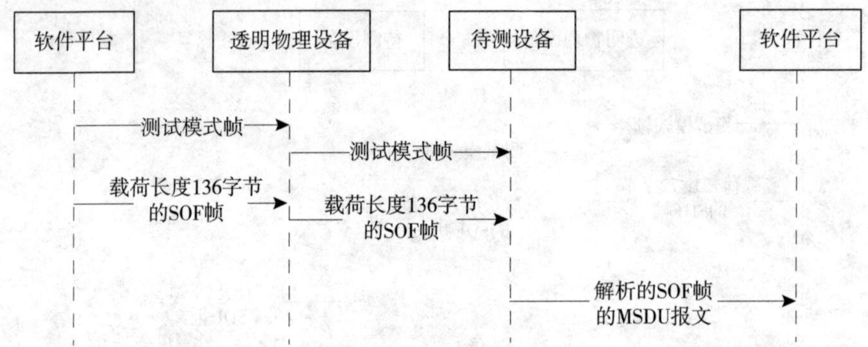

图 5–31 短 MPDU 帧载荷长度 136 字节短 MAC 帧分多包 MPDU 的 SOF 帧是否能够被正确处理测试用例的报文交互流程

短 MPDU 帧载荷长度 136 字节短 MAC 帧分多包 MPDU 的 SOF 帧是否能够被正确处理测试用例的测试步骤如下。

（1）选择数据链路层数据处理用例，待测 STA 或待测 CCO 上电。

（2）测试用例通过载波透明接入单元发送测试模式配置报文，使待测 STA 或待测 CCO 进入测试模式 10min。

（3）启动 50s 定时器，测试用例通过载波透明接入单元发送 SOF 帧，MSDU 长度为 510 字节，MAC 帧头为短帧头，MPDU 帧载荷长度为 136 字节，MPDU 帧为短 MPDU 帧，只有 1 个 MPDU 帧载荷，共 4 个 MPDU 报文，5s 发送一次，一共发送 10 次。

（4）待测 STA 或待测 CCO 收到该 SOF 帧后，将 SOF 帧载荷组包成完整 MAC 帧，然后通过串口将解析的 SOF 帧的 MAC 的 MSDU 报文上传给测试台体，再送给一致性评价模块。

（5）一致性评价模块判断待测 STA 或待测 CCO 串口上传解析报文是否正确。

（6）在 50s 定时器到时前，若待测 STA 或待测 CCO 的串口上传解析报文正确，则测试通过。

5.6.15　短 MPDU 帧载荷长度 264 字节短 MAC 帧分多包 MPDU 的 SOF 帧是否能够被正确处理测试用例

短 MPDU 帧载荷长度 264 字节短 MAC 帧分多包 MPDU 的 SOF 帧是否能够被正确处理测试用例依据《低压电力线高速载波通信互联互通技术规范　第 4-2 部分：数据链路层通信协议》，验证 DUT 短 MPDU 帧载荷长度 264 字节短 MAC 帧分多包 MPDU 的 SOF 帧是否能够被正确处理及 DUT 串口上传解析报文与测试台体发送 SOF 帧的 MAC 的 MSDU 报文是否相同。

短 MPDU 帧载荷长度 264 字节短 MAC 帧分多包 MPDU 的 SOF 帧是否能够被正确处理测试用例的报文交互流程如图 5-32 所示。

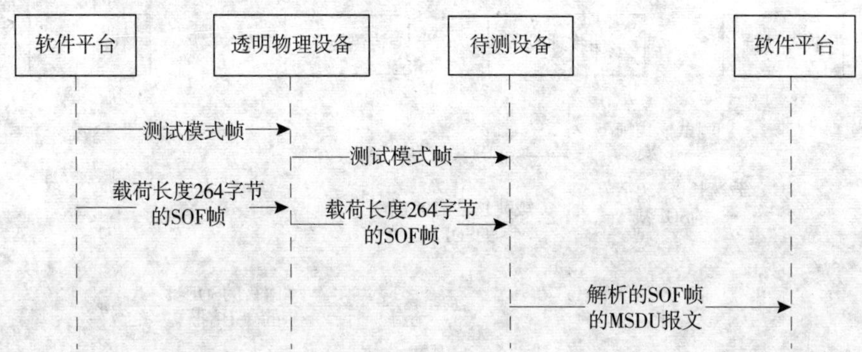

图 5-32　短 MPDU 帧载荷长度 264 字节短 MAC 帧分多包 MPDU 的 SOF 帧是否能够被正确处理测试用例的报文交互流程

短 MPDU 帧载荷长度 264 字节短 MAC 帧分多包 MPDU 的 SOF 帧是否能够被正确处理测试用例的测试步骤如下。

（1）选择数据链路层数据处理案例，待测 STA 或待测 CCO 上电。

（2）测试用例通过载波透明接入单元发送测试模式配置报文，使待测 STA 或待测 CCO 进入测试模式 10min。

（3）启动 50s 定时器，测试用例通过载波透明接入单元发送 SOF 帧，MSDU 长度为 1022 字节，MAC 帧头为短帧头，MPDU 帧载荷长度为 264 字节，MPDU 帧为短 MPDU 帧，只有 1 个 MPDU 帧载荷，共 4 个 MPDU 报文，5s 发送一次，一共发送 10 次。

（4）待测 STA 或待测 CCO 收到该 SOF 帧后，将 SOF 帧载荷组包成完整 MAC 帧，然后通过串口将解析的 SOF 帧的 MAC 的 MSDU 报文上传给测试台体，再送给一致性评价模块。

（5）一致性评价模块判断待测 STA 或待测 CCO 串口上传解析报文是否正确。

（6）在 50s 定时器到时前，若待测 STA 或待测 CCO 的串口上传解析报文正确，则测试通过。

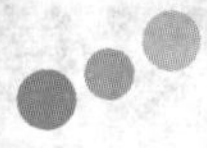

5.6.16 短 MPDU 帧载荷长度 520 字节短 MAC 帧分多包 MPDU 的 SOF 帧是否能够被正确处理测试用例

短 MPDU 帧载荷长度 520 字节短 MAC 帧分多包 MPDU 的 SOF 帧是否能够被正确处理测试用例依据《低压电力线高速载波通信互联互通技术规范 第 4–2 部分：数据链路层通信协议》，验证 DUT 短 MPDU 帧载荷长度 520 字节短 MAC 帧分多包 MPDU 的 SOF 帧是否能够被正确处理及 DUT 串口上传解析报文与测试台体发送 SOF 帧的 MAC 的 MSDU 报文是否相同。

短 MPDU 帧载荷长度 520 字节短 MAC 帧分多包 MPDU 的 SOF 帧是否能够被正确处理测试用例的报文交互流程如图 5–33 所示。

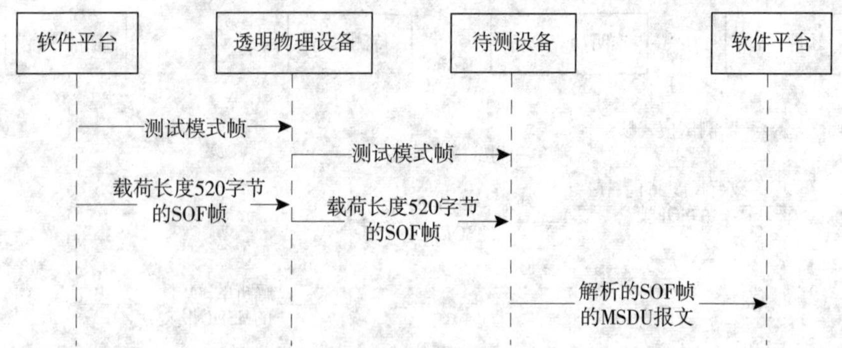

图 5–33 短 MPDU 帧载荷长度 520 字节短 MAC 帧分多包 MPDU 的 SOF 帧是否能够被正确处理测试用例的报文交互流程

短 MPDU 帧载荷长度 520 字节短 MAC 帧分多包 MPDU 的 SOF 帧是否能够被正确处理测试用例的测试步骤如下。

（1）选择数据链路层数据处理案例，待测 STA 或待测 CCO 上电。

（2）测试用例通过载波透明接入单元发送测试模式配置报文，使待测 STA 或待测 CCO 进入测试模式 10min。

（3）启动 50s 定时器，测试用例通过载波透明接入单元发送 SOF 帧，MSDU 长度为 2044 字节，MAC 帧头为短帧头，MPDU 帧载荷长度为 520 字节，MPDU 帧为短 MPDU 帧，只有 1 个 MPDU 帧载荷，共 4 个 MPDU 报文，5s 发送一次，一共发送 10 次。

（4）待测 STA 或待测 CCO 收到该 SOF 帧后，将 SOF 帧载荷组包成完整 MAC 帧，然后通过串口将解析的 SOF 帧的 MAC 的 MSDU 报文上传给测试台体，再送给一致性评价模块。

（5）一致性评价模块判断待测 STA 或待测 CCO 串口上传解析报文是否正确。

（6）在 50s 定时器到时前，若待测 STA 或待测 CCO 的串口上传解析报文正确，则测试通过。

5.6.17 长 MPDU 帧载荷多包 MPDU 的 SOF 帧有错误报文是否对被测模块造成异常测试用例

长 MPDU 帧载荷多包 MPDU 的 SOF 帧有错误报文是否对被测模块造成异常测试用例依据《低压电力线高速载波通信互联互通技术规范 第 4-2 部分：数据链路层通信协议》，验证 DUT 长 MPDU 帧载荷多包 MPDU 的 SOF 帧有错误报文是否对被测模块造成异常及 DUT 串口是否会上报正确的 MSDU 报文。

长 MPDU 帧载荷多包 MPDU 的 SOF 帧有错误报文是否对被测模块造成异常测试用例的报文交互流程如图 5-34 所示。

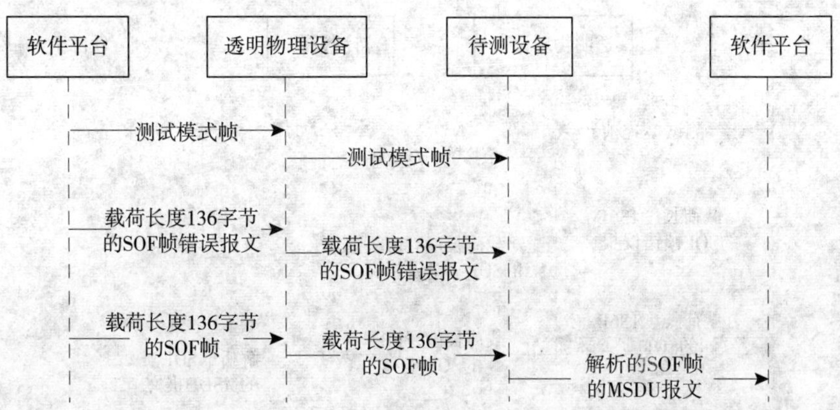

图 5-34 长 MPDU 帧载荷多包 MPDU 的 SOF 帧有错误报文是否对被测模块造成异常测试用例的报文交互流程

长 MPDU 帧载荷多包 MPDU 的 SOF 帧有错误报文是否对被测模块造成异常测试用例的测试步骤如下。

（1）选择数据链路层数据处理案例，待测 STA 或待测 CCO 上电。

（2）测试用例通过载波透明接入单元发送测试模式配置报文，使待测 STA 或待测 CCO 进入测试模式 10min。

（3）启动 50s 定时器，测试用例通过载波透明接入单元发送 SOF 帧，MSDU 长度为 498 字节，MAC 帧头为长帧头，MPDU 帧载荷长度为 136 字节，MPDU 帧为长 MPDU 帧，有 2 个 MPDU 帧载荷，共 2 个 MPDU 报文。

（4）在发送前，对第 3 个 MPDU 帧载荷任意位置进行修改导致报文出错；然后通过载波透明接入单元发送 SOF 帧，5s 发送一次，一共发送 10 次。

（5）定时器溢出前，查看 STA 或 CCO 串口是否会上报错误的 MSDU 报文，没有报文上报则继续，有报文上报则认为失败。

（6）启动 50s 定时器，测试用例通过载波透明接入单元发送未修改的正确 SOF 报文，5s 发送一次，一共发送 10 次。

（7）定时器溢出前，查看 STA 或 CCO 串口上报正确的 MSDU 报文则测试通过。

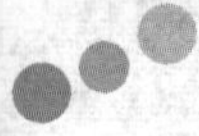

5.6.18 短 MPDU 帧载荷多包 MPDU 的 SOF 帧有错误报文是否对被测模块造成异常测试用例

短 MPDU 帧载荷多包 MPDU 的 SOF 帧有错误报文是否对被测模块造成异常测试用例依据《低压电力线高速载波通信互联互通技术规范　第 4-2 部分：数据链路层通信协议》，验证 DUT 短 MPDU 帧载荷多包 MPDU 的 SOF 帧有错误报文是否对被测模块造成异常及 DUT 串口是否会上报正确的 MSDU 报文。

短 MPDU 帧载荷多包 MPDU 的 SOF 帧有错误报文是否对被测模块造成异常测试用例的报文交互流程如图 5-35 所示。

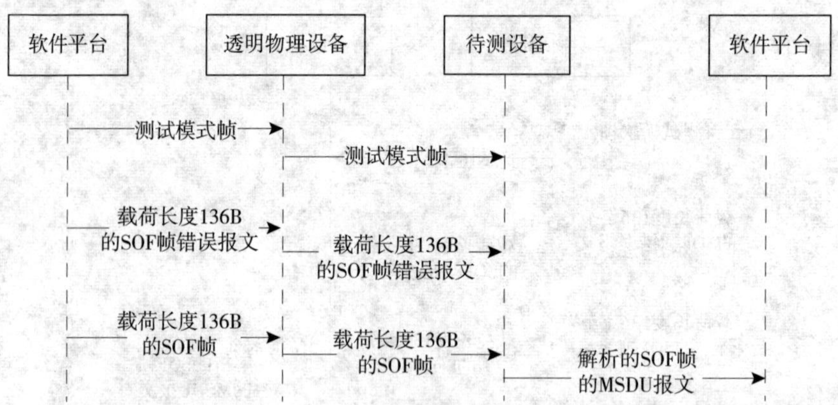

图 5-35　短 MPDU 帧载荷多包 MPDU 的 SOF 帧有错误报文是否对被测模块造成异常测试用例报文交互流程

短 MPDU 帧载荷多包 MPDU 的 SOF 帧有错误报文是否对被测模块造成异常测试用例的测试步骤如下。

（1）选择数据链路层数据处理案例，待测 STA 或待测 CCO 上电。

（2）测试用例通过载波透明接入单元发送测试模式配置报文，使待测 STA 或待测 CCO 进入测试模式 10min。

（3）启动 50s 定时器，测试用例通过载波透明接入单元发送 SOF 帧，MSDU 长度为 510 字节，MAC 帧头为短帧头，MPDU 帧载荷长度为 136 字节，MPDU 帧为短 MPDU 帧，只有 1 个 MPDU 帧载荷，共 4 个 MPDU 报文。

（4）在发送前，对第 2 个 MPDU 报文的帧载荷任意位置进行修改导致报文出错；然后通过载波透明接入单元发送 SOF 帧，5s 发送一次，共发送 10 次。

（5）定时器溢出前，查看 STA 或 CCO 串口是否会上报错误的 MSDU 报文，没有报文上报则继续，有报文上报则认为失败。

（6）启动 50s 定时器，测试用例通过载波透明接入单元发送未修改的正确 SOF 报文，5s 发送一次，一共发送 10 次。

（7）定时器溢出前，查看 STA 或 CCO 串口上报正确的 MSDU 报文则测试通过。

5.7　数据链路层选择确认重传一致性测试用例

5.7.1　CCO 对符合标准的 SOF 帧的处理测试用例

CCO 对符合标准的 SOF 帧的处理测试用例依据《低压电力线高速载波通信互联互通技术规范　第 4-2 部分：数据链路层通信协议》，验证 DUT 测试要求如下。

（1）验证同网络、地址匹配、单播 / 广播、MPDU 帧载荷为 1 个物理块、长度为 72B 的 SOF 帧是否能够被 CCO 回应对应“选择确认帧（SACK）”。一致性模块分析接收到的 SACK 帧格式接收结果是否正确、接收状态与物理块个数是否匹配、接收物理块个数和 SOF 帧载荷是否匹配、网络标识是否匹配当前网络标识、扩展帧类型是否符合标准规定及源、目的 TEI 和 SOF 帧对应地址是否匹配。一致性模块分析接收“选择确认帧”的时序应满足 SOF 帧对帧长的时间设定，即 SOF 帧载荷占用时间 + RIFS(2300 μs) + SACK 帧占用时间 + CIFS(400 μ s)= SOF 帧长。

（2）验证同网络、地址匹配、单播 / 广播、MPDU 帧载荷为 1 个物理块、长度为 136B 的 SOF 帧是否能够被 CCO 回应对应“选择确认帧（SACK）”。一致性模块分析接收到的 SACK 帧格式和时序应符合测试要求 1。

（3）验证同网络、地址匹配、单播 / 广播、MPDU 帧载荷为 1 个物理块、长度为 264B 的 SOF 帧是否能够被 CCO 回应对应“选择确认帧（SACK）”。一致性模块分析接收到的 SACK 帧格式和时序应符合测试要求 1。

（4）验证同网络、地址匹配、单播 / 广播、MPDU 帧载荷为 1 个物理块、长度为 520B 的 SOF 帧是否能够被 CCO 回应对应“选择确认帧（SACK）”。一致性模块分析接收到的 SACK 帧格式和时序应符合测试要求 1。

（5）验证同网络、地址匹配、单播 / 广播、MPDU 帧载荷为 4 个物理块、长度为 72B 的 SOF 帧是否能够被 CCO 回应对应“选择确认帧（SACK）”。一致性模块分析接收到的 SACK 帧格式和时序应符合测试要求 1。

（6）验证同网络、地址匹配、单播 / 广播、MPDU 帧载荷为 4 个物理块、长度为 136B 的 SOF 帧是否能够被 CCO 回应对应“选择确认帧（SACK）”。一致性模块分析接收到的 SACK 帧格式和时序应符合测试要求 1。

（7）验证同网络、地址匹配、单播 / 广播、MPDU 帧载荷为 4 个物理块、长度为 264B 的 SOF 帧是否能够被 CCO 回应对应“选择确认帧（SACK）”。一致性模块分析接收到的 SACK 帧格式和时序应符合测试要求 1。

（8）验证同网络、地址匹配、单播 / 广播、MPDU 帧载荷为 4 个物理块、长度为 520B 的 SOF 帧是否能够被 CCO 回应对应“选择确认帧（SACK）”。一致性模块分析接收到的 SACK 帧格式和时序应符合测试要求 1。

CCO 对符合标准的 SOF 帧的处理测试用例的报文交互流程如图 5-36 所示。

CCO 对符合标准的 SOF 帧的处理测试用例的测试步骤如下。

（1）软件平台选择选择确认重传用例，待测 CCO 上电。

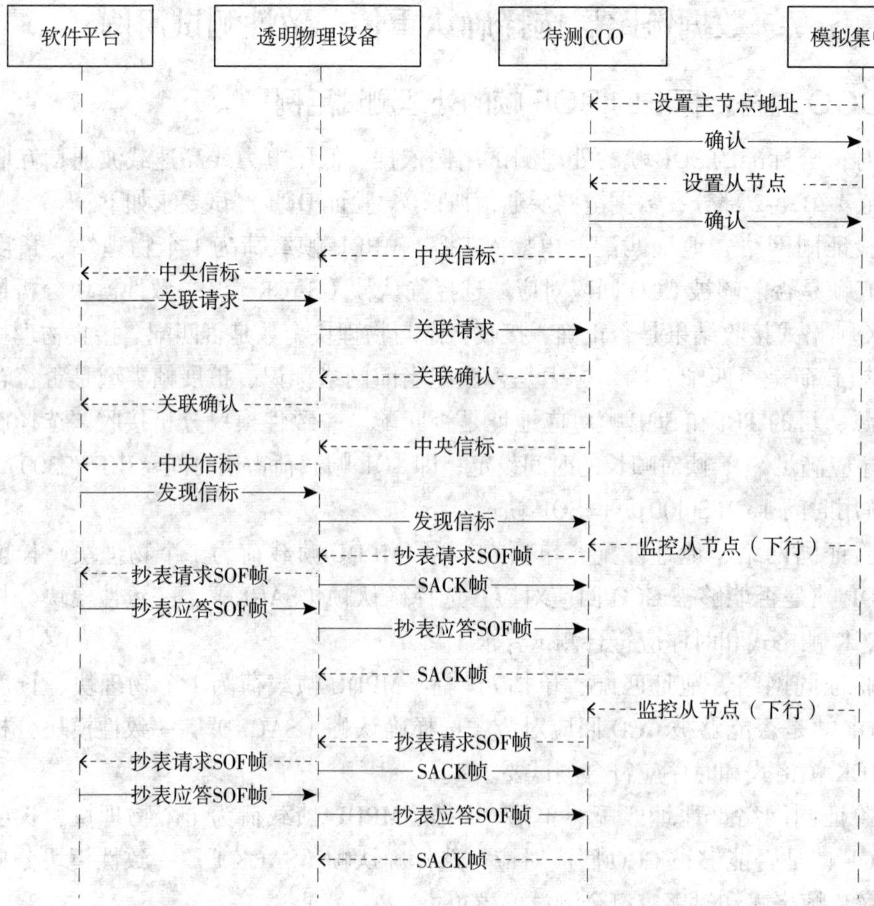

软件平台　透明物理设备　待测CCO　模拟集中器

设置主节点地址
确认
设置从节点
确认
中央信标
中央信标
关联请求
关联请求
关联确认
关联确认
中央信标
中央信标
发现信标
发现信标
监控从节点（下行）
抄表请求SOF帧
抄表请求SOF帧
SACK帧
抄表应答SOF帧
抄表应答SOF帧
SACK帧
监控从节点（下行）
抄表请求SOF帧
抄表请求SOF帧
SACK帧
抄表应答SOF帧
抄表应答SOF帧
SACK帧

图 5-36　CCO 对符合标准的 SOF 帧的处理测试用例的报文交互流程

（2）软件平台模拟集中器，通过串口向待测 CCO 下发“设置主节点地址”命令，在收到“确认”后，再通过串口向待测 CCO 下发“添加从节点”命令，将目标网络站点的 MAC 地址下发到 CCO 中，等待“确认”[面向对象测试用例下发的从节点规约类型为 3（DL/T 698.45），非面向对象测试用例下发的从节点规约类型为 2（DL/T 645）]。

（3）透明物理设备收到待测 CCO 的中央信标后，上传给测试台体，再送给一致性评价模块。一致性评价模块判断待测 CCO 的中央信标正确后，通知测试用例。

（4）测试用例通过透明物理设备发起关联请求报文，申请入网，并启动定时器（定时时长 15s）。

（5）待测 CCO 收到关联请求报文后，回复关联确认报文。

（6）在定时器时间到达前，透明物理设备收到待测 CCO 的关联确认报文后，上传给测试台体，再送给一致性评价模块。若未接收到关联确认报文，则测试失败。

（7）一致性评价模块判断待测 CCO 的关联确认报文正确后，通知测试用例。

（8）待测 CCO 发送中央信标，应该安排发现信标时隙、代理站点发现列表周期等参数。

（9）透明物理设备收到待测 CCO 的中央信标后，上传给测试台体，再送给一致性评价模块。

（10）一致性评价模块判断中央信标正确后，通知测试用例。

（11）测试用例根据中央信标的时隙和路由周期安排，通过透明物理设备发送发现信标报文。

（12）软件平台模拟集中器，通过串口向待测 CCO 发送目标站点为 STA 的“监控从节点”命令（面向对象测试用例下发的报文内包含 DL/T 698.45 报文，非面向对象测试用例下发的报文内包含 DL/T 645 报文），并向透明物理设备发送 SACK 设定帧（接收结果：SOF 帧接收成功）；同时启动定时器（定时时长 15s）。

（13）在定时器时间到达前，透明物理设备收到待测 CCO 发送的抄表请求 SOF 帧后，发送对应设定的 SACK 帧，并将抄表请求 SOF 帧上传给测试台体，再送给一致性评价模块。若未接收到抄表请求 SOF 帧，则测试失败。

（14）一致性评价模块判断抄表请求 SOF 帧正确后，通知测试用例。

（15）测试用例通过透明物理设备发送抄表应答 SOF 帧（网络标识为当前网络标识；源 TEI=STA 的 TEI；目的 TEI=1；单播模式，重传标志置 0；物理块个数为 1，物理块大小是 72B，物理块校验正确），并启动定时器（定时时长 2s）。

（16）在定时器时间到达前，透明物理设备收到待测 CCO 发送的 SACK 帧后，上传给测试台体，再送给一致性评价模块。若未接收到 SACK 帧，则测试失败。

（17）一致性评价模块判断 SACK 帧正确后，通知测试用例。

（18）软件平台重复步骤 12~17，每次重复的测试用例通过透明物理设备发送的抄表应答 SOF 帧从以下类型中依次选择。

类型 1：网络标识为当前网络标识；源 TEI=STA 的 TEI；目的 TEI=1；单播 / 广播模式，重传标志置 0；物理块个数为 1，物理块大小是 72/136/264/520B，物理块校验正确。

类型 2：网络标识为当前网络标识；源 TEI=STA 的 TEI；目的 TEI=1；单播 / 广播模式，重传标志置 0；物理块个数为 4，物理块大小是 72/136/264/520B，物理块校验正确。

注：频段 2 和频段 3 不测试物理块大小为 264B 的场景。

5.7.2　CCO 对物理块校验异常的 SOF 帧的处理测试用例

CCO 对物理块校验异常的 SOF 帧的处理测试用例依据《低压电力线高速载波通信互联互通技术规范　第 4–2 部分：数据链路层通信协议》，验证 DUT 测试要求如下。

（1）验证同网络、地址匹配、单播 / 广播、MPDU 帧载荷为 4 个物理块、物理块长度为 72/136/264/520B、第一个物理块 CRC24 故意校验错误的 SOF 帧是否能够被 CCO 回应对应“选择确认帧（SACK）”。一致性模块分析接收到的 SACK 帧格式是否正确、接收状态与物理块个数是否匹配、接收不成功的物理块和设定是否一致、接收物理块个数和 SOF 帧载荷是否匹配、扩展帧类型是否符合标准规定、网络标识是否匹配当前网络标识源、目的TEI和SOF帧对应地址是否匹配。一致性模块分析接收到的SACK的时序满足SOF帧对帧长的时间设定，即SOF帧载荷占用时间+RIFS(2300μs)+SACK帧占用时间+CIFS(400μs)=SOF帧长。

（2）验证同网络、地址匹配、单播/广播、MPDU帧载荷为4个物理块、物理块长度为72/136/264/520B、第二个物理块CRC24故意校验错误的SOF帧是否能够被CCO回应对应“选择确认帧（SACK）”。一致性模块分析接收到的SACK帧格式和时序应符合测试要求1。

（3）验证同网络、地址匹配、单播/广播、MPDU帧载荷为4个物理块、物理块长度为72/136/264/520B、第三个物理块CRC24故意校验错误的SOF帧是否能够被CCO回应对应“选择确认帧（SACK）”。一致性模块分析接收到的SACK帧格式和时序应符合测试要求1。

（4）验证同网络、地址匹配、单播/广播、MPDU帧载荷为4个物理块、物理块长度为72/136/264/520B、第四个物理块CRC24故意校验错误的SOF帧是否能够被CCO回应对应“选择确认帧（SACK）”。一致性模块分析接收到的SACK帧格式和时序应符合测试要求1。

注：频段2和频段3不测试物理块大小为264B的场景。

CCO对物理块校验异常的SOF帧的处理测试用例的报文交互流程如图5-37所示。

CCO对物理块校验异常的SOF帧的处理测试用例的测试步骤如下。

（1）软件平台选择确认重传用例，待测CCO上电。

（2）软件平台模拟集中器，通过串口向待测CCO下发“设置主节点地址”命令，在收到“确认”后，再通过串口向待测CCO下发“添加从节点”命令，将目标网络站点的MAC地址下发到CCO中，等待“确认”[面向对象测试用例下发的从节点规约类型为3（DL/T 698.45），非面向对象测试用例下发的从节点规约类型为2（DL/T 645）]。

（3）透明物理设备收到待测CCO的中央信标后，上传给测试台体，再送给一致性评价模块。一致性评价模块判断待测CCO的中央信标正确后，通知测试用例。

（4）测试用例通过透明物理设备发起关联请求报文，申请入网，并启动定时器（定时时长15s）。

（5）待测CCO收到关联请求报文后，回复关联确认报文。

（6）在定时器时间到达前，透明物理设备收到待测CCO的关联确认报文后，上传给测试台体，再送给一致性评价模块。若未接收到关联确认报文，则测试失败。

（7）一致性评价模块判断待测CCO的关联确认报文正确后，通知测试用例。

（8）待测CCO发送中央信标，应该安排发现信标时隙、代理站点发现列表周期等参数。

（9）透明物理设备收到待测CCO的中央信标后，上传给测试台体，再送给一致性评价模块。

（10）一致性评价模块判断中央信标正确后，通知测试用例。

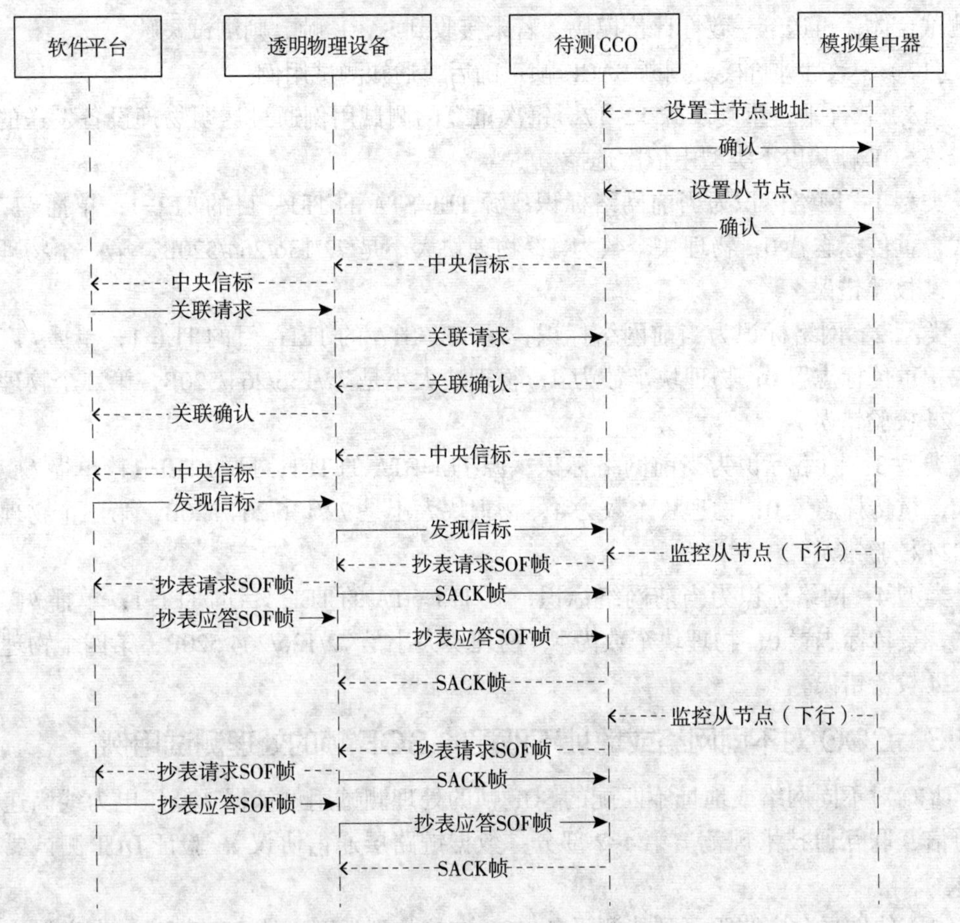

图 5-37　CCO 对物理块校验异常的 SOF 帧的处理测试用例的报文交互流程

（11）测试用例根据中央信标的时隙和路由周期安排，通过透明物理设备发送发现信标报文。

（12）软件平台模拟集中器，通过串口向待测 CCO 发送目标站点为 STA 的“监控从节点”命令（面向对象测试用例下发的报文内包含 DL/T 698.45 报文，非面向对象测试用例下发的报文内包含 DL/T 645 报文），并向透明物理设备发送 SACK 设定帧（接收结果：SOF 帧接收成功）；同时启动定时器（定时时长 15s）。

（13）在定时器时间到达前，透明物理设备收到待测 CCO 发送的抄表请求 SOF 帧后，发送对应设定的 SACK 帧，并将抄表请求 SOF 帧上传给测试台体，再送给一致性评价模块。若未接收到抄表请求 SOF 帧，则测试失败。

（14）一致性评价模块判断抄表请求 SOF 帧正确后，通知测试用例。

（15）测试用例通过透明物理设备发送抄表应答 SOF 帧（网络标识为当前网络标识；源 TEI=STA 的 TEI；目的 TEI=1；单播模式，重传标志置 0；物理块个数为 1，物理块大小是 72B，第一个物理块校验错误），并启动定时器（定时时长 2s）。

（16）在定时器时间到达前，透明物理设备收到待测 CCO 发送的 SACK 帧后，上传给测试台体，再送给一致性评价模块。若未接收到 SACK 帧，则测试失败。

（17）一致性评价模块判断 SACK 帧正确后，通知测试用例。

（18）软件平台重复步骤 12~17，每次重复的测试用例通过透明物理设备发送的抄表应答 SOF 帧从以下类型中依次选择。

类型 1：网络标识为当前网络标识；源 TEI=STA 的 TEI；目的 TEI=1；单播 / 广播模式，重传标志置 0；物理块个数为 4，物理块大小是 72/136/264/520B，第一个物理块 CRC24 校验错误。

类型 2：网络标识为当前网络标识；源 TEI=STA 的 TEI；目的 TEI=1；单播 / 广播模式，重传标志置 0；物理块个数为 4，物理块大小是 72/136/264/520B，第二个物理块 CRC24 校验错误。

类型 3：网络标识为当前网络标识；源 TEI=STA 的 TEI；目的 TEI=1；单播 / 广播模式，重传标志置 0；物理块个数为 4，物理块大小是 72/136/264/520B，第三个物理块 CRC24 校验错误。

类型 4：网络标识为当前网络标识；源 TEI=STA 的 TEI；目的 TEI=1；单播 / 广播模式，重传标志置 0；物理块个数为 4，物理块大小是 72/136/264/520B，第四个物理块 CRC24 校验错误。

5.7.3 CCO 对不同网络或地址不匹配的 SOF 帧的处理测试用例

CCO 对不同网络或地址不匹配的 SOF 帧的处理测试用例依据《低压电力线高速载波通信互联互通技术规范　第 4–2 部分：数据链路层通信协议》，验证 DUT 测试要求如下。

（1）软件平台应监听不到待测设备 CCO 在接收到类型 1 的 SOF 帧后，发送对应的 SACK 帧，若发送，则测试失败。

（2）软件平台应监听不到待测设备 CCO 在接收到类型 2 的 SOF 帧后，发送对应的 SACK 帧，若发送，则测试失败。

（3）软件平台应监听不到待测设备 CCO 在接收到类型 3 的 SOF 帧后，发送对应的 SACK 帧，若发送，则测试失败。

CCO 对不同网络或地址不匹配的 SOF 帧的处理测试用例的报文交互流程如图 5–38 所示。

CCO 对不同网络或地址不匹配的 SOF 帧的处理测试用例的测试步骤如下。

（1）软件平台选择确认重传用例，待测 CCO 上电。

（2）软件平台模拟集中器，通过串口向待测 CCO 下发“设置主节点地址”命令，在收到“确认”后，再通过串口向待测 CCO 下发“添加从节点”命令，将目标网络站点的 MAC 地址下发到 CCO 中，等待“确认”[面向对象测试用例下发的从节点规约类型为 3（DL/T 698.45），非面向对象测试用例下发的从节点规约类型为 2（DL/T 645）]。

（3）透明物理设备收到待测 CCO 的中央信标后，上传给测试台体，再送给一致性评价模块。一致性评价模块判断待测 CCO 的中央信标正确后，通知测试用例。

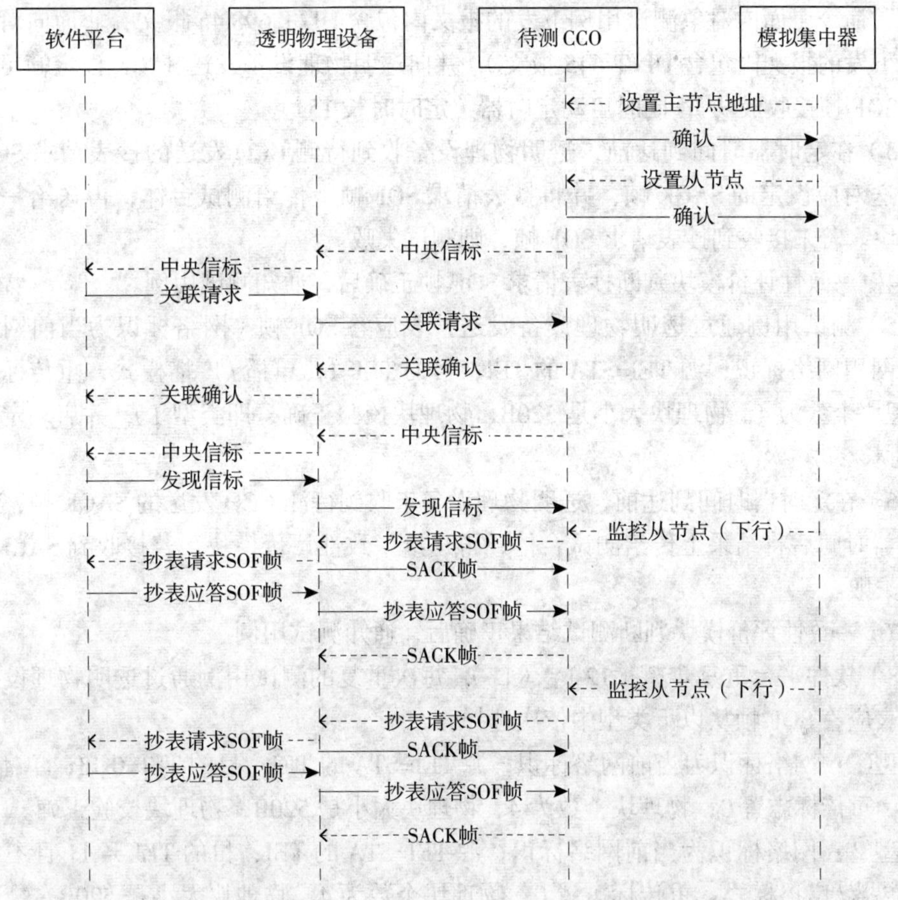

图 5-38　CCO 对不同网络或地址不匹配的 SOF 帧的处理测试用例的报文交互流程

（4）测试用例通过透明物理设备发起关联请求报文，申请入网，并启动定时器（定时时长 15s）。

（5）待测 CCO 收到关联请求报文后，回复关联确认报文。

（6）在定时器时间到达前，透明物理设备收到待测 CCO 的关联确认报文后，上传给测试台体，再送给一致性评价模块。若未接收到关联确认报文，则测试失败。

（7）一致性评价模块判断待测 CCO 的关联确认报文正确后，通知测试用例。

（8）待测 CCO 发送中央信标，应该安排发现信标时隙、代理站点发现列表周期等参数。

（9）透明物理设备收到待测 CCO 的中央信标后，上传给测试台体，再送给一致性评价模块。

（10）一致性评价模块判断中央信标正确后，通知测试用例。

（11）测试用例根据中央信标的时隙和路由周期安排，通过透明物理设备发送发现信标报文。

（12）软件平台模拟集中器，通过串口向待测 CCO 发送目标站点为 STA 的“监控从节点”命令（面向对象测试用例下发的报文内包含 DL/T 698.45 报文，非面向对象测试用例下发的报文内包含 DL/T 645 报文），并向透明物理设备发送 SACK 设定帧（接收结果：SOF 帧接收成功）；同时启动定时器（定时时长 15s）。

（13）在定时器时间到达前，透明物理设备收到待测 CCO 发送的抄表请求 SOF 帧后，发送对应设定的 SACK 帧，并将抄表请求 SOF 帧上传给测试台体，再送给一致性评价模块。若未接收到抄表请求 SOF 帧，则测试失败。

（14）一致性评价模块判断抄表请求 SOF 帧正确后，通知测试用例。

（15）测试用例通过透明物理设备发送抄表应答 SOF 帧（网络标识为当前网络标识非组网用网络标识；源 TEI=STA 的 TEI；目的 TEI=1；单播 / 广播模式，重传标志置 0；物理块个数为 4，物理块大小是 520B，物理块校验正确，即类型 1），并启动定时器（定时时长 2s）。

（16）在定时器时间到达前，透明物理设备未收到待测 CCO 发送的 SACK 帧，则达到定时器时间后将结果上传给测试台体，再送给一致性评价模块。若接收到 SACK 帧，则测试失败。

（17）一致性评价模块判断测试结果正确后，通知测试用例。

（18）软件平台重复步骤（12）~（17），每次重复的测试用例通过透明物理设备发送的抄表应答 SOF 帧从以下类型中依次选择。

类型①：网络标识为当前网络标识；源 TEI=STA 的 TEI；目的 TEI=0xfff；单播 / 广播模式，重传标志置 0；物理块个数为 4，物理块大小是 520B，物理块校验正确。

类型②：网络标识为当前网络标识；源 TEI=STA 的 TEI；目的 TEI ≠ 11 且不等于 0xfff；单播 / 广播模式，重传标志置 0；物理块个数为 4，物理块大小是 520B，物理块校验正确。

5.7.4 CCO 在发送单播 SOF 帧后，接收到对应的 SACK 帧能否正确处理测试用例

CCO 在发送单播 SOF 帧后，接收到对应的 SACK 帧能否正确处理测试用例依据《低压电力线高速载波通信互联互通技术规范　第 4-2 部分：数据链路层通信协议》，验证 DUT 测试要求如下。

（1）平台解析接收到的待测设备发送的 SOF1 帧，检测其主要参数是否和以下相符：

① 网络标识为当前网络标识；

② 源 TEI = 1；

③ 目的 TEI 匹配标准设备模拟的 STA 的 TEI；

④ 单播模式；

⑤ 帧载荷由若干个物理块构成（CCO 自动选择），且 CRC 校验正确。

（2）待测 CCO 在接收到接收结果为 0 的选择确认帧，将不再重传此 SOF 帧，否则测试失败。

（3）待测 CCO 在接收到接收结果为 1 的选择确认帧，将重传此 SOF 帧，否则测试失败。

CCO 在发送单播 SOF 帧后，接收到对应的 SACK 帧能否正确处理测试用例的报文交互流程如图 5-39 所示。

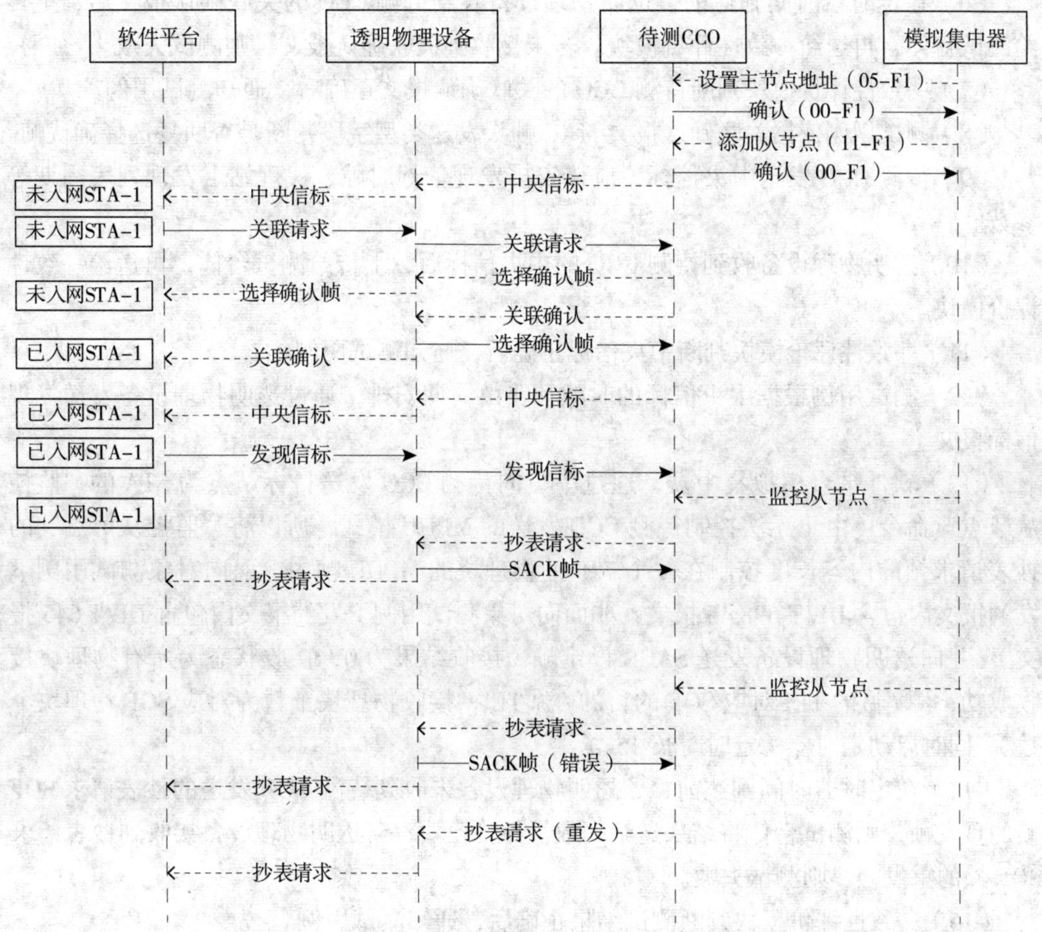

图 5-39　CCO 在发送单播 SOF 帧后，接收到对应的 SACK 帧能否正确处理测试用例的报文交互流程

CCO 在发送单播 SOF 帧后，接收到对应的 SACK 帧能否正确处理测试用例的测试步骤如下。

（1）软件平台选择确认重传用例，待测 CCO 上电。

（2）软件平台模拟集中器，通过串口向待测 CCO 下发“设置主节点地址”命令，在收到“确认”后，再通过串口向待测 CCO 下发“添加从节点”命令，将目标网络站点的 MAC 地址下发到 CCO 中，等待“确认”[面向对象测试用例下发的从节点规约类型为 3（DL/T 698.45），非面向对象测试用例下发的从节点规约类型为 2（DL/T 645）]。

（3）透明物理设备收到待测 CCO 的中央信标后，上传给测试台体，再送给一致性

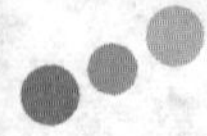

评价模块。一致性评价模块判断待测 CCO 的中央信标正确后，通知测试用例。

（4）测试用例通过透明物理设备发起关联请求报文，申请入网，并启动定时器（定时时长 15s）。

（5）待测 CCO 收到关联请求报文后，回复关联确认报文。

（6）在定时器时间到达前，透明物理设备收到待测 CCO 的关联确认报文后，上传给测试台体，再送给一致性评价模块。若未接收到关联确认报文，则测试失败。

（7）一致性评价模块判断待测 CCO 的关联确认报文正确后，通知测试用例。

（8）测试用例依据关联确认报文 MAC 帧头发送类型字段判断是否回复选择确认帧。

（9）待测 CCO 发送中央信标，应该安排发现信标时隙、代理站点发现列表周期等参数。

（10）透明物理设备收到待测 CCO 的中央信标后，上传给测试台体，再送给一致性评价模块。

（11）一致性评价模块判断中央信标正确后，通知测试用例。

（12）测试用例根据中央信标的时隙和路由周期安排，通过透明物理设备发送发现信标报文。

（13）软件平台模拟集中器，通过串口向待测 CCO 发送目标站点为 STA 的“监控从节点”命令（由于无法控制待测 CCO 发送的 MPDU 模式，所以将“监控从节点”的抄表请求帧的内容长度控制在一个 72B 的物理块的 MPDU 帧内。面向对象测试用例下发的报文内包含 DL/T 698.45 报文，非面向对象测试用例下发的报文内包含 DL/T 645 报文），并向透明物理设备发送 SACK 设定帧（接收结果为 0，接收状态为所有物理块接收成功；源 / 目的 TEI 对应 SOF 的目的 / 源 TEI；接收物理块个数为对应 SOF 物理块个数），同时启动定时器（定时时长 15s）。

（14）在定时器时间到达前，若透明物理设备未收到待测 CCO 发送的抄表请求 SOF 帧的重发帧，则测试台体将结果送给一致性评价模块；若透明物理设备接收到抄表请求 SOF 帧的重发帧，则测试失败。

（15）一致性评价模块判断测试结果正确后，通知测试用例。

（16）软件平台模拟集中器，通过串口向待测 CCO 发送目标站点为 STA 的“监控从节点”命令（面向对象测试用例下发的报文内包含 DL/T 698.45 报文，非面向对象测试用例下发的报文内包含 DL/T 645 报文），并向透明物理设备发送 SACK 设定帧（接收结果为 1，接收状态为第一个物理块接收失败；源 / 目的 TEI 对应 SOF 的目的 / 源 TEI；接收物理块个数为对应 SOF 物理块个数），同时启动定时器（定时时长 15s）。

（17）在定时器时间到达前，若透明物理设备收到待测 CCO 发送的抄表请求 SOF 帧的重发帧，则测试台体将结果送给一致性评价模块；若透明物理设备未接收到抄表请求 SOF 帧的重发帧，则测试失败。

（18）一致性评价模块判断测试结果。

5.7.5 CCO 在发送单播 SOF 帧后，接收非对应的 SACK 帧后能否正确处理测试用例

CCO 在发送单播 SOF 帧后，接收非对应的 SACK 帧后能否正确处理测试用例依据《低压电力线高速载波通信互联互通技术规范　第 4-2 部分：数据链路层通信协议》，验证：在定时器时间到达前，DUT 在软件平台接收到类型 1、2、3、4 的选择确认帧后，能否将接收到待测 CCO 的重传 SOF 帧的重传标志位置 1。

CCO 在发送单播 SOF 帧后，接收非对应的 SACK 帧后能否正确处理测试用例的报文交互流程如图 5-40 所示。

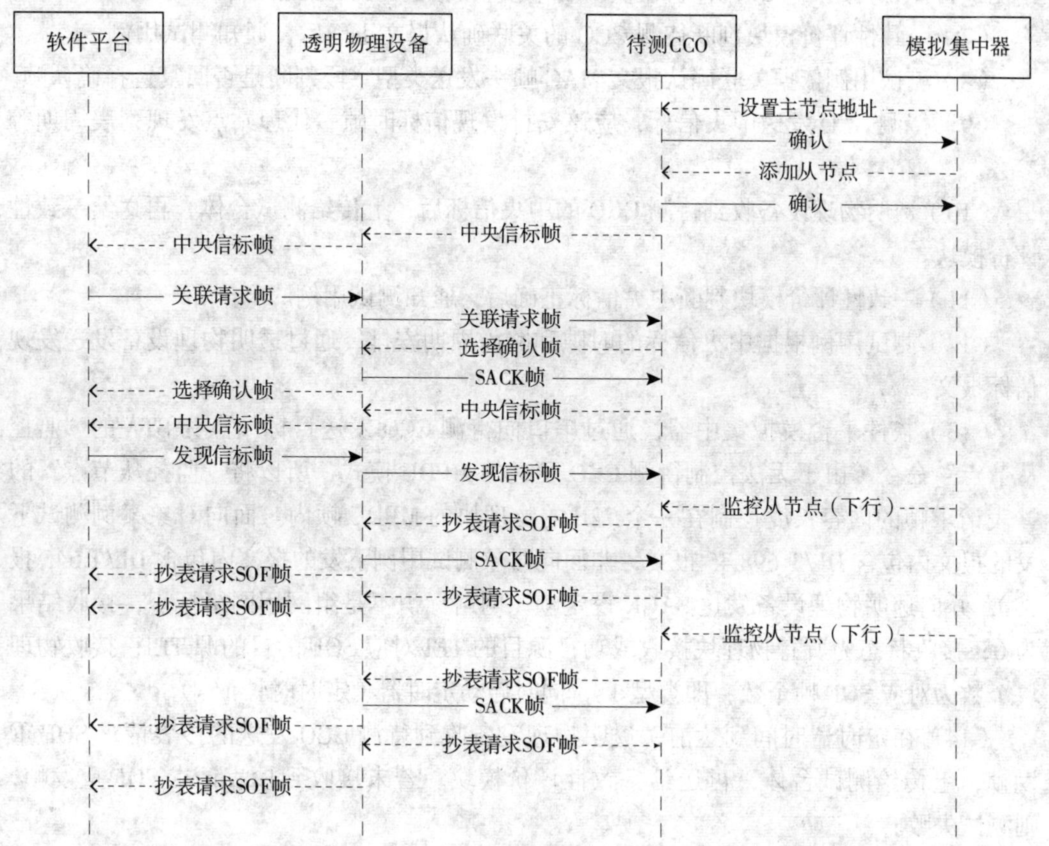

图 5-40　CCO 在发送单播 SOF 帧后，接收非对应的 SACK 帧后能否正确处理测试用例的报文交互流程

CCO 在发送单播 SOF 帧后，接收非对应的 SACK 帧后能否正确处理测试用例的测试步骤如下。

（1）软件平台选择选择确认重传用例，待测 CCO 上电。

（2）软件平台模拟集中器，通过串口向待测 CCO 下发“设置主节点地址”命令，在收到“确认”后，再通过串口向待测 CCO 下发“添加从节点”命令，将目标网络站

点的 MAC 地址下发到 CCO 中，等待“确认”[面向对象测试用例下发的从节点规约类型为 3（DL/T 698.45），非面向对象测试用例下发的从节点规约类型为 2（DL/T 645）]。

（3）透明物理设备收到待测 CCO 的中央信标后，上传给测试台体，再送给一致性评价模块。一致性评价模块判断待测 CCO 的中央信标正确后，通知测试用例。

（4）测试用例通过透明物理设备发起关联请求报文，申请入网，并启动定时器（定时时长 15s）。

（5）待测 CCO 收到关联请求报文后，回复关联确认报文。

（6）在定时器时间到达前，透明物理设备收到待测 CCO 的关联确认报文后，上传给测试台体，再送给一致性评价模块。若未接收到关联确认报文，则测试失败。

（7）一致性评价模块判断待测 CCO 的关联确认报文正确后，通知测试用例。

（8）测试用例依据关联确认报文 MAC 帧头发送类型字段判断是否回复选择确认帧。

（9）待测 CCO 发送中央信标，应该安排发现信标时隙、代理站点发现列表周期等参数。

（10）透明物理设备收到待测 CCO 的中央信标后，上传给测试台体，再送给一致性评价模块。

（11）一致性评价模块判断中央信标正确后，通知测试用例。

（12）测试用例根据中央信标的时隙和路由周期安排，通过透明物理设备发送发现信标报文。

（13）软件平台模拟集中器，通过串口向待测 CCO 发送目标站点为 STA 的“监控从节点”命令（由于无法控制待测 CCO 发送的 MPDU 模式，所以将“监控从节点”的抄表请求帧的内容长度控制在一个 72B 的物理块的 MPDU 帧内。面向对象案例测试下发的报文内包含 DL/T 698.45 报文，非面向对象测试用例下发的报文内包含 DL/T 645 报文），并向透明物理设备发送 SACK 设定帧（网络标识不是组网用网络标识，接收结果为 0，接收状态为所有物理块接收成功；源目的 TEI 对应 SOF 的目的源 TEI；接收物理块个数为对应 SOF 帧个数，即类型 1），同时启动定时器（定时时长 15s）。

（14）在定时器时间到达前，透明物理设备收到待测 CCO 发送的抄表请求 SOF 重发帧，上传给测试台体，再送给一致性评价模块。若未接收到抄表请求 SOF 重发帧，则测试失败。

（15）一致性评价模块判断抄表请求 SOF 帧正确后，通知测试用例。

（16）软件平台重复步骤（13）~（15），每次重复的测试用例通过透明物理设备发送的 SACK 帧从以下类型中依次选择。

类型 2：网络标识正确，接收结果为 0，接收状态为所有物理块接收成功；目的 TEI=0xfff；源 TEI= 对应 SOF 的目的 TEI，接收物理块个数为对应 SOF 帧个数。

类型 3：网络标识正确，接收结果为 0，接收状态为所有物理块接收成功；目的 TEI ≠ 1 且不为 0xfff；源 TEI= 对应 SOF 的目的 TEI，接收物理块个数为对应 SOF 帧个数。

类型 4：网络标识正确，接收结果为 0，接收状态为所有物理块接收成功；目的

TEI=1，源 TEI! ≠对应 SOF 帧的目的 TEI；接收物理块个数为对应 SOF 帧个数。

5.7.6　STA 对符合标准的 SOF 帧的处理测试用例

STA 对符合标准的 SOF 帧的处理测试用例依据《低压电力线高速载波通信互联互通技术规范　第 4–2 部分：数据链路层通信协议》，验证 DUT 测试要求如下。

（1）验证同网络、地址匹配、单播 / 广播、MPDU 帧载荷为 1 个物理块、长度为 72B 的 SOF 帧是否能够被 STA 回应对应“选择确认帧（SACK）”。一致性模块分析接收到的 SACK 帧格式是否符合要求、接收状态与物理块个数是否匹配、接收物理块个数和 SOF 帧载荷是否匹配、网络标识是否匹配当前网络、扩展帧类型是否符合标准规定及源、目的 TEI 和 SOF 帧是否对应地址匹配标识。一致性模块分析接收“选择确认帧”的时序应满足 SOF 帧对帧长的时间设定，即 SOF 帧载荷占用时间 + RIFS(2300 μs) + SACK 帧占用时间 + CIFS(400 μ s) = SOF 帧长。

（2）验证同网络、地址匹配、单播 / 广播、MPDU 帧载荷为 1 个物理块、长度为 136B 的 SOF 帧是否能够被 STA 回应对应“选择确认帧（SACK）”。一致性模块分析接收到的 SACK 帧格式和时序应符合测试要求 1。

（3）验证同网络、地址匹配、单播 / 广播、MPDU 帧载荷为 1 个物理块、长度为 264B 的 SOF 帧是否能够被 STA 回应对应“选择确认帧（SACK）”。一致性模块分析接收到的 SACK 帧格式和时序应符合测试要求 1。

（4）验证同网络、地址匹配、单播 / 广播、MPDU 帧载荷为 1 个物理块、长度为 520B 的 SOF 帧是否能够被 STA 回应对应“选择确认帧（SACK）”。一致性模块分析接收到的 SACK 帧格式和时序应符合测试要求 1。

（5）验证同网络、地址匹配、单播 / 广播、MPDU 帧载荷为 4 个物理块、长度为 72B 的 SOF 帧是否能够被 STA 回应对应“选择确认帧（SACK）”。一致性模块分析接收到的 SACK 帧格式和时序应符合测试要求 1。

（6）验证同网络、地址匹配、单播 / 广播、MPDU 帧载荷为 4 个物理块、长度为 136B 的 SOF 帧是否能够被 STA 回应对应“选择确认帧（SACK）”。一致性模块分析接收到的 SACK 帧格式和时序应符合测试要求 1。

（7）验证同网络、地址匹配、单播 / 广播、MPDU 帧载荷为 4 个物理块、长度为 264B 的 SOF 帧是否能够被 STA 回应对应“选择确认帧（SACK）”。一致性模块分析接收到的 SACK 帧格式和时序应符合测试要求 1。

（8）验证同网络、地址匹配、单播 / 广播、MPDU 帧载荷为 4 个物理块、长度为 520B 的 SOF 帧是否能够被 STA 回应对应“选择确认帧（SACK）”。一致性模块分析接收到的 SACK 帧格式和时序应符合测试要求 1。

STA 对符合标准的 SOF 帧的处理测试用例的报文交互流程如图 5–41 所示。

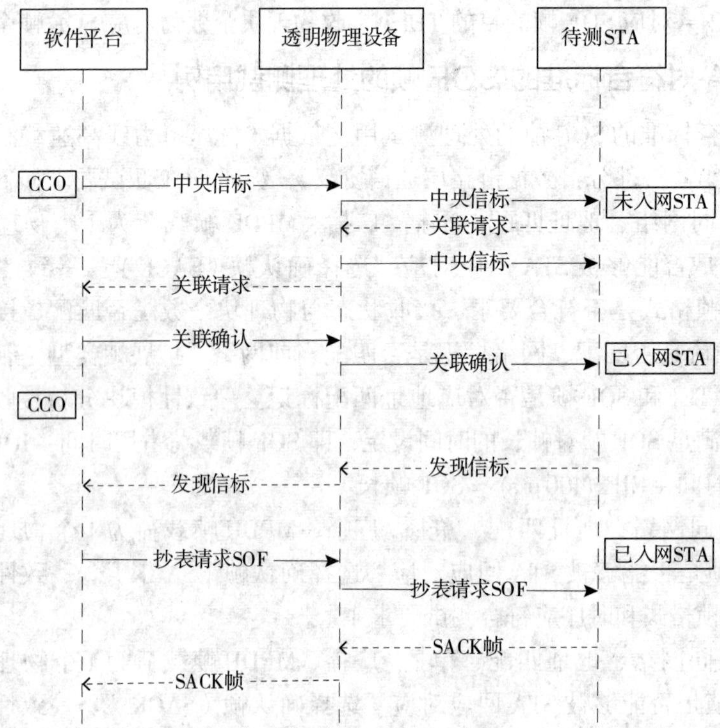

图 5-41　STA 对符合标准的 SOF 帧的处理测试用例的报文交互流程

STA 对符合标准的 SOF 帧的处理测试用例的测试步骤如下。

（1）软件平台选择选择确认重传用例，待测 STA 上电。

（2）软件平台模拟电能表，在收到待测 STA 的读表号请求后，向其下发表地址（对于面向对象测试用例，等待符合 DL/T 698.45 规范的表地址请求报文，并回复表地址；对于非面向对象测试用例，等待符合 DL/T 645 规范的表地址请求报文，并回复表地址）。

（3）测试用例通过透明物理设备发送中央信标帧，同时启动定时器（定时时长 15s），等待待测 STA 发出的“关联请求”报文。

（4）待测 STA 收到中央信标帧后，发起关联请求报文，申请入网。

（5）在定时器时间到达前，若透明物理设备收到待测 STA 的关联请求报文，则将其上传给测试台体，再送给一致性评价模块。若测试台体未接收到关联请求报文，则本测试失败。

（6）一致性评价模块判断待测 STA 的关联请求报文正确后，通知测试用例。

（7）测试用例通过透明物理设备发送关联确认报文。

（8）测试用例通过透明物理设备发送中央信标报文，中央信标中安排待测 STA 发现信标时隙，同时启动定时器（定时时长 10s）。

（9）在定时器时间到达前，若透明物理设备收到待测 STA 的发现信标报文，则将其上传给测试台体，再送给一致性评价模块。若测试台体未接收到发现信标报文，则本测试失败。

（10）一致性评价模块判断待测 STA 的发现信标报文正确后，通知测试用例。

（11）测试用例通过透明物理设备模拟 CCO 模块发送抄表请求 SOF 帧（网络标识及地址匹配，单播模式，MPDU 帧载荷为 1 个物理块，物理块长度为 72B），同时开启定时器（定时时长 2s）（对于面向对象测试用例，抄表请求抄读数据内容符合 DL/T 698.45 规范；对于非面向对象测试用例，抄表请求报文抄读数据内容符合 DL/T 645 规范。下同，不再赘述）。

（12）待测 STA 接收到 SOF 帧，应按时序回应对应的 SACK 帧。

（13）在定时器时间到达前，若透明物理设备监听到待测 STA 响应的 SACK 帧，则将其上传到测试台体，再送一致性评价模块。若测试台体未接收到 SACK 帧，则本测试失败。

（14）一致性评价模块判断待测 STA 的 SACK 帧正确后，通知测试用例。

（15）测试用例通过透明物理设备模拟 CCO 模块发送抄表请求 SOF 帧（网络标识及地址匹配，单播模式，MPDU 帧载荷为 1 个物理块，物理块长度为 136B），同时开启定时器（定时时长 2s）。重复步骤（12）~（14）。

（16）测试用例通过透明物理设备模拟 CCO 模块发送抄表请求 SOF 帧（网络标识及地址匹配，单播模式，MPDU 帧载荷为 1 个物理块，物理块长度为 264B），同时开启定时器（定时时长 2s）。重复步骤（12）~（14）。

（17）测试用例通过透明物理设备模拟 CCO 模块发送抄表请求 SOF 帧（网络标识及地址匹配，单播模式，MPDU 帧载荷为 1 个物理块，物理块长度为 520B），同时开启定时器（定时时长 2s）。重复步骤（12）~（14）。

（18）测试用例通过透明物理设备模拟 CCO 模块发送抄表请求 SOF 帧（网络标识及地址匹配，单播模式，MPDU 帧载荷为 4 个物理块，物理块长度为 72B），同时开启定时器（定时时长 2s）。重复步骤（12）~（14）。

（19）测试用例通过透明物理设备模拟 CCO 模块发送抄表请求 SOF 帧（网络标识及地址匹配，单播模式，MPDU 帧载荷为 4 个物理块，物理块长度为 136B），同时开启定时器（定时时长 2s）。重复步骤（12）~（14）。

（20）测试用例通过透明物理设备模拟 CCO 模块发送抄表请求 SOF 帧（网络标识及地址匹配，单播模式，MPDU 帧载荷为 4 个物理块、物理块长度为 264），同时开启定时器（定时时长 2s），重复步骤（12）~（14）。

注：频段 2 和频段 3 不测试物理块大小为 264B 的场景。

（21）测试用例通过透明物理设备模拟 CCO 模块发送抄表请求 SOF 帧（网络标识及地址匹配，单播模式，MPDU 帧载荷为 4 个物理块、物理块长度为 520B），同时开启定时器（定时时长 2s）。重复步骤（12）~（14）。

（22）测试用例通过透明物理设备模拟 CCO 模块发送抄表请求 SOF 帧，其中将 SOF 帧参数修改为广播模式，重复步骤（12）~（21）。

5.7.7 STA 对物理块校验异常的 SOF 帧的处理测试用例

STA 对物理块校验异常的 SOF 帧的处理测试用例依据《低压电力线高速载波通信互联互通技术规范　第 4-2 部分：数据链路层通信协议》，验证 DUT 测试要求如下。

（1）验证同网络、地址匹配、单播 / 广播、MPDU 帧载荷为 4 个物理块、物理块长度为 72/136/264/520B、第一个物理块 CRC24 故意校验错误的 SOF 帧是否能够被 STA 回应对应“选择确认帧（SACK）”。一致性模块分析接收到的 SACK 帧格式是否符合要求、接收状态与物理块个数是否匹配、接收物理块个数和 SOF 帧载荷是否匹配、网络标识是否匹配当前网络、扩展帧类型是否符合标准规定及源、目的 TEI 和 SOF 帧是否对应地址匹配标识。一致性模块分析接收“选择确认帧”的时序应满足 SOF 帧对帧长的时间设定，即 SOF 帧载荷占用时间 + RIFS(2300 μ s) + SACK 帧占用时间 + CIFS(400 μ s) = SOF 帧长。

（2）验证同网络、地址匹配、单播 / 广播、MPDU 帧载荷为 4 个物理块、物理块长度为 72/136/264/520B、第二个物理块 CRC24 故意校验错误的 SOF 帧帧是否能够被 STA 回应对应“选择确认帧（SACK）”。一致性模块分析接收到的 SACK 帧格式和时序应符合测试要求 1。

（3）验证同网络、地址匹配、单播 / 广播、MPDU 帧载荷为 4 个物理块、物理块长度为 72/136/264/520B、第三个物理块 CRC24 故意校验错误的 SOF 帧是否能够被 STA 回应对应“选择确认帧（SACK）”。一致性模块分析接收到的 SACK 帧格式和时序应符合测试要求 1。

（4）验证同网络、地址匹配、单播 / 广播、MPDU 帧载荷为 4 个物理块、物理块长度为 72/136/264/520B、第四个物理块 CRC24 故意校验错误的 SOF 帧是否能够被 STA 回应对应“选择确认帧（SACK）”。一致性模块分析接收到的 SACK 帧格式和时序应符合测试要求 1。

STA 对物理块校验异常的 SOF 帧的处理测试用例报文交互流程见图 5-42 所示。

STA 对物理块校验异常的 SOF 帧的处理测试用例的测试步骤如下。

（1）软件平台选择选择确认重传用例，待测 STA 上电。

（2）软件平台模拟电能表，在收到待测 STA 的读表号请求后，向其下发表地址（对于面向对象测试用例，等待符合 DL/T 698.45 规范的表地址请求报文，并回复表地址；对于非面向对象测试用例，等待符合 DL/T 645 规范的表地址请求报文，并回复表地址）。

（3）测试用例通过透明物理设备发送中央信标帧，同时启动定时器（定时时长 15s），等待待测 STA 发出的“关联请求”报文。

（4）待测 STA 收到中央信标帧后，发起关联请求报文，申请入网。

（5）在定时器时间到达前，若透明物理设备收到待测 STA 的关联请求报文，则将其上传给测试台体，再送给一致性评价模块。若测试台体未接收到关联请求报文，则本测试失败。

（6）一致性评价模块判断待测 STA 的关联请求报文正确后，通知测试用例。

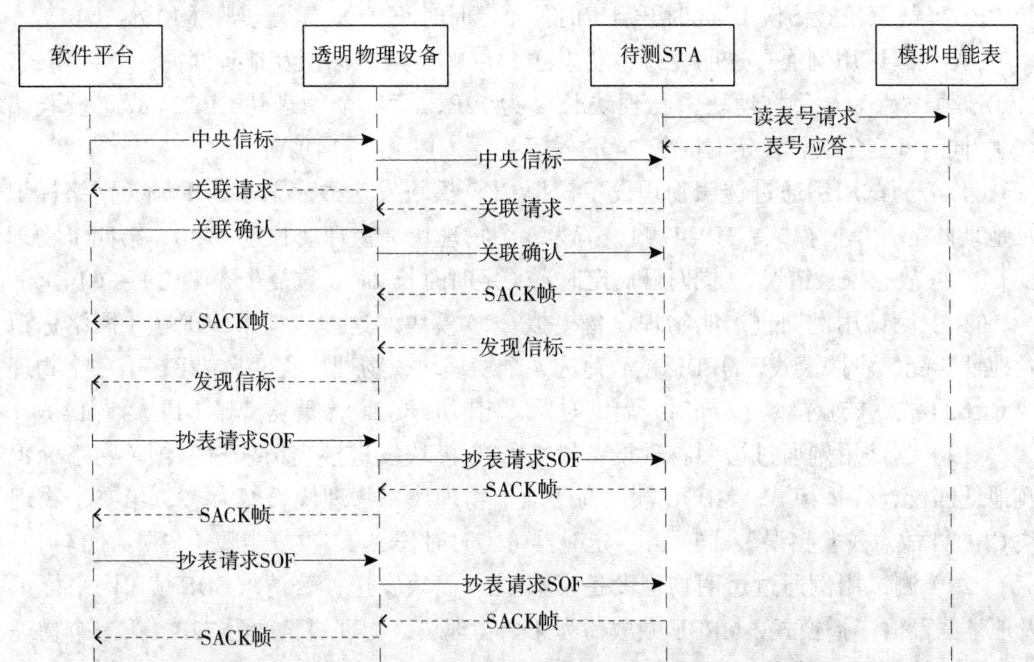

图 5-42　STA 对物理块校验异常的 SOF 帧的处理测试用例的报文交互流程

（7）测试用例通过透明物理设备发送关联确认报文。

（8）测试用例通过透明物理设备发送中央信标报文，中央信标中安排待测 STA 发现信标时隙，同时启动定时器（定时时长 10s）。

（9）在定时器时间到达前，若透明物理设备收到待测试 STA 的发现信标报文，则将其上传给测试台体，再送给一致性评价模块。若测试台体未接收到发现信标报文，则本测试失败。

（10）一致性评价模块判断待测 STA 的发现信标报文正确后，通知测试用例。

（11）测试用例通过透明物理设备模拟 CCO 模块发送抄表请求 SOF 帧（网络标识及地址匹配，单播模式，MPDU 帧载荷为 4 个物理块，物理块长度为 72B，第一个物理块 CRC24 故意校验错误）（对于面向对象测试用例，抄表请求抄读数据内容符合 DL/T 698.45 规范；对于非面向对象测试用例，抄表请求报文抄读数据内容符合 DL/T 645 规范。下同，不再赘述），同时开启定时器（定时时长 2s）。

（12）待测 STA 接收到 SOF 帧，应按时序回应对应的 SACK 帧。

（13）在定时器时间到达前，若透明物理设备监听到待测 STA 响应的 SACK 帧，则将其上传到测试台体，再送一致性评价模块。若测试台体未接收到 SACK 帧，则本测试失败。

（14）一致性评价模块判断待测 STA 的 SACK 帧正确后，通知测试用例。

（15）测试用例通过透明物理设备模拟 CCO 模块发送抄表请求 SOF 帧（网络标识

及地址匹配，单播模式，MPDU 帧载荷为 4 个物理块，物理块长度为 72B，第二个物理块 CRC24 故意校验错误），同时开启定时器（定时时长 2s），重复步骤（12）~（14）。

（16）测试用例通过透明物理设备发送 SOF 帧（网络标识及地址匹配，单播模式，MPDU 帧载荷为 4 个物理块，物理块长度为 72B，第三个物理块 CRC24 故意校验错误），同时开启定时器（定时时长 2s），重复步骤（12）~（14）。

（17）测试用例通过透明物理设备模拟 CCO 模块发送抄表请求 SOF 帧（网络标识及地址匹配，单播模式，MPDU 帧载荷为 4 个物理块，物理块长度 =72B，第四个物理块 CRC24 故意校验错误），同时开启定时器（定时时长 2s），重复步骤（12）~（14）。

（18）测试用例通过透明物理设备模拟 CCO 模块发送抄表请求 SOF 帧（网络标识及地址匹配，广播模式，MPDU 帧载荷为 4 个物理块，物理块长度为 72B，第一个物理块 CRC24 故意校验错误），同时开启定时器（定时时长 2s），重复步骤（12）~（14）。

（19）测试用例通过透明物理设备模拟 CCO 模块发送抄表请求 SOF 帧（网络标识及地址匹配，广播模式，MPDU 帧载荷为 4 个物理块，物理块长度为 72，第二个物理块 CRC24 故意校验错误），同时开启定时器（定时时长 2s），重复步骤（12）~（14）。

（20）测试用例通过透明物理设备模拟 CCO 模块发送抄表请求 SOF 帧（网络标识及地址匹配，广播模式，MPDU 帧载荷为 4 个物理块，物理块长度为 72B，第三个物理块 CRC24 故意校验错误），同时开启定时器（定时时长 2s），重复步骤（12）~（14）。

（21）测试用例通过透明物理设备模拟 CCO 模块发送抄表请求 SOF 帧（网络标识及地址匹配，广播模式，MPDU 帧载荷为 4 个物理块，物理块长度为 72B，第四个物理块 CRC24 故意校验错误），同时开启定时器（定时时长 2s），重复步骤（12）~（14）。

（22）测试用例通过透明物理设备模拟 CCO 模块发送抄表请求 SOF 帧（其他参数和以上案例相同，遍历物理块长度为 136/264/520B 的 SOF 帧），重复步骤（1）~（21）。

注：频段 2 和频段 3 不测试物理块大小为 264B 的场景。

5.7.8 STA 对不同网络或地址不匹配的 SOF 帧的处理测试用例

STA 对不同网络或地址不匹配的 SOF 帧的处理测试用例依据《低压电力线高速载波通信互联互通技术规范　第 4–2 部分：数据链路层通信协议》，验证 DUT 测试要求如下。

（1）待测 STA 在接收到网络标识不与本站点所属网络的网络标识相等的 SOF 帧后，不做任何回应，否则测试失败。

（2）待测 STA 在接收到目的 TEI 不与本站点 TEI 相等的 SOF 帧后，不做任何回应，否则测试失败。

（3）待测 STA 在接收到目的 TEI 为广播 TEI 的 SOF 帧后，不做任何回应，否则测试失败。

STA 对不同网络或地址不匹配的 SOF 帧的处理测试用例的报文交互流程如图 5–43 所示。

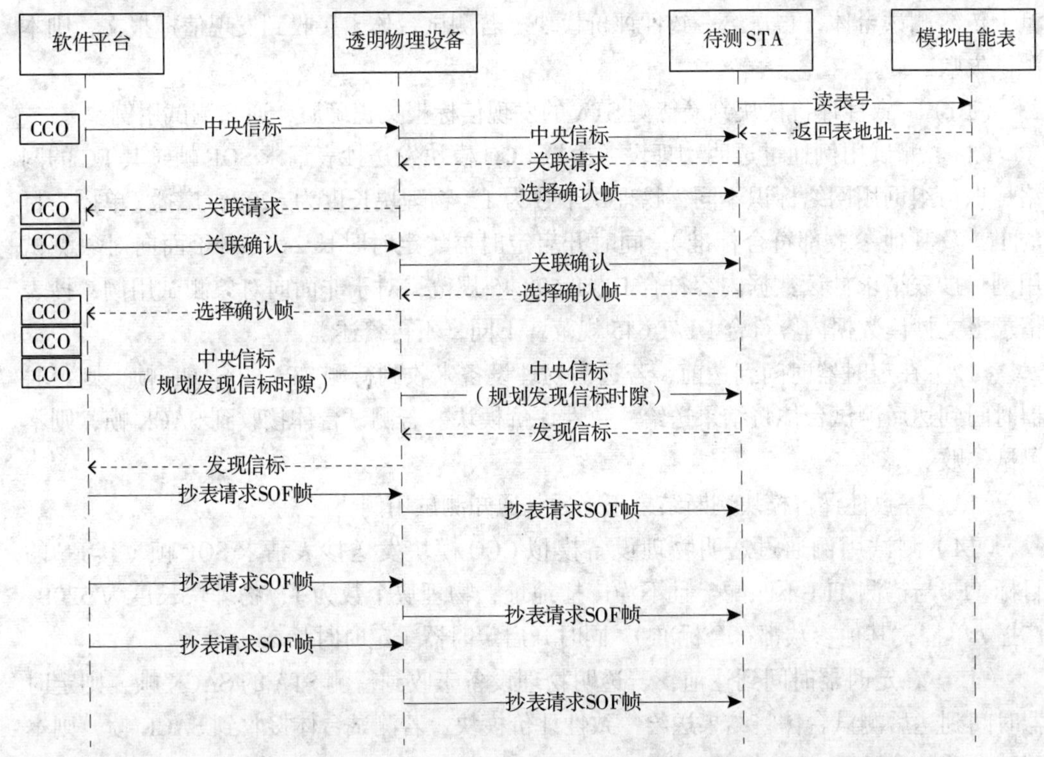

图 5-43　STA 对不同网络或地址不匹配的 SOF 帧的处理测试用例的报文交互流程

STA 对不同网络或地址不匹配的 SOF 帧的处理测试用例的测试步骤如下。

（1）软件平台选择选择确认重传用例，待测 STA 上电。

（2）软件平台模拟电能表，在收到待测 STA 的读表号请求后，向其下发表地址（对于面向对象测试用例，等待符合 DL/T 698.45 规范的表地址请求报文，并回复表地址；对于非面向对象测试用例，等待符合 DL/T 645 规范的表地址请求报文，并回复表地址）。

（3）测试用例通过透明物理设备发送中央信标帧，同时启动定时器（定时时长 15s），等待待测 STA 发出的“关联请求”报文。

（4）待测 STA 收到中央信标帧后，发起关联请求报文，申请入网。

（5）在定时器时间到达前，若透明物理设备收到待测 STA 的关联请求报文，则将其上传给测试台体，再送给一致性评价模块。若测试台体未接收到关联请求报文，则本测试失败。

（6）一致性评价模块判断待测 STA 的关联请求报文正确后，通知测试用例。

（7）测试用例通过透明物理设备发送关联确认报文。

（8）测试用例通过透明物理设备发送中央信标报文，中央信标中安排待测 STA 发现信标时隙，同时启动定时器（定时时长 10s）。

（9）在定时器时间到达前，若透明物理设备收到待测 STA 的发现信标报文，则将其上传给测试台体，再送给一致性评价模块。若测试台体未接收到发现信标报文，则本测试失败。

（10）一致性评价模块判断待测 STA 的发现信标报文正确后，通知测试用例。

（11）测试用例通过透明物理设备模拟 CCO 模块发送抄表请求 SOF 帧（其 FC 的网络标识与组网用网络标识不同，物理块个数为 1，物理块长度为 520B，广播 / 单播，目的 TEI 及其他参数都符合标准）；同时开启定时器（定时时长 2s）（对于面向对象测试用例，抄表请求抄读数据内容符合 DL/T 698.45 规范；对于非面向对象测试用例，抄表请求报文抄读数据内容符合 DL/T 645 规范。下同，不再赘述）。

（12）在定时器时间到达前，若透明物理设备未收到待测 STA 的 SACK 帧，则定时器时间到达后测试台体将结果送给一致性评价模块。若测试台体接收到 SACK 帧，则本测试失败。

（13）一致性评价模块判断结果正确后，通知测试用例。

（14）测试用例通过透明物理设备模拟 CCO 模块发送抄表请求 SOF 帧（其 FC 的目标 TEI 与待测 TEI 不匹配，且不为广播地址，物理块个数为 1，物理块长度为 520B，广播 / 单播，其他参数都符合标准），同时开启定时器（定时时长 2s）。

（15）在定时器时间到达前，若透明物理设备未收到待测 STA 的 SACK 帧，则定时器时间到达后测试台体将结果送给一致性评价模块。若测试台体接收到 SACK 帧，则本测试失败。

（16）一致性评价模块判断结构正确后，通知测试用例。

（17）测试用例通过透明物理设备模拟 CCO 模块发送抄表请求 SOF 帧（其 FC 的目标 TEI 为广播地址，物理块个数为 1，物理块长度为 520B，广播 / 单播，其他参数都符合标准），同时开启定时器（定时时长 1s）。

（18）在定时器时间到达前，若透明物理设备未收到待测 STA 的 SACK 帧，则定时器时间到达后测试台体将结果送给一致性评价模块。若测试台体接收到 SACK 帧，则本测试失败。

（19）一致性评价模块判断测试结果是否正确。

5.7.9 STA 在发送单播 SOF 帧后，接收到对应的 SACK 帧能否正确处理测试用例

STA 在发送单播 SOF 帧后，接收到对应的 SACK 帧能否正确处理测试用例依据《低压电力线高速载波通信互联互通技术规范　第 4-2 部分：数据链路层通信协议》，验证 DUT 测试要求如下。

（1）软件平台解析接收到的待测 STA 发送的 SOF 帧，检测其网络标识是否为当前网络标识、源 TEI 是否与待测 STA TEI 一致、目的 TEI 是否为 1、帧载荷 CRC 校验是否正确、广播标识位是否为 0、收发数据是否相符。

（2）待测 STA 在接收到接收结果为 0 的选择确认帧后，将不再重传此 SOF 帧，否则测试失败。

（3）待测 STA 在接收到接收结果为 1 的选择确认帧后，将重传此 SOF 帧，且 FC 的重传标识位置 1，否则测试失败。

STA 在发送单播 SOF 帧后，接收到对应的 SACK 帧能否正确处理测试用例的报文交互流程如图 5-44 所示。

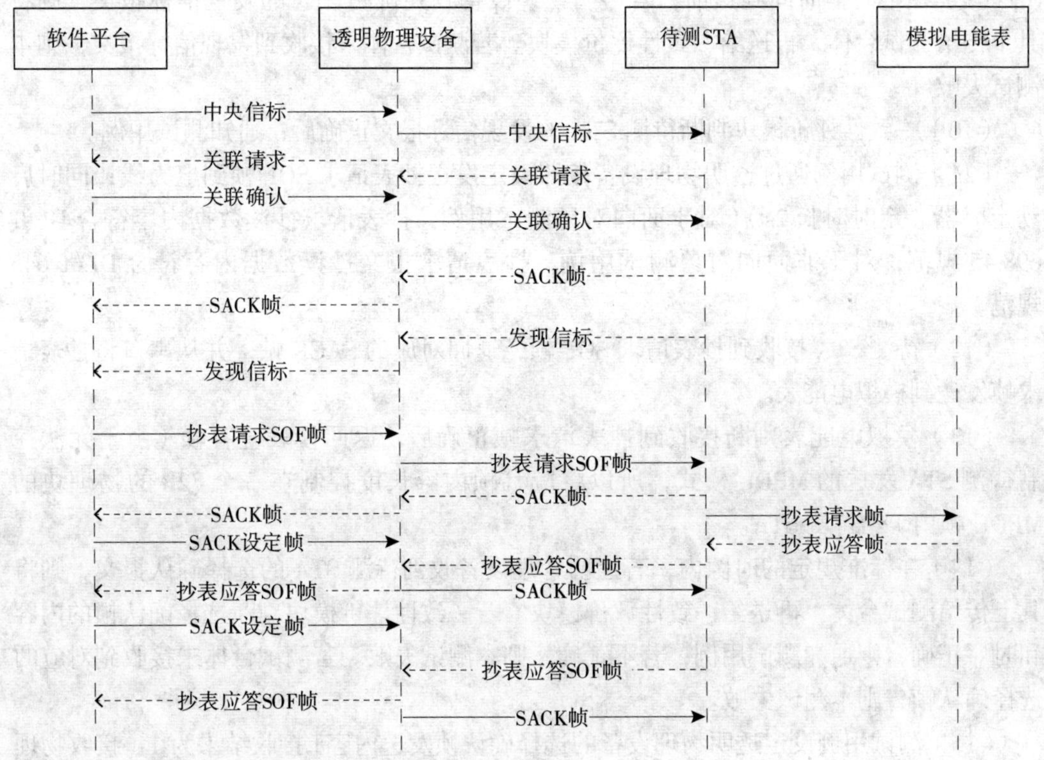

图 5-44　STA 在发送单播 SOF 帧后，接收到对应的 SACK 帧能否正确处理测试用例的报文交互流程

STA 在发送单播 SOF 帧后，接收到对应的 SACK 帧能否正确处理测试用例测试步骤如下：

（1）软件平台选择选择确认重传用例，待测 STA 上电。

（2）软件平台模拟电能表，在收到待测 STA 的读表号请求后，向其下发表地址 [对于面向对象测试用例下发的从节点规约类型为 3（DL/T 698.45），对于非面向对象测试用例下发的从节点规约类型为 2（DL/T 645）]。

（3）测试用例通过透明物理设备发送中央信标帧，同时启动定时器（定时时长 15s），等待待测 STA 发出的“关联请求”报文。

（4）待测 STA 收到中央信标帧后，发起关联请求报文，申请入网。

（5）在定时器时间到达前，若透明物理设备收到待测 STA 的关联请求报文，则将其上传给测试台体，再送给一致性评价模块。若测试台体未接收到关联请求报文，则本测试失败。

（6）一致性评价模块判断待测 STA 的关联请求报文正确后，通知测试用例。

（7）测试用例通过透明物理设备发送关联确认报文。

（8）测试用例通过透明物理设备发送中央信标报文，中央信标中安排待测 STA 发现信标时隙，同时启动定时器（定时时长 10s）。

（9）在定时器时间到达前，若透明物理设备收到待测 STA 的发现信标报文，则将其上传给测试台体，再送给一致性评价模块。若测试台体未接收到发现信标报文，则本测试失败。

（10）一致性评价模块判断待测 STA 的发现信标报文正确后，通知测试用例。

（11）测试用例通过透明物理设备按照设定发送抄表请求 SOF 帧到电力线；同时启动定时器（定时时长 2s）（对于面向对象测试用例，抄表请求抄读数据内容符合 DL/T 698.45 规范；对于非面向对象测试用例，抄表请求报文抄读数据内容符合 DL/T 645 规范）。

（12）待测 STA 接收到抄表请求 SOF 帧，返回对应的 SACK 帧，并从串口将抄表请求帧发送到模拟电能表。

（13）模拟电能表判断接收到抄表请求帧正确后，返回抄表应答帧（由于无法控制待测 STA 发送的 MPDU 模式，所以将应答帧内容长度控制在一个 72B 的物理块的 MPDU 帧内）给待测 STA。

（14）在标准规定的时隙内，若透明物理设备收到待测 STA 的选择确认报文，则将其上传给测试台体，再送给一致性评价模块。若一致性评价模块判断选择确认帧的内容和时序正确，则通知测试用例；若不正确，则本测试失败。若测试台体未接收到对应的选择确认帧，则本测试失败。

（15）测试用例设定透明物理设备的选择确认帧发送内容 [接收结果为 1（接收物理块有校验失败）]，同时启动定时器（定时时长 10s）。

（16）在定时器时间到达前，若透明物理设备收到待测 STA 的抄表应答 SOF 帧，则按规定时隙发送设定的选择确认帧，且将接收的抄表应答 SOF 帧上传给测试台体，再送给一致性评价模块。若测试台体未接收到抄表应答 SOF 帧，则本测试失败。

（17）一致性评价模块判断待测 STA 的抄表应答 SOF 帧正确后，通知测试用例。

（18）测试用例设定透明物理设备的选择确认帧发送内容 [接收结果为 0（接收成功）]，同时启动定时器（定时时长 10s）。

（19）在定时器时间到达前，若透明物理设备收到待测 STA 的抄表应答 SOF 帧，则按规定时隙发送设定的选择确认帧，且将接收的抄表应答 SOF 帧上传给测试台体，再送给一致性评价模块。若测试台体未接收到抄表应答 SOF 帧，则本测试失败。

（20）一致性评价模块判断待测 STA 的抄表应答 SOF 帧正确后，通知测试用例。

（21）测试用例启动定时器（定时时长 10s）。

（22）在定时器时间到达前，若透明物理设备未收到待测 STA 的抄表应答 SOF 帧，则定时器时间到达后将结果送给一致性评价模块。若测试台体接收到抄表应答 SOF 帧，则本测试失败。

（23）定时器时间到达，一致性评价模块判断测试结果是否正确。

5.7.10　STA 在发送单播 SOF 帧后，接收到非对应的 SACK 帧能否正确处理测试用例

STA 在发送单播 SOF 帧后，接收到非对应的 SACK 帧能否正确处理测试用例依据《低压电力线高速载波通信互联互通技术规范　第 4-2 部分：数据链路层通信协议》，验证 DUT 在发送单播 SOF 帧后，接收非对应的选择确认帧（步骤 26 中 3 种类型 SACK 帧），能否将竞争重传 SOF 帧，重传标志位置 1。

STA 在发送单播 SOF 帧后，接收到非对应的 SACK 帧能否正确处理测试用例的报文交互流程如图 5-45 所示。

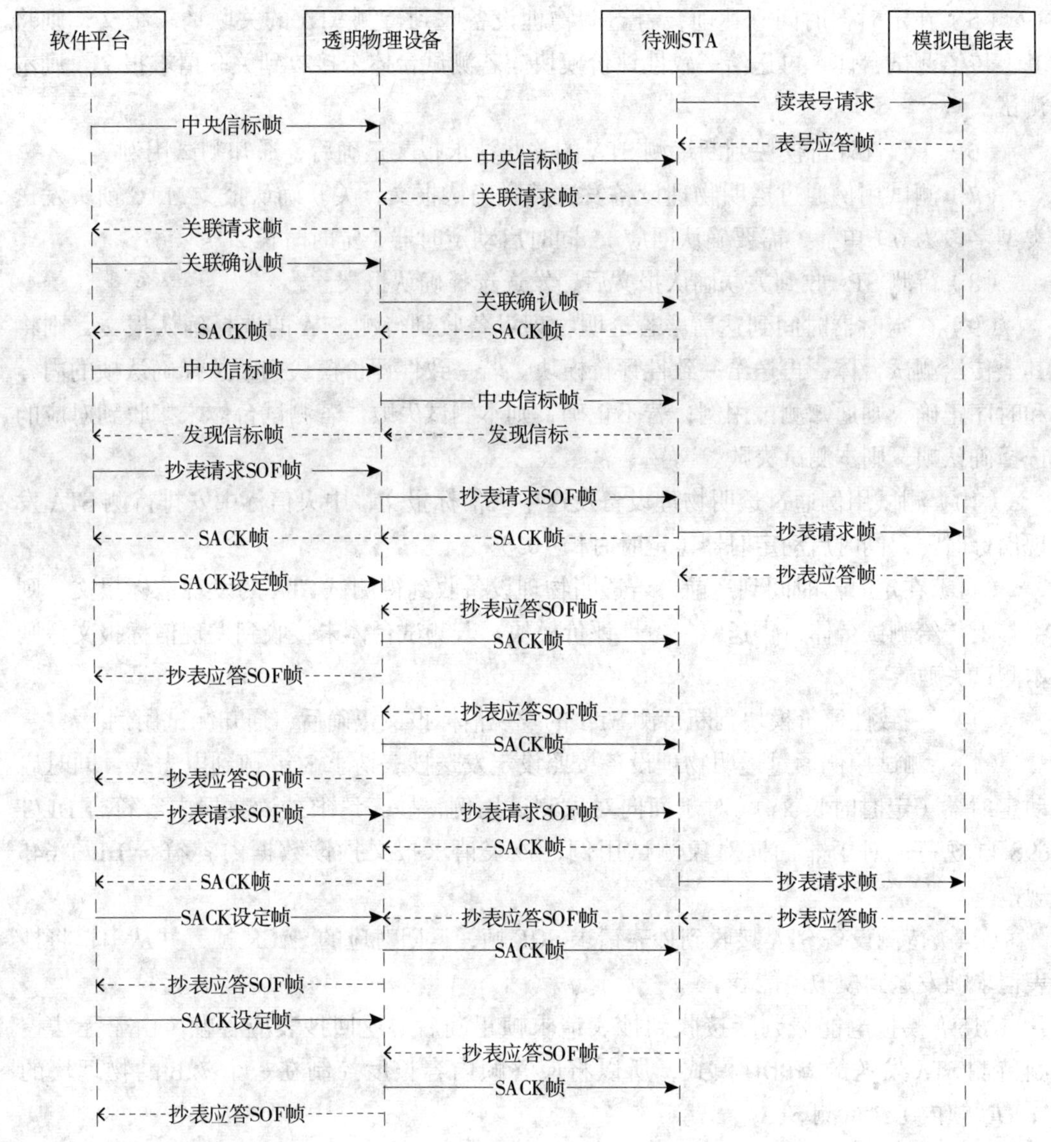

图 5-45　STA 在发送单播 SOF 帧后，接收到非对应的 SACK 帧能否正确处理测试用例的报文交互流程

STA 在发送单播 SOF 帧后，接收到非对应的 SACK 帧能否正确处理测试用例的测试步骤如下。

（1）软件平台选择选择确认重传用例，待测 STA 上电。

（2）软件平台模拟电能表，在收到待测 STA 的读表号请求后，向其下发表地址（对于面向对象测试用例，等待符合 DL/T 698.45 规范的表地址请求报文，并回复表地址；对于非面向对象测试用例，等待符合 DL/T 645 规范的表地址请求报文，并回复表地址）。

（3）测试用例通过透明物理设备发送中央信标帧，同时启动定时器（定时时长 15s），等待待测 STA 发出的“关联请求”报文。

（4）待测 STA 收到中央信标帧后，发起关联请求报文，申请入网。

（5）在定时器时间到达前，若透明物理设备收到待测 STA 的关联请求报文，则将其上传给测试台体，再送给一致性评价模块。若测试台体未接收到关联请求报文，则本测试失败。

（6）一致性评价模块判断待测 STA 的关联请求报文正确后，通知测试用例。

（7）测试用例通过透明物理设备发送关联确认报文，关联确认报文 MAC 帧头发送类型字段为 0（单播，需要确认回应），同时启动定时器（定时时长 2s）。

（8）待测 STA 收到关联确认报文后，发送选择确认报文。

（9）在定时器时间到达前，若透明物理设备收到待测 STA 的选择确认报文，则将其上传给测试台体，再送给一致性评价模块。若一致性评价模块判断选择确认帧的内容和时序正确，则通知测试用例；若不正确，则本测试失败。若测试台体未接收到对应的选择确认帧，则本测试失败。

（10）测试用例通过透明物理设备发送中央信标报文，中央信标中安排待测 STA 发现信标时隙，同时启动定时器（定时时长 10s）。

（11）在定时器时间到达前，若透明物理设备收到待测试 STA 的发现信标报文，则将其上传给测试台体，再送给一致性评价模块。若测试台体未接收到发现信标报文，则本测试失败。

（12）一致性评价模块判断待测 STA 的发现信标报文正确后，通知测试用例。

（13）测试用例通过透明物理设备按照设定发送抄表请求 SOF 帧到电力线，同时启动定时器（定时时长 2s）（对于面向对象测试用例，抄表请求抄读数据内容符合 DL/T 698.45 规范；对于非面向对象测试用例，抄表请求报文抄读数据内容符合 DL/T 645 规范）。

（14）待测设备 STA 接收到抄表请求 SOF 帧，返回对应的 SACK 帧，并从串口将抄表请求帧发送到模拟电能表。

（15）模拟电能表判断接收到抄表请求帧正确后，返回抄表应答帧（由于无法控制待测 STA 发送的 MPDU 模式，所以将应答帧内容长度控制在一个 72B 的物理块的 MPDU 帧内）给待测 STA。

（16）在标准规定的时隙内，若透明物理设备收到待测 STA 的选择确认报文，则将其上传给测试台体，再送给一致性评价模块。若一致性评价模块判断选择确认帧的内容和时序正确，则通知测试用例；若不正确，则本测试失败。若测试台体未接收到对应的选择确认帧，则本测试失败。

（17）测试用例设定透明物理设备的选择确认帧发送内容（网络标识非组网用网络标识，接收结果为 0；源目的 TEI 对应 SOF 的目的源 TEI；接收物理块个数为接收 SOF 帧个数），同时启动定时器（定时时长 10s）。

（18）在定时器时间到达前，若透明物理设备收到待测 STA 的抄表应答 SOF 帧，则按规定时隙发送设定的选择确认帧，且将接收的抄表应答 SOF 帧上传给测试台体，再送给一致性评价模块。若测试台体未接收到抄表应答 SOF 帧，则本测试失败。

（19）一致性评价模块判断待测 STA 的抄表应答 SOF 帧正确后，通知测试用例。

（20）测试用例设定透明物理设备的选择确认帧发送内容（网络标识是组网用网络标识，接收结果为 0；源目的 TEI 对应 SOF 的目的源 TEI；接收物理块个数为接收 SOF 帧个数），同时启动定时器（定时时长 10s）。

（21）在定时器时间到达前，若透明物理设备收到待测 STA 的抄表应答 SOF 帧，则按规定时隙发送设定的选择确认帧，且将接收的抄表应答 SOF 帧上传给测试台体，再送给一致性评价模块。若测试台体未接收到抄表应答 SOF 帧，则本测试失败。

（22）一致性评价模块判断待测 STA 的抄表应答 SOF 帧正确后，通知测试用例。

（23）测试用例启动定时器（定时时长 10s）。

（24）在定时器时间到达前，若透明物理设备未收到待测 STA 的抄表应答 SOF 帧，则定时器时间到达后将结果送给一致性评价模块。若测试台体接收到抄表应答 SOF 帧，则本测试失败。

（25）定时器时间到达，一致性评价模块判断测试结果正确后，通知测试用例。

（26）测试用例重复步骤 13~25，在重复步骤 20 时，依次按如下类型设定 SACK 帧。

类型 1：网络标识正确，接收结果为 0，目的 TEI=0xfff，源 TEI 为对应 SOF 的目的 TEI，接收物理块个数为对应 SOF 帧接收物理个数；

类型 2：网络标识正确，接收结果为 0，目的 TEI 不为对应 SOF 的源 TEI 且不为 0xfff，源 TEI 为对应 SOF 的目的 TEI，接收物理块个数为对应 SOF 帧接收物理个数；

类型 3：网络标识正确，接收结果为 0，目的 TEI 为待测设备 TEI，源 TEI 不为对应 SOF 的目的 TEI，接收物理块个数为对应 SOF 帧接收物理个数。

5.8　数据链路层报文过滤一致性测试用例

5.8.1　CCO 处理全网广播报文测试用例

CCO 处理全网广播报文测试用例依据《低压电力线高速载波通信互联互通技术规范　第 4-2 部分：数据链路层通信协议》，验证 DUT 在全网广播情况下是否能够通过报文过滤测试，能正确处理全网广播报文，完成报文控制目的，且满足如下要求。

（1）软件平台在发送 SOF1 后，10s 定时器到时之前能接收到待测 CCO 的上报内容，接收不到则测试不通过。

（2）软件平台在发送 SOF2 之后，10s 定时器到时前后都接收不到待测 CCO 的上报内容，接收到则测试不通过。

CCO 处理全网广播报文测试用例的交互报文流程如图 5-46 所示。

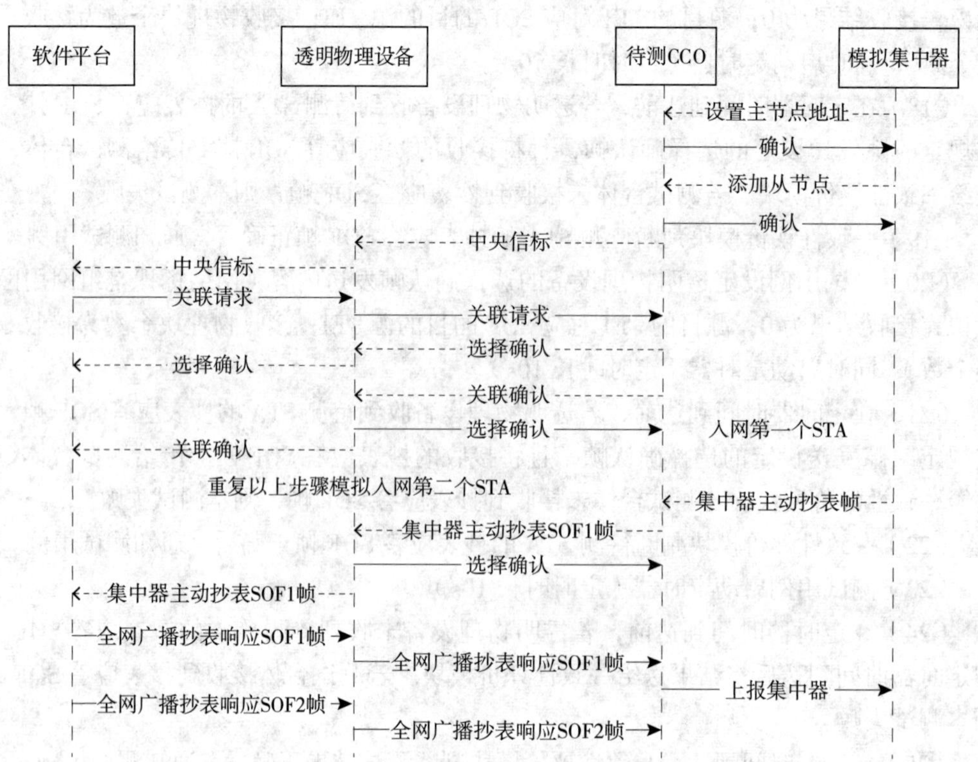

图 5-46　CCO 处理全网广播报文测试用例的报文交互流程

CCO 处理全网广播报文测试用例的测试步骤如下。

（1）待测 CCO 上电。

（2）软件平台模拟集中器，向待测 CCO 下发“设置主节点地址”命令，在收到“确认”后，向待测 CCO 下发“添加从节点”命令，将 STA 的 MAC 地址下发到 CCO 中，等待“确认”。

（3）软件平台接收到待测 CCO 发出的“中央信标报文”后，模拟第一个 STA 入网，发送“关联请求报文”。

（4）软件平台收到待测 CCO 发出的“关联确认报文”之后，重复以上步骤模拟第二个 STA 入网（以上步骤是为了给待测 CCO 构造两个已入网的 STA 的情况，默认组网过程正常，不作为检查项目）。

（5）软件平台模拟集中器，向待测 CCO 下发“集中器主动抄表报文”。

（6）软件平台收到待测 CCO 发出的“集中器主动抄表 SOF 帧”后，模拟第一个入网的 STA，发送全网广播形式的“STA 抄表响应 SOF1”报文，并设定 10s 的定时器。

（7）10s 定时器到时之前软件平台会收到待测 CCO 上报的响应内容，软件平台模拟第二个入网的 STA，发出 SOF2 帧（是对 SOF1 帧的转发），并设定 10s 的定时器。

5.8.2　CCO 处理代理广播报文测试用例

CCO 处理代理广播报文测试用例依据《低压电力线高速载波通信互联互通技术规范　第 4-2 部分：数据链路层通信协议》，验证 DUT 在代理广播报文情况下是否能够通过报文过滤测试，能正确过滤相同的代理广播报文，完成报文控制目的，且满足如下要求。

（1）软件平台在 10s 定时器到时之前能接收到待测 CCO 的上报内容，接收不到则测试不通过。

（2）软件平台在发送 SOF2 之后，10s 定时器到时前后都接收不到待测 CCO 的上报内容，接收到则测试不通过。

CCO 处理代理广播报文测试用例的报文交互流程如图 5-47 所示。

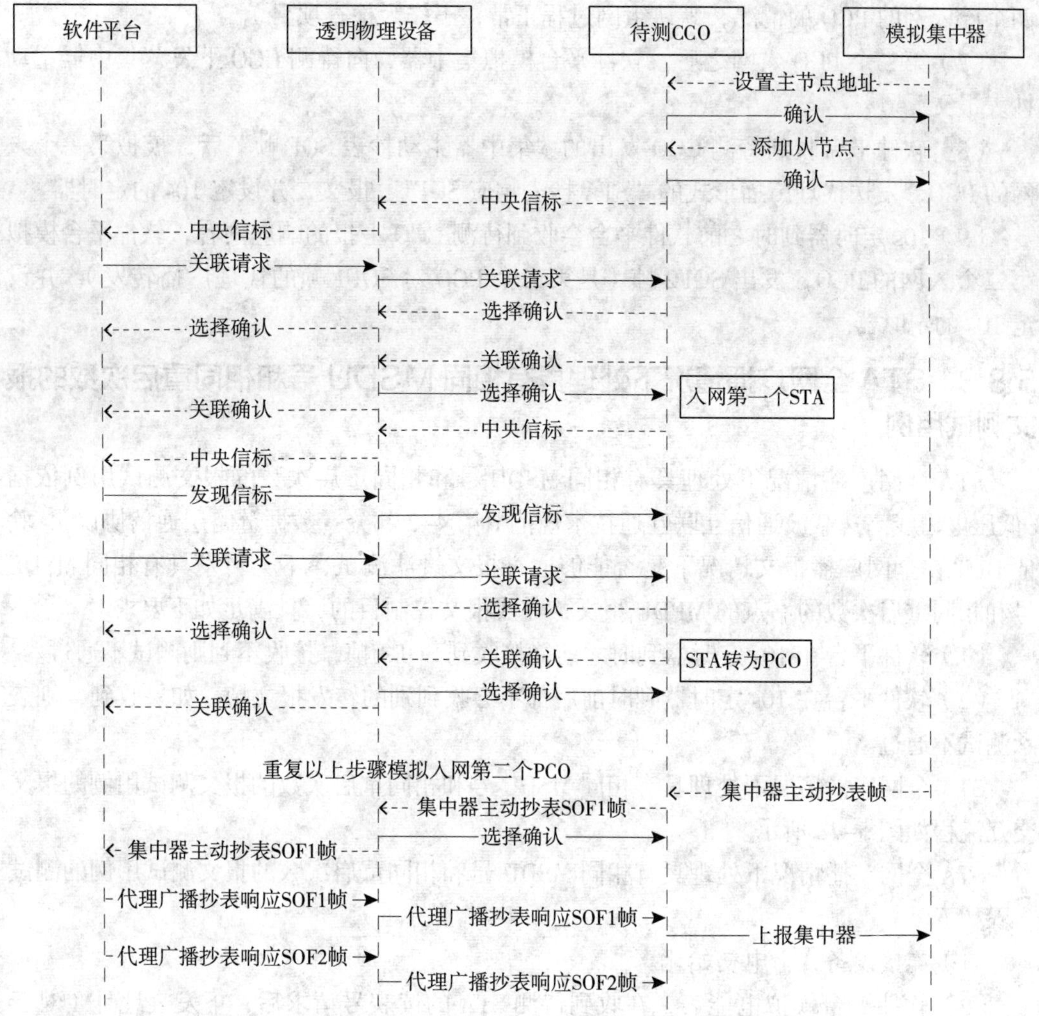

图 5-47　CCO 处理代理广播报文测试用例的报文交互流程

CCO 处理代理广播报文测试用例的测试步骤如下。

（1）待测 CCO 上电。

（2）软件平台模拟集中器，向待测 CCO 下发“设置主节点地址”命令，在收到“确认”后，向待测 CCO 下发“添加从节点”命令，将 STA 的 MAC 地址下发到 CCO 中，等待“确认”。

（3）软件平台接收到待测 CCO 发出的“中央信标报文”后，模拟第一个 STA 入网，发送“关联请求报文”。

（4）软件平台收到待测 CCO 发出的“关联确认报文”和中央信标之后，发送“发现信标报文”。

（5）软件平台发送“发现信标报文”之后，模拟第一个入网的 STA 转发待入网 STA 的入网请求。

（6）软件平台收到待测 CCO 的“关联确认报文”之后，此时，第一个入网的 STA 已转为 PCO，重复以上步骤，模拟第二个 PCO 入网（以上步骤是为了给待测 CCO 构造两个已入网的 PCO 的情况，默认组网过程正常，不作为检查项目）。

（7）第二个 PCO 入网之后，软件平台模拟集中器，向待测 CCO 下发“集中器主动抄表报文”。

（8）软件平台收到待测 CCO 发出的“集中器主动抄表 SOF 帧”后，模拟第一个入网的 PCO，发送代理广播形式的“STA 抄表响应 SOF1”报文，并设定 10s 的定时器。

（9）10s 定时器到时之前软件平台会收到待测 CCO 上报的响应内容，软件平台模拟第二个入网的 PCO，发出 SOF2 帧（是第二个 PCO 对 SOF1 帧的代理广播转发），并设定 10s 的定时器。

5.8.3 STA 全网广播情况下处理具有相同 MSDU 号和相同重启次数的报文测试用例

STA 全网广播情况下处理具有相同 MSDU 号和相同重启次数的报文测试用例依据《低压电力线高速载波通信互联互通技术规范　第 4-2 部分：数据链路层通信协议》，验证 DUT 在全网广播报文情况下是否能够通过报文过滤测试，不会转发具有相同 MSDU 号和相同重启次数的站点的 MPDU 报文，完成报文控制目的，且满足如下要求。

（1）软件平台在 10s 定时器到时之前能接收到 SOF3 帧，接收不到则测试不通过。

（2）软件平台在 10s 定时器到时前后都不会收到别的转发报文帧，如果收到，则表示测试不通过。

STA 全网广播情况下处理具有相同 MSDU 号和相同重启次数的报文测试用例的报文交互流程如图 5-48 所示。

STA 全网广播情况下处理具有相同 MSDU 号和相同重启次数的报文测试用例的测试步骤如下。

（1）连接设备，上电初始化。

（2）软件平台模拟电能表，在收到待测 STA 的读表号请求后，下发表地址（对于面向对象测试用例，等待符合 DL/T 698.45 规范的表地址请求报文，并回复表地址；对于非面向对象测试用例，等待符合 DL/T 645 规范的表地址请求报文，并回复表地址）。

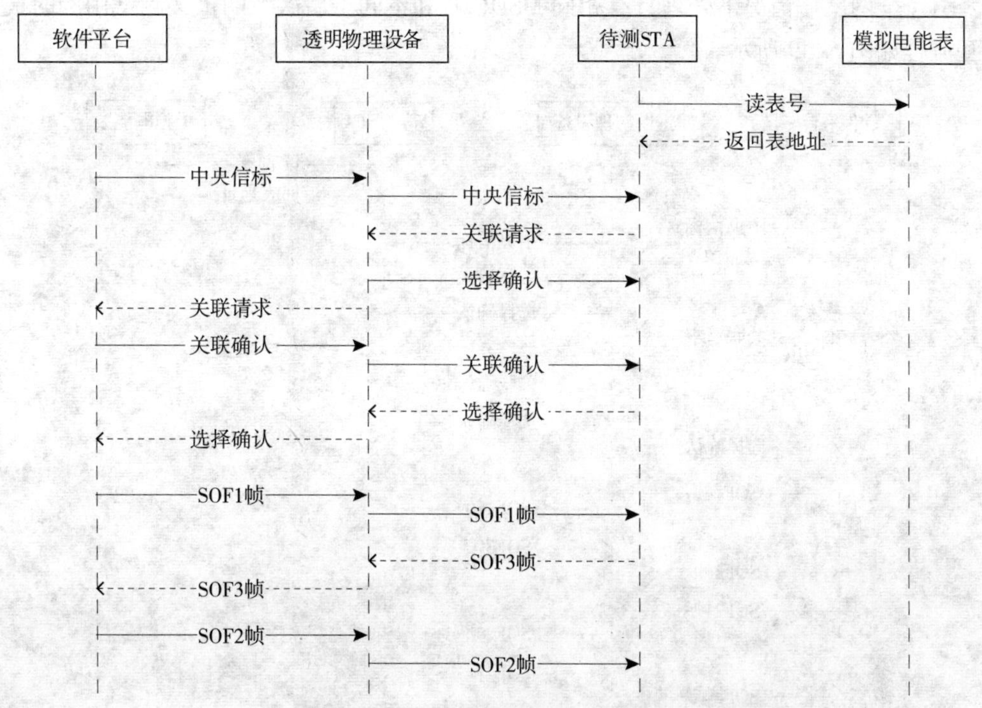

图 5-48　STA 全网广播情况下处理具有相同 MSDU 号和相同重启次数的报文测试用例的报文交互流程

（3）软件平台模拟 CCO 向待测设备发送“中央信标”。

（4）软件平台模拟 CCO 在收到待测 STA 发送的“关联请求报文”后，向待测 STA 发送“关联确认报文”。

（5）软件平台模拟 CCO 在收到待测 STA 发送的“选择确认报文”之后，发送 SOF1 帧（全网广播抄表报文）（对于面向对象测试用例，抄表报文抄读数据内容符合 DL/T 698.45 规范；对于非面向对象测试用例，抄表报文抄读数据内容符合 DL/T 645 规范），并设定 10s 的定时器。

（6）软件平台在收到待测 STA 转发的 SOF3 帧之后，模拟 STA 转发出全网广播 SOF2 帧（对 SOF1 帧的转发），并设定 10s 的定时器。

5.8.4　STA 全网广播情况下处理具有相同 MSDU 号和不同重启次数的报文测试用例

STA 全网广播情况下处理具有相同 MSDU 号和不同重启次数的报文测试用例依据《低压电力线高速载波通信互联互通技术规范　第 4-2 部分：数据链路层通信协议》，验证 DUT 在全网广播报文情况下是否能够通过报文过滤测试，会转发具有相同 MSDU 号和不同重启次数站点的 MPDU 报文，完成报文控制目的，且满足如下要求。

（1）软件平台在 10s 定时器到时之前能接收到 SOF3 帧，接收不到则测试不通过。

（2）软件平台在 10s 定时器到时之前能接收到 SOF4 帧，接收不到则测试不通过。

STA 全网广播情况下处理具有相同 MSDU 号和不同重启次数的报文测试用例的报文交互流程如图 5-49 所示。

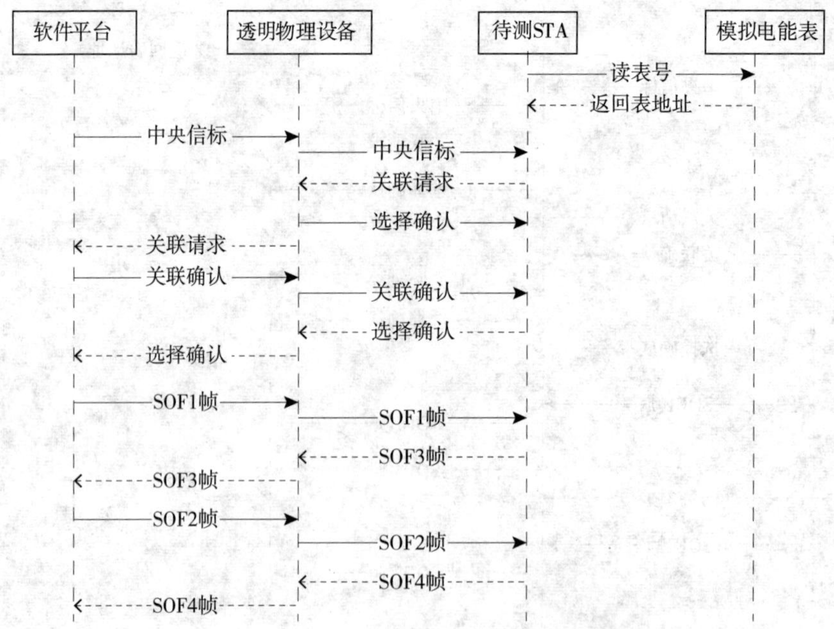

图 5-49　STA 全网广播情况下处理具有相同 MSDU 号和不同重启次数的报文测试用例的报文交互流程

STA 全网广播情况下处理具有相同 MSDU 号和不同重启次数的报文测试用例的测试步骤如下。

（1）连接设备，上电初始化。

（2）软件平台模拟电能表，在收到待测 STA 的读表号请求后，下发表地址（对于面向对象测试用例，等待符合 DL/T 698.45 规范的表地址请求报文，并回复表地址；对于非面向对象测试用例，等待符合 DL/T 645 规范的表地址请求报文，并回复表地址）。

（3）软件平台模拟 CCO 向待测设备发送“中央信标”。

（4）软件平台模拟 CCO 在收到待测 STA 发送的“关联请求报文”后，向待测 STA 发送“关联确认报文”。

（5）软件平台模拟 CCO 在收到待测 STA 发送的“选择确认报文”之后，发送 SOF1 帧（全网广播抄表报文），并设定 10s 的定时器（对于面向对象测试用例，抄表报文抄读数据内容符合 DL/T 698.45 规范；对于非面向对象测试用例，抄表报文抄读数据内容符合 DL/T 645 规范。下同，不再赘述）。

（6）软件平台在收到待测 STA 转发的 SOF3 帧之后，发出 SOF2 帧（与 SOF1 帧有相同 MSDU 号，但是重启次数不同），并设定 10s 的定时器。

5.8.5　STA代理广播情况下处理具有相同MSDU号和相同重启次数的报文测试用例

STA代理广播情况下处理具有相同MSDU号和相同重启次数的报文测试用例依据《低压电力线高速载波通信互联互通技术规范　第4-2部分：数据链路层通信协议》，验证DUT在代理广播报文情况下是否能够通过报文过滤测试，不会转发具有相同MSDU号和相同重启次数的站点的MPDU报文，完成报文控制目的，且满足如下要求。

（1）软件平台在10s定时器到时之前能接收到SOF3帧，接收不到则测试不通过。

（2）软件平台在10s定时器到时前后都不会收到别的转发报文帧，如果收到，则表示测试不通过。

STA代理广播情况下处理具有相同MSDU号和相同重启次数的报文测试用例的报文交互流程如图5-50所示。

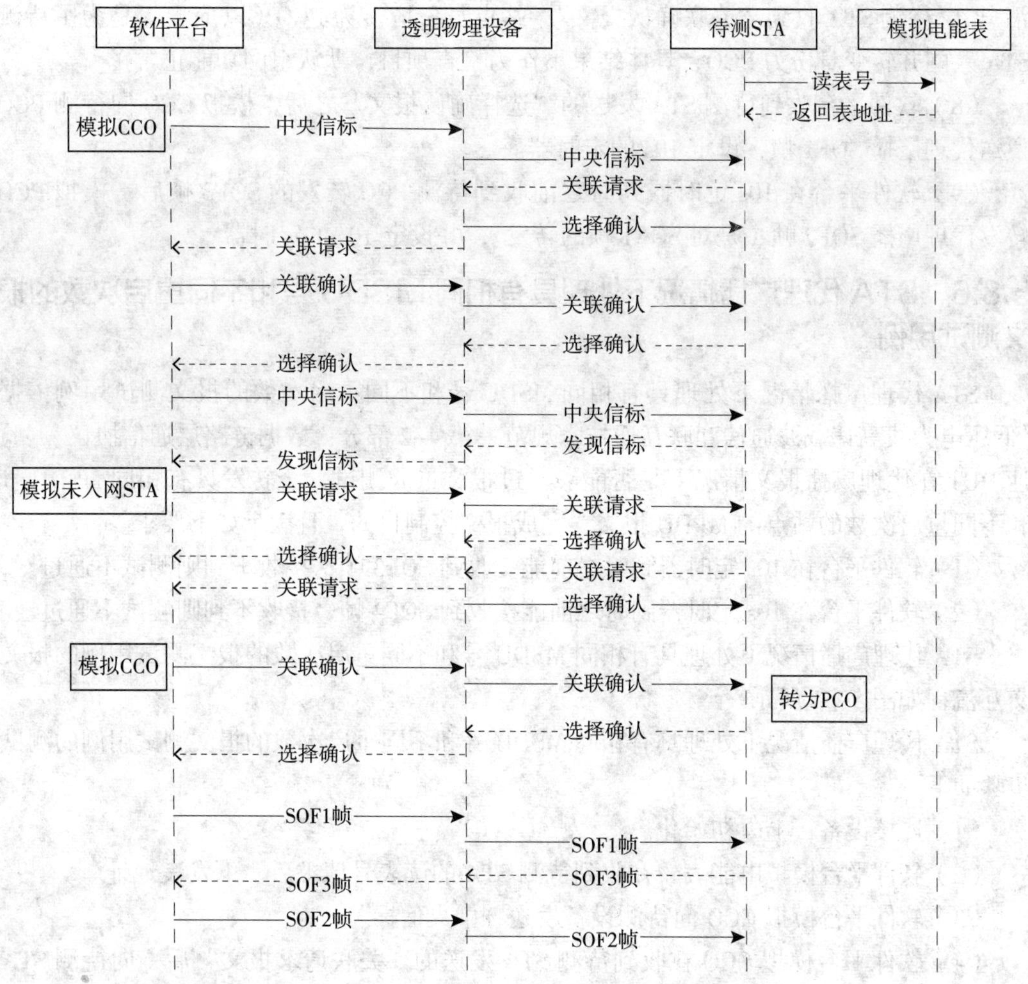

图5-50　STA代理广播情况下处理具有相同MSDU号和相同重启次数的报文测试用例的报文交互流程

STA 代理广播情况下处理具有相同 MSDU 号和相同重启次数的报文测试用例的测试步骤如下。

（1）连接设备，上电初始化。

（2）软件平台模拟电能表，在收到待测 STA 的读表号请求后，下发表地址。

（3）软件平台模拟 CCO 向待测设备发送“中央信标”。

（4）软件平台模拟 CCO 在收到待测 STA 发送的“关联请求报文”后，向待测 STA 发送“关联确认报文”。

（5）软件平台模拟 CCO 在收到待测 STA 发送的“选择确认报文”之后，发送“中央信标”，并在信标时隙中安排待测 STA 发送发现信标。

（6）软件平台收到“发现信标报文”之后，模拟未入网 STA，向待测 STA 发送“关联请求报文”。

（7）软件平台收到待测 STA 转发的“关联请求报文”，模拟 CCO 发出“关联确认消息”，待测 STA 收到“关联确认报文”，站点身份应转为 PCO（以上步骤是为了待测 STA 入网并转变身份为 PCO，具体结果不作为检查项目，默认组网功能正常）。

（8）软件平台收到待测 STA 发送的“选择确认报文”之后，模拟 CCO 向待测 PCO 发送代理广播 SOF1 帧，设定 10s 的定时器。

（9）软件平台在 10s 定时器到时之前收到待测 PCO 转发的 SOF3 帧后，模拟 PCO 转发代理广播 SOF2 帧（是对 SOF1 帧的转发），并设定 10s 的定时器。

5.8.6 STA 代理广播情况下处理具有相同 MSDU 号和不同重启次数的报文测试用例

STA 代理广播情况下处理具有相同 MSDU 号和不同重启次数的报文测试用例依据《低压电力线高速载波通信互联互通技术规范　第 4–2 部分：数据链路层通信协议》，验证 DUT 在代理广播报文情况下是否能够通过报文过滤测试，会转发具有相同 MSDU 号和不同重启次数的站点的 MPDU 报文，完成报文控制目的，且满足如下要求。

（1）软件平台在 10s 定时器到时之前能接收到 SOF3 帧，接收不到则测试不通过。

（2）软件平台在 10s 定时器到时之前能接收到 SOF4 帧，接收不到则测试不通过。

STA 代理广播情况下处理具有相同 MSDU 号和不同重启次数的报文测试用例的报文交互流程如图 5–51 所示。

STA 代理广播情况下处理具有相同 MSDU 号和不同重启次数的报文测试用例的测试步骤如下。

（1）连接设备，上电初始化。

（2）软件平台模拟电能表，在收到待测 STA 的读表号请求后，下发表地址。

（3）软件平台模拟 CCO 向待测设备发送“中央信标”。

（4）软件平台模拟 CCO 在收到待测 STA 发送的“关联请求报文”后，向待测 STA 发送“关联确认报文”。

（5）软件平台模拟 CCO 在收到待测 STA 发送的“选择确认报文”之后，发送“中央信标”，并在信标时隙中安排待测 STA 发送发现信标。

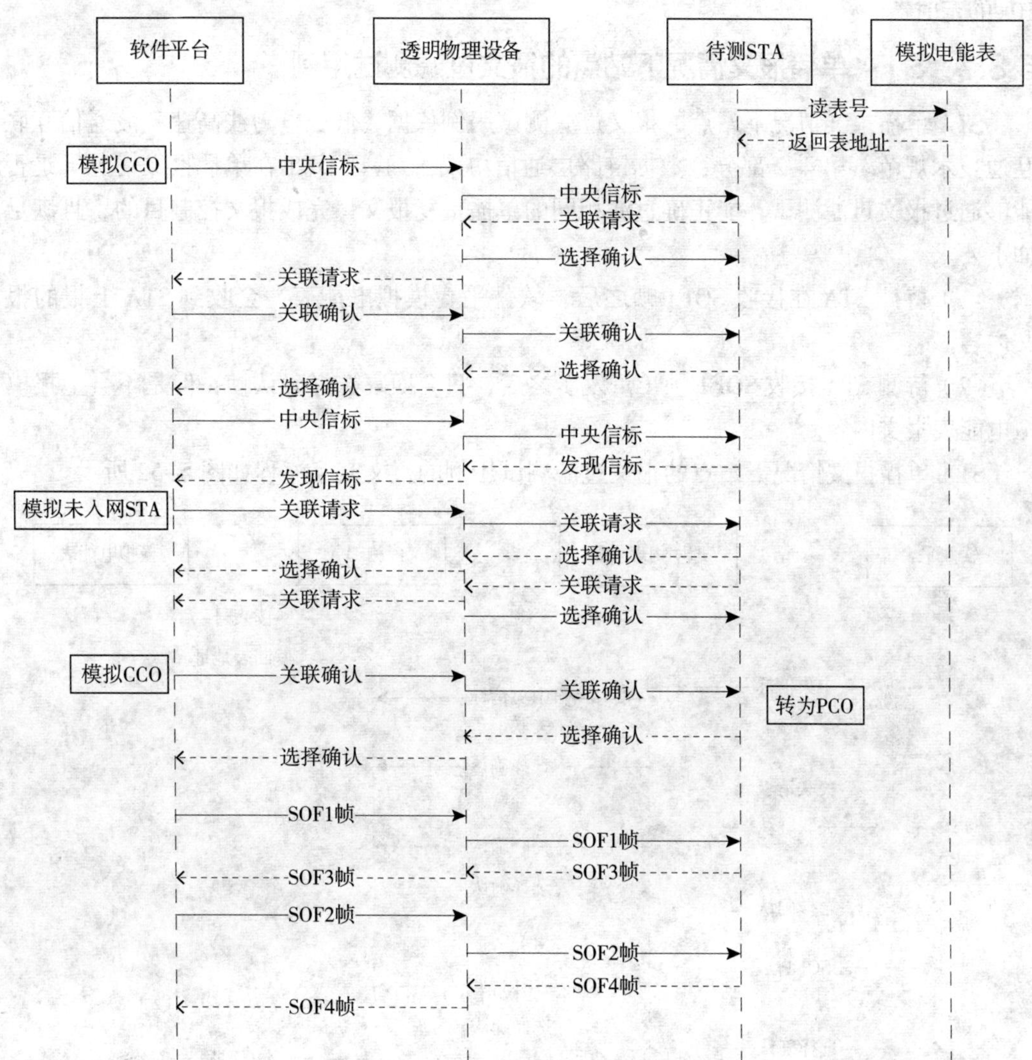

图 5-51　STA 代理广播情况下处理具有相同 MSDU 号和不同重启次数的报文测试用例的报文交互流程

（6）软件平台收到“发现信标报文”之后，模拟未入网 STA，向待测 STA 发送“关联请求报文”。

（7）软件平台收到待测 STA 转发的“关联请求报文”，模拟 CCO 发出“关联确认消息”，待测 STA 收到“关联确认报文”，站点身份应转为 PCO（以上步骤是为了待测 STA 入网并转变身份为 PCO，具体结果不作为检查项目，默认组网功能正常）。

（8）软件平台收到待测 STA 发送的“选择确认报文”之后，模拟 CCO 向待测 PCO 发送代理广播 SOF1 帧，设定 10s 的定时器。

（9）软件平台在 10s 定时器到时之前收到待测 PCO 转发的 SOF3 帧后，模拟 CCO

发出代理广播 SOF2 帧（与 SOF1 帧的 MSDU 序列号相同，但是重启次数不同），并设定 10s 的定时器。

5.8.7 STA 单播报文情况下站点的报文过滤测试用例

STA 单播报文情况下站点的报文过滤测试用例依据《低压电力线高速载波通信互联互通技术规范　第 4-2 部分：数据链路层通信协议》，验证 DUT 在单播报文情况下是否能够通过报文过滤测试，能正确过滤相同的单播重复报文，完成报文控制目的，且满足如下要求。

（1）待测 STA 在接收 SOF1 帧之后，软件平台模拟电能表，会收到 STA 上报的报文内容。

（2）待测 STA 接收 SOF1 帧（重发）之后，只会回复选择确认帧，但是不会上报模拟电能表报文内容。

STA 单播报文情况下站点的报文过滤测试用例的报文交互流程如图 5-52 所示。

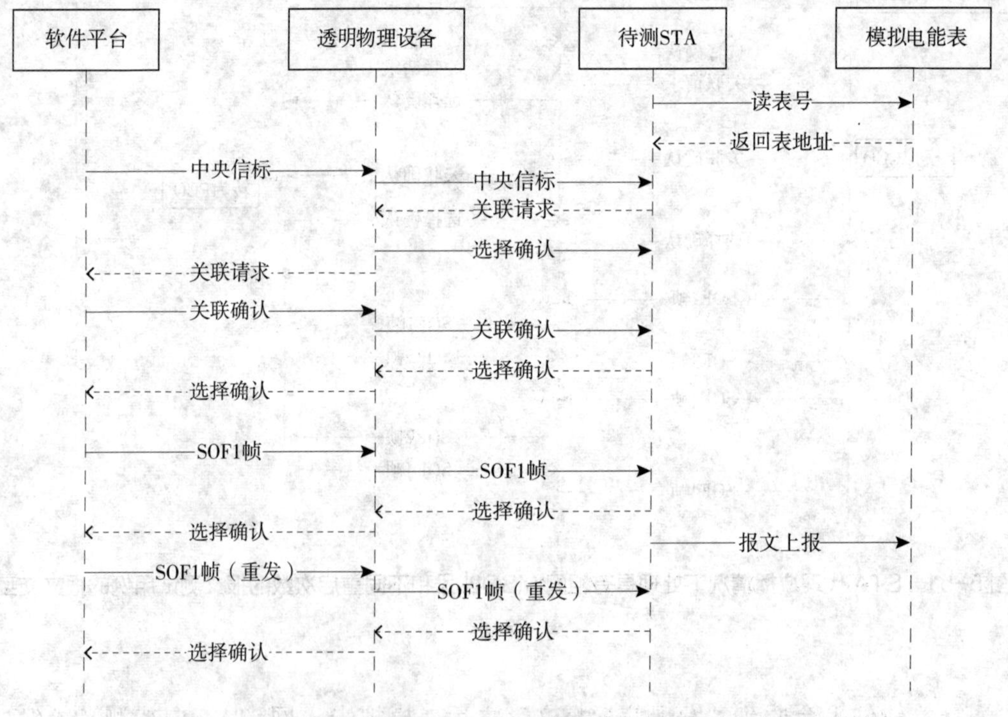

图 5-52　STA 单播报文情况下站点的报文过滤测试用例的报文交互流程

STA 单播报文情况下站点的报文过滤测试用例的测试步骤如下。

（1）连接设备，上电初始化。

（2）软件平台模拟电能表，在收到待测 STA 的读表号请求后，下发表地址。

（3）软件平台模拟 CCO 向待测设备发送“中央信标”。

（4）软件平台模拟 CCO 在收到待测 STA 发送的“关联请求报文”后，向待测 STA

发送“关联确认报文”。

（5）软件平台模拟 CCO 在收到待测 STA 发送的“选择确认报文”之后，发送 SOF1 帧（单播抄表报文）。

（6）软件平台模拟 CCO 在收到待测 STA 发送的“选择确认报文”之后，重发之前的 SOF1 帧（单播抄表报文）。

5.9　数据链路层单播 / 广播一致性测试用例

5.9.1　CCO 对单播 / 全网广播 / 代理广播 / 本地广播报文的处理测试用例

CCO 对单播 / 全网广播 / 代理广播 / 本地广播报文的处理测试用例依据《低压电力线高速载波通信互联互通技术规范　第 4-2 部分：数据链路层通信协议》，验证 DUT 满足如下要求。

（1）CCO 作为被测站点可以转发来自 STA 的单播（单播 6）。

（2）CCO 作为被测站点是否可以向间接 STA 发送单播（单播 7）。

（3）CCO 作为被测站点可以接收来自 PCO 的单播（单播 8）。

（4）CCO 作为被测站点是否可以向 PCO 发送单播（单播 9）。

（5）CCO 是否可以正确处理 PCO 发起的本地广播、代理广播和全网广播（广播 3）。

（6）CCO 是否可以正确处理 STA 发起的本地广播、代理广播和全网广播（广播 4）。

CCO 对单播 / 全网广播 / 代理广播 / 本地广播报文的处理测试用例的报文交互流程如图 5-53 所示。

CCO 对单播 / 全网广播 / 代理广播 / 本地广播报文的处理测试用例的测试步骤如下。

（1）连接设备，上电初始化。

（2）软件平台模拟集中器，通过串口向待测 CCO 下发“设置主节点地址”命令，在收到“确认”后，再通过串口向待测 CCO 下发“添加从节点”命令，将目标网络站点的 MAC 地址下发到 CCO 中，等待“确认”。

（3）软件平台收到待测 CCO 发送的“中央信标”后，查看其是否在规定的中央信标时隙内发出的。

① 在中央信标时隙发出“中央信标”，则通过；

② 其他情况，则失败。

（4）软件平台模拟未入网 STA 通过透明物理设备向待测 CCO 设备发送“关联请求报文”，查看是否收到相应的“选择确认报文”。

① 未收到对应的“选择确认帧”，则失败；

② 收到对应的“选择确认帧”，则通过。

（5）启动定时器（定时时长 10s），查看是否在规定的 CSMA 时隙内收到待测 CCO 发出的“关联确认报文”。

① 在规定 CSMA 时隙收到正确“关联确认报文”，则通过；

② 在规定 CSMA 时隙收到“关联确认报文”，但报文错误，则失败；

③ 定时器溢出，未收到“关联确认报文”，则失败；

④ 其他情况，则失败。

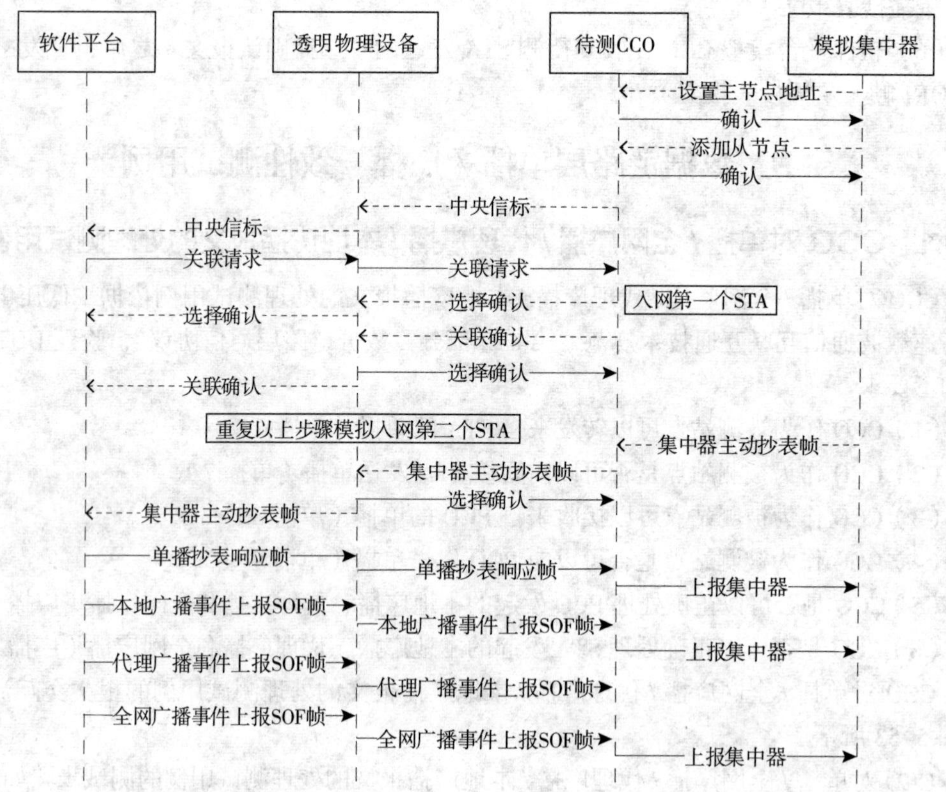

图 5-53　CCO 对单播 / 全网广播 / 代理广播 / 本地广播报文的处理测试用例的报文交互流程

（6）软件平台收到待测 CCO 发送的“中央信标”后，查看是否对已入网 STA 进行了发现信标时隙的规划。

① 进行了发现信标时隙规划，则通过；

② 没有进行发现信标时隙规划，则失败。

（7）软件平台模拟已入网 STA 在 CSMA 时隙内通过透明物理设备转发未入网 STA 的“关联请求报文”，查看是否收到相应的“选择确认报文”。

① 未收到对应的“选择确认帧”，则失败；

② 收到对应的“选择确认帧”，则通过。

（8）启动定时器（定时时长 10s），查看是否在规定的 CSMA 时隙内收到待测 CCO 发出的“关联确认报文”。

① 在规定 CSMA 时隙收到正确“关联确认报文”，则通过；

② 在规定 CSMA 时隙收到“关联确认报文”，但报文错误，则失败；

③ 定时器溢出，未收到“关联确认报文”，则失败；

④ 其他情况，则失败。

（9）软件平台收到待测 CCO 发送的“中央信标”后，查看是否对新入网的 STA-2 进行了发现信标时隙的规划，是否对虚拟 PCO1 进行了代理信标时隙的规划。

① 对 STA-2 进行了发现信标时隙的规划且对 PCO1 进行了代理信标时隙的规划，则通过；

② 未对 STA-2 进行了发现信标时隙的规划或未对 PCO1 进行代理信标时隙的规划，则失败；

③ 其他情况，则失败。

（10）软件平台模拟未入网 STA-1 通过透明物理设备向待测 CCO 设备发送“关联请求报文”，查看是否收到相应的“选择确认报文”。

① 未收到对应的“选择确认帧”，则失败；

② 收到对应的“选择确认帧”，则通过。

（11）启动定时器（定时时长 10s），查看是否在规定的 CSMA 时隙内收到待测 CCO 发出的“关联确认报文”。

① 在规定 CSMA 时隙收到正确“关联确认报文”，则通过；

② 在规定 CSMA 时隙收到“关联确认报文”，但报文错误，则失败；

③ 定时器溢出，未收到“关联确认报文”，则失败；

④ 其他情况，则失败。

（12）软件平台模拟集中器通过串口向待测 CCO 发送目标站点为 STA-2 的“监控从节点”命令，同时启动定时器（定时时长 10s），查看是否收到“监控从节点”上行报文。

① 定时器溢出前，收到正确“监控从节点”上行报文，则通过；

② 定时器溢出，未收到正确“监控从节点”上行报文，则失败；

③ 其他情况，则失败。

（13）软件平台查看是否在规定的 CSMA 时隙内收到正确的下行“抄表报文”。

① 在规定的 CSMA 时隙内收到正确的下行“抄表报文”（考查代理主路径标识、路由总跳数、路由剩余跳数、原始源 MAC 地址、原始目的 MAC 地址是否正确），则通过；

② 在规定的 CSMA 时隙收到下行“抄表报文”，但报文错误，则失败；

③ 定时器溢出，未收到下行“抄表报文”，则失败；

④ 其 他情况，则失败。

（14）软件平台模拟 STA-2 经 PCO 向待测 CCO 发送上行“抄表报文”命令。

① 在规定的 CSMA 时隙内收到正确的上行“抄表报文”并上报集中器，则通过；

② 其他情况，则失败。

（15）软件平台模拟集中器通过串口向待测 CCO 发送目标站点为 PCO1 的“监控从节点”命令，同时启动定时器（定时时长 10s），查看是否收到“监控从节点”上行报文。

① 定时器溢出前，收到正确“监控从节点”上行报文，则通过；

② 定时器溢出，未收到正确“监控从节点”上行报文，则失败；

③ 其他情况，则失败。

（16）软件平台查看是否在规定的 CSMA 时隙内收到正确的下行“抄表报文”。

① 在规定的 CSMA 时隙内收到正确的下行“抄表报文”（考查代理主路径标识、路由总跳数、路由剩余跳数、原始源 MAC 地址、原始目的 MAC 地址是否正确），则通过；

② 在规定的 CSMA 时隙收到下行“抄表报文”，但报文错误，则失败；

③ 定时器溢出，未收到下行“抄表报文”，则失败；

④ 其他情况，则失败。

（17）软件平台模拟 PCO1 向待测 CCO 发送上行“抄表报文”命令。

① 在规定的 CSMA 时隙内收到正确的上行“抄表报文”并上报集中器，则通过；

② 其他情况，则失败。

（18）软件平台模拟 STA-1 向待测 CCO 发送上行、本地广播、应用层“事件上报报文”命令，同时启动定时器（定时时长 10s）。

① 在规定的 CSMA 时隙内收到正确的上行“事件上报报文”并上报集中器，则通过；

② 其他情况，则失败。

（19）软件平台模拟 PCO1 向待测 CCO 发送下行、代理广播、应用层“事件上报报文”命令，同时启动定时器（定时时长 10s）。

① 定时器超时后集中器未收到“事件上报报文”，则通过；

② 其他情况，则失败。

（20）软件平台模拟 STA-2 向待测 CCO 发送上行、全网广播、应用层“事件上报报文”命令，同时启动定时器（定时时长 10s）。

① 在规定的 CSMA 时隙内收到正确的上行“事件上报报文”并上报集中器，超时也未发现 CCO 转发广播帧，则通过；

② 其他情况，则失败。

5.9.2 STA 对单播 / 全网广播 / 代理广播 / 本地广播报文的处理测试用例

STA 对单播 / 全网广播 / 代理广播 / 本地广播报文的处理测试用例依据《低压电力线高速载波通信互联互通技术规范　第 4-2 部分：数据链路层通信协议》，验证 DUT 满足如下要求。

（1）STA 站点是否可以按照给定的目的 TEI 正确返回或者不返回 SACK（单播 1）。

（2）STA 作为被测站是否可以接收来自 CCO 的单播（单播 2）。

（3）STA 作为被测站是否可以发送单播给 CCO（单播 3）。

（4）STA 是否可以正确处理 CCO 发起的本地广播、代理广播和全网广播（广播 1）。

（5）STA 是否可以正确处理 PCO 发起的本地广播、代理广播和全网广播（广播 2）。

STA 对单播 / 全网广播 / 代理广播 / 本地广播报文的处理测试用例的报文交互流程

如图 5-54 所示。

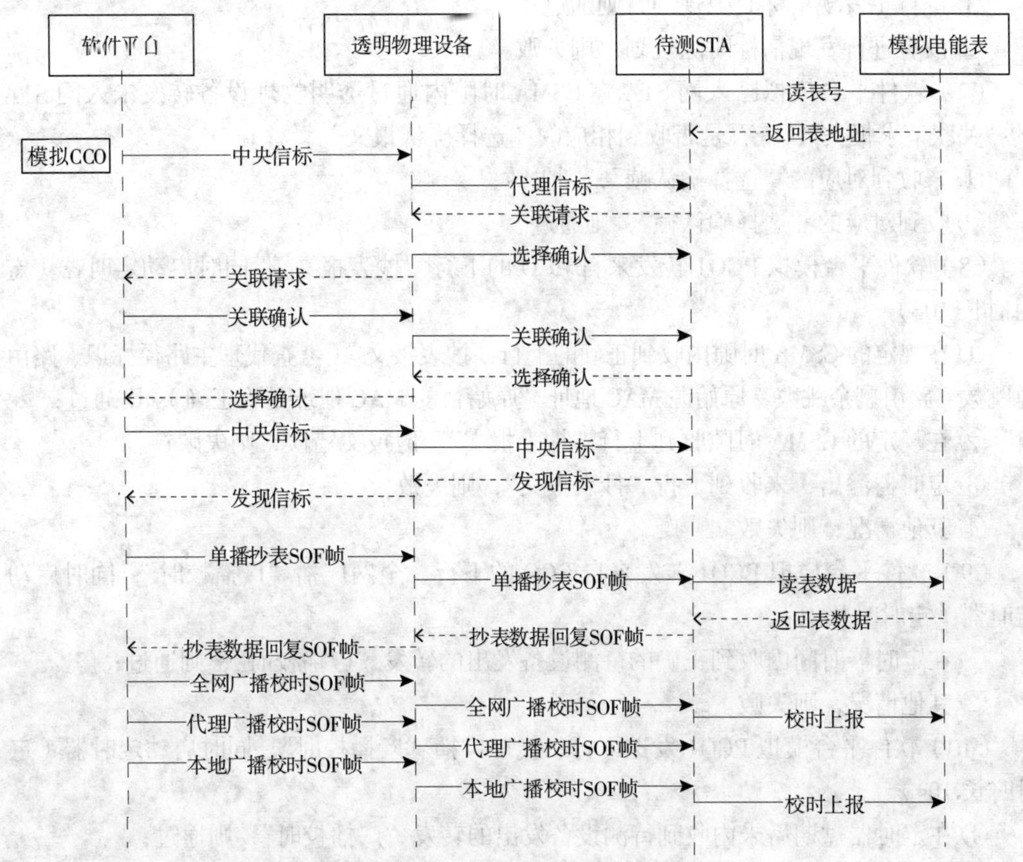

图 5-54　STA 对单播 / 全网广播 / 代理广播 / 本地广播报文的处理测试用例的报文交互流程

STA 对单播 / 全网广播 / 代理广播 / 本地广播报文的处理测试用例的测试步骤如下。

（1）连接设备，上电初始化。

（2）软件平台模拟电能表，在收到待测未入网 STA 的读表号请求后，通过串口向其下发表地址。

（3）软件平台模拟入网的 PCO1 通过透明物理设备向待测 STA 发送“代理信标”。

（4）查看待测 STA-2 发送的“关联请求报文”，查看是否收到相应的“选择确认报文”。

① 未收到对应的“选择确认帧”，则失败；

② 收到对应的“选择确认帧”，则通过。

（5）软件平台模拟 PCO1 转发的关联确认包给 STA-2。

① 未收到对应的“选择确认帧”，则失败；

② 收到对应的“选择确认帧”，则通过。

（6）软件平台收到待测 CCO 发送的“中央信标”后，查看是否对已入网 STA 进行了发现信标时隙的规划。

① 进行了发现信标时隙规划，则通过；

② 没有进行发现信标时隙规划，则失败。

（7）软件平台模拟已入网 STA 在 CSMA 时隙内通过透明物理设备转发未入网 STA 的“关联请求报文”，查看是否收到相应的“选择确认报文”。

① 未收到对应的“选择确认帧”，则失败；

② 收到对应的“选择确认帧”，则通过。

（8）软件平台模拟 PCO1 转发来自 CCO 的下行“抄表报文”，同时启动定时器（定时时长 10s）。

① 在规定的 CSMA 时隙内收到正确的上行“抄表报文”（考查代理主路径标识、路由总跳数、路由剩余跳数、原始源 MAC 地址、原始目的 MAC 地址是否正确），则通过；

② 在规定的 CSMA 时隙收到上行“抄表报文”，但报文错误，则失败；

③ 定时器溢出，未收到下行“抄表报文”，则失败；

④ 其他情况，则失败。

（9）软件平台模拟 PCO1 转发来自 CCO 的下行、全网广播“广播校时”，同时启动定时器（定时时长 10s）。

① 在定时器时间内收到正确的待测设备发出的转发“广播校时”，则通过；

② 其他情况，则失败。

（10）软件平台模拟 PCO1 发送下行、代理广播“广播校时”，同时启动定时器（定时时长 10s）。

① 在定时器过期后未内收到待测设备发出的转发“广播校时”，则通过；

② 其他情况，则失败。

（11）软件平台模拟 PCO1 发送下行、本地广播“广播校时”，同时启动定时器（定时时长 10s）。

① 在定时器时间内未收到被测设备发出的转发“广播校时”，则通过；

② 其他情况，则失败。

5.9.3 PCO 对单播 / 全网广播 / 代理广播 / 本地广播报文的处理测试用例

PCO 对单播 / 全网广播 / 代理广播 / 本地广播报文的处理测试用例依据《低压电力线高速载波通信互联互通技术规范　第 4–2 部分：数据链路层通信协议》，验证 DUT 满足如下要求。

（1）PCO 作为被测站是否可以接收来自 CCO 的单播（单播 4）。

（2）PCO 作为被测站是否可以发送单播给 CCO（单播 5）。

（3）PCO 是否可以正确处理 CCO 发起的本地广播、代理广播和全网广播（广播 6）。

（4）PCO 是否可以正确处理 STA 发起的本地广播、代理广播和全网广播（广播 7）。

PCO 对单播 / 全网广播 / 代理广播 / 本地广播报文的处理测试用例的报文交互流程如图 5–55 所示。

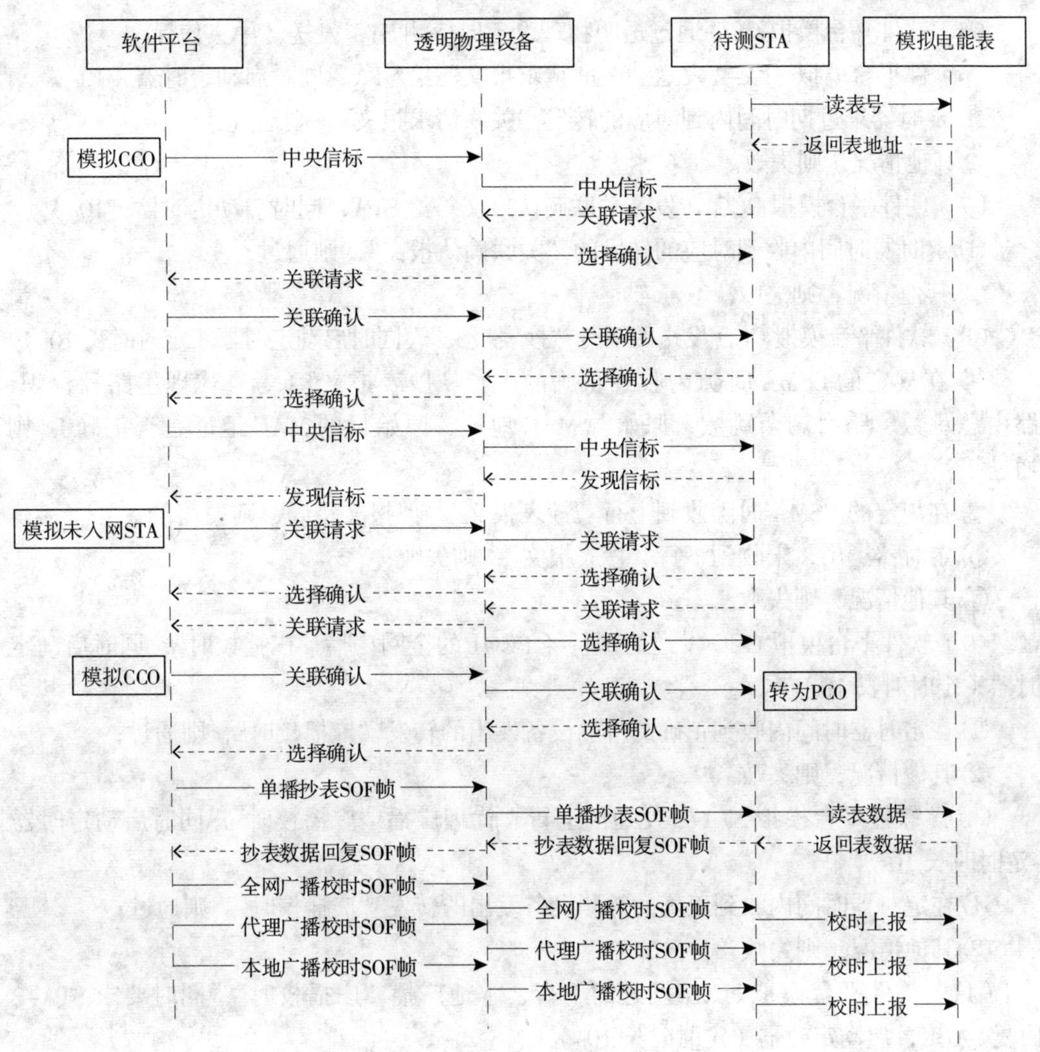

图 5-55　PCO 对单播 / 全网广播 / 代理广播 / 本地广播报文的处理测试用例的报文交互流程

PCO 对单播 / 全网广播 / 代理广播 / 本地广播报文的处理测试用例的测试步骤如下。

（1）连接设备，上电初始化。

（2）软件平台模拟电能表，在收到待测未入网 STA 的读表号请求后，通过串口向其下发表地址。

（3）软件平台模拟 CCO 通过透明物理设备向待测 STA 发送“中央信标”，同时启动定时器（10s）。查看待测 STA 是否发送“关联请求报文”。

① 定时器未过期时间内收到对应的“关联请求报文”，则通过；

② 其他情况，则失败。

（4）软件平台模拟 CCO 发送关联确认包给 STA。

① 定时器时间内收到对应的“选择确认帧”，则通过；

② 其他情况，则失败。

（5）软件平台模拟 CCO 通过透明物理设备向待测 STA 发送“中央信标”。

（6）件平台模拟 STA-2 发送“关联请求报文”给 STA，同时启动定时器（10s）。

① 定时器未过期时间内到对应的转发“关联请求报文”，则通过；

②其他情况，则失败。

（7）软件平台模拟 PCO 转发“关联确认报文”给 STA，同时启动定时器（10s）。

① 定时器时间内收到对应的转发的“关联确认报文”，则通过；

② 其他情况，则失败。

（8）软件平台模拟 CCO 发送的下行“抄表报文”，同时启动定时器（定时时长 10s）。

① 在规定的 CSMA 时隙内收到正确的上行“抄表报文”（考查代理主路径标识、路由总跳数、路由剩余跳数、原始源 MAC 地址、原始目的 MAC 地址是否正确），则通过；

② 在规定的 CSMA 时隙收到上行“抄表报文”，但报文错误，则失败；

③ 定时器溢出，未收到下行“抄表报文”，则失败；

④ 其他情况，则失败。

（9）软件平台模拟 CCO 发送的下行经 PCO1 的全网广播“广播校时”，同时启动定时器（定时时长 10s）。

① 在定时器时间内收到正确的待测设备发出的转发“广播校时”，则通过；

② 其他情况，则失败。

（10）软件平台模拟 STA-2 发送的上行、代理广播“广播校时”，同时启动定时器（定时时长 10s）。

① 在定时器时间内收到正确的待测设备发出的转发“广播校时”，则通过；

② 其他情况，则失败。

（11）软件平台模拟 PCO1 发送的下行、本地广播“广播校时”，同时要求 STA-2 回复 SACK，启动定时器（定时时长 10s）。

① 在定时器时间内未收到正确的待测设备转发出的“广播校时”，则通过；

② 其他情况，则失败。

5.10 数据链路层时钟同步（PHY 时钟与网络时间同步）一致性测试用例

5.10.1 CCO 的网络时钟同步测试用例

CCO 的网络时钟同步测试用例依据《低压电力线高速载波通信互联互通技术规范 第 4-2 部分：数据链路层通信协议》，验证 DUT 满足如下要求。

（1）CCO 收到其他网络 CCO 的中央信标后，是否不会调整自身的 NTB。

（2）CCO 收到发现信标后，是否不会调整自身的 NTB。

（3）CCO 收到代理信标后，是否不会调整自身的 NTB。

CCO 的网络时钟同步测试用例的报文交互流程如图 5-56 所示。

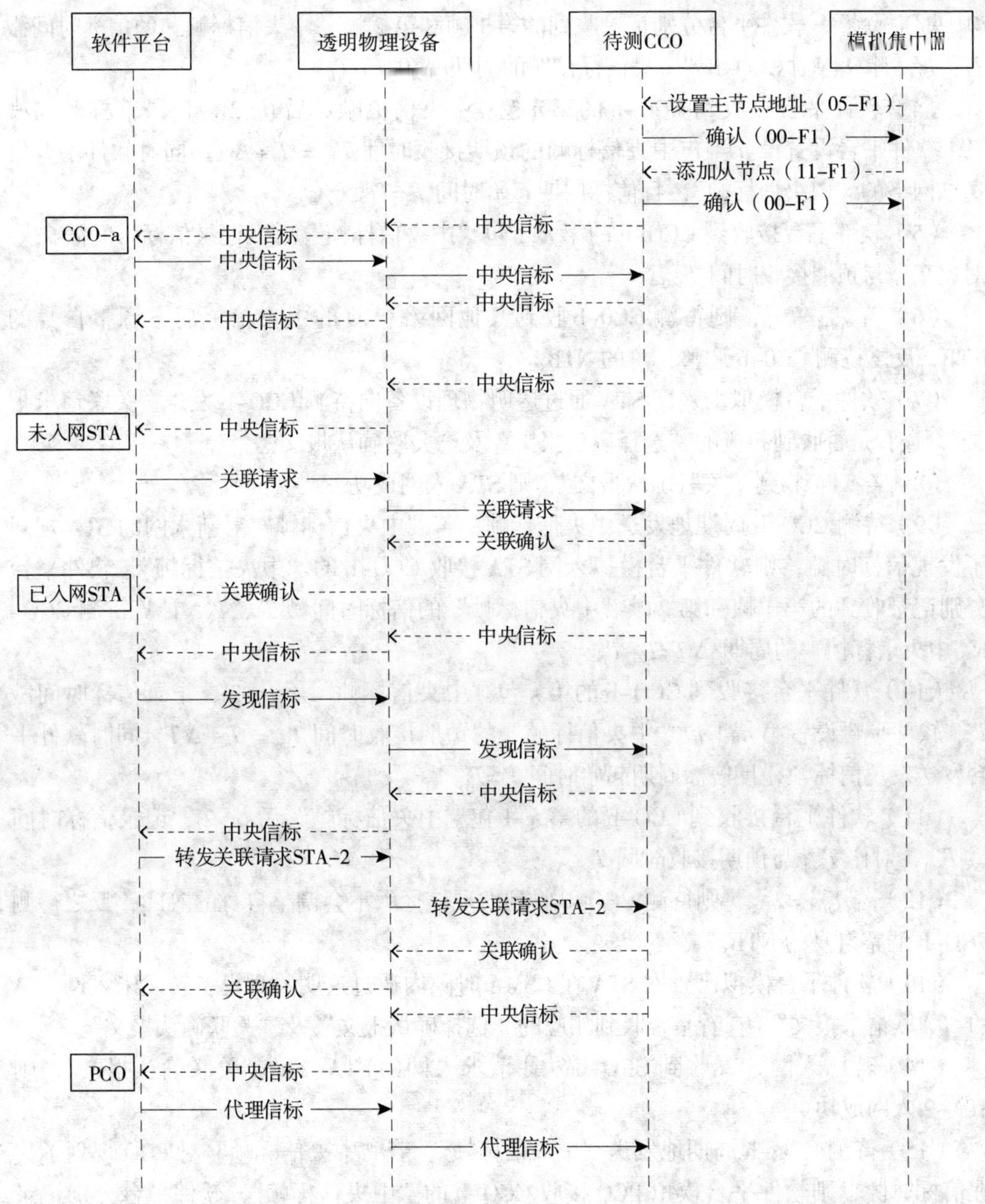

图 5-56　CCO 的网络时钟同步测试用例的报文交互流程

CCO 的网络时钟同步测试用例的测试步骤如下。

（1）连接设备，上电初始化。

（2）软件平台模拟集中器，通过串口向待测 CCO-b 下发“设置主节点地址”命令，在收到“确认”后，再通过串口向待测 CCO-b 下发“添加从节点”命令，将目标网络站点的 MAC 地址下发到 CCO-b 中，等待“确认”。

（3）待测 CCO-b 周期地发送“中央信标帧”，软件平台模拟 CCO-a 接收 CCO-b 的

“中央信标帧”，软件平台分别记录收到的第 1 帧和第 2 帧“中央信标帧”的信标时间戳 T_1、T_2，计算待测 CCO–b“中央信标帧”的周期 $\Delta T=T_2-T_1$。

（4）软件平台接收到 CCO–b 的第 n 包“中央信标帧”后 ($n>2$)，记录信标时间戳 T_n，软件平台设置第 n+1 包中央信标帧的预期接收时间 $T_{next}= T_n+\Delta T$，同时软件平台发送该网络的“中央信标帧”，且信标周期起始时间 $T_a=T_1$。

（5）软件平台接收到 CCO–b 的第 n+1 包“中央信标帧”后，记录信标时间戳 T_{n+1}，对比 T_{n+1} 与预期接收时间 T_{next}。

（6）若 $T_{n+1}=T_{next}$，则待测 CC0–b 收到其他网络 CCO 的中央信标后不调整自身的 NTB，反之待测 CC0–b 调整自身的 NTB。

（7）软件平台模拟未入网 STA 通过透明物理设备向待测 CCO–b 发送“关联请求报文”，查看是否收到相应的“选择确认报文”及“关联确认报文”。

（8）若 STA 收到“关联确认报文”，则 STA 入网成功。

（9）待测 CCO–b 周期地发送中央信标帧，若“中央信标帧”对新入网的 STA 规划了发现信标时隙，则软件平台模拟入网 STA 接收 CCO–b 的“中央信标帧”，软件平台分别记录收到的第 1 帧和第 2 帧“中央信标帧”的信标时间戳 T_1、T_2，计算待测 CCO–b“中央信标帧”的周期 $\Delta T=T_2-T_1$。

（10）软件平台接收到 CCO–b 的第 n 包“中央信标帧”后 ($n>2$)，记录信标时间戳 T_n，软件平台设置第 n+1 包“中央信标帧”的预期接收时间 $T_{next}= T_n+\Delta T$，同时软件平台发送发现信标帧，且信标周期起始时间 $T_a=T_1$。

（11）软件平台接收到 CCO–b 的第 n+1 包“中央信标帧”后 ($n>2$)，记录信标时间戳 T_{n+1}，对比 T_{n+1} 与预期接收时间 T_{next}。

（12）若 $T_{n+1} =T_{next}$，则待测 CCO–b 收到发现信标后不会调整自身的 NTB，反之待测 CCO–b 调整自身的 NTB。

（13）软件平台模拟已入网 STA 在 CSMA 时隙内通过透明物理设备转发未入网 STA 的“关联请求报文”，查看是否收到相应的“选择确认报文”及“关联确认报文”。

（14）若已入网 STA 收到 CCO–b 发往请求入网的 STA–2 的“关联确认报文”，则 STA–2 入网成功。

（15）待测 CCO–b 周期地发送“中央信标帧”，若“中央信标帧”对 PCO 规划了代理信标时隙，则软件平台模拟 PCO 接收 CCO–b 的“中央信标帧”，软件平台分别记录收到的第 1 帧和第 2 帧“中央信标帧”的信标时间戳 T_1、T_2，计算待测 CCO–b“中央信标帧”周期 $\Delta T=T_2-T_1$。

（16）软件平台接收到 CCO–b 的第 n 包“中央信标帧”后 ($n>2$)，记录信标时间戳 T_n，软件平台设置第 n+1 包“中央信标帧”的预期接收时间 $T_{next}= T_n+\Delta T$，同时软件平台发送“代理信标帧”，且信标周期起始时间 $T_a=T_1$。

（17）软件平台接收到 CCO–b 的第 n+1 包“中央信标帧”后 ($n>2$)，记录信标时间戳 T_{n+1}，对比 T_{n+1} 与预期接收时间 T_{next}。

（18）若 $T_{n+1} =T_{next}$，则待测 CCO–b 收到代理信标后不调整自身的 NTB，反之待测

CCO-b 调整自身的 NTB。

5.10.2　STA/PCO 的网络时钟同步测试用例（中央信标指引入网）

STA/PCO 的网络时钟同步测试用例（中央信标指引入网）依据《低压电力线高速载波通信互联互通技术规范　第 4-2 部分：数据链路层通信协议》，验证 DUT 满足如下要求。

（1）未入网 STA 只收到中央信标后，是否调整自身的 NTB。

（2）已入网 STA 收到中央信标后，是否调整自身的 NTB 与中央信标的时间戳同步。

（3）PCO 收到中央信标后，是否调整自身的 NTB 与中央信标的时间戳同步。

STA/PCO 的网络时钟同步测试（中央信标指引入网）用例的报文交互流程如图 5-57 所示。

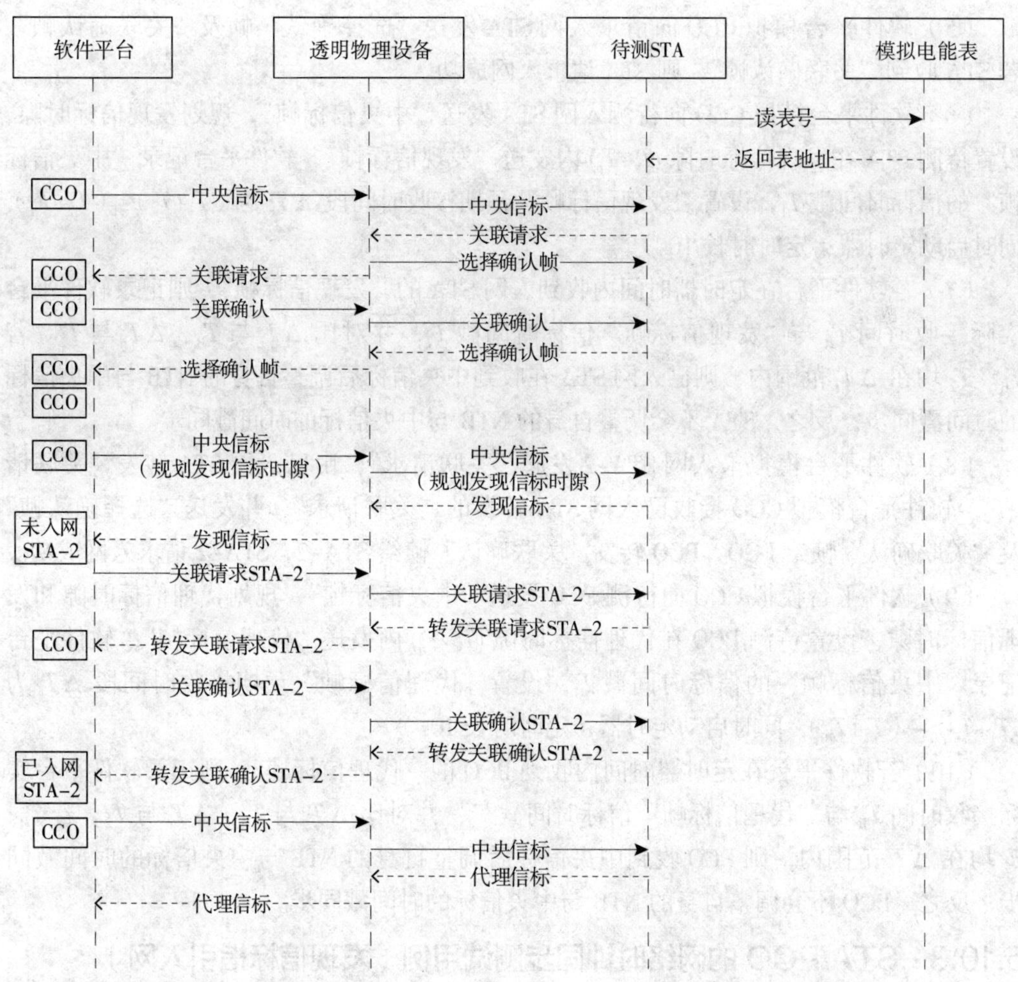

图 5-57　STA/PCO 的网络时钟同步测试用例（中央信标指引入网）的报文交互流程

STA/PCO 的网络时钟同步测试用例（中央信标指引入网）的测试步骤如下。

（1）连接设备，上电初始化。

（2）软件平台模拟电能表，在收到待测未入网 STA 的读表号请求后，通过串口向其下发表地址。

（3）软件平台模拟 CCO 通过透明物理设备向待测未入网 STA 发送“中央信标帧”，规划 CSMA 时隙（T_s~T_e），软件平台记录本平台的“中央信标帧”的信标时间戳 T_1，设置待测 STA 发送的“关联请求”预期接收时间段 ΔT_r 为（T_1+T_s）~（T_1+T_e），同时启动定时器（定时时长 10s），查看是否在规定的 CSMA 时隙收到待测 STA 发出的“关联请求”报文。

（4）软件平台在定时器时间内收到 STA 的“关联请求”，记录软件平台实际接收时间 T_R，对比 ΔT_r 与 T_R，若 T_R 不在 ΔT_r 范围内，则未入网 STA 收到中央信标后不会调整自身的 NTB，反之未入网 STA 收到中央信标后会调整自身的 NTB。

（5）软件平台模拟 CCO 向请求入网 STA 发送“选择确认”帧及“关联确认帧”，若 STA 收到“关联确认帧”，则 STA 请求入网成功。

（6）软件平台模拟 CCO 向待测入网 STA 发送“中央信标帧”，规划发现信标时隙，设置待测 STA 在发现信标时隙 (T_s~T_n) 内发送“发现信标帧”，软件平台记录“中央信标帧”的信标时间戳 T_1，设置“发现信标帧”预期接收时间段 ΔT_r 为（T_1+T_s）~（T_1+T_n），同时启动定时器（定时时长 10s）。

（7）若软件平台在定时器时间内收到入网 STA 的“发现信标帧”，则记录软件平台实际接收时间 T_R 与“发现信标帧”信标时间戳 T_2，并对比 ΔT_r 与 T_R、ΔT_r 与 T_2。若 T_R、T_2 均在 ΔT_r 范围内，则已入网 STA 在收到中央信标后调整自身的 NTB 与中央信标的时间戳同步；反之，STA 不会调整自身的 NTB 与中央信标的时间戳同步。

（8）软件平台模拟未入网 STA–2 发起“关联请求”，由已入网 STA 转发“关联请求”，软件平台模拟 CCO 接收已入网 STA 转发的“关联请求”，并发送“选择确认帧”及“关联确认”帧给 PCO，PCO 转发“关联确认”帧给 STA–2，STA–2 请求入网成功。

（9）软件平台模拟 CCO 向待测 PCO 发送“中央信标帧”，规划代理信标时隙和发现信标时隙，设置待测 PCO 在代理信标时隙 (T_s~T_n) 内发送“代理信标帧”，软件平台记录“中央信标帧”的信标时间戳 T_1，设置“代理信标帧”预期接收时间段 ΔT_r 为（T_1+T_s）~（T_1+T_n），同时启动定时器（定时时长 10s）。

（10）若软件平台在定时器时间内收到 PCO 的“代理信标帧”，则记录软件平台实际接收时间 T_R 与“代理信标帧”信标时间戳 T_2，并对比 ΔT_r 与 T_R、ΔT_r 与 T_2。若 T_R、T_2 均在 ΔT_r 范围内，则 PCO 收到中央信标后调整自身的 NTB 与中央信标的时间戳同步；反之，PCO 不会调整自身的 NTB 与中央信标的时间戳同步。

5.10.3 STA/PCO 的网络时钟同步测试用例（发现信标指引入网）

STA/PCO 的网络时钟同步测试用例（发现信标指引入网）依据《低压电力线高速载波通信互联互通技术规范　第 4–2 部分：数据链路层通信协议》，验证 DUT 满足如下要求。

（1）未入网 STA 收到发现信标后，是否调整自身的 NTB。

（2）已入网 STA 在收到代理信标后，是否调整自身的 NTB 与代理信标的时间戳同步。

（3）PCO 收到代理信标后，是否调整自身的 NTB 与代理信标的时间戳同步。

STA/PCO 的网络时钟同步测试用例（发现信标指引入网）的报文交互流程如图 5-58 所示。

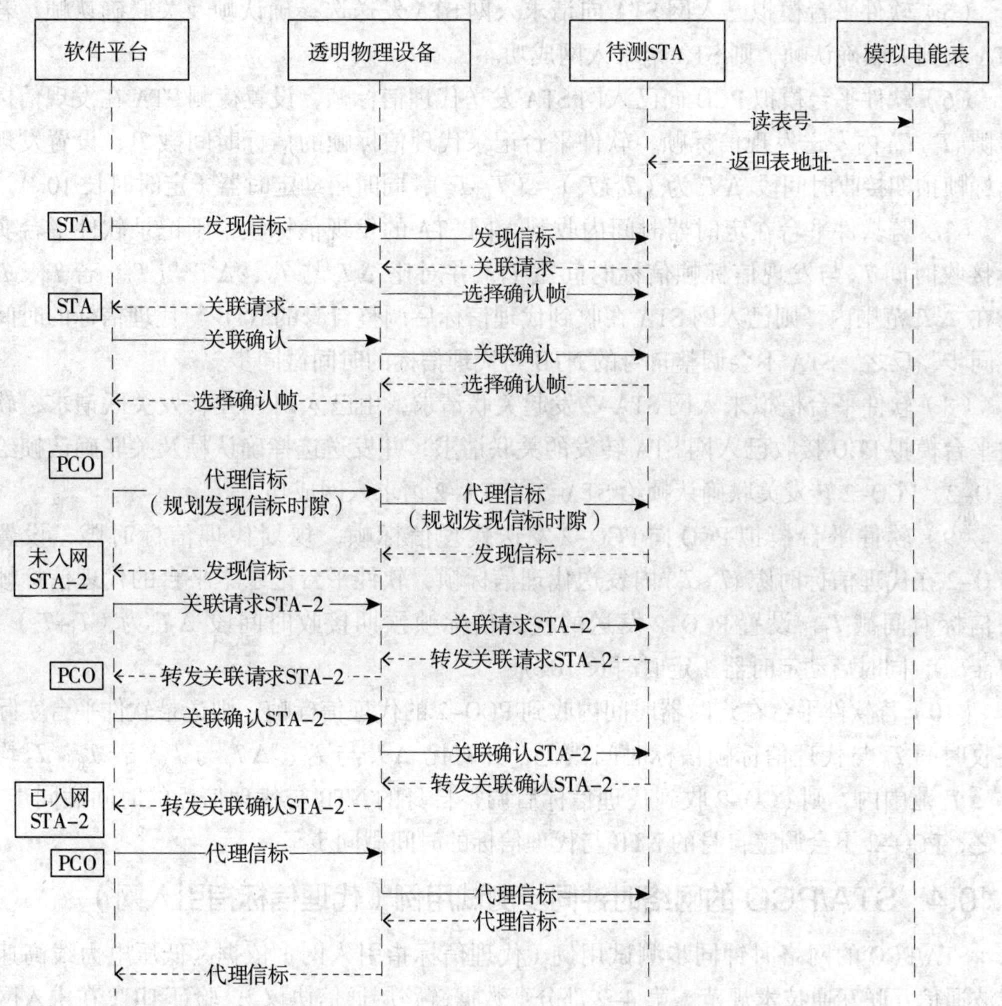

图 5-58　STA/PCO 的网络时钟同步测试用例（发现信标指引入网）的报文交互流程

STA/PCO 的网络时钟同步测试用例（发现信标指引入网）的测试步骤如下。

（1）连接设备，上电初始化。

（2）软件平台模拟电能表，在收到待测未入网 STA 的读表号请求后，通过串口向其下发表地址。

（3）软件平台模拟已入网 STA 通过透明物理设备向待测未入网 STA 发送发现信标

帧，规划 CSMA 时隙（T_s~T_e），软件平台记录本平台的发现信标帧的信标时间戳 T_1，设置待测 STA 发送的关联请求预期接收时间段 ΔT_r 为（T_1+T_s）~（T_1+T_e），同时启动定时器（定时时长 10s），查看是否在规定的 CSMA 时隙收到待测 STA 发出的关联请求报文。

（4）若软件平台在定时器时间内收到 STA 的关联请求，记录软件平台实际接收时间 T_R，对比 ΔT_r 与 T_R，若 T_R 不在 ΔT_r 范围内，则未入网 STA 收到代理信标后不会调整自身的 NTB；反之未入网 STA 收到代理信标后会调整自身的 NTB。

（5）软件平台模拟已入网 STA 向请求入网 STA 发送选择确认帧及关联确认帧，若 STA 收到关联确认帧，则 STA 请求入网成功。

（6）软件平台模拟 PCO 向已入网 STA 发送代理信标帧，设置待测 STA 在发现信标时隙 (T_s~T_n) 内发送发现信标帧，软件平台记录代理信标帧的信标时间戳 T_1，设置发现信标帧预期接收时间段 ΔT_r 为（T_1+T_s）~（T_1+T_n），同时启动定时器（定时时长 10s）。

（7）若软件平台在定时器时间内收到入网 STA 的发现信标帧，则记录软件平台实际接收时间 T_R 与发现信标帧信标时间戳 T_2，并对比 ΔT_r 与 T_R、ΔT_r 与 T_2。若 T_R、T_2 均在 ΔT_r 范围内，则已入网 STA 在收到代理信标后调整自身的 NTB 与代理信标的时间戳同步；反之，STA 不会调整自身的 NTB 与代理信标的时间戳同步。

（8）软件平台模拟未入网 STA-2 发起关联请求，由已入网 STA 转发关联请求，软件平台模拟 PCO 接收已入网 STA 转发的关联请求，并发送选择确认帧及关联确认帧给 PCO-2，PCO-2 转发关联确认帧给 STA-2，STA-2 请求入网成功。

（9）软件平台模拟 PCO 向 PCO-2 发送代理信标帧，规划代理信标时隙，设置 PCO-2 在代理信标时隙 (T_s~T_n) 内发送代理信标帧，软件平台记录本平台的代理信标帧的信标时间戳 T_1，设置 PCO-2 发送的代理信标帧预期接收时间段 ΔT_r 为（T_1+T_s）~（T_1+T_n），同时启动定时器（定时时长 10s）。

（10）若软件平台在定时器时间内收到 PCO-2 的代理信标帧，则记录软件平台实际接收时间 T_R 与代理信标帧信标时间戳 T_2，并对比 ΔT_r 与 T_R、ΔT_r 与 T_2。若 T_R、T_2 均在 ΔT_r 范围内，则 PCO-2 收到代理信标后调整自身的 NTB 与代理信标的时间戳同步，反之，PCO-2 不会调整自身的 NTB 与代理信标的时间戳同步。

5.10.4 STA/PCO 的网络时钟同步测试用例（代理信标指引入网）

STA/PCO 的网络时钟同步测试用例（代理信标指引入网）依据《低压电力线高速载波通信互联互通技术规范　第 4-2 部分：数据链路层通信协议》，验证 DUT 在未入网 STA 只收到代理信标后，是否调整自身的 NTB。

STA/PCO 的网络时钟同步测试用例（代理信标指引入网）的报文交互流程如图 5-59 所示。

STA/PCO 的网络时钟同步测试用例（代理信标指引入网）的测试步骤如下。

（1）连接设备，上电初始化。

（2）软件平台模拟电能表，在收到待测未入网 STA 的读表号请求后，通过串口向其下发表地址。

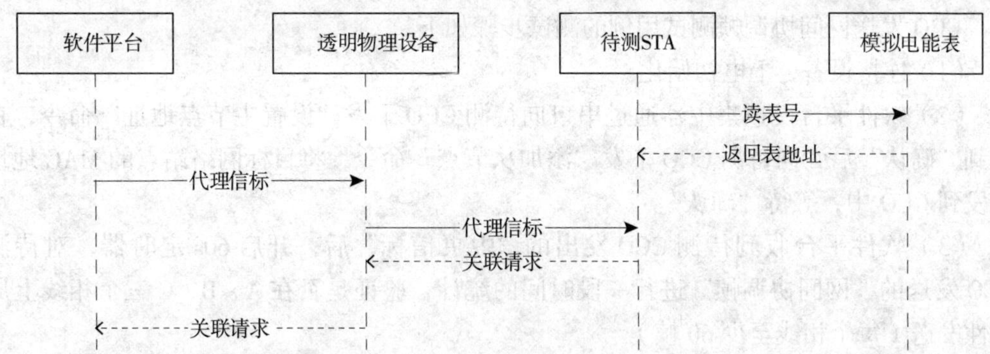

图 5-59　STA/PCO 的网络时钟同步测试用例（代理信标指引入网）的报文交互流程

（3）软件平台模拟 PCO 通过透明物理设备向待测未入网 STA 发送代理信标帧，规划 CSMA 时隙（T_s~T_e），软件平台记录本平台的代理信标帧的信标时间戳 T_1，设置待测 STA 发送的关联请求预期接收时间段 ΔT_r 为（T_1+T_s）~（T_1+T_e），同时启动定时器（定时时长 10s），查看是否在规定的 CSMA 时隙收到待测 STA 发出的关联请求报文。

（4）若软件平台在定时器时间内收到 STA 的关联请求，则记录软件平台实际接收时间 T_R，并对比 ΔT_r 与 T_R，若 T_R 不在 ΔT_r 范围内，则未入网 STA 收到代理信标后不会调整自身的 NTB；反之未入网 STA 收到代理信标后会调整自身的 NTB。

5.11　数据链路层多网协调与共存一致性测试用例

5.11.1　CCO 发送网间协调帧测试用例

CCO 发送网间协调帧测试用例依据《低压电力线高速载波通信互联互通技术规范　第 4-2 部分：数据链路层通信协议》，验证 DUT 是否在 A、B、C 三个相线上周期性发送网间协调帧。

CCO 发送网间协调帧测试用例的报文交互流程如图 5-60 所示。

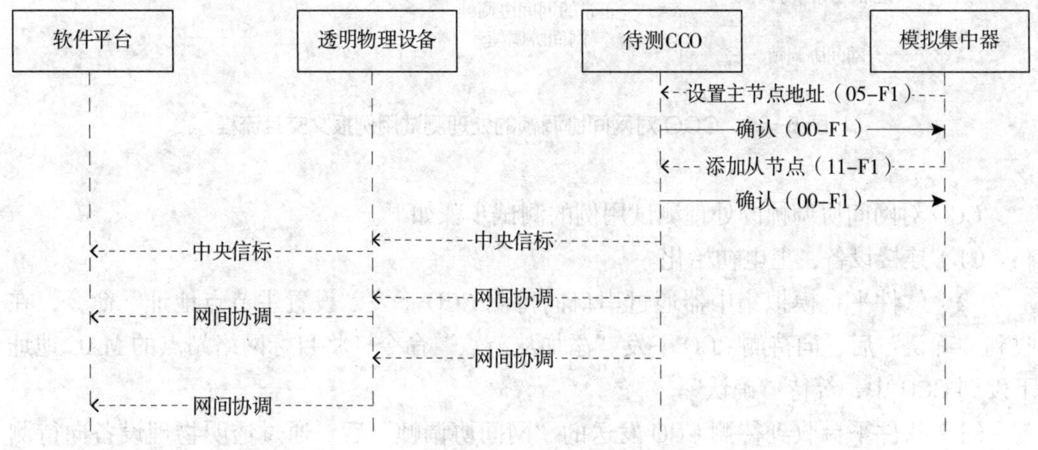

图 5-60　CCO 发送网间协调帧测试用例的报文交互流程

CCO 发送网间协调帧测试用例的测试步骤如下。

（1）连接设备，上电初始化。

（2）软件平台模拟集中器通过串口向待测 CCO 下发“设置主节点地址”命令，在收到“确认”后，向待测 CCO 下发“添加从节点”命令，将目标网络站点的 MAC 地址下发到 CCO 中，等待“确认”。

（3）软件平台收到待测 CCO 发出的“中央信标”后，开启 60s 定时器，对待测 CCO 发送的“网间协调帧”进行一段时间的统计，验证是否在 A、B、C 三个相线上周期性发送（每个相线至少 60 帧）。

①在 A、B、C 三个相线一共收到至少 60 个“网间协调帧”，则通过；

②其他情况，则失败。

注：所有需要“选择确认帧”确认的测试用例，若没有收到“选择确认帧”，则失败。所有的“发现列表报文”“心跳检测报文”等其他本测试用例不关心的报文被收到后，直接丢弃，不做判断。

5.11.2 CCO 对网间协调帧的处理测试用例

CCO 对网间协调帧的处理测试用例依据《低压电力线高速载波通信互联互通技术规范　第 4-2 部分：数据链路层通信协议》，验证 DUT 收到正常的网间协调帧后，是否将邻居信息携带在自己的网间协调帧中进行发送。

CCO 对网间协调帧的处理测试用例的报文交互流程如图 5-61 所示。

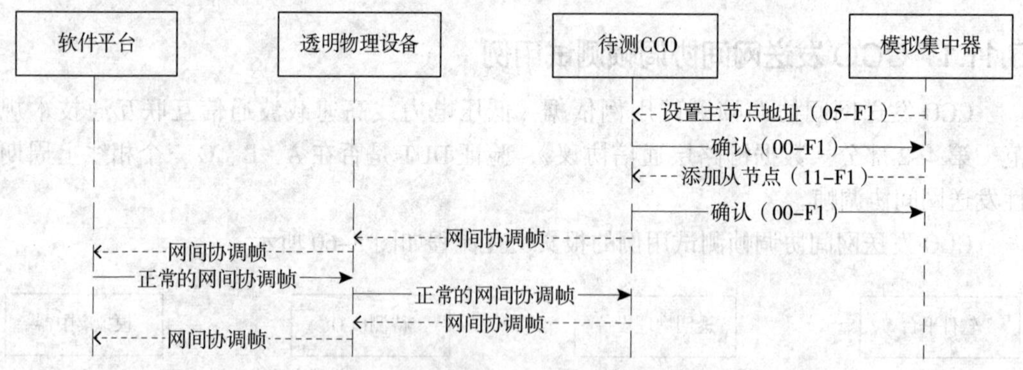

图 5-61　CCO 对网间协调帧的处理测试用例报文交互流程

CCO 对网间协调帧的处理测试用例的测试步骤如下。

（1）连接设备，上电初始化。

（2）软件平台模拟集中器通过串口向待测 CCO 下发“设置主节点地址”命令，在收到“确认”后，向待测 CCO 下发“添加从节点”命令，将目标网络站点的 MAC 地址下发到 CCO 中，等待“确认”。

（3）软件平台收到待测 CCO 发送的“网间协调帧”后，通过透明物理设备向待测 CCO 发送正常的“网间协调帧”，同时启动定时器（定时时长 10s），查看定时器溢出前是否收到待测 CCO 发出的正常“网间协调帧”且其中携带模拟 CCO 的 NID 信息。

① 定时器未溢出，收到正确的“网间协调帧”（携带模拟 CCO 的 NID），则通过；

② 定时器溢出，收到过“网间协调帧”（但未携带模拟 CCO 的 NID），则失败；

③ 定时器溢出，未收到任何“网间协调帧”，则失败；

④ 其他情况，则失败。

注：所有需要“选择确认帧”确认的测试用例，若没有收到“选择确认帧”，则失败。所有的“发现列表报文”“心跳检测报文”等其他本测试用例不关心的报文被收到后，直接丢弃，不做判断。

5.11.3　CCO 在 NID 发生冲突时的网间协调测试用例

CCO 在 NID 发生冲突时的网间协调测试用例依据《低压电力线高速载波通信互联互通技术规范　第 4-2 部分：数据链路层通信协议》，验证 DUT 满足如下要求。

（1）测试 CCO 通过网间协调帧获知 NID 发生冲突时的网间 NID 正确协调。

（2）测试 CCO 通过网络冲突上报报文（邻居网络 CCO 的 MAC 地址较大）获知 NID 发生冲突时的网间 NID 正确协调。

（3）测试 CCO 通过网络冲突上报报文（邻居网络 CCO 的 MAC 地址较小）获知 NID 发生冲突时的网间 NID 正确协调。

CCO 在 NID 发生冲突时的网间协调测试用例的报文交互流程如图 5-62 所示。

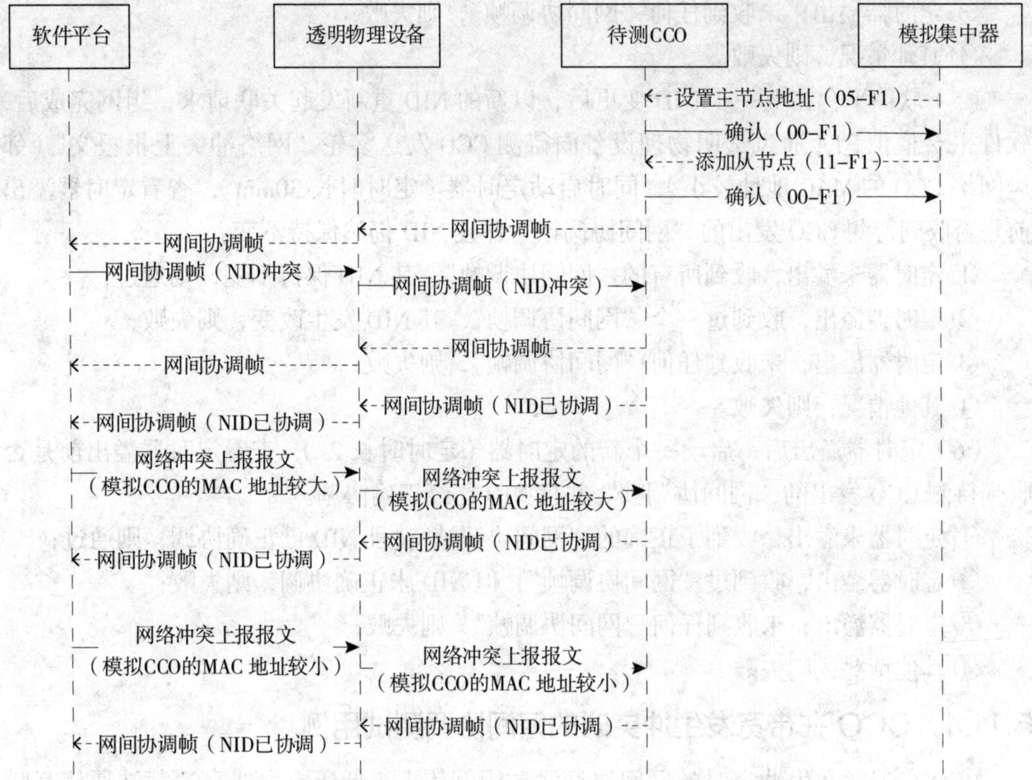

图 5-62　CCO 在 NID 发生冲突时的网间协调测试用例的报文交互流程

CCO 在 NID 发生冲突时的网间协调测试用例的测试步骤如下。

（1）连接设备，上电初始化。

（2）软件平台模拟集中器通过串口向待测 CCO 下发“设置主节点地址”命令，在收到“确认”后，向待测 CCO 下发“添加从节点”命令，将目标网络站点的 MAC 地址下发到 CCO 中，等待“确认”。

（3）软件平台收到待测 CCO 发送的“网间协调帧”后，向待测 CCO 发送 NID 冲突的“网间协调帧”，同时启动定时器（定时时长 10s），查看定时器溢出前是否收到待测 CCO 发出的“网间协调帧”并且 NID 已经正确协调。

① 定时器未溢出，收到了正确的“网间协调帧”，且 NID 已正确协调，则通过；

② 定时器溢出，收到过“网间协调帧”，但 NID 未正确协调，则失败；

③ 定时器溢出，未收到任何“网间协调帧”，则失败；

④ 其他情况，则失败。

（4）软件平台发送关联请求，组网完成后，软件平台模拟 STA 通过透明物理设备向待测 CCO 发送多轮“网络冲突上报报文”（邻居网络 CCO 的 MAC 地址较大），同时启动定时器（定时时长 10s），查看定时器溢出前是否收到待测 CCO 发出的“网间协调帧”并且 NID 已经正确协调。

① 定时器未溢出，收到了正确的“网间协调帧”，且 NID 已正确协调，则通过；

② 定时器溢出，收到过“网间协调帧”，但 NID 未正确协调，则失败；

③ 定时器溢出，未收到任何“网间协调帧”，则失败；

④ 其他情况，则失败。

（5）软件平台在上一步 NID 变更后，以新的 NID 重新发起关联请求，组网完成后，软件平台模拟 STA 通过透明物理设备向待测 CCO 发送多轮“网络冲突上报报文”（邻居网络 CCO 的 MAC 地址较小），同时启动定时器（定时时长 30min），查看定时器溢出前是否收到待测 CCO 发出的“网间协调帧”并且 NID 仍然保持不变。

① 定时器未溢出，收到所有的“网间协调帧”，其 NID 保持不变，则通过；

② 定时器溢出，收到过一个“网间协调帧”，其 NID 发生改变，则失败；

③ 定时器溢出，未收到任何“网间协调帧”，则失败；

④ 其他情况，则失败。

（6）定时器溢出后，启动一个新的定时器（定时时长 2s），查看定时器溢出前是否收到待测 CCO 发出的“网间协调帧”并且 NID 已经正确协调。

① 定时器未溢出，收到了正确的“网间协调帧”，且 NID 已正确协调，则通过；

② 定时器溢出，收到过“网间协调帧”，但 NID 未正确协调，则失败；

③ 定时器溢出，未收到任何“网间协调帧”，则失败；

④ 其他情况，则失败。

5.11.4 CCO 在带宽发生冲突时的网间协调测试用例

CCO 在带宽发生冲突时的网间协调测试用例依据《低压电力线高速载波通信互联

互通技术规范　第 4–2 部分：数据链路层通信协议》，验证 DUT 满足如下要求。

（1）测试带宽发生冲突时，CCO 按照退避原则进行了网间带宽协调。

（2）测试带宽发生冲突时，CCO 按照先结束优先原则进行了网间带宽协调。

（3）测试带宽发生冲突时，CCO 按照小 NID 优先原则进行了网间带宽协调。

CCO 在带宽发生冲突时的网间协调测试用例的报文交互流程如图 5–63 所示。

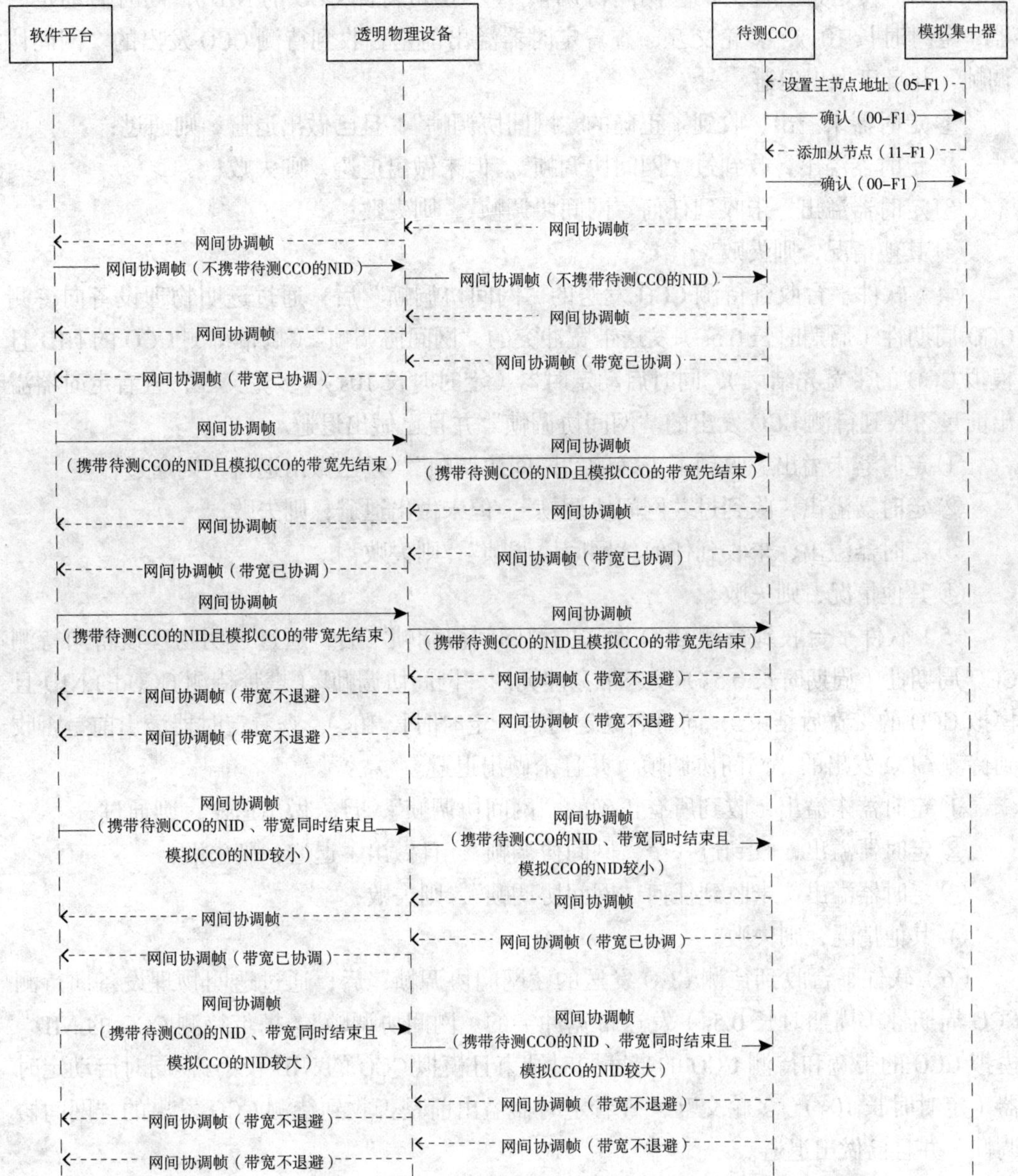

图 5–63　CCO 在带宽发生冲突时的网间协调测试用例的报文交互流程

CCO 在带宽发生冲突时的网间协调测试用例的测试步骤如下。

（1）连接设备，上电初始化。

（2）软件平台模拟集中器，通过串口向待测 CCO 下发“设置主节点地址”命令，在收到“确认”后，向待测 CCO 下发“添加从节点”命令，将目标网络站点的 MAC 地址下发到 CCO 中，等待“确认”。

（3）软件平台收到待测 CCO 发送的“网间协调帧”后，向待测 CCO 周期性（周期时长 0.5s）发送带宽冲突的“网间协调帧”（不携带待测 CCO 的 NID），同时启动定时器（定时时长 10s），多轮交互，查看定时器溢出前是否收到待测 CCO 发出的“网间协调帧”并且已做出退避。

①定时器未溢出，收到了正确的“网间协调帧”，且已做出退避，则通过；

②定时器溢出，收到过“网间协调帧”，但未做出退避，则失败；

③定时器溢出，未收到任何“网间协调帧”，则失败；

④其他情况，则失败。

（4）软件平台收到待测 CCO 发送的“网间协调帧”后，通过透明物理设备向待测 CCO 周期性（周期时长 0.5s）发送带宽冲突的“网间协调帧”（携带待测 CCO 的 NID 且模拟 CCO 的带宽先结束），同时启动定时器（定时时长 10s），多轮交互，查看定时器溢出前是否收到待测 CCO 发出的“网间协调帧”并且已做出退避。

①定时器未溢出，收到了正确的“网间协调帧”，且已做出退避，则通过；

②定时器溢出，收到过“网间协调帧”，但未做出退避，则失败；

③定时器溢出，未收到任何“网间协调帧”，则失败；

④其他情况，则失败。

（5）软件平台收到待测 CCO 发送的“网间协调帧”后，通过透明物理设备向待测 CCO 周期性（周期时长 0.5s）发送带宽冲突的“网间协调帧”（携带待测 CCO 的 NID 且模拟 CCO 的带宽后结束），同时启动定时器（定时时长 10s），查看定时器溢出前是否收到待测 CCO 发出的“网间协调帧”并且未做出退避。

①定时器未溢出，收到所有正确的“网间协调帧”，且未做出退避，则通过；

②定时器溢出，收到过一个“网间协调帧”，且做出了退避，则失败；

③定时器溢出，未收到任何“网间协调帧”，则失败；

④其他情况，则失败。

（6）软件平台收到待测 CCO 发送的“网间协调帧”后，通过透明物理设备向待测 CCO 周期性（周期时长 0.5s）发送带宽冲突的“网间协调帧”（携带待测 CCO 的 NID、模拟 CCO 的带宽和待测 CCO 的带宽同时结束且模拟 CCO 的 NID 较小），同时启动定时器（定时时长 10s），多轮交互，查看定时器溢出前是否收到待测 CCO 发出的“网间协调帧”并且已做出退避。

①定时器未溢出，收到了正确的“网间协调帧”，且已做出退避，则通过；

②定时器溢出，收到过“网间协调帧”，但未做出退避，则失败；

③定时器溢出，未收到任何“网间协调帧”，则失败；

④其他情况，则失败。

（7）软件平台收到待测 CCO 发送的“网间协调帧”后，向待测 CCO 周期性（周期时长 0.5s）发送带宽冲突的“网间协调帧”（携带待测 CCO 的 NID、模拟 CCO 的带宽和待测 CCO 的带宽同时结束且模拟 CCO 的 NID 较大），同时启动定时器（定时时长 10s），查看定时器溢出前是否收到待测 CCO 发出的“网间协调帧”并且未做出退避。

① 定时器未溢出，收到所有正确的“网间协调帧”，且未做出退避，则通过；

② 定时器溢出，收到过一个“网间协调帧”，且做出了退避，则失败；

③ 定时器溢出，未收到任何“网间协调帧”，则失败；

④ 其他情况，则失败。

5.11.5　CCO 在 NID 和带宽同时发生冲突时的网间协调测试用例

CCO 在 NID 和带宽同时发生冲突时的网间协调测试用例依据《低压电力线高速载波通信互联互通技术规范　第 4–2 部分：数据链路层通信协议》，验证 DUT 通过网间协调帧获知 NID 和 TDMA 时隙均发生冲突时的网间协调。

CCO 在 NID 和带宽同时发生冲突时的网间协调测试用例的报文交互流程如图 5–64 所示。

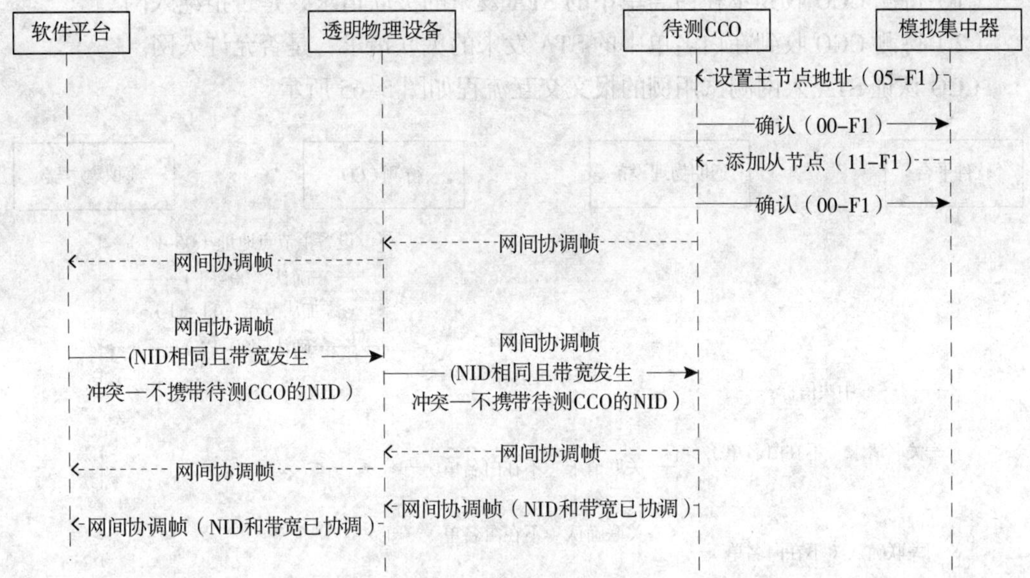

图 5–64　CCO 在 NID 和带宽同时发生冲突时的网间协调测试用例的报文交互流程

CCO 在 NID 和带宽同时发生冲突时的网间协调测试用例的测试步骤如下。

（1）连接设备，上电初始化。

（2）软件平台模拟集中器，通过串口向待测 CCO 下发“设置主节点地址”命令，在收到“确认”后，向待测 CCO 下发“添加从节点”命令，将目标网络站点的 MAC 地址下发到 CCO 中，等待“确认”。

（3）软件平台收到待测 CCO 发送的“网间协调帧”后，向待测 CCO 周期性（周期时长 0.5s）发送“网间协调帧”（NID 相同且带宽冲突——不携带待测 CCO 的 NID），同时启动定时器（定时时长 10s），多轮交互，查看定时器溢出前是否收到待测 CCO 发出的“网间协调帧”且 NID 和带宽已经正确协调。

① 定时器未溢出，收到了正确的“网间协调帧”，且 NID 和带宽已正确协调，则通过；

② 定时器溢出，收到过“网间协调帧”，但 NID 和带宽未协调，则失败；

③ 定时器溢出，未收到任何“网间协调帧”，则失败；

④ 其他情况，则失败。

注：所有需要“选择确认帧”确认的测试用例，若没有收到“选择确认帧”，则失败。所有的“发现列表报文”“心跳检测报文”等其他本测试例不关心的报文被收到后，直接丢弃，不做判断。

5.11.6 CCO 认证 STA 入网测试用例

CCO 认证 STA 入网测试用例依据《低压电力线高速载波通信互联互通技术规范 第 4-2 部分：数据链路层通信协议》，验证 DUT 满足如下要求。

（1）待测 CCO 收到不在白名单中的 STA 发来的关联请求，是否拒绝入网。

（2）待测 CCO 收到在白名单中的 STA 发来的关联请求，是否允许入网。

CCO 认证 STA 入网测试用例的报文交互流程如图 5-65 所示。

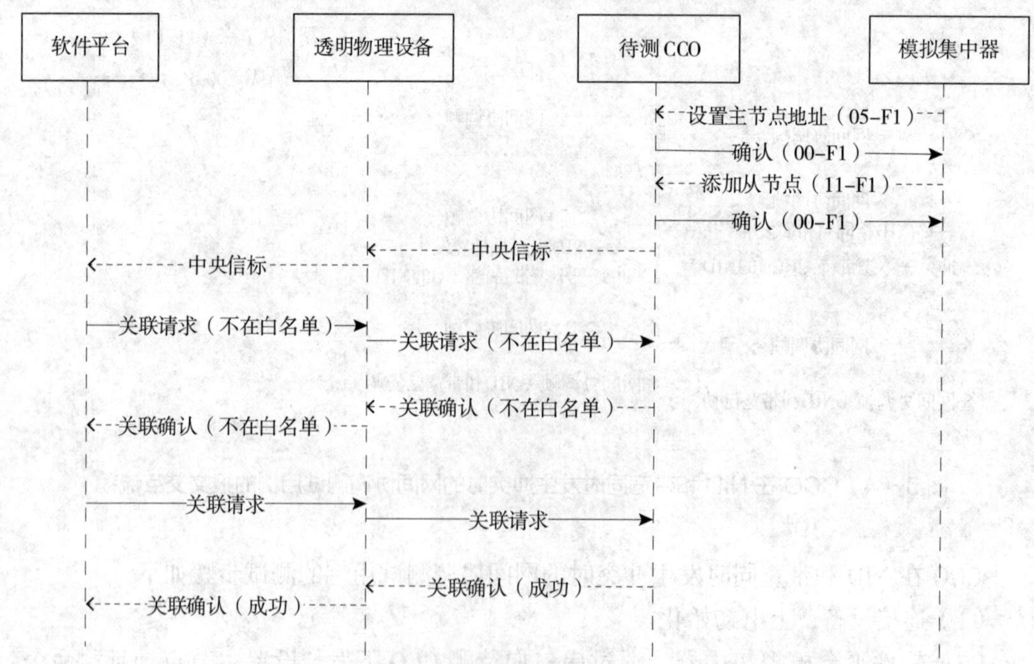

图 5-65 CCO 认证 STA 入网测试用例的报文交互流程

CCO 认证 STA 入网测试用例的测试步骤如下。

（1）连接设备，上电初始化。

（2）软件平台模拟集中器，通过串口向待测 CCO 下发“设置主节点地址”命令，在收到“确认”后，向待测 CCO 下发“添加从节点”命令，将目标网络站点的 MAC 地址下发到 CCO 中，等待“确认”。

（3）软件平台模拟不在白名单中的未入网 STA 通过透明物理设备向待测 CCO 发送“关联请求报文”，查看是否收到对应的“选择确认帧”。

① 未收到对应的“选择确认帧”，则失败；

② 收到对应的“选择确认帧”，则通过。

（4）启动定时器（定时时长 10s），软件平台查看定时器溢出前是否收到“关联确认报文”（结果字段为站点不在白名单中）。

① 定时器未溢出，收到正确的“关联确认报文”，结果为拒绝，原因为站点不在白名单内，则通过；

② 定时器未溢出，收到正确的“关联确认报文”，结果为拒绝，但原因错误，则失败；

③ 定时器未溢出，收到正确的“关联确认报文”，但结果为成功，则失败；

④ 定时器未溢出，收到“关联确认报文”，但报文错误，则失败；

⑤ 定时器溢出，未收到“关联确认报文”，则失败；

⑥ 其他情况，则失败。

（5）软件平台模拟在白名单中的未入网 STA 通过透明物理设备向待测 CCO 发送“关联请求报文”，查看是否收到对应的“选择确认帧”。

① 未收到对应的“选择确认帧”，则失败；

② 收到对应的“选择确认帧”，则通过。

（6）启动定时器（定时时长 10s），查看定时器溢出前是否收到“关联确认报文”（结果字段为成功）。

① 定时器未溢出，收到正确的“关联确认报文”，结果为成功，则通过；

② 定时器未溢出，收到正确的“关联确认报文”，结果为拒绝，则失败；

③ 定时器未溢出，收到“关联确认报文”，但报文错误，则失败；

④ 定时器溢出，未收到“关联确认报文”，则失败；

⑤ 其他情况，则失败。

注：所有需要“选择确认帧”确认的测试用例，若没有收到“选择确认帧”，则失败。所有的“发现列表报文”“心跳检测报文”等其他本测试例不关心的报文被收到后，直接丢弃，不做判断。

5.11.7 STA 多网络环境下的主动入网测试用例

STA 多网络环境下的主动入网测试用例依据《低压电力线高速载波通信互联互通技术规范 第 4–2 部分：数据链路层通信协议》，验证 DUT 满足如下要求。

（1）测试多网络环境下，STA 入网请求被某 CCO 拒绝后（指定重新关联请求时

间），是否等待并重新发起入网请求。

（2）测试多网络环境下，STA 入网请求被某 CCO 忽略后，是否选择其他 CCO 发起入网请求。

STA 多网络环境下的主动入网测试用例的报文交互流程如图 5-66 所示。

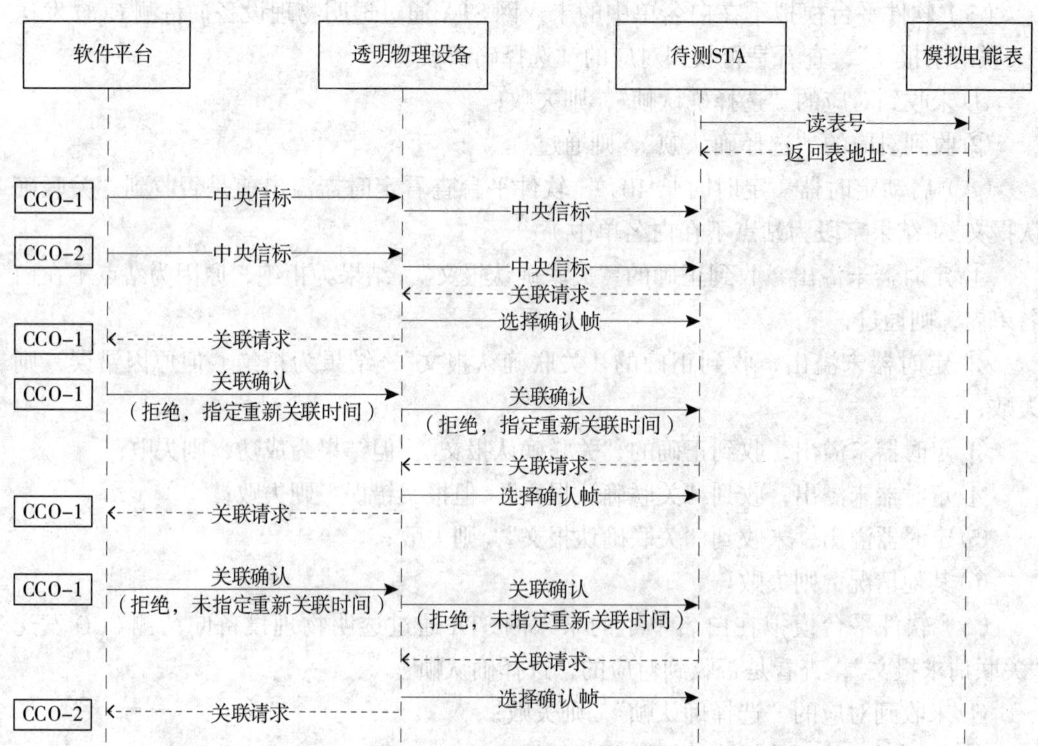

图 5-66　STA 多网络环境下的主动入网测试用例的报文交互流程

STA 多网络环境下的主动入网测试用例的测试步骤如下。

（1）连接设备，上电初始化。

（2）软件平台模拟电能表，在收到待测 STA 的读表号请求后，通过串口向其下发表地址。

（3）软件平台模拟 CCO-1 通过透明物理设备向待测设备发送“中央信标”。

（4）软件平台模拟 CCO-1 在收到待测 STA 发送的“关联请求报文”后，通过透明物理设备向待测 STA 发送“关联确认报文”（拒绝入网，指定重新关联时间 10s）。

（5）同时启动定时器 T1（定时时长 10s）、定时器 T2（定时时长 20s），查看定时器 T1 溢出前是否再次收到“关联请求报文”，以及定时器 T1 溢出后、定时器 T2 溢出前是否再次收到“关联请求报文”。

① 定时器 T1 未溢出，收到“关联请求报文”，则失败；

② 定时器 T1 溢出，定时器 T2 未溢出，收到“关联请求报文”，但报文错误，则失败；

③ 定时器 T1 溢出，定时器 T2 未溢出，收到正确的“关联请求报文”，则通过；

④ 定时器 T1 溢出，定时器 T2 溢出，未收到“关联请求报文”，则失败；

⑤ 其他情况，则失败。

（6）软件平台模拟 CCO–1 在收到待测 STA 再次发送的“关联请求报文”后，通过透明物理设备向待测 STA 发送“关联确认报文”（拒绝入网，未指定重新关联时间）。

（7）软件平台模拟 CCO–2 通过透明物理设备向待测设备发送“中央信标”，同时启动定时器（定时时长 10s），查看软件平台模拟 CCO–2 是否收到待测 STA 发出的“关联请求报文”。

① 定时器未溢出，收到正确的“关联请求报文”，则通过；

② 定时器未溢出，收到“关联请求报文”，但报文错误，则失败；

③ 定时器溢出，未收到“关联请求报文”，则失败；

④ 其他情况，则失败。

注：所有需要“选择确认帧”确认的测试用例，若没有收到“选择确认帧”，则失败。所有的“发现列表报文”“心跳检测报文”等其他本测试用例不关心的报文被收到后，直接丢弃，不做判断。测试第 7 点之前发送的关联确认帧中的“结果”字段应使用“不在白名单”“在黑名单”，明确告之待测 STA 应向其他网络申请关联请求入网。

5.11.8　STA 单网络环境下的主动入网测试用例

STA 单网络环境下的主动入网测试用例依据《低压电力线高速载波通信互联互通技术规范　第 4–2 部分：数据链路层通信协议》，验证 DUT 满足如下要求。

（1）测试单网络环境下，STA 被拒绝入网后，是否等待并重新发起入网请求。

（2）测试单网络环境下，STA 被允许入网后，是否成功入网。

STA 单网络环境下的主动入网测试用例的报文交互流程如图 5–67 所示。

STA 单网络环境下的主动入网测试用例的测试步骤如下。

（1）连接设备，上电初始化。

（2）软件平台模拟电能表，在收到待测 STA 的读表号请求后，向其下发表地址。

（3）软件平台模拟 CCO 向待测设备发送“中央信标”。

（4）软件平台模拟 CCO 在收到待测 STA 发送的“关联请求报文”后，向待测 STA 发送“关联确认报文”（拒绝入网，指定重新关联时间 10s）。

（5）同时启动定时器 T1（定时时长 10s）、定时器 T2（定时时长 20s），查看定时器溢出时是否再次收到“关联请求报文”。

① 定时器 T1 未溢出，收到“关联请求报文”，则失败；

② 定时器 T1 溢出，定时器 T2 未溢出，收到报文，但报文错误，则失败；

③ 定时器 T1 溢出，定时器 T2 未溢出，收到正确的“关联请求报文”，则通过；

④ 定时器 T1 溢出，定时器 T2 溢出，未收到“关联请求报文”，则失败；

⑤ 其他情况，则失败。

（6）软件平台模拟 CCO 在收到待测 STA 再次发送的“关联请求报文”后，通过透明物理设备向待测 STA 发送“关联确认报文”（允许入网）。

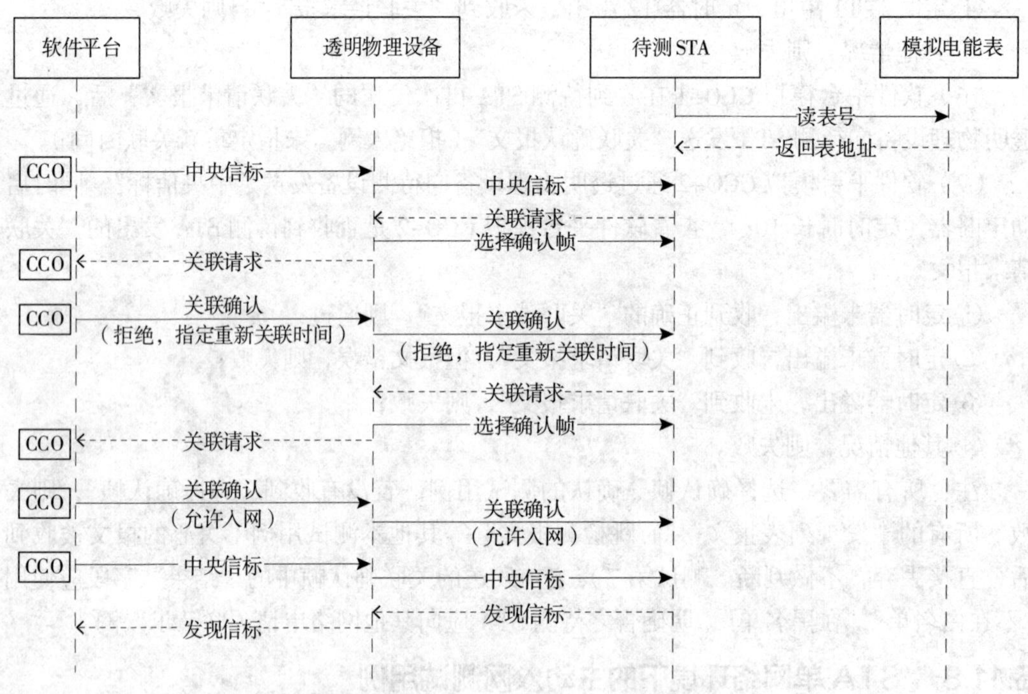

图 5-67　STA 单网络环境下的主动入网测试用例的报文交互流程

（7）软件平台模拟 CCO 通过透明物理设备向待测 STA 发送“中央信标”，安排其发送“发现信标”，同时启动定时器（定时时长 10s），查看是否收到待测 STA 发送的“发现信标”以确定其已经成功入网。

①若在规定时隙内收到正确的“发现信标”，则通过；

②若在规定时隙内收到错误的“发现信标”，则失败；

③若在规定时隙未收到“发现信标”，则失败；

④其他情况，则失败。

注：所有需要“选择确认帧”确认的测试用例，若没有收到“选择确认帧”，则失败。所有的“发现列表报文”“心跳检测报文”等其他本测试用例不关心的报文被收到后，直接丢弃，不做判断。

5.12　数据链路层单网络组网一致性测试用例

5.12.1　CCO 通过 1 级单站点入网测试用例（允许）

CCO 通过 1 级单站点入网测试用例（允许）依据《低压电力线高速载波通信互联互通技术规范　第 4-2 部分：数据链路层通信协议》，验证待测 CCO 通过 1 级单站点入网测试（允许）。

CCO 通过 1 级单站点入网测试用例（允许）的报文交互流程如图 5-68 所示。

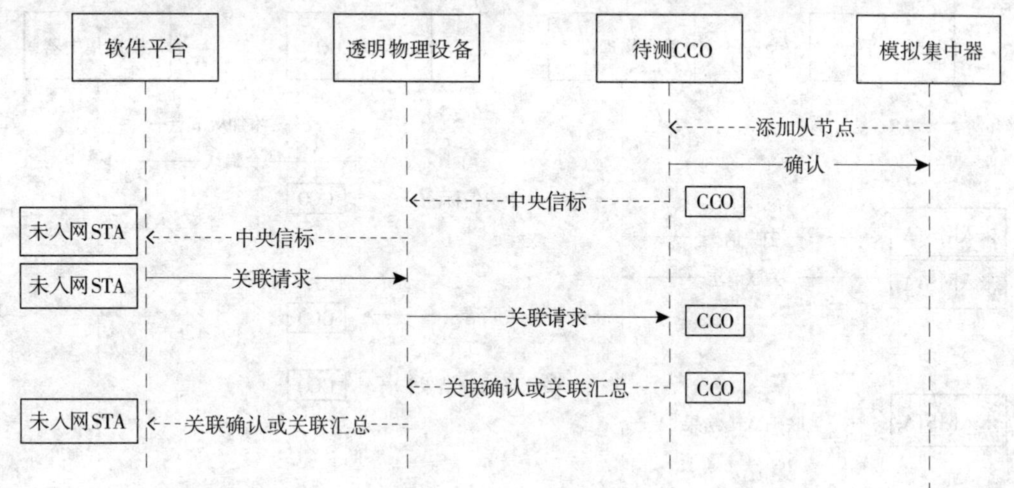

图 5-68　CCO 通过 1 级单站点入网测试用例（允许）的报文交互流程

CCO 通过 1 级单站点入网测试用例（允许）的测试步骤如下。

（1）连接设备，将待测 CCO 上电初始化。

（2）软件平台向待测 CCO 下发“添加从节点”命令，将目标网络站点的 MAC 地址下发到 CCO 中，等待“确认”。

（3）软件平台收到待测 CCO 发出的“中央信标”后，模拟 STA 发送“关联请求”帧，启动定时器 15s。

（4）定时时间内，若软件平台未收到针对该“关联请求”帧的“结果”为 0 的“关联确认”报文或者“关联汇总”报文，则测试不通过；若收到，则调用一致性评价模块测试协议一致性。一致则测试通过，不一致则测试不通过。

5.12.2　CCO 通过 1 级单站点入网测试用例（拒绝）

CCO 通过 1 级单站点入网测试用例（拒绝）依据《低压电力线高速载波通信互联互通技术规范　第 4-2 部分：数据链路层通信协议》，验证待测 CCO 通过 1 级单站点入网测试（拒绝）。

CCO 通过 1 级单站点入网测试用例（拒绝）的报文交互流程如图 5-69 所示。

CCO 通过 1 级单站点入网测试用例（拒绝）的测试步骤如下。

（1）连接设备，将待测 CCO 上电初始化。

（2）软件平台向待测 CCO 下发“添加从节点”命令，随机将非目标网络站点的 MAC 地址下发到 CCO 中，等待“确认”。

（3）软件平台收到待测 CCO 发出的“中央信标”后，模拟 STA 发送“关联请求”帧，启动定时器 15s。

（4）定时时间内，若软件平台未收到针对该“关联请求”帧的“结果”为 1 的“关联确认”报文，则测试不通过；若收到，则调用一致性评价模块测试协议一致性。一致则测试通过，不一致则测试不通过。

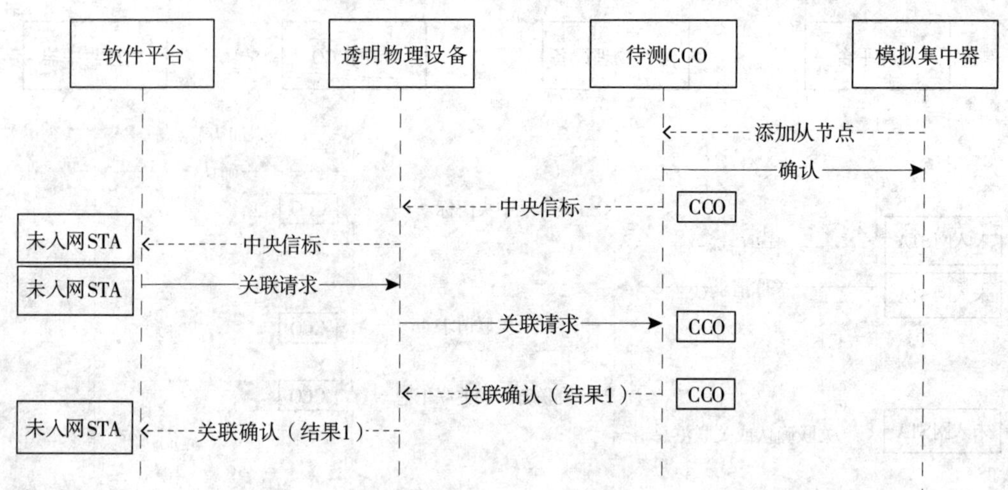

图 5-69　CCO 通过 1 级单站点入网测试用例（拒绝）的报文交互流程

5.12.3　CCO 通过 1 级多站点入网测试用例（允许）

CCO 通过 1 级多站点入网测试用例（允许）依据《低压电力线高速载波通信互联互通技术规范　第 4-2 部分：数据链路层通信协议》，验证待测 CCO 通过 1 级多站点入网测试（允许）。

CCO 通过 1 级多站点入网测试用例（允许）的报文交互流程如图 5-70 所示。

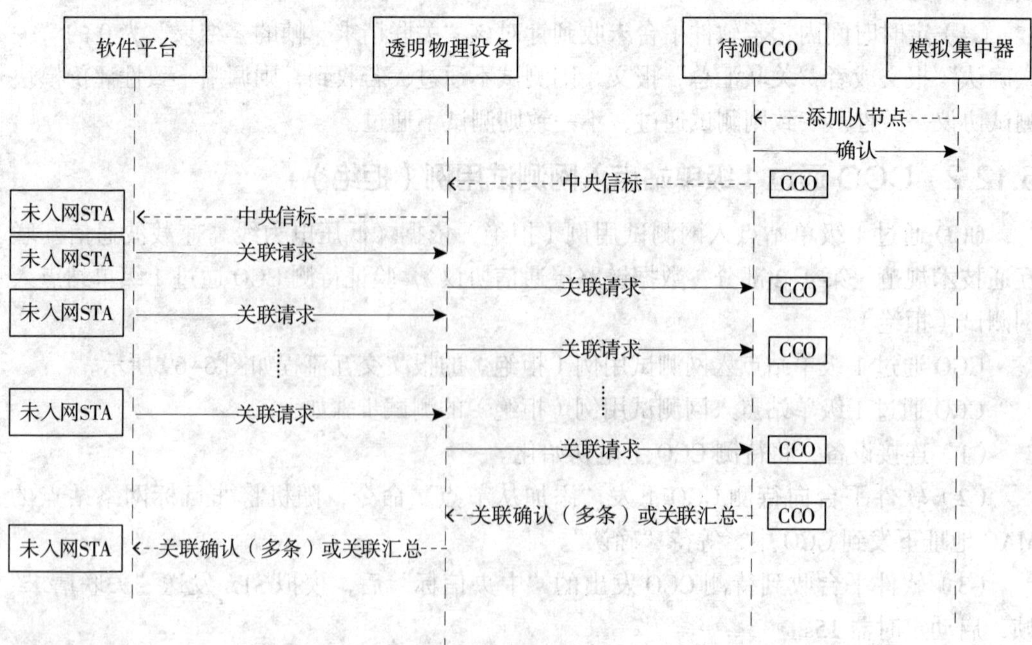

图 5-70　CCO 通过 1 级多站点入网测试用例（允许）的报文交互流程

CCO 通过 1 级多站点入网测试用例（允许）的测试步骤如下。

（1）连接设备，将待测 CCO 上电初始化。

（2）软件平台向待测 CCO 下发“添加从节点”命令，将 MAC 地址 000000000002~000000000010 下发到 CCO 中，等待“确认”。

（3）软件平台收到待测 CCO 发出的“中央信标”后，在 CSMA 时隙内模拟多个 STA（MAC 地址为 000000000002~000000000010）发送“关联请求”，启动定时器 15s。

（4）定时时间内，若软件平台未收到针对所发送的“关联请求”的“关联确认”帧（结果为 0）或者“关联汇总”帧，则测试不通过；若收到，则调用一致性评价模块测试协议一致性。一致则测试通过，不一致则测试不通过。

5.12.4　CCO 通过多级单站点入网测试用例（允许）

CCO 通过多级单站点入网测试用例（允许）依据《低压电力线高速载波通信互联互通技术规范　第 4-2 部分：数据链路层通信协议》，验证待测 CCO 通过多级单站点入网测试（允许）。

CCO 通过多级单站点入网测试用例（允许）的报文交互流程如图 5-71 所示。

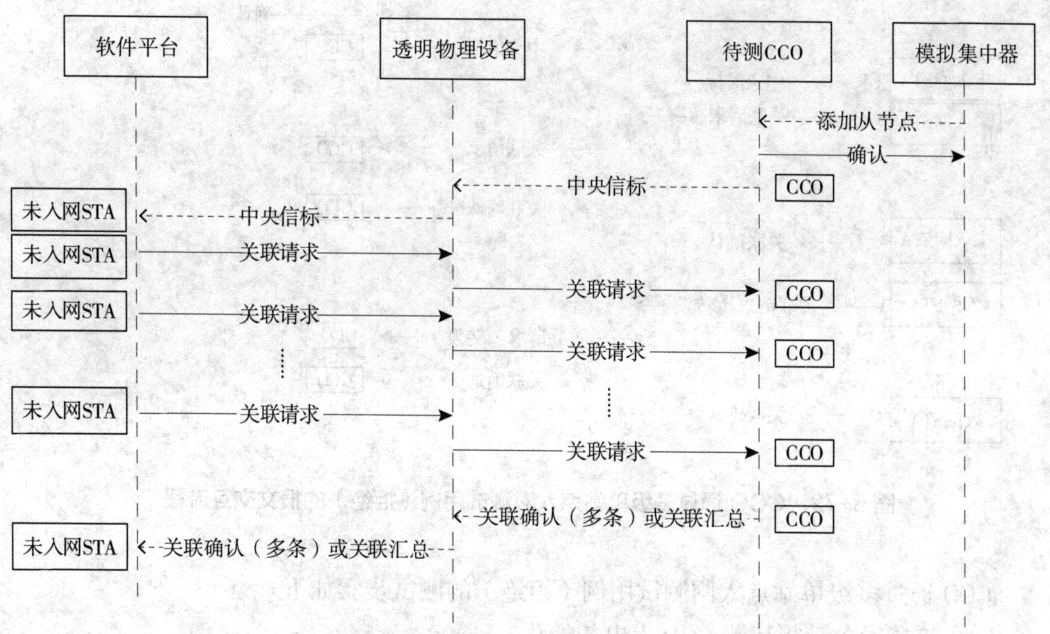

图 5-71　CCO 通过多级单站点入网测试用例（允许）的报文交互流程

CCO 通过多级单站点入网测试用例（允许）的测试步骤如下。

（1）连接设备，将待测 CCO 上电初始化。

（2）软件平台向待测 CCO 下发“添加从节点”命令，将 MAC 地址 000000000002 和 000000000003 下发到 CCO 中，等待“确认”。

（3）软件平台收到待测 CCO 发出的“中央信标”后，模拟 STA 入网（MAC 地址为

000000000002）成功后，启动定时器 15s。

（4）定时时间结束后，软件平台选择在 CSMA 时隙发送转发的“关联请求”帧（MAC 地址为 000000000003），启动定时器 10s。

（5）定时时间内，若软件平台未收到“关联确认”帧（结果为 0），则测试不通过；若收到，则调用一致性评价模块测试协议一致性。一致则测试通过，不一致则测试不通过。

5.12.5 CCO 通过多级单站点入网测试用例（拒绝）

CCO 通过多级单站点入网测试用例（拒绝）依据《低压电力线高速载波通信互联互通技术规范 第 4–2 部分：数据链路层通信协议》，验证待测 CCO 通过多级单站点入网测试（拒绝）。

CCO 通过多级单站点入网测试用例（拒绝）的报文交互流程如图 5–72 所示。

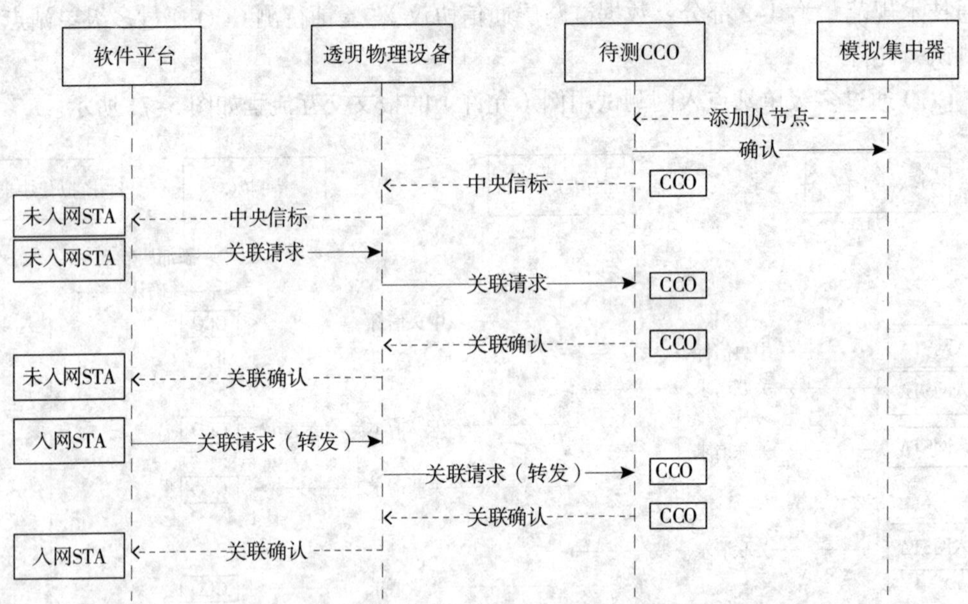

图 5–72 CCO 通过多级单站点入网测试用例（拒绝）的报文交互流程

CCO 通过多级单站点入网测试用例（拒绝）的测试步骤如下。

（1）连接设备，将待测 CCO 上电初始化。

（2）软件平台向待测 CCO 下发“添加从节点”命令，将 MAC 地址 000000000002 下发到 CCO 中，等待“确认”。

（3）软件平台收到待测 CCO 发出的“中央信标”后，模拟 STA 入网（MAC 地址为 000000000002）成功后，启动定时器 15s。

（4）定时时间结束后，软件平台选择在 CSMA 时隙发送转发的“关联请求”帧（MAC 地址为 000000000003），启动定时器 10s。

（5）定时时间内，若软件平台未收到“关联确认”帧（结果为 1），则测试不通过；

若收到，则调用一致性评价模块测试协议一致性。一致则测试通过，不一致则测试不通过。

5.12.6　STA 通过中央信标中关联标志位入网测试用例

STA 通过中央信标中关联标志位入网测试用例依据《低压电力线高速载波通信互联互通技术规范　第 4-2 部分：数据链路层通信协议》，验证待测 STA 通过中央信标中关联标志位入网测试。

STA 通过中央信标中关联标志位入网测试用例的报文交互流程如图 5-73 所示。

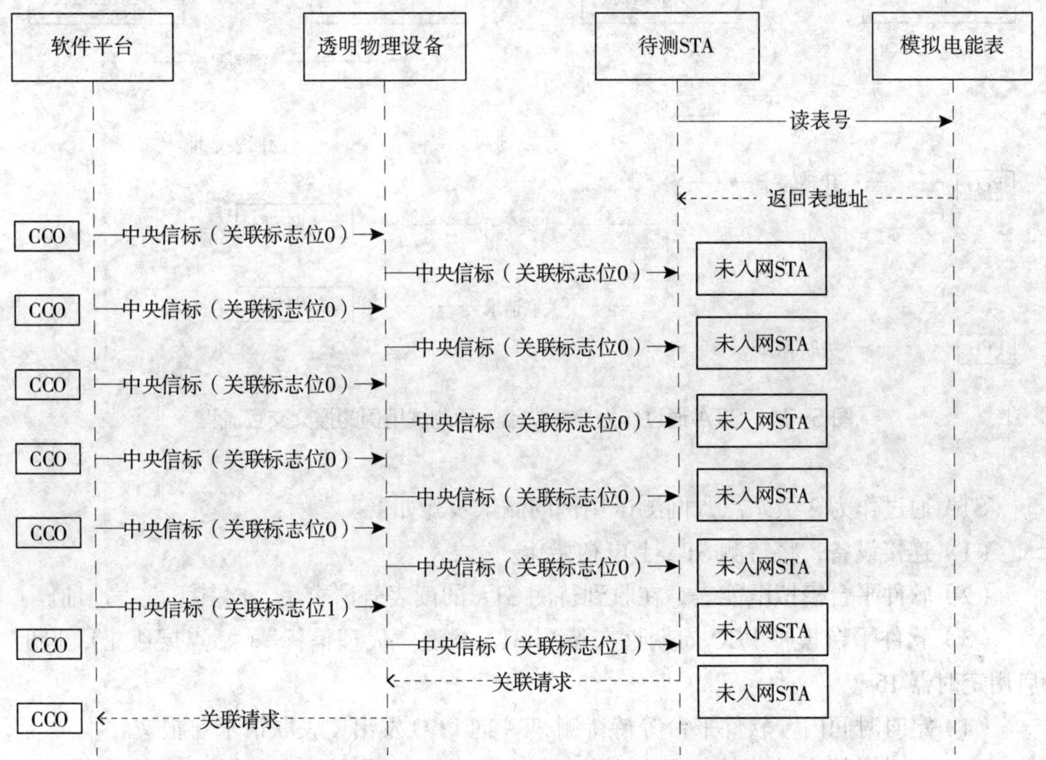

图 5-73　STA 通过中央信标中关联标志位入网测试用例的报文交互流程

STA 通过中央信标中关联标志位入网测试用例的测试步骤如下。

（1）连接设备，将待测 STA 上电初始化。

（2）软件平台模拟电能表，在收到待测 STA 的读表号请求后，向其下发表地址。

（3）软件平台模拟 CCO 周期性向待测 STA 发送“中央信标”，前 5 个信标周期中，信标帧载荷的“开始关联标志位”为 0，查看站点是否发起关联请求报文，若收到关联请求则认为不通过，输出测试不通过记录，测试结束。

（4）从第 6 个信标周期开始，信标帧载荷“开始关联标志位”为 1，同时启动定时器（定时时长 15s），等待待测 STA 发出的“关联请求”报文。

（5）定时时间内，若软件平台未收到站点发出的“关联请求”报文，则测试失败；

若收到，则调用一致性评价模块测试协议一致性。一致则通过，不一致则测试不通过。

5.12.7　STA 通过作为 2 级站点入网测试用例

STA 通过作为 2 级站点入网测试用例依据《低压电力线高速载波通信互联互通技术规范　第 4-2 部分：数据链路层通信协议》，验证待测 STA 通过作为 2 级站点入网测试。

STA 通过作为 2 级站点入网测试用例的报文交互流程如图 5-74 所示。

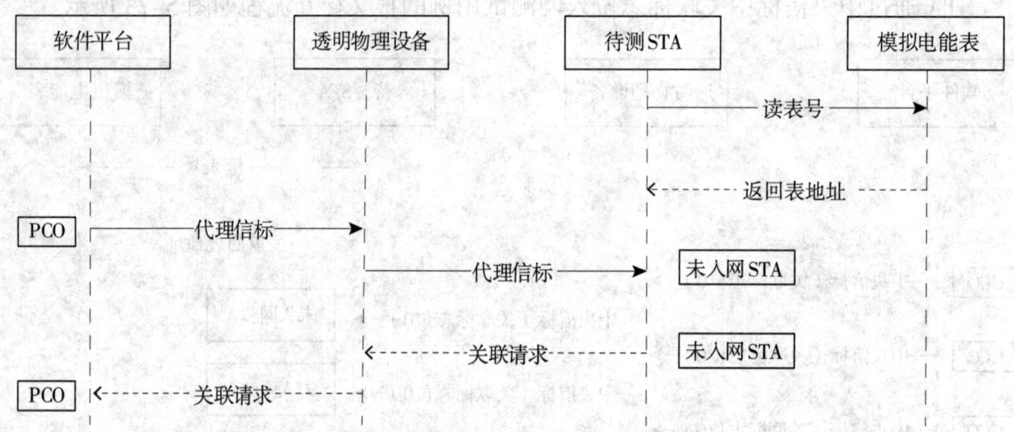

图 5-74　STA 通过作为 2 级站点入网测试用例的报文交互流程

STA 通过作为 2 级站点入网测试用例的测试步骤如下。

（1）连接设备，将待测 STA 上电初始化。

（2）软件平台模拟电能表，在收到待测 STA 的读表号请求后，向其下发表地址。

（3）软件平台模拟 PCO 周期性向待测 STA 发送“代理信标”（站点层级 1），同时启用定时器 15s。

（4）定时时间内，软件平台等待待测 STA 向 PCO 发出“关联请求”报文。

（5）定时时间内，若软件平台未收到站点发出的“关联请求”报文，则测试失败；若收到，则调用一致性评价模块测试协议一致性。一致则测试通过，不一致则测试不通过。

5.12.8　STA 通过作为 15 级站点入网测试用例

STA 通过作为 15 级站点入网测试用例依据《低压电力线高速载波通信互联互通技术规范　第 4-2 部分：数据链路层通信协议》，验证待测 STA 通过作为 15 级站点入网测试。

STA 通过作为 15 级站点入网测试用例的报文交互流程如图 5-75 所示。

STA 通过作为 15 级站点入网测试用例的测试步骤如下。

（1）连接设备，将待测 STA 上电初始化。

（2）软件平台模拟电能表，在收到待测 STA 的读表号请求后，向其下发表地址。

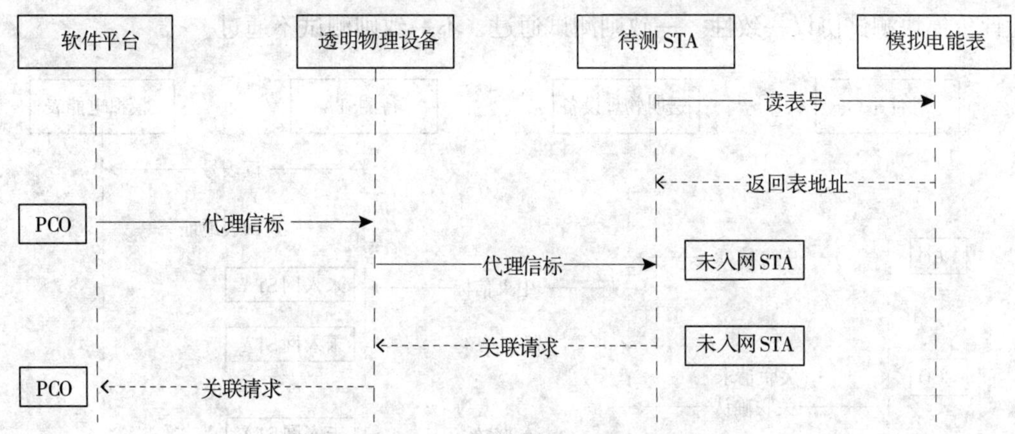

图 5-75　STA 通过作为 15 级站点入网测试用例的报文交互流程

（3）软件平台模拟 PCO 周期性向待测 STA 发送“代理信标”（站点层级 14），同时启用定时器 15s。

（4）定时时间内，软件平台等待待测 STA14 级代理节点发出“关联请求”报文。

（5）定时时间内，若软件平台未收到站点发出的“关联请求”报文，则测试失败；若收到，则调用一致性评价模块测试协议一致性。一致则测试通过，不一致则测试不通过。

5.12.9　STA 通过作为 1 级 PCO 使站点入网测试用例

STA 通过作为 1 级 PCO 使站点入网测试用例依据《低压电力线高速载波通信互联互通技术规范　第 4-2 部分：数据链路层通信协议》，验证待测 STA 通过作为 1 级 PCO 使站点入网测试。

STA 通过作为 1 级 PCO 使站点入网测试用例的报文交互流程如图 5-76 所示。

STA 通过作为 1 级 PCO 使站点入网测试用例的测试步骤如下。

（1）连接设备，将待测 STA 上电初始化。

（2）软件平台模拟电能表，在收到待测 STA 的读表号请求后，向其下发表地址。

（3）软件平台模拟 CCO 周期性向待测 STA 发送“中央信标”帧，收到“关联请求”帧后，回复“关联确认”帧，使站点入网成功。

（4）软件平台模拟 CCO 安排站点发送发现信标时隙的“中央信标”帧，启动定时器 15s。定时时间内，若软件平台未收到站点发出的“发现信标”报文，则测试失败；若收到，则调用一致性评价模块测试协议一致性。一致则测试通过，不一致则测试不通过。

（5）软件平台模拟 STA 发送“关联请求”，启动定时器 15s。定时时间内，若软件平台未收到待测 STA 转发的“关联请求”帧，则测试不通过；若收到，则调用一致性评价模块测试协议一致性。一致则测试通过，不一致则测试不通过。

（6）软件平台模拟 CCO 发送“关联确认”帧，启动定时器 10s。定时时间内，若软件平台未收到待测 STA 转发的“关联确认”帧，则测试不通过；若收到，则调用一致

性评价模块测试协议一致性。一致则测试通过，不一致则测试不通过。

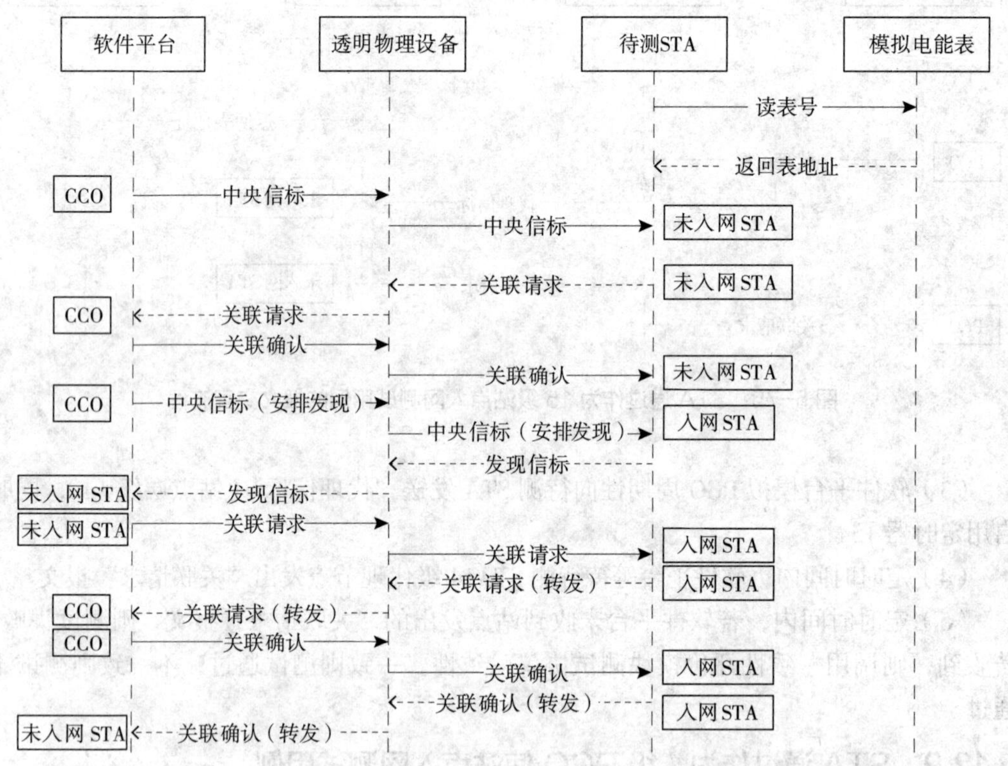

图 5-76　STA 通过作为 1 级 PCO 使站点入网测试用例的报文交互流程

5.12.10　STA 通过作为多级 PCO 使站点入网测试用例

STA 通过作为多级 PCO 使站点入网测试用例依据《低压电力线高速载波通信互联互通技术规范　第 4-2 部分：数据链路层通信协议》，验证待测 STA 通过作为多级 PCO 使站点入网测试。

STA 通过作为多级 PCO 使站点入网测试用例的报文交互流程如图 5-77 所示。

STA 通过作为多级 PCO 使站点入网测试用例的测试步骤如下。

（1）连接设备，将待测 STA 上电初始化。

（2）软件平台模拟电能表，在收到待测 STA 的读表号请求后，向其下发表地址。

（3）软件平台模拟 PCO 周期性向待测 STA 发送“代理信标”帧，收到“关联请求”帧后，回复“关联确认”帧，使站点入网成功。

（4）软件平台模拟 PCO 安排站点发送发现信标时隙的“代理信标”帧，启动定时器 15s。定时时间内，若软件平台未收到站点发出的“发现信标”报文，则测试不通过；若收到，则调用一致性评价模块测试协议一致性。一致则测试通过，不一致则测试不通过。

（5）软件平台模拟 STA 发送“关联请求”，启动定时器 15s。定时时间内，若软件平台未收到待测 STA 转发的“关联请求”帧，则测试不通过；若收到，则调用一致性评价模块测试协议一致性。一致则测试通过；不一致则测试不通过。

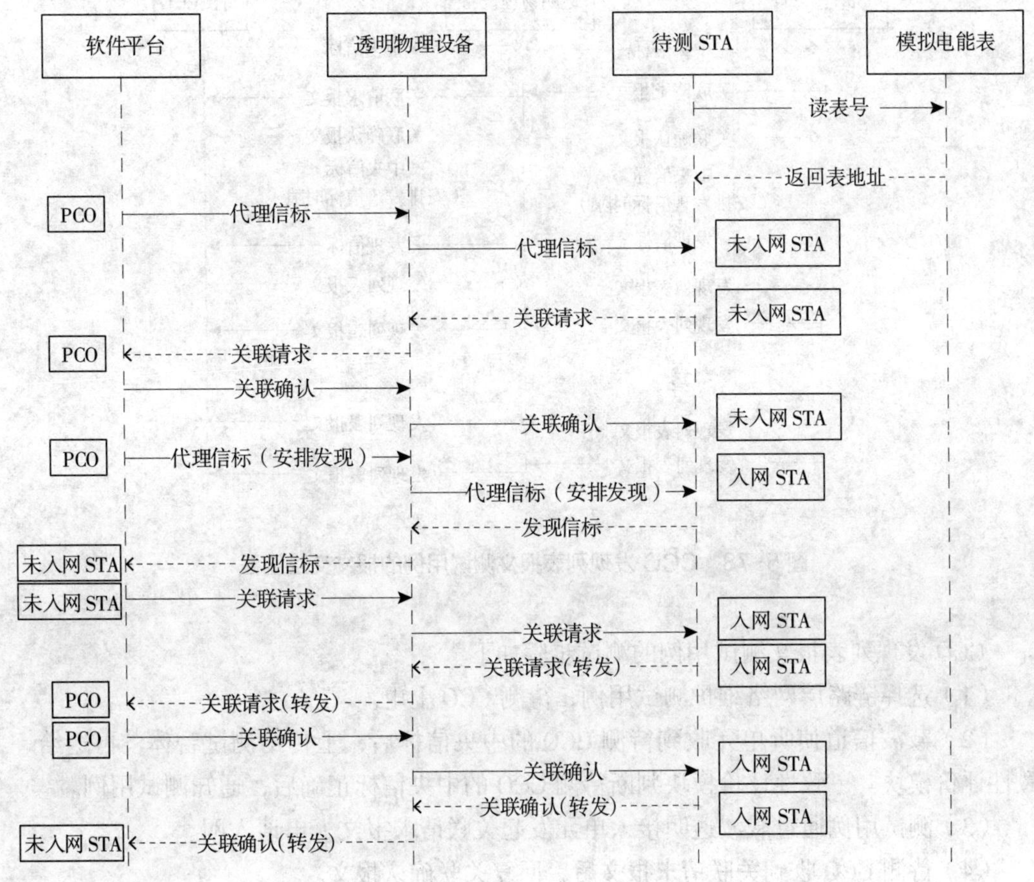

图 5-77　STA 通过作为多级 PCO 使站点入网测试用例的报文交互流程

（6）软件平台模拟 PCO 发送“关联确认”帧，启动定时器 10s。定时时间内，若软件平台未收到待测 STA 转发的“关联确认”帧，则测试不通过；若收到，则调用一致性评价模块测试协议一致性。一致则测试通过，不一致则测试不通过。

5.13　数据链路层网络维护一致性测试用例

5.13.1　CCO 发现列表报文测试用例

CCO 发现列表报文测试用例依据《低压电力线高速载波通信互联互通技术规范　第 4-2 部分：数据链路层通信协议》，验证 DUT 满足如下要求。

（1）DUT 发现列表报文，接收发现列表信息、发现站点列表位图。

（2）DUT 可根据中央信标设置信标周期、路由周期、发现列表报文周期等参数。

（3）路由周期通信成功率不出现异常值（大于 0 且小于等于 100）。

CCO 发现列表报文测试用例的报文交互流程如图 5-78 所示。

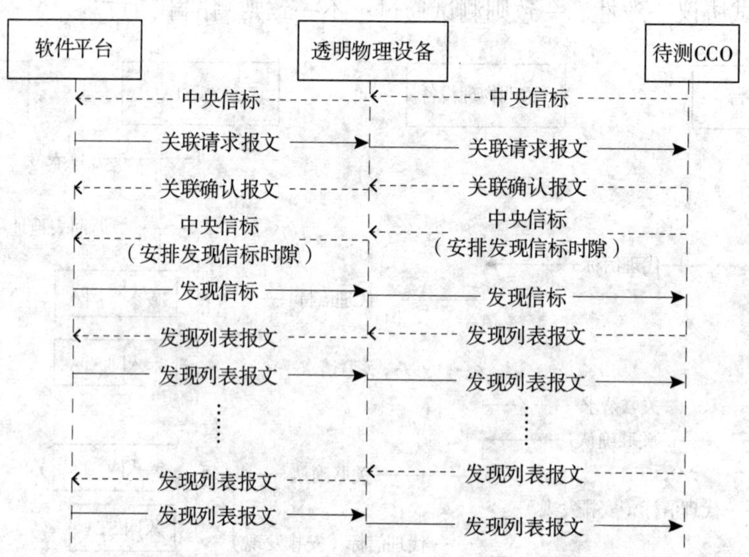

图 5-78　CCO 发现列表报文测试用例的报文交互流程

CCO 发现列表报文测试用例的测试步骤如下。

（1）选择链路层网络维护测试用例，待测 CCO 上电。

（2）载波信道侦听单元收到待测 CCO 的中央信标后，上传给测试台体，再送给一致性评价模块。一致性评价模块判断待测 CCO 的中央信标正确后，通知测试用例。

（3）测试用例通过载波透明接入单元发起关联请求报文，申请入网。

（4）待测 CCO 收到关联请求报文后，回复关联确认报文。

（5）载波信道侦听单元收到待测 CCO 的关联确认报文后，上传给测试台体，再送给一致性评价模块。一致性评价模块判断待测 CCO 的关联确认报文正确后，通知测试用例。

（6）待测 CCO 发送中央信标，应该安排发现信标时隙、代理站点发现列表周期、发现站点发现列表周期、路由周期、信标周期等参数。

（7）载波信道侦听单元收到待测 CCO 的中央信标后，上传给测试台体，再送给一致性评价模块。

（8）测试用例根据中央信标的时隙和路由周期安排，通过载波透明接入单元发送发现信标报文、发现列表报文。

（9）待测 CCO 根据中央信标路由周期发送发现列表报文。

（10）载波信道侦听单元收到待测 CCO 的发现列表报文后，上传给测试台体，再送给一致性评价模块。

（11）测试用例依据待测 CCO 的发现列表报文和中央信标，计算待测 CCO 的通信成功率。

5.13.2 CCO发离线指示让STA离线测试用例

CCO发离线指示让STA离线测试用例依据《低压电力线高速载波通信互联互通技术规范 第4-2部分：数据链路层通信协议》，验证DUT的离线指示报文是否满足要求。

CCO发离线指示让STA离线测试用例的报文交互流程如图5-79所示。

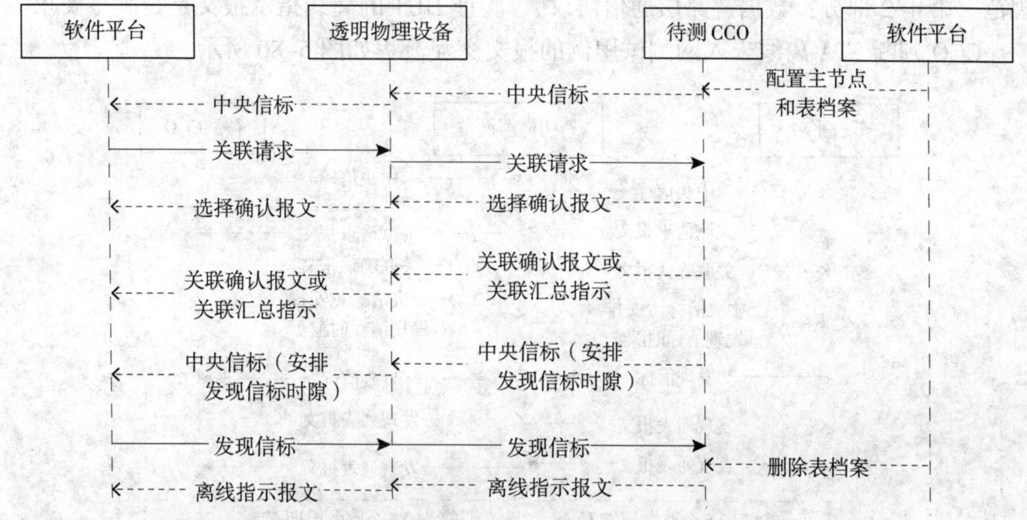

图5-79 CCO发离线指示让STA离线测试用例的报文交互流程

CCO发离线指示让STA离线测试用例的测试步骤如下。

（1）选择链路层网络维护测试用例，待测CCO上电，通过串口给CCO加载白名单。

（2）载波信道侦听单元收到待测CCO的中央信标后，上传给测试台体，再送给一致性评价模块。一致性评价模块判断待测CCO的中央信标正确后，通知测试用例。

（3）测试用例通过载波透明接入单元发起关联请求报文，申请入网。

（4）待测CCO收到关联请求报文后，回复关联确认报文。

（5）载波信道侦听单元收到待测CCO的关联确认报文后，上传给测试台体，再送给一致性评价模块。一致性评价模块判断待测CCO的关联确认报文正确后，通知测试用例。

（6）待测CCO发送中央信标，应该安排发现信标时隙、代理站点发现列表周期、发现站点发现列表周期、路由周期、信标周期等参数。

（7）载波信道侦听单元收到待测CCO的中央信标后，上传给测试台体，再送给一致性评价模块。

（8）测试用例根据中央信标的时隙和路由周期安排，通过载波透明接入单元发送发现信标报文、发现列表报文。

（9）测试台体通过串口删除CCO白名单。

（10）待测 CCO 白名单变更生效后，发送离线指示报文。

（11）载波信道侦听单元收到待测 CCO 的离线指示报文后，上传给测试台体，再送给一致性评价模块。

5.13.3 CCO 判断 STA 离线未入网测试用例

CCO 判断 STA 离线未入网测试用例依据《低压电力线高速载波通信互联互通技术规范 第 4-2 部分：数据链路层通信协议》，验证 DUT 的离线指示报文是否满足要求。

CCO 判断 STA 离线未入网测试用例的报文交互流程如图 5-80 所示。

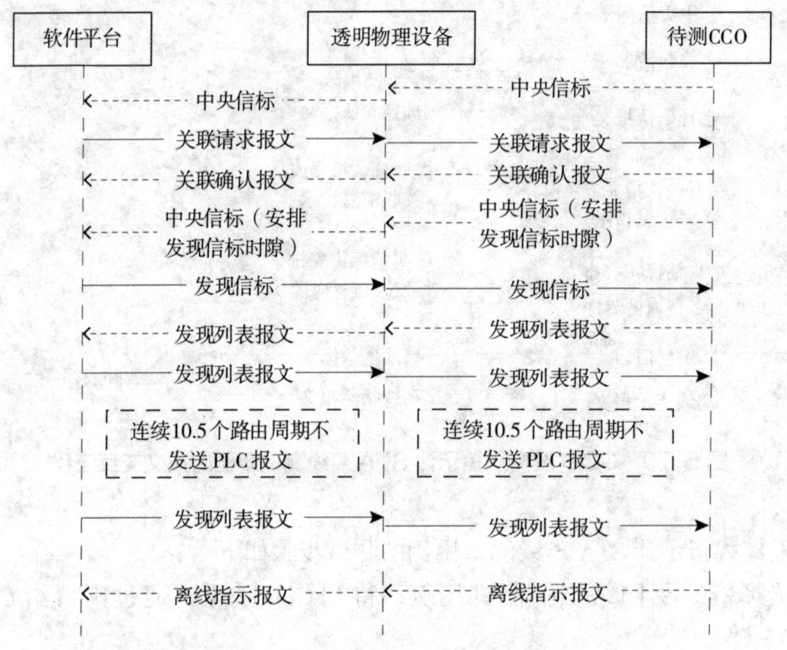

图 5-80　CCO 判断 STA 离线未入网测试用例的报文交互流程

CCO 判断 STA 离线未入网测试用例的测试步骤如下。

（1）选择链路层网络维护测试用例，待测 CCO 上电，通过串口给 CCO 加载白名单。

（2）载波信道侦听单元收到待测 CCO 的中央信标后，上传给测试台体，再送给一致性评价模块。一致性评价模块判断待测 CCO 的中央信标正确后，通知测试用例。

（3）测试用例通过载波透明接入单元发起关联请求报文，申请入网。

（4）待测 CCO 收到关联请求报文后，回复关联确认报文。

（5）载波信道侦听单元收到待测 CCO 的关联确认报文后，上传给测试台体，再送给一致性评价模块。一致性评价模块判断待测 CCO 的关联确认报文正确后，通知测试用例。

（6）测试用例依据关联确认报文 MAC 帧头发送类型字段以判断是否回复选择确认帧。

（7）待测 CCO 发送中央信标，应该安排发现信标时隙、代理站点发现列表周期（1/10 路由周期）、发现站点发现列表周期（1/10 路由周期）、路由周期（20~420s）、信标周期（1~10s）等参数。

（8）载波信道侦听单元收到待测 CCO 的中央信标后，上传给测试台体，再送给一致性评价模块。

（9）测试用例根据中央信标的时隙和路由周期安排，通过载波透明接入单元发送发现信标报文、发现列表报文。

（10）测试用例停止发送任何报文，持续 10.5 个路由周期。

（11）载波信道侦听单元收到待测 CCO 的信标帧后，上传给测试台体，再送给一致性评价模块。

（12）在测试用例停止发送任何报文 10.5 个路由周期后，测试用例通过载波透明接入单元发送发现列表报文。

（13）待测 CCO 收到发现列表报文后，发送离线指示报文。

（14）载波信道侦听单元收到待测 CCO 的离线指示报文后，上传给测试台体，再送给一致性评价模块。

5.13.4　STA 1 级站点发现列表报文测试用例

STA 1 级站点发现列表报文测试用例依据《低压电力线高速载波通信互联互通技术规范　第 4-2 部分：数据链路层通信协议》，验证 DUT 满足如下要求。

（1）待测 STA 发现列表报文。

（2）一个路由周期内有多个发现列表报文。

STA 1 级站点发现列表报文测试用例的报文交互流程如图 5-81 所示。

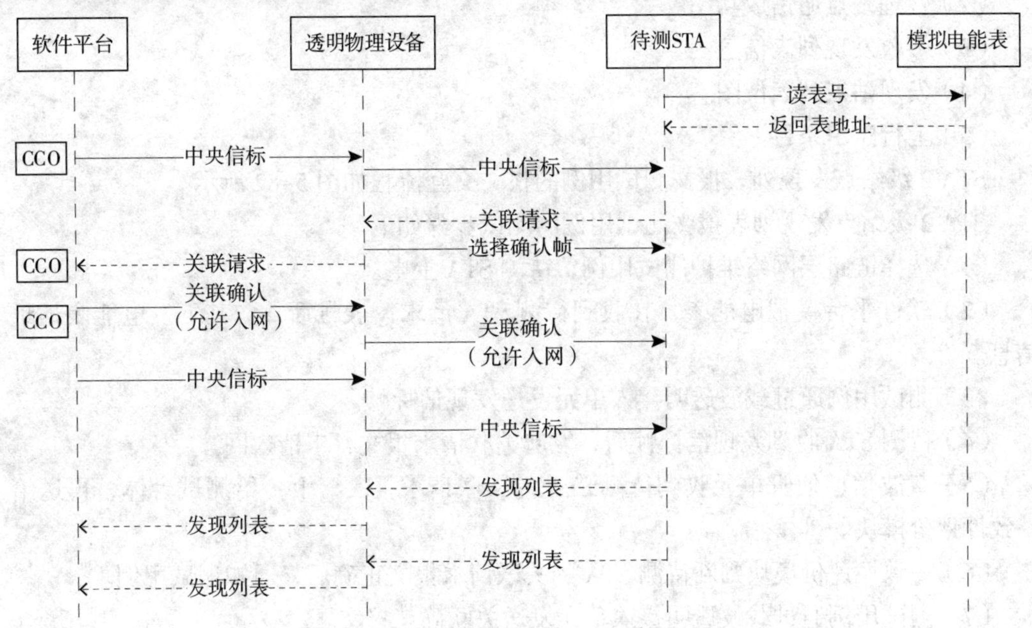

图 5-81　STA 1 级站点发现列表报文测试用例的报文交互流程

STA 1 级站点发现列表报文测试用例的测试步骤如下。

（1）选择链路层网络维护测试用例，待测 STA 上电。

（2）软件平台模拟电能表，在收到待测 STA 请求信号后，向其下发电能表地址信息。

（3）测试用例通过载波透明接入单元发送中央信标帧，路由周期为 20s。

（4）待测 STA 收到中央信标帧后，发起关联请求报文，申请入网。

（5）载波信道侦听单元收到待测 STA 的关联请求报文，上传给测试台体，再送给一致性评价模块。

（6）一致性评价模块判断待测 STA 的关联请求报文正确后，通知测试用例。

（7）测试用例通过载波透明接入单元发送关联确认报文。

（8）待测 STA 收到关联确认报文后，通知测试用例。

（9）测试用例通过载波透明接入单元发送中央信标报文，中央信标中安排待测 STA 发现信标时隙，路由周期为 20s，发现站点发现列表周期为 2s。

（10）待测 STA 收到中央信标帧后，根据发现列表周期发送发现列表报文。

（11）载波信道侦听单元收到待测 STA 的发现列表报文后，上传给测试台体，再送给一致性评价模块。软件平台在一个路由周期内（20s）应收到多个待测 STA 的发现列表报文。

5.13.5 STA 2 级站点发现列表报文测试用例

STA 2 级站点发现列表报文测试用例依据《低压电力线高速载波通信互联互通技术规范　第 4-2 部分：数据链路层通信协议》，验证 DUT 满足如下要求。

（1）待测 STA 发现列表报文。

（2）代理站点通信成功率。

（3）接收发现列表信息。

（4）发现站点列表位图。

（5）上行路由条目。

STA 2 级站点发现列表报文测试用例的报文交互流程如图 5-82 所示。

STA 2 级站点发现列表报文测试用例的测试步骤如下。

（1）选择链路层网络维护测试用例，待测 STA 上电。

（2）软件平台模拟电能表，在收到待测 STA 请求读表号后，向其下发电能表地址信息。

（3）测试用例通过载波透明接入单元发送发现信标帧。

（4）待测 STA 收到发现信标帧后，发起关联请求报文，申请入网。

（5）载波信道侦听单元收到待测 STA 的关联请求报文，上传给测试台体，再送给一致性评价模块。

（6）一致性评价模块判断待测 STA 的关联请求报文正确后，通知测试用例。

（7）测试用例通过载波透明接入单元发送关联确认报文。

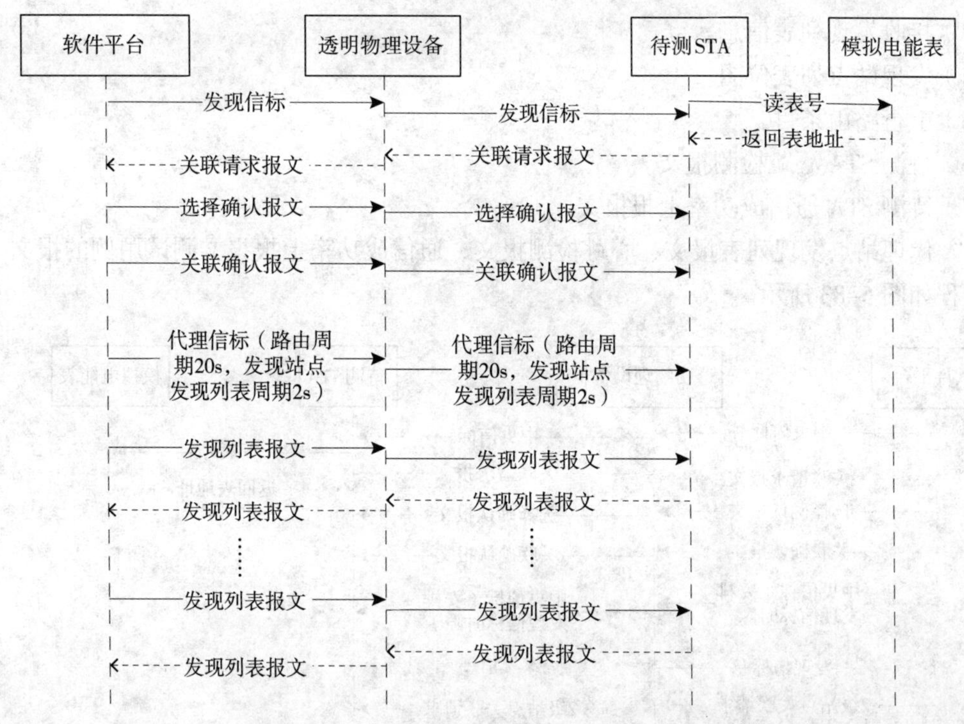

图 5-82　STA 2 级站点发现列表报文测试用例的报文交互流程

（8）待测 STA 收到关联确认报文后，通知测试用例。

（9）测试用例通过载波透明接入单元发送代理信标报文，代理信标中安排待测 STA 发现信标时隙，路由周期为 20s，代理站点发现列表周期为 2s，发现站点发现列表周期为 2s。

（10）待测 STA 收到代理信标帧后，根据发现列表周期发送发现列表报文。

（11）测试用例通过载波透明接入单元按照代理站点发现列表周期发送发现列表报文。

（12）载波信道侦听单元收到待测 STA 的发现列表报文后，上传给测试台体，再送给一致性评价模块。在一个路由周期内（20s）软件平台应收到多个待测 STA 发现列表报文。

5.13.6　STA 代理站点发现列表报文、心跳检测报文、通信成功率上报报文测试用例

STA 代理站点发现列表报文、心跳检测报文、通信成功率上报报文测试用例依据《低压电力线高速载波通信互联互通技术规范　第 4-2 部分：数据链路层通信协议》，验证 DUT 满足如下要求。

（1）待测 STA 发现列表报文。

（2）代理站点通信成功率。

（3）接收发现列表信息。

（4）发现站点列表位图。

（5）上行路由条目。

（6）待测 STA 心跳检测报文。

（7）待测 STA 通信成功率上报报文。

STA 代理站点发现列表报文、心跳检测报文、通信成功率上报报文测试用例的报文交互流程如图 5-83 所示。

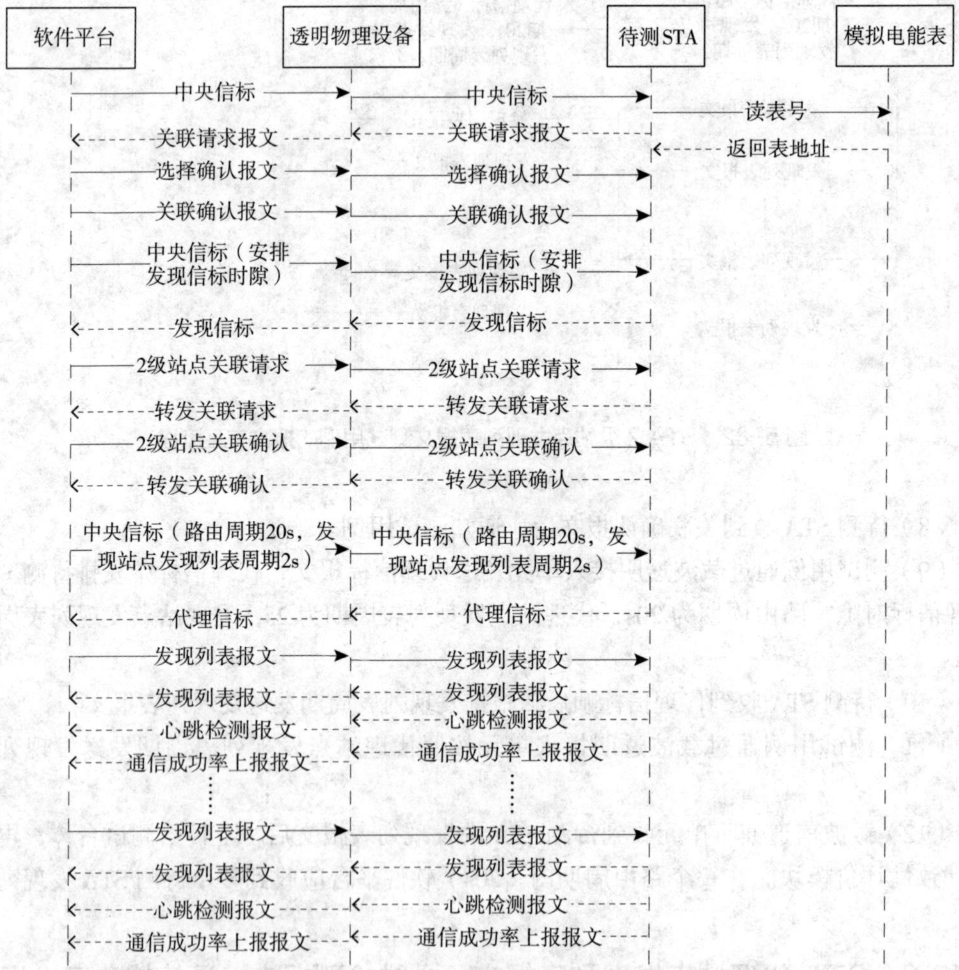

软件平台　透明物理设备　待测STA　模拟电能表

中央信标　中央信标　读表号

关联请求报文　关联请求报文　返回表地址

选择确认报文　选择确认报文

关联确认报文　关联确认报文

中央信标（安排发现信标时隙）　中央信标（安排发现信标时隙）

发现信标　发现信标

2级站点关联请求　2级站点关联请求

转发关联请求　转发关联请求

2级站点关联确认　2级站点关联确认

转发关联确认　转发关联确认

中央信标（路由周期20s，发现站点发现列表周期2s）　中央信标（路由周期20s，发现站点发现列表周期2s）

代理信标　代理信标

发现列表报文　发现列表报文

发现列表报文　发现列表报文

心跳检测报文　心跳检测报文

通信成功率上报报文　通信成功率上报报文

⋮　⋮

发现列表报文　发现列表报文

发现列表报文　发现列表报文

心跳检测报文　心跳检测报文

通信成功率上报报文　通信成功率上报报文

图 5-83　STA 代理站点发现列表报文、心跳检测报文、通信成功率上报报文测试用例的报文交互流程

STA 代理站点发现列表报文、心跳检测报文、通信成功率上报报文测试用例的测试步骤如下。

（1）选择链路层网络维护测试用例，待测 STA 上电。

（2）软件平台模拟电能表，在收到待测 STA 请求读表号后，向其下发电能表地址信息。

（3）测试用例通过载波透明接入单元发送中央信标帧。

（4）待测 STA 收到中央信标帧后，发起关联请求报文，申请入网。

（5）载波信道侦听单元收到待测 STA 的关联请求报文后，上传给测试台体，再送给一致性评价模块。

（6）一致性评价模块判断待测 STA 的关联请求报文正确后，通知测试用例。

（7）测试用例通过载波透明接入单元发送关联确认报文。

（8）待测 STA 收到关联确认报文后，通知测试用例。

（9）测试用例通过载波透明接入单元发送中央信标报文，中央信标中安排待测 STA 发现信标时隙，路由周期为 20s，发现站点发现列表周期为 2s。

（10）待测 STA 收到中央信标帧后，根据发现信标时隙发送发现信标。

（11）测试用例通过载波透明接入单元模拟 2 级站点关联请求报文给待测 STA，载波信道侦听单元收到待测 STA 转发的关联请求报文后，上传给测试台体，再送给一致性评价模块。

（12）测试用例通过载波透明接入单元发送 2 级站点关联确认报文给待测 STA。

（13）待测 STA 收到 2 级站点关联确认报文后，转发 2 级站点关联确认报文。

（14）载波信道侦听单元收到待测 STA 转发的 2 级站点关联确认报文后，上传给测试台体，再送给一致性评价模块。

（15）测试用例通过载波透明接入单元发送中央信标，中央信标中安排待测 STA 代理信标时隙、2 级站点发现信标时隙，路由周期为 20s，代理站点发现列表周期为 2s，发现站点发现列表周期为 2s。

（16）待测 STA 收到中央信标后，发送代理信标。

（17）载波信道侦听单元收到待测 STA 的代理信标后，上传给测试台体，再送给一致性评价模块。

（18）测试用例通过载波透明接入单元发送发现信标报文。

（19）测试用例按照代理站点发现列表周期通过载波透明接入单元发送 CCO 发现列表报文。

（20）待测 STA 按照代理站点发现列表周期发送发现列表报文。

（21）测试用例通过载波透明接入单元按照发现站点发现列表周期发送发现列表报文。

（22）待测 STA 按照 1/8 路由周期发送心跳检测报文，按照 4 个路由周期发送通信成功率上报报文。

（23）载波信道侦听单元收到待测 STA 的发现列表报文、心跳检测报文、通信成功率上报报文后，上传给测试台体，再送给一致性评价模块。在一个路由周期内应收到多个待测 STA 发现列表报文，在一个路由周期内应收到多个心跳检测报文，在 4 个路由周期内至少收到一次通信成功率上报报文。

5.13.7 STA连续两个路由周期收不到信标主动离线测试用例

STA连续两个路由周期收不到信标主动离线测试用例依据《低压电力线高速载波通信互联互通技术规范　第4-2部分：数据链路层通信协议》，验证DUT满足如下要求。

（1）待测STA入网后，超过两个路由周期收不到信标，应该主动离线。

（2）待测STA主动离线后，收到中央信标报文，应该再次发起关联请求，加入网络。

STA连续两个路由周期收不到信标主动离线测试用例的报文交互流程如图5-84所示。

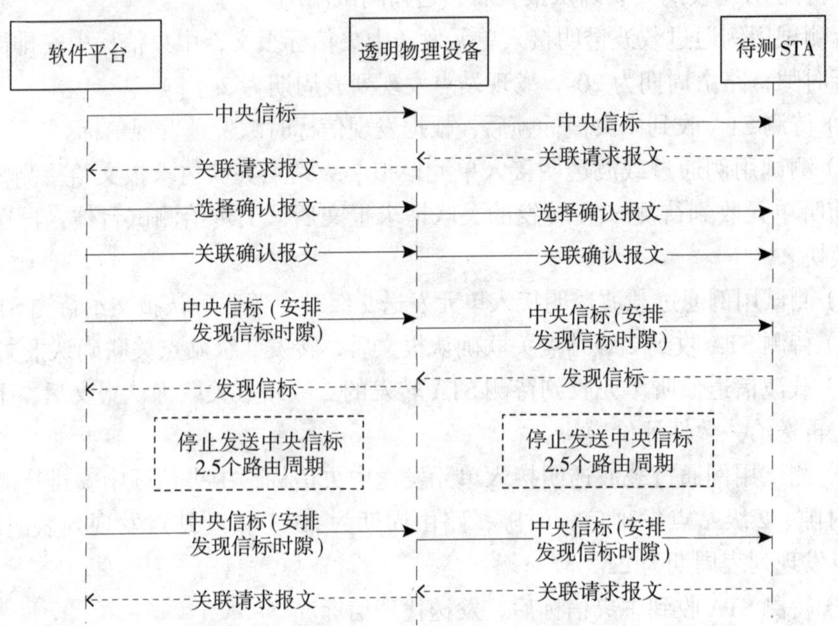

图5-84　STA连续两个路由周期收不到信标主动离线测试用例的报文交互流程

STA连续两个路由周期收不到信标主动离线测试用例的测试步骤如下。

（1）选择链路层网络维护测试用例，待测STA上电。

（2）软件平台测试模拟电能表，在收到待测STA请求读表号后，向其下发电能表地址信息。

（3）测试用例通过载波透明接入单元发送中央信标帧。

（4）待测STA收到中央信标帧后，发起关联请求报文，申请入网。

（5）载波信道侦听单元收到待测STA的关联请求报文后，上传给测试台体，再送给一致性评价模块。

（6）一致性评价模块判断待测STA的关联请求报文正确后，通知测试用例。

（7）测试用例通过载波透明接入单元发送关联确认报文。

（8）待测STA收到关联确认报文后，通知测试用例。

（9）测试用例通过载波透明接入单元发送中央信标报文，中央信标中安排待测 STA 发现信标时隙。

（10）待测 STA 收到中央信标帧后，根据中央信标安排的时隙发送发现信标报文。

（11）载波信道侦听单元收到待测 STA 的发现信标报文后，上传给测试台体，再送给一致性评价模块。

（12）测试用例停止发送中央信标，超过 2.5 个路由周期后再发送中央信标。

（13）载波信道侦听单元在 *n* 秒内收到待测 STA 的关联请求报文后，上传给测试台体，再送给一致性评价模块，超时未收到待测 STA 的关联请求则认为测试失败。

5.13.8　STA 连续 4 个路由周期通信成功率为 0 主动离线测试用例

STA 连续 4 个路由周期通信成功率为 0 主动离线测试用例依据《低压电力线高速载波通信互联互通技术规范　第 4–2 部分：数据链路层通信协议》，验证 DUT 满足如下要求。

（1）待测 STA 入网后，连续 4 个路由周期未收到发现列表报文，计算通信成功率为 0，应该主动离线。

（2）待测 STA 主动离线后，收到中央信标报文，应该再次发起关联请求，加入网络。

STA 连续 4 个路由周期通信成功率为 0 主动离线测试用例的报文交互流程如图 5-85 所示。

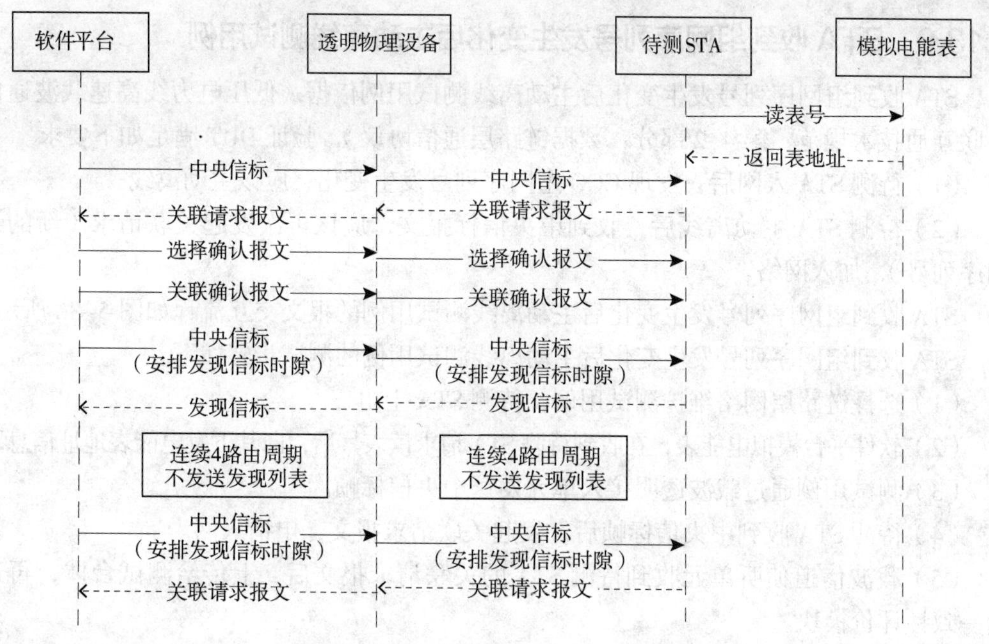

图 5-85　STA 连续 4 个路由周期通信成功率为 0 主动离线测试用例的报文交互流程

STA 连续 4 个路由周期通信成功率为 0 主动离线测试用例的测试步骤如下。

（1）选择链路层网络维护测试用例，待测 STA 上电。

（2）软件平台模拟电能表，在收到待测 STA 请求读表号后，向其下发电能表地址信息。

（3）测试用例通过载波透明接入单元发送中央信标帧。

（4）待测 STA 收到中央信标帧后，发起关联请求报文，申请入网。

（5）载波信道侦听单元收到待测 STA 的关联请求报文后，上传给测试台体，再送给一致性评价模块。

（6）一致性评价模块判断待测 STA 的关联请求报文正确后，通知测试用例。

（7）测试用例通过载波透明接入单元发送关联确认报文。

（8）待测 STA 收到关联确认报文后，通知测试用例。

（9）测试用例通过载波透明接入单元发送中央信标报文，中央信标中安排待测 STA 发现信标时隙。

（10）待测 STA 收到中央信标帧后，根据中央信标安排的时隙发送发现信标报文。

（11）载波信道侦听单元收到待测 STA 的发现信标报文后，上传给测试台体，再送给一致性评价模块。

（12）测试用例按照信标周期通过载波透明接入单元只发送中央信标报文，不发送发现列表报文，间隔至少连续 4 个的路由周期。

（13）载波信道侦听单元在 n 秒内收到待测 STA 的关联请求报文后，上传给测试台体，再送给一致性评价模块，超时未收到待测 STA 的关联请求则认为测试失败。

5.13.9 STA 收到组网序列号发生变化后主动离线测试用例

STA 收到组网序列号发生变化后主动离线测试用例依据《低压电力线高速载波通信互联互通技术规范　第 4–2 部分：数据链路层通信协议》，验证 DUT 满足如下要求。

（1）待测 STA 入网后，发现 CCO 组网序列号发生变化，应该主动离线。

（2）待测 STA 主动离线后，收到中央信标报文，应该再次发起关联请求（新的组网序列号），加入网络。

STA 收到组网序列号发生变化后主动离线测试用例的报文交互流程如图 5–86 所示。

STA 收到组网序列号发生变化后主动离线测试用例的测试步骤如下。

（1）选择链路层网络维护测试用例，待测 STA 上电。

（2）软件平台模拟电能表，在收到待测 STA 请求读表号后，向其下发电能表地址信息。

（3）测试用例通过载波透明接入单元发送中央信标帧。

（4）待测 STA 收到中央信标帧后，发起关联请求报文，申请入网。

（5）载波信道侦听单元收到待测 STA 的关联请求报文后，上传给测试台体，再送给一致性评价模块。

（6）一致性评价模块判断待测 STA 的关联请求报文正确后，通知测试用例。

（7）测试用例通过载波透明接入单元发送关联确认报文。

（8）待测 STA 收到关联确认报文后，通知测试用例。

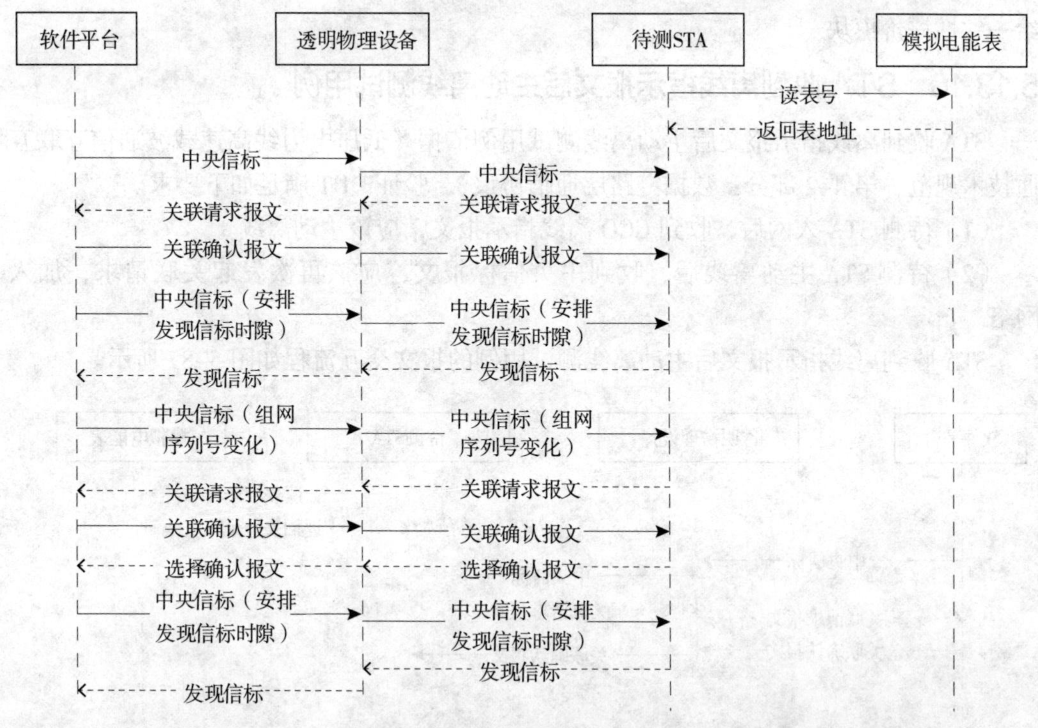

图 5-86　STA 收到组网序列号发生变化后主动离线测试用例的报文交互流程

（9）测试用例通过载波透明接入单元发送中央信标报文，中央信标中安排待测 STA 发现信标时隙。

（10）待测 STA 收到中央信标帧后，根据中央信标安排的时隙发送发现信标报文。

（11）载波信道侦听单元收到待测 STA 的发现信标报文后，上传给测试台体，再送给一致性评价模块。

（12）测试用例变更组网序列号通过载波透明接入单元发送中央信标报文（组网序列号变化）。

（13）待测 STA 收到中央信标帧后，发现组网序列号发生变化，重新发起关联请求报文。

（14）载波信道侦听单元收到待测 STA 的关联请求报文后，上传给测试台体，再送给一致性评价模块。

（15）一致性评价模块判断待测 STA 的关联请求报文正确后，通知测试用例。

（16）测试用例通过载波透明接入单元发送关联确认报文。

（17）待测 STA 收到关联确认报文后，通知测试用例。

（18）测试用例通过载波透明接入单元发送中央信标报文，中央信标中安排待测 STA 发现信标时隙。

（19）待测 STA 收到中央信标帧后，根据中央信标安排的时隙发送发现信标报文。

（20）载波信道侦听单元收到待测 STA 的发现信标报文后，上传给测试台体，再送给一致性评价模块。

5.13.10 STA 收到离线指示报文后主动离线测试用例

STA 收到离线指示报文后主动离线测试用例依据《低压电力线高速载波通信互联互通技术规范　第 4-2 部分：数据链路层通信协议》，验证 DUT 满足如下要求。

（1）待测 STA 入网后，收到 CCO 离线指示报文，应该主动离线。

（2）待测 STA 主动离线后，收到中央信标报文，应该再次发起关联请求，加入网络。

STA 收到离线指示报文后主动离线测试用例的报文交互流程如图 5-87 所示。

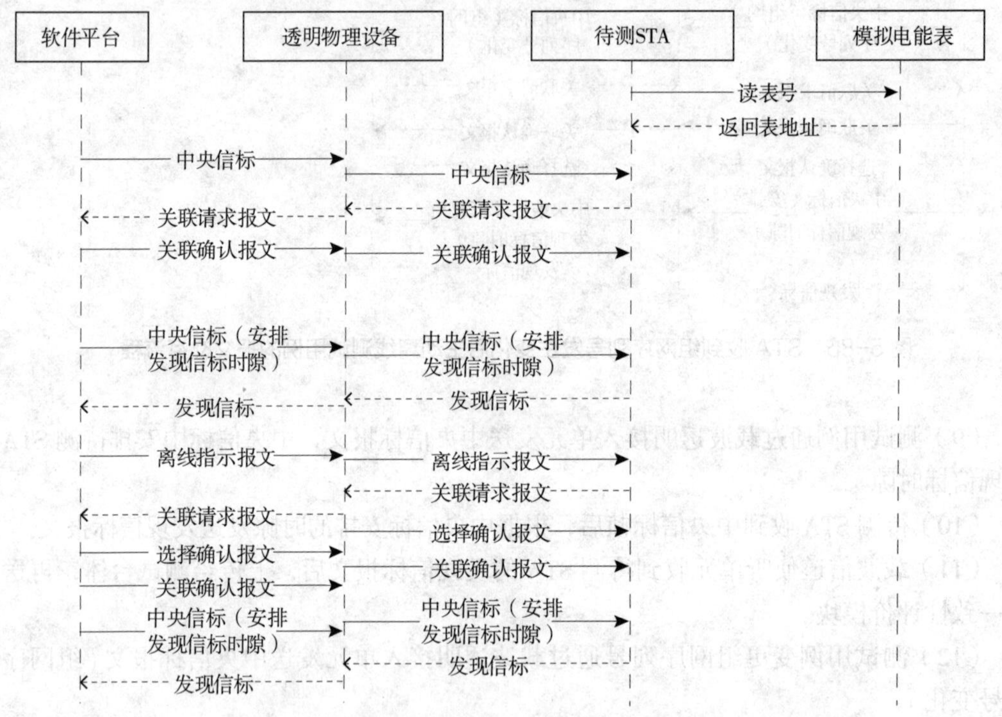

图 5-87　STA 收到离线指示报文后主动离线测试用例的报文交互流程

STA 收到离线指示报文后主动离线测试用例的测试步骤如下。

（1）选择链路层网络维护测试用例，待测 STA 上电。

（2）软件平台模拟电能表，在收到待测 STA 请求读表号后，向其下发电能表地址信息。

（3）测试用例通过载波透明接入单元发送中央信标帧。

（4）待测 STA 收到中央信标帧后，发起关联请求报文，申请入网。

（5）载波信道侦听单元收到待测 STA 的关联请求报文后，上传给测试台体，再送给一致性评价模块。

（6）一致性评价模块判断待测 STA 的关联请求报文正确后，通知测试用例。

（7）测试用例通过载波透明接入单元发送关联确认报文。

（8）待测 STA 收到关联确认报文后，通知测试用例。

（9）测试用例通过载波透明接入单元发送中央信标报文，中央信标中安排待测 STA 发现信标时隙。

（10）待测 STA 收到中央信标帧后，根据中央信标安排的时隙发送发现信标报文。

（11）载波信道侦听单元收到待测 STA 的发现信标报文后，上传给测试台体，再送给一致性评价模块。

（12）测试用例通过载波透明接入单元向待测 STA 发送离线指示报文。

（13）待测 STA 收到离线指示报文后，主动离线。

（14）测试用例按照信标周期通过载波透明接入单元发送中央信标，待测 STA 收到中央信标后，重新发起关联请求报文，申请入网。

（15）载波信道侦听单元收到待测 STA 的关联请求报文后，上传给测试台体，再送给一致性评价模块。

（16）一致性评价模块判断待测 STA 的关联请求报文正确后，通知测试用例。

（17）测试用例通过载波透明接入单元发送关联确认报文。

（18）待测 STA 收到关联确认报文后，通知测试用例。

（19）测试用例通过载波透明接入单元发送中央信标报文，中央信标中安排待测 STA 发现信标时隙。

（20）待测 STA 收到中央信标帧后，根据中央信标安排的时隙发送发现信标报文。

（21）载波信道侦听单元收到待测 STA 的发现信标报文后，上传给测试台体，再送给一致性评价模块。

5.13.11　STA 检测到其层级超过 15 级主动离线测试用例

STA 检测到其层级超过 15 级主动离线测试用例依据《低压电力线高速载波通信互联互通技术规范　第 4-2 部分：数据链路层通信协议》，验证 DUT 满足如下要求。

（1）待测 STA 入网后，发现本身站点层级超过 15 级，应该主动离线。

（2）待测 STA 主动离线后，收到中央信标报文，应该再次发起关联请求，加入网络。

STA 检测到其层级超过 15 级主动离线测试用例的报文交互流程如图 5-88 所示。

STA 检测到其层级超过 15 级主动离线测试用例的测试步骤如下。

（1）选择链路层网络维护测试用例，待测 STA 上电。

（2）软件平台模拟电能表，在收到待测 STA 请求读表号后，向其下发电能表地址信息。

（3）测试用例通过载波透明接入单元发送发现信标帧。

（4）待测 STA 收到发现信标帧后，发起关联请求报文，申请入网。

（5）载波信道侦听单元收到待测 STA 的关联请求报文后，上传给测试台体，再送给一致性评价模块。

（6）一致性评价模块判断待测 STA 的关联请求报文正确后，通知测试用例。

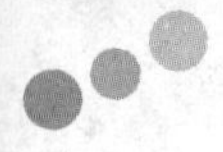

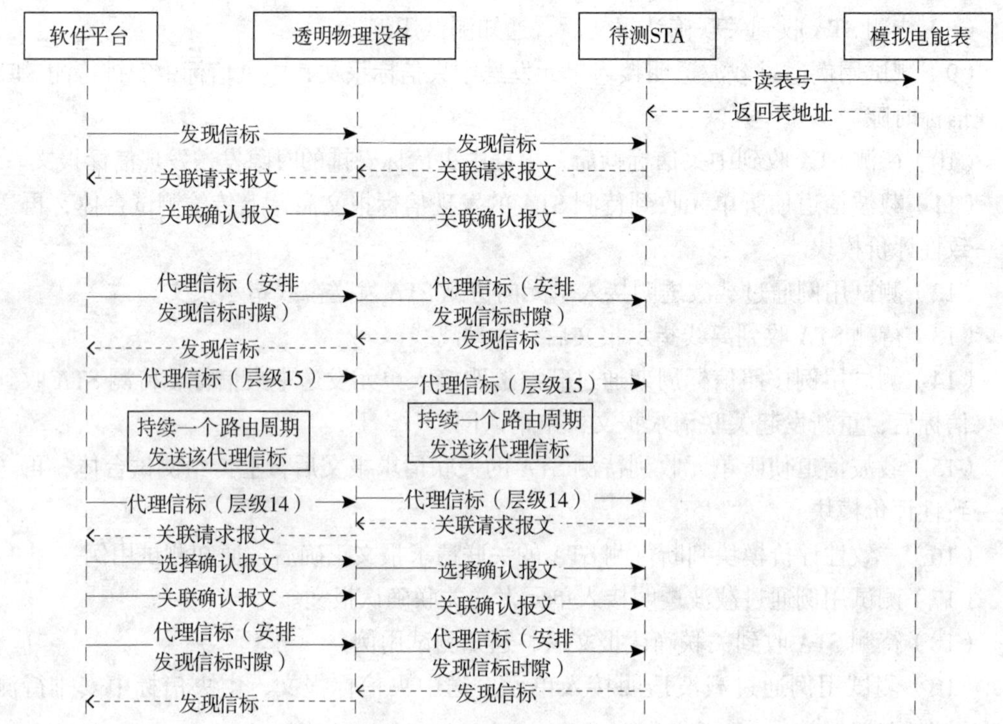

图 5-88 STA 检测到其层级超过 15 级主动离线测试用例的报文交互流程

（7）测试用例通过载波透明接入单元发送关联确认报文。

（8）待测 STA 收到关联确认报文后，通知测试用例。

（9）测试用例通过载波透明接入单元发送代理信标报文，代理信标中安排待测 STA 发现信标时隙。

（10）待测 STA 收到代理信标帧后，根据发现信标时隙发送发现信标。

（11）载波信道侦听单元收到待测 STA 的发现信标报文后，上传给测试台体，再送给一致性评价模块。

（12）测试用例通过载波透明接入单元按照信标时隙，发送代理信标，其站点能力条目层级变更为 15 级，连续发送一个路由周期。

（13）待测 STA 收到代理信标帧后，主动离线。

（14）测试用例通过载波透明接入单元按照信标时隙，发送代理信标，站点能力条目中 STA 层级变更为 14 级。

（15）待测 STA 收到代理信标帧后，发起关联请求。

（16）载波信道侦听单元收到待测 STA 的关联请求报文，上传给测试台体，再送给一致性评价模块。

（17）一致性评价模块判断待测 STA 的关联请求报文正确后，通知测试用例。

（18）测试用例通过载波透明接入单元发送关联确认报文。

（19）待测 STA 收到关联确认报文后，通知测试用例。

（20）测试用例通过载波透明接入单元发送代理信标报文，代理信标中安排待测 STA 发现信标时隙。

（21）待测 STA 收到中央信标帧后，根据发现信标时隙发送发现信标。

（22）载波信道侦听单元收到待测 STA 的发现信标报文后，上传给测试台体，再送给一致性评价模块。

5.13.12　STA 动态路由维护测试用例

STA 动态路由维护测试用例依据《低压电力线高速载波通信互联互通技术规范　第 4-2 部分：数据链路层通信协议》，验证 DUT 满足如下要求。

（1）待测 STA 入网后，如果原代理通信质量差，收到新站点信标和发现列表且通信质量好，应该发起代理变更请求。

（2）待测 STA 代理变更请求成功后，重新维护路由表项和层级。

STA 动态路由维护测试用例的报文交互流程如图 5-89 所示。

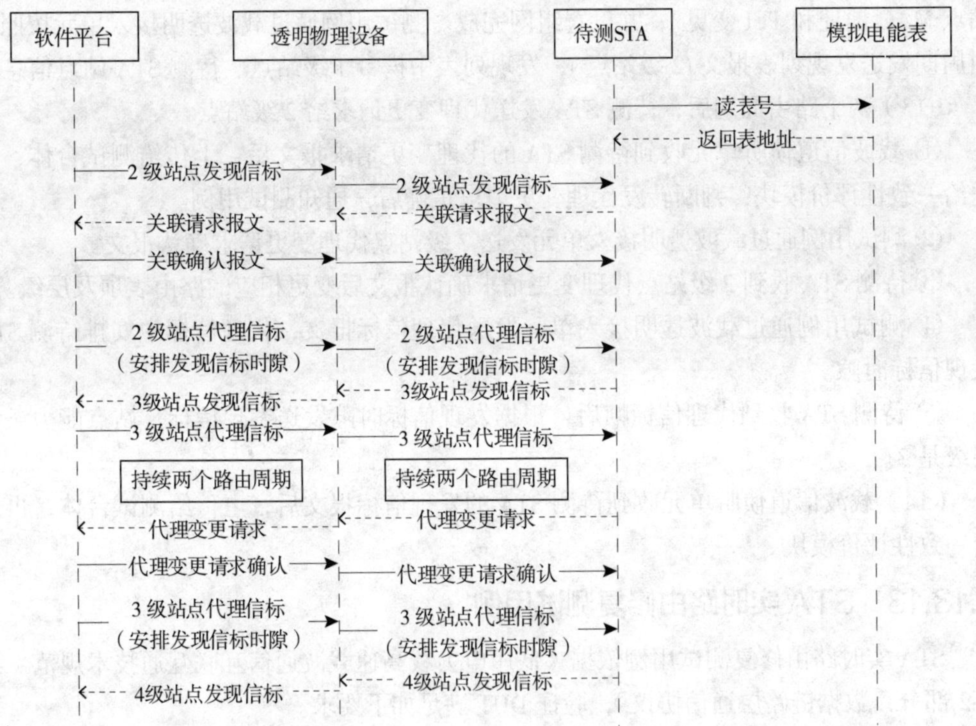

图 5-89　STA 动态路由维护测试用例的报文交互流程

STA 动态路由维护测试用例的测试步骤如下。

（1）选择链路层网络维护测试用例，待测 STA 上电。

（2）软件平台模拟电能表，在收到待测 STA 请求读表号后，向其下发电能表地址信息。

（3）测试用例通过载波透明接入单元发送发现信标帧，站点能力条目层级是 1。

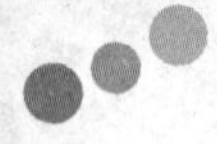

（4）待测 STA 收到发现信标帧后，发起关联请求报文，申请入网。

（5）载波信道侦听单元收到待测 STA 的关联请求报文后，上传给测试台体，再送给一致性评价模块。

（6）一致性评价模块判断待测 STA 的关联请求报文正确后，通知测试用例。

（7）测试用例通过载波透明接入单元发送关联确认报文。

（8）待测 STA 收到关联确认报文后，通知测试用例。

（9）测试用例通过载波透明接入单元发送代理信标报文，代理信标中安排待测 STA 发现信标时隙。

（10）待测 STA 收到代理信标帧后，根据发现信标时隙发送发现信标，站点能力条目层级是 2。

（11）载波信道侦听单元收到待测 STA 的发现信标报文后，上传给测试台体，再送给一致性评价模块。

（12）测试用例通过载波透明接入单元按照发现信标时隙发送发现信标 (2 级站点，站点 MAC 地址和 TEI 变更)，并设置组网完成。测试用例通过载波透明接入单元按照路由周期发送发现列表报文 (2 级站点)，发现列表中携带 1 级站点、待测 STA 站点信息。

（13）两个路由周期后，待测 STA 发送代理变更请求给 2 级站点。

① 载波信道侦听单元收到待测 STA 的代理变更请求报文后，上传给测试台体，再送给一致性评价模块，判断转发代理变更请求正确后，通知测试用例。

② 测试用例通过载波透明接入单元发送 2 级站点代理变更请求确认报文。

③ 待测 STA 收到 2 级站点代理变更请求确认报文后变更相应的路由表项及层级。

④ 测试用例通过载波透明接入单元发送代理信标报文，代理信标中安排待测 STA 发现信标时隙。

⑤ 待测 STA 收到代理信标帧后，根据发现信标时隙发送发现信标，站点能力条目层级是 3。

（14）载波信道侦听单元收到待测 STA 的发现信标报文后，上传给测试台体，再送给一致性评价模块。

5.13.13 STA 实时路由修复测试用例

STA 实时路由修复测试用例依据《低压电力线高速载波通信互联互通技术规范　第 4-2 部分：数据链路层通信协议》，验证 DUT 满足如下要求。

（1）待测 STA 入网后，如果路由评估不可用，且需要转发业务报文，则需要发起路由请求报文恢复路由。

（2）待测 STA 收到目的站点链路确认请求报文后，需要回复链路确认回应报文。

（3）待测 STA 收到目的站点路由回复报文后，需要回复路由应答报文。

STA 实时路由修复测试用例的报文交互流程如图 5-90 所示。

STA 实时路由修复测试用例的测试步骤如下。

（1）选择链路层网络维护测试用例，待测 STA 上电。

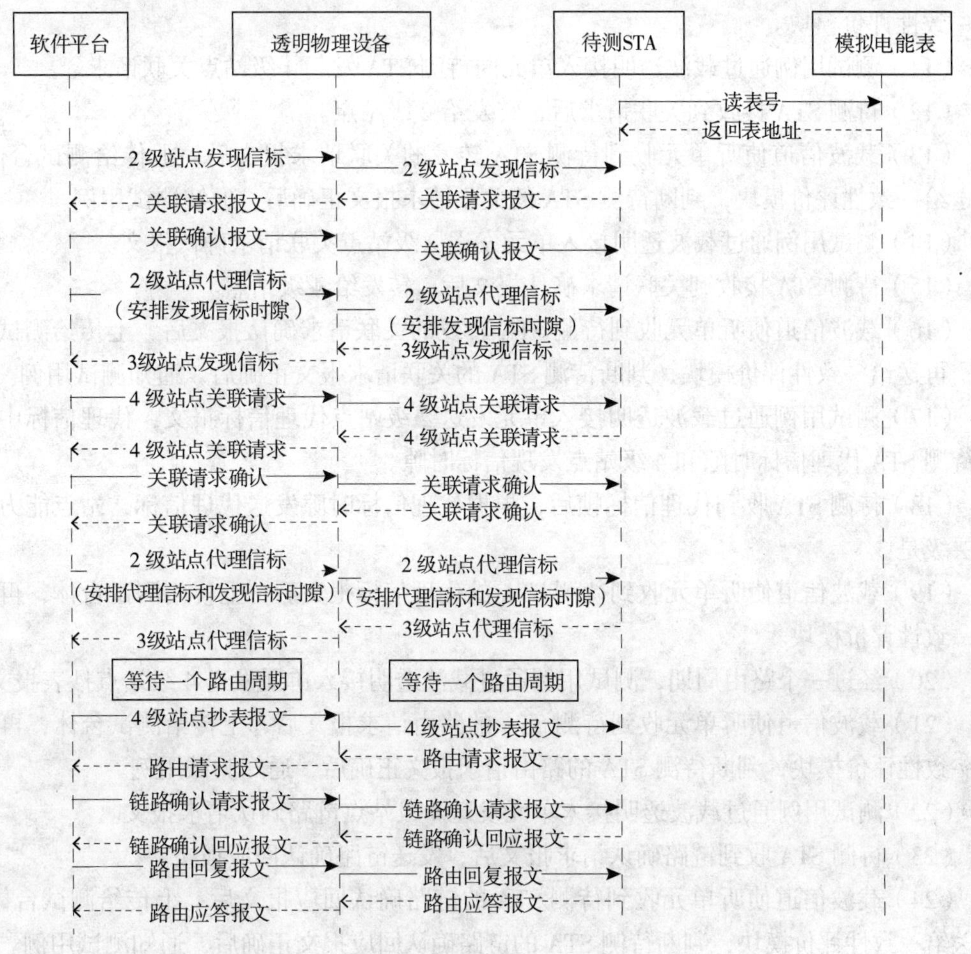

图 5-90　STA 实时路由修复测试用例的报文交互流程

（2）软件平台模拟电能表，在收到待测 STA 请求读表号后，向其下发电能表地址信息。

（3）测试用例通过载波透明接入单元发送发现信标帧，站点能力条目层级是 2。

（4）待测 STA 收到发现信标帧后，发起关联请求报文，申请入网。

（5）载波信道侦听单元收到待测 STA 的关联请求报文后，上传给测试台体，再送给一致性评价模块，判断待测 STA 的关联请求报文正确后，通知测试用例。

（6）测试用例通过载波透明接入单元发送关联确认报文。

（7）待测 STA 收到关联确认报文后，通知测试用例。

（8）测试用例通过载波透明接入单元发送代理信标报文，代理信标中安排待测 STA 发现信标时隙。

（9）待测 STA 收到代理信标帧后，根据发现信标时隙发送发现信标，站点能力条目层级是 3。

（10）载波信道侦听单元收到待测 STA 的发现信标报文后，上传给测试台体，再送给一致性评价模块。

（11）测试用例通过载波透明接入单元向待测 STA 发起 4 级站点关联请求。

（12）待测 STA 接收到关联请求后，转发给 2 级站点。

（13）载波信道侦听单元收到待测 STA 转发的关联请求报文后，上传给测试台体，再送给一致性评价模块，判断待测 STA 的关联请求报文正确后，通知测试用例。

（14）测试用例通过载波透明接入单元发送 2 级站点关联请求确认报文。

（15）待测 STA 接收到关联请求确认报文后，转发给 4 级站点。

（16）载波信道侦听单元收到待测 STA 转发的关联请求确认报文后，上传给测试台体，再送给一致性评价模块，判断待测 STA 的关联请求报文正确后，通知测试用例。

（17）测试用例通过载波透明接入单元发送 2 级站点代理信标报文，代理信标中安排待测 STA 代理信标时隙和 4 级站点发现信标时隙。

（18）待测 STA 收到代理信标帧后，根据代理信标时隙发送代理信标，站点能力条目层级是 3。

（19）载波信道侦听单元收到待测 STA 的代理信标报文后，上传给测试台体，再送给一致性评价模块。

（20）经过一个路由周期，测试用例通过载波透明接入单元发送 4 级站点抄表报文。

（21）载波信道侦听单元收到待测 STA 的路由请求报文后，上传给测试台体，再送给一致性评价模块，判断待测 STA 的路由请求报文正确后，通知测试用例。

（22）测试用例通过载波透明接入单元发送 4 级站点链路确认请求报文。

（23）待测 STA 收到链路确认请求报文后，发送链路确认回应报文。

（24）载波信道侦听单元收到待测 STA 的链路确认回应报文后，上传给测试台体，再送给一致性评价模块，判断待测 STA 的链路确认回应报文正确后，通知测试用例。

（25）测试用例通过载波透明接入单元发送 4 级站点路由回复报文。

（26）待测 STA 收到路由回复报文后，发送路由应答报文。

（27）载波信道侦听单元收到待测 STA 的路由应答报文后，上传给测试台体，再送给一致性评价模块。

5.13.14 STA 实时路由修复作为中继节点测试用例

STA 实时路由修复作为中继节点测试用例依据《低压电力线高速载波通信互联互通技术规范　第 4-2 部分：数据链路层通信协议》，验证 DUT 满足如下要求。

（1）待测 STA 入网后，能正常转发实时路由修复的报文。

（2）待测 STA 收到目的站点链路确认请求报文后，需要回复链路确认回应报文。

STA 实时路由修复作为中继节点测试用例的报文交互流程如图 5-91 所示。

STA 实时路由修复作为中继节点测试用例的测试步骤如下。

（1）选择链路层网络维护测试用例，待测 STA 上电。

（2）软件平台模拟电能表，在收到待测 STA 请求读表号后，向其下发电能表地址信息。

（3）测试用例通过载波透明接入单元发送发现信标帧，站点能力条目层级是 2。

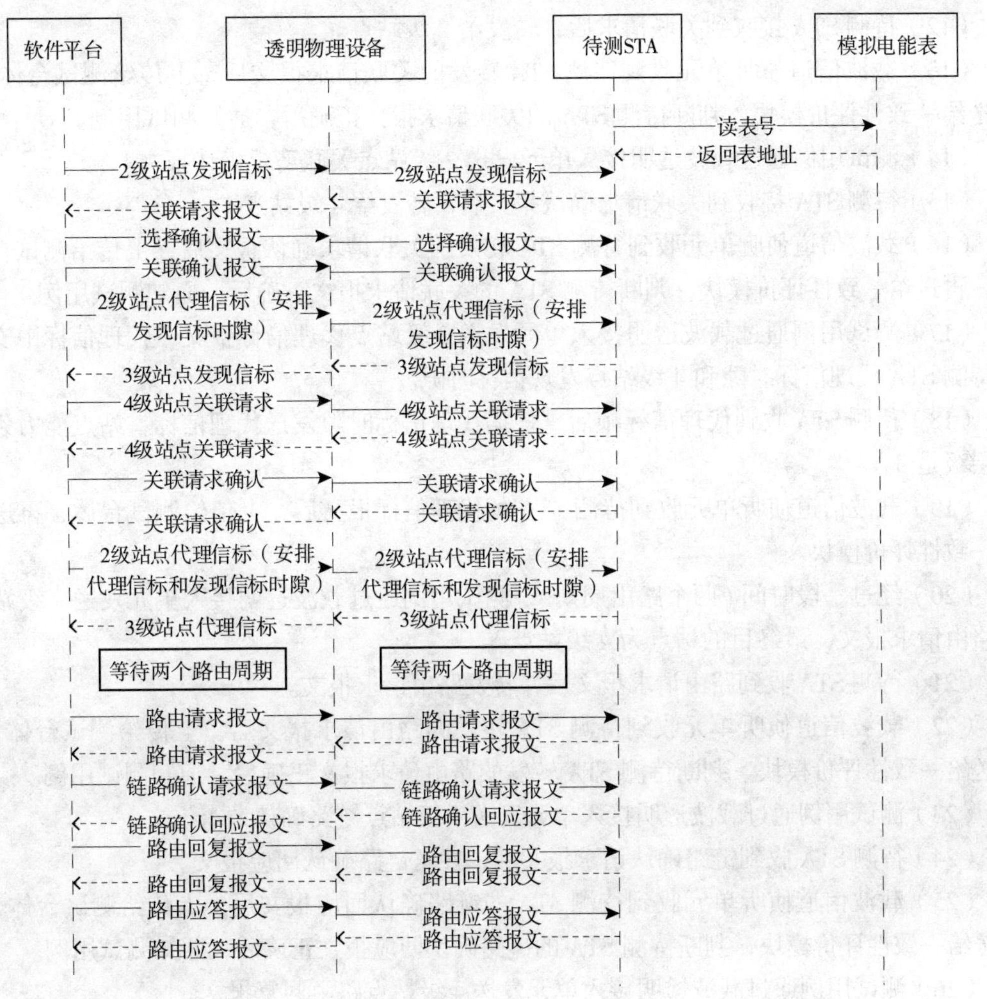

图 5-91　STA 实时路由修复作为中继节点测试用例的报文交互流程

（4）待测 STA 收到发现信标帧后，发起关联请求报文，申请入网。

（5）载波信道侦听单元收到待测 STA 的关联请求报文后，上传给测试台体，再送给一致性评价模块，判断待测 STA 的关联请求报文正确后，通知测试用例。

（6）测试用例通过载波透明接入单元发送关联确认报文。

（7）待测 STA 收到关联确认报文后，通知测试用例。

（8）测试用例通过载波透明接入单元发送代理信标报文，代理信标中安排待测 STA 发现信标时隙。

（9）待测 STA 收到代理信标帧后，根据发现信标时隙发送发现信标，站点能力条目层级是 3。

（10）载波信道侦听单元收到待测 STA 的发现信标报文后，上传给测试台体，再送给一致性评价模块。

（11）测试用例通过载波透明接入单元向待测 STA 发起 4 级站点关联请求。

（12）待测 STA 接收到关联请求后，转发给 2 级站点。

（13）载波信道侦听单元收到待测 STA 转发的关联请求报文后，上传给测试台体，再送给一致性评价模块，判断待测 STA 的关联请求报文正确后，通知测试用例。

（14）测试用例通过载波透明接入单元发送 2 级站点关联请求确认报文。

（15）待测 STA 接收到关联请求确认报文后，转发给 4 级站点。

（16）载波信道侦听单元收到待测 STA 转发的关联请求确认报文后，上传给测试台体，再送给一致性评价模块，判断待测 STA 的关联请求报文正确后，通知测试用例。

（17）测试用例通过载波透明接入单元发送 2 级站点代理信标报文，代理信标中安排待测 STA 代理信标时隙和 4 级站点发现信标时隙。

（18）待测 STA 收到代理信标帧后，根据代理信标时隙发送代理信标，站点能力条目层级是 3。

（19）载波信道侦听单元收到待测 STA 的代理信标报文后，上传给测试台体，再送给一致性评价模块。

（20）经过一段时间(两个路由周期)，测试用例通过载波透明接入单元发送 2 级站点路由请求报文，最终目的站点为 4 级站点。

（21）待测 STA 收到路由请求报文后，转发路由请求报文。

（22）载波信道侦听单元收到待测 STA 转发的路由请求报文后，上传给测试台体，再送给一致性评价模块，判断待测 STA 转发的路由请求报文正确后，通知测试用例。

（23）测试用例通过载波透明接入单元发送 4 级站点链路确认请求报文。

（24）待测 STA 收到链路确认请求报文后，发送链路确认回应报文。

（25）载波信道侦听单元收到待测 STA 的链路确认回应报文后，上传给测试台体，再送给一致性评价模块，判断待测 STA 的链路确认回应报文正确后，通知测试用例。

（26）测试用例通过载波透明接入单元发送 4 级站点路由回复报文。

（27）待测 STA 收到路由回复报文后，转发路由回复报文给 2 级站点。

（28）载波信道侦听单元收到待测 STA 转发的路由回复报文后，上传给测试台体，再送给一致性评价模块，判断待测 STA 转发的路由回复报文正确后，通知测试用例。

（29）测试用例通过载波透明接入单元发送 2 级站点路由应答报文。

（30）待测 STA 收到 2 级站点路由应答报文后，转发路由应答报文给 4 级站点。

（31）载波信道侦听单元收到待测 STA 的路由应答报文后，上传给测试台体，再送给一致性评价模块。

5.13.15 STA 实时路由修复失败测试用例

STA 实时路由修复失败测试用例依据《低压电力线高速载波通信互联互通技术规范 第 4–2 部分：数据链路层通信协议》，验证 DUT 满足如下要求。

（1）待测 STA 入网后，如果路由评估不可用，且需要转发业务报文，则需要发起路由请求报文恢复路由。

（2）在规定时间内路由未修复成功，则发送路由错误报文。

STA 实时路由修复失败测试用例的报文交互流程如图 5-92 所示。

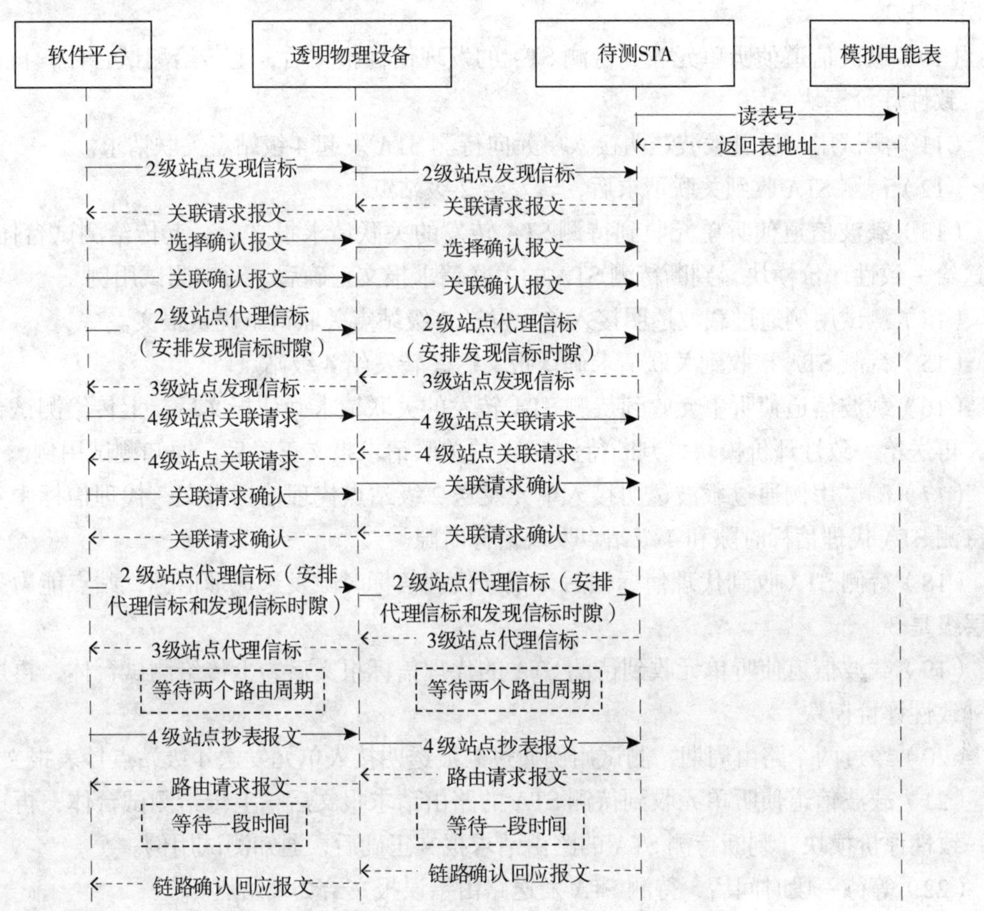

图 5-92 STA 实时路由修复失败测试用例的报文交互流程

STA 实时路由修复失败测试用例的测试步骤如下。

（1）选择链路层网络维护测试用例，待测 STA 上电。

（2）软件平台模拟电能表，在收到待测 STA 请求读表号后，向其下发电能表地址信息。

（3）测试用例通过载波透明接入单元发送发现信标帧，站点能力条目层级是 2。

（4）待测 STA 收到发现信标帧后，发起关联请求报文，申请入网。

（5）载波信道侦听单元收到待测 STA 的关联请求报文后，上传给测试台体，再送给一致性评价模块，判断待测 STA 的关联请求报文正确后，通知测试用例。

（6）测试用例通过载波透明接入单元发送关联确认报文。

（7）待测 STA 收到关联确认报文后，通知测试用例。

（8）测试用例通过载波透明接入单元发送代理信标报文，代理信标中安排待测 STA 发现信标时隙。

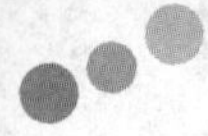

（9）待测 STA 收到代理信标帧后，根据发现信标时隙发送发现信标，站点能力条目层级是 3。

（10）载波信道侦听单元收到待测 STA 的发现信标报文后，上传给测试台体，再送给一致性评价模块。

（11）测试用例通过载波透明接入单元向待测 STA 发起 4 级站点关联请求。

（12）待测 STA 收到关联请求后，转发给 2 级站点。

（13）载波信道侦听单元收到待测 STA 转发的关联请求报文后，上传给测试台体，再送给一致性评价模块，判断待测 STA 的关联请求报文正确后，通知测试用例。

（14）测试用例通过载波透明接入单元发送 2 级站点关联请求确认报文。

（15）待测 STA 接收到关联请求确认报文后，转发给 4 级站点。

（16）载波信道侦听单元收到待测 STA 转发的关联请求确认报文后，上传给测试台体，再送给一致性评价模块，判断待测 STA 的关联请求报文正确后，通知测试用例。

（17）测试用例通过载波透明接入单元发送 2 级站点代理信标报文，代理信标中安排待测 STA 代理信标时隙和 4 级站点发现信标时隙。

（18）待测 STA 收到代理信标帧后，根据代理信标时隙发送代理信标，站点能力条目层级是 3。

（19）载波信道侦听单元收到待测 STA 的代理信标报文后，上传给测试台体，再送给一致性评价模块。

（20）经过两个路由周期，测试用例通过载波透明接入单元发送 4 级站点抄表报文。

（21）载波信道侦听单元收到待测 STA 的路由请求报文后，上传给测试台体，再送给一致性评价模块，判断待测 STA 的路由请求报文正确后，通知测试用例。

（22）等待一段时间后，待测 STA 发送路由错误报文给 2 级站点。

（23）载波信道侦听单元收到待测 STA 的路由错误报文后，上传给测试台体，再送给一致性评价模块。

5.13.16 STA 相线识别测试用例

STA 相线识别测试用例依据《低压电力线高速载波通信互联互通技术规范　第 4-2 部分：数据链路层通信协议》，验证 DUT 入网后，是否可以采集过零 NTB 并告知 CCO，计算 STA 相线。

STA 相线识别测试用例的报文交互流程如图 5-93 所示。

STA 相线识别测试用例的测试步骤如下。

（1）选择链路层单网络组网测试用例，待测 STA 上电。

（2）软件平台模拟电能表，在收到待测 STA 请求读表号后，向其下发电能表地址信息。

（3）测试用例通过载波透明接入单元发送中央信标帧。

（4）待测 STA 收到中央信标帧后，发起关联请求报文，申请入网。

（5）载波信道侦听单元收到待测 STA 的关联请求报文后，上传给测试台体，再送给一致性评价模块，判断待测 STA 的关联请求报文正确后，通知测试用例。

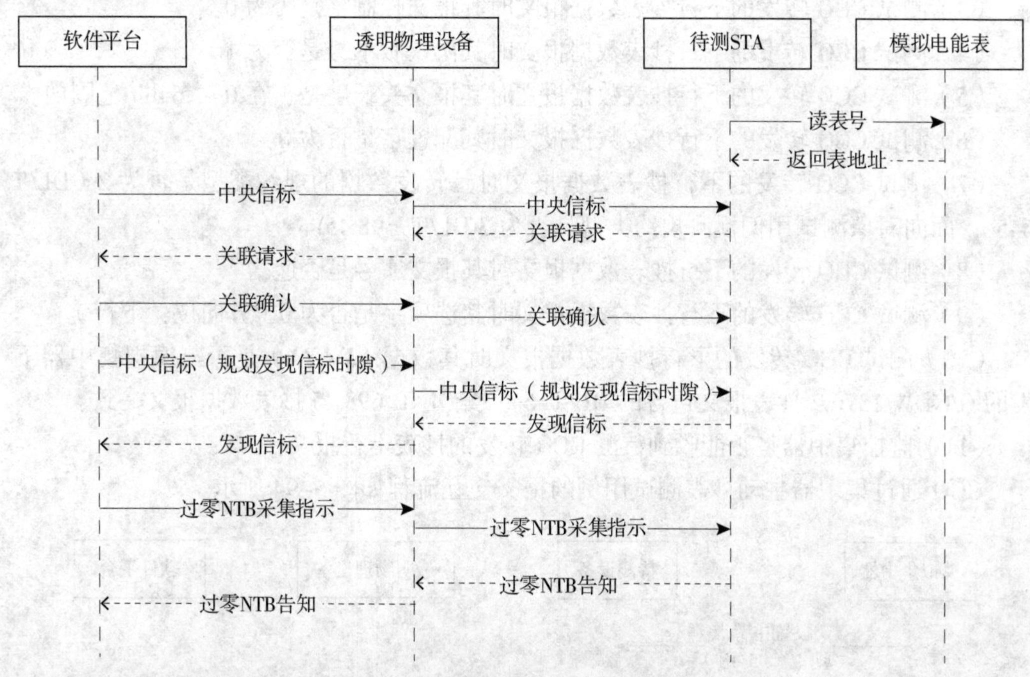

图 5-93　STA 相线识别测试用例的报文交互流程

（6）测试用例通过载波透明接入单元发送关联确认报文。

（7）待测 STA 收到关联确认报文，通知测试用例。

（8）测试用例通过载波透明接入单元发送中央信标报文，中央信标中安排待测 STA 发现信标时隙。

（9）待测 STA 收到中央信标帧后，根据中央信标安排的时隙发送发现信标报文。

（10）测试用例通过载波透明接入单元发送过零 NTB 采集指示报文。

（11）待测 STA 采集过零 NTB，发送过零 NTB 告知报文。

（12）载波信道侦听单元收到待测 STA 的过零 NTB 告知报文后，上传给测试台体，再送给一致性评价模块。

5.14　应用层抄表一致性测试用例

5.14.1　CCO 通过集中器主动抄表测试用例

CCO 通过集中器主动抄表测试用例依据《低压电力线高速载波通信互联互通技术规范　第 4-3 部分：应用层通信协议》，验证待测设备 CCO 是否能够通过集中器主动抄表方式，正确执行抄表过程并回复数据。本测试用例的检查项目如下。

（1）测试 CCO 转发的下行抄表数据报文时其报文端口号是否为 0x11。

（2）测试 CCO 转发的下行抄表数据报文时其报文 ID 是否为 0x0001（集中器主动

抄表）。

（3）测试 CCO 转发的下行抄表数据报文时其报文控制字是否为 0。

（4）测试 CCO 转发的下行抄表数据报文时其协议版本号是否为 1。

（5）测试 CCO 转发的下行抄表数据报文时其报文头长度是否在 0 ~ 64bit 范围内。

（6）测试 CCO 转发的下行抄表数据报文时其配置字是否为 0。

（7）测试 CCO 转发的下行抄表数据报文时其转发数据的规约类型是否为 2（DL/T 645）；面向对象测试用例检测规约类型是否为 3(DL/T 698.45)。

（8）测试 CCO 转发的下行抄表数据报文时其报文序号是否递增。

（9）测试 CCO 转发的下行抄表数据报文时其选项字是否为 0（方向位：下行）。

（10）测试 CCO 转发的下行抄表数据报文时其数据（DATA）是否与模拟集中器下发的 Q/GDW 1376.2 抄表报文包含的 DL/T 645 或 DL/T 698.45 抄表数据报文一致。

（11）监控集中器是否能收到待测 CCO 转发的抄表上行报文。

CCO 通过集中器主动抄表测试用例的报文交互流程如图 5-94 所示。

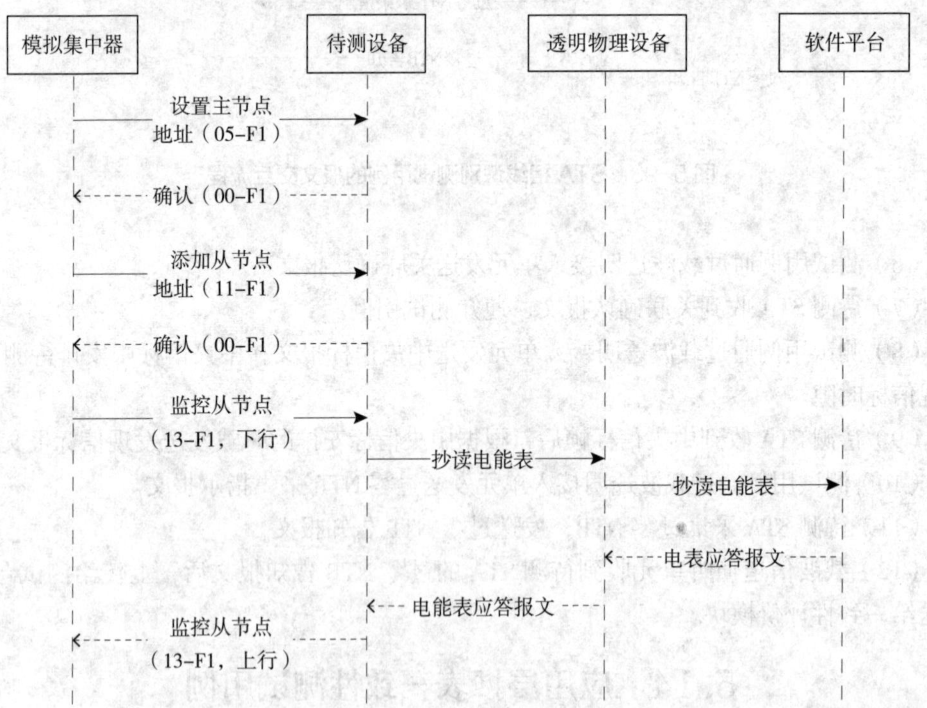

图 5-94　CCO 通过集中器主动抄表测试用例的报文交互流程

CCO 通过集中器主动抄表测试用例的测试步骤如下。

（1）连接设备，将 DUT 上电初始化。

（2）软件平台模拟集中器向待测 CCO 下发“设置主节点地址”命令，在收到“确认”后，向待测 CCO 下发“添加从节点”命令，将目标网络站点的 MAC 地址下发到 CCO 中，等待“确认”。

（3）软件平台模拟集中器向待测 CCO 发送目标站点为 STA 的 Q/GDW 1376.2 协议 AFN13HF1（“监控从节点”命令）启动集中器主动抄表业务，用于点抄 STA 所在设备（DL/T 645 规约模拟电能表 000000000001；面向对象测试用例采用 DL/T 698.45 规约模拟电能表 000000000001）当前时间。

（4）软件平台模拟 STA+ 电能表，待测 CCO 向其下发抄表下行报文，抄读当前的时间数据项，测试平台回复抄表上行报文。

（5）软件平台监控是否能够在 *n* 秒 (*n* 为模拟集中器对待测 CCO 下发 Q/GDW 1376.2 的 AFN=03H、FN=7 查询从节点监控最大时间) 内收到 CCO 上报的 Q/GDW 1376.2 协议 AFN13HF1 应答报文，如未收到，则指示 CCO 抄表上行转发失败，如收到 Q/GDW 1376.2 协议 AFN13HF1 包含的数据与电能表应答报文不同，则指示 CCO 抄表上行转发数据错误，否则指示 CCO 抄表上行转发数据成功，此测试流程结束，最终结论为此项测试通过。

5.14.2 CCO 通过路由主动抄表测试用例

CCO 通过路由主动抄表测试用例依据《低压电力线高速载波通信互联互通技术规范 第 4–3 部分：应用层通信协议》，验证待测设备 CCO 是否能够通过路由主动抄表方式，正确执行抄表过程并返回数据。本测试用例中的检查项目如下。

（1）测试 CCO 转发的下行抄表数据报文时其报文端口号是否为 0x11。

（2）测试 CCO 转发的下行抄表数据报文时其报文 ID 是否为 0x0002（路由主动抄表）。

（3）测试 CCO 转发的下行抄表数据报文时其报文控制字是否为 0。

（4）测试 CCO 转发的下行抄表数据报文时其协议版本号是否为 1。

（5）测试 CCO 转发的下行抄表数据报文时其报文头长度是否在 0 ~ 64bit 内。

（6）测试 CCO 转发的下行抄表数据报文时其配置字是否为 0。

（7）测试 CCO 转发的下行抄表数据报文时其转发数据的规约类型是否为 2（DL/T 645）；面向对象测试用例检测规约类型是否为 3(DL/T 698.45)。

（8）测试 CCO 转发的下行抄表数据报文时其下发的报文序号是否递增。

（9）测试 CCO 转发的下行抄表数据报文时其选项字是否为 0（方向位：下行）。

（10）测试 CCO 转发的下行抄表数据报文时其数据（DATA）是否与模拟集中器下发的 Q/GDW 1376.2 抄表报文包含的 DL/T 645 或 DL/T 698.45 抄表数据报文一致。

（11）测试 STA 转发抄表上行报文其应答状态是否为 0（正常）。

（12）测试 STA 转发抄表上行报文时其报文序号是否和抄表下行报文序号一致。

（13）监控集中器是否能收到待测 CCO 转发的抄表上行报文。

CCO 通过路由主动抄表测试用例的报文交互流程如图 5–95 所示。

CCO 通过路由主动抄表测试用例的测试步骤如下。

（1）连接设备，上电初始化。

（2）软件平台模拟集中器向待测 CCO 下发“设置主节点地址”命令，在收到“确

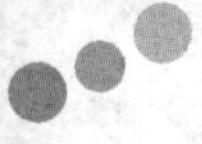

认”后，向待测 CCO 下发“添加从节点”命令，将目标网络站点的 MAC 地址下发到 CCO 中，等待“确认”。

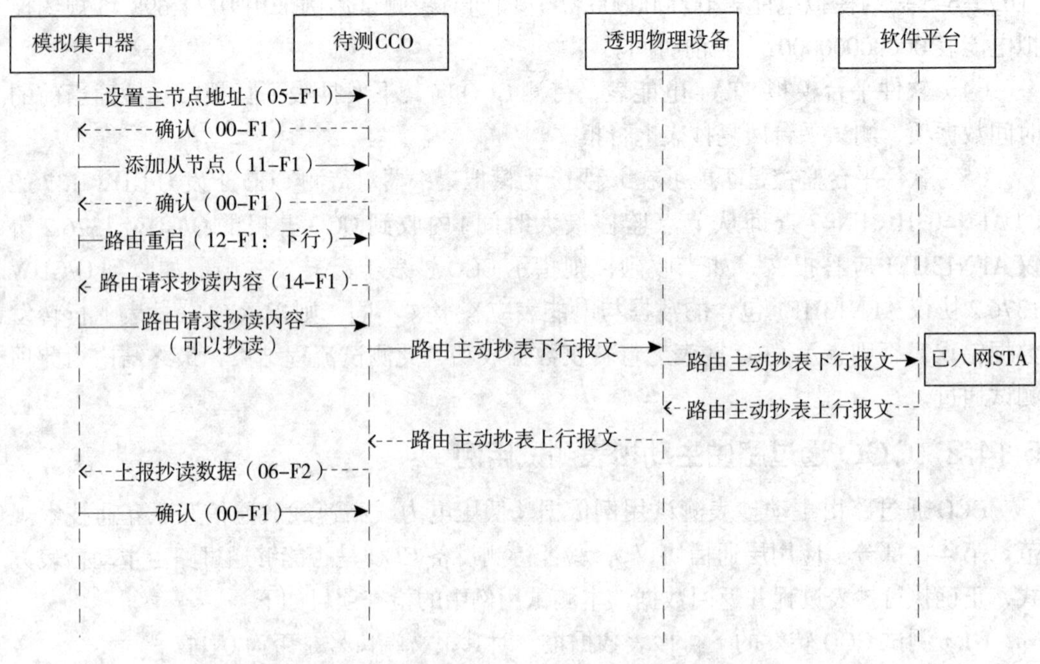

图 5-95　CCO 通过路由主动抄表测试用例的报文交互流程

（3）软件平台模拟集中器向待测 CCO 发送 Q/GDW 1376.2 协议 AFN12HF1（“路由重启”命令）启动集中器路由抄表业务，抄读 DUT 所在设备（DL/T 645 规约模拟电能表 000000000001；面向对象测试用例采用 DL/T 698.45 规约模拟电能表 000000000001）当前时间。

（4）软件平台模拟集中器，CCO 向集中器发送 Q/GDW1376.2 协议“路由请求抄读内容”（AFN14HF1 命令），集中器返回“路由请求抄读内容”（AFN14HF1 下行命令）。

（5）软件平台监控是否能够在 90s 内收到 CCO 上报的 Q/GDW 1376.2 协议 AFN06HF2 应答报文，如未收到，则指示 CCO 抄表上行转发失败，如收到 Q/GDW 1376.2 协议 AFN06HF2 包含的数据与电能表应答报文不同，则指示 CCO 抄表上行转发数据错误，否则指示 CCO 抄表上行转发数据成功，此测试流程结束，最终结论为此项测试通过。

5.14.3　CCO 通过集中器主动并发抄表测试用例

CCO 通过集中器主动并发抄表测试用例依据《低压电力线高速载波通信互联互通技术规范　第 4-3 部分：应用层通信协议》，验证待测设备 CCO 是否能够通过集中器主动并发抄表方式，正确执行抄表过程并返回数据。本测试用例的检查项目如下。

（1）测试 CCO 转发的下行抄表数据报文时其报文端口号是否为 0x11。

（2）测试 CCO 转发的下行抄表数据报文时其报文 ID 是否为 0x0003（集中器主动并

发抄表)。

（3）测试 CCO 转发的下行抄表数据报文时其协议版本号是否为 1。

（4）测试 CCO 转发的下行抄表数据报文时其报文头长度是否在 0 ~ 64bit 范围内。

（5）测试 CCO 转发的下行抄表数据报文时其配置字是否为 0x30 (未应答重试标志—1，否认重试标志—1)。

（6）测试 CCO 转发的下行抄表数据报文时其转发数据的规约类型是否为 2（DL/T 645）；面向对象测试用例检测规约类型是否为 3(DL/T 698.45)。

（7）测试 CCO 转发的下行抄表数据报文时其下发的报文序号是否递增。

（8）测试 CCO 转发的下行抄表数据报文时其数据（DATA）是否与模拟集中器下发的 Q/GDW 1376.2 抄表报文包含的 DL/T 645 或 DL/T 698.45 抄表数据报文一致。

（9）测试 STA 转发抄表上行报文其应答状态是否为 0（正常）。

（10）测试 STA 转发抄表上行报文时其报文序号是否和抄表下行报文序号一致。

（11）监控集中器是否能收到待测 CCO 转发的抄表上行报文。

CCO 通过集中器主动并发抄表测试用例的报文交互流程如图 5-96 所示。

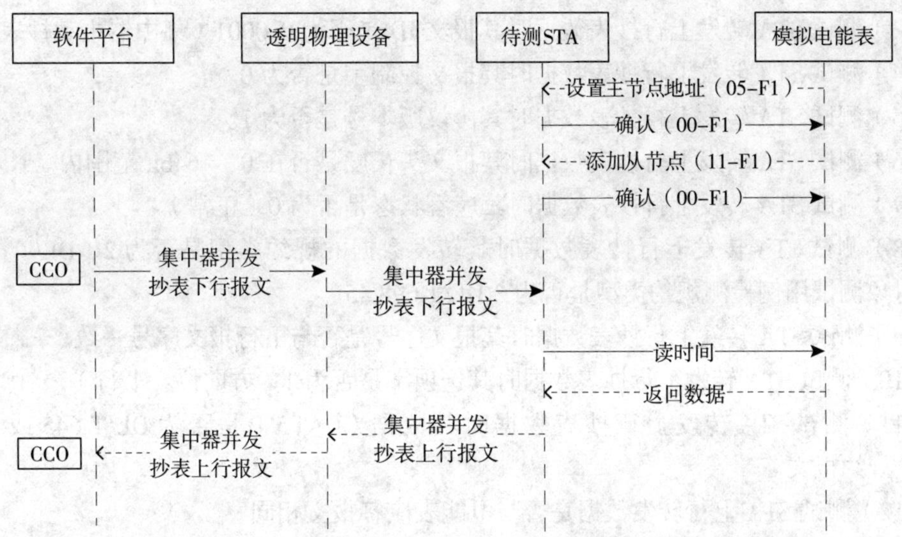

图 5-96　CCO 通过集中器主动并发抄表测试用例的报文交互流程

CCO 通过集中器主动并发抄表测试用例的测试步骤如下。

（1）连连接设备，上电初始化。

（2）软件平台模拟集中器向待测 CCO 下发“设置主节点地址”命令，在收到“确认”后，向待测 CCO 下发“添加从节点”命令，将目标网络站点的 MAC 地址下发到 CCO 中，等待“确认”。

（3）软件平台模拟集中器向待测 CCO 启动集中器主动并发抄表业务，用于抄读 STA 所在设备（DL/T 645 规约模拟电能表 000000000001；面向对象测试用例采用 DL/T 698.45 规约模拟电能表 000000000001）多个数据项（读当前正向有功总电能、读日期和星期、读时间）。

（4）软件平台模拟STA+电能表，待测CCO向其下发集中器主动并发抄表下行报文，抄读当前的多个数据项，测试平台向组织抄表上行报文回复待测CCO。

（5）软件平台监控是否能够在90s内收到CCO上报的Q/GDW 1376.2协议AFNF1HF1应答报文，如未收到，则指示CCO抄表上行转发失败，如收到Q/GDW 1376.2协议AFNF1HF1包含的数据与电能表应答报文不同，则指示CCO抄表上行转发数据错误，否则指示CCO抄表上行转发数据成功，此测试流程结束，最终结论为此项测试通过。

5.14.4 STA通过集中器主动抄表测试用例

STA通过集中器主动抄表测试用例依据《低压电力线高速载波通信互联互通技术规范　第4-3部分：应用层通信协议》，验证STA是否能够通过集中器主动抄表方式，成功完成抄表。本测试用例的检查项目如下。

（1）测试STA转发下行抄表数据时是否与CCO下发的数据报文相同。

（2）测试STA转发上行抄表数据时其报文端口号是否为0x11。

（3）测试STA转发上行抄表数据时其报文ID是否为0x0001（集中器主动抄表）。

（4）测试STA转发上行抄表数据时其报文控制字是否为0。

（5）测试STA转发上行抄表数据时其协议版本号是否为1。

（6）测试STA转发上行抄表数据时其报文头长度是否在0 ~ 64bit范围内。

（7）测试STA转发上行抄表数据时其应答状态是否为0（正常）。

（8）测试STA转发上行抄表数据时其转发数据的规约类型是否为2（DL/T 645）；面向对象测试用例检测规约类型是否为3(DL/T 698.45)。

（9）测试STA转发上行抄表数据时其报文序号是否与下行报文序号一致。

（10）测试STA转发上行抄表数据时其选项字是否为1（方向位：上行）。

（11）测试STA转发上行抄表数据时其数据（DATA）是否为DL/T 645或DL/T 698.45规约报文。

（12）测试STA上行转发数据是否与电能表应答报文相同。

STA通过集中器主动抄表测试用例的报文交互流程如图5-97所示。

STA通过集中器主动抄表测试用例的测试步骤如下。

（1）连接设备，上电初始化。

（2）软件平台模拟CCO对入网请求的STA进行处理，确定站点入网成功。

（3）软件平台模拟电能表，在收到待测STA的读表号请求后，向其下发电能表地址信息。

（4）软件平台模拟CCO向待测STA启动集中器主动抄表业务，发送SOF帧（抄表报文下行），用于点抄STA所在设备的特定数据项（DL/T 645规约模拟电能表000000000001；面向对象测试用例采用DL/T 698.45规约模拟电能表000000000001）当前时间。

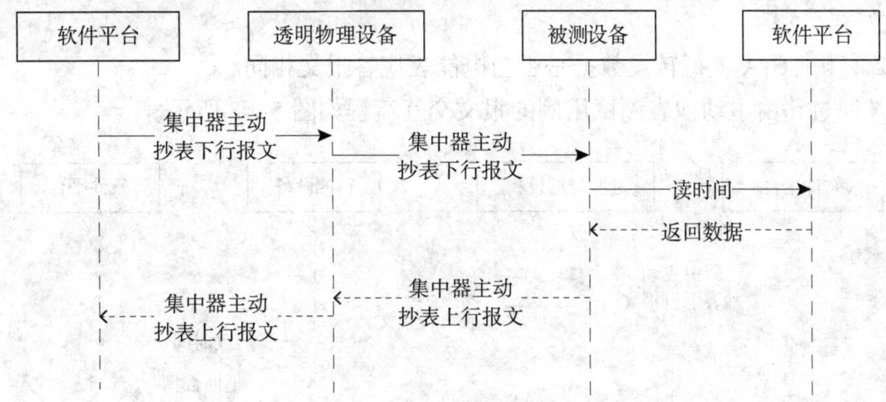

图 5-97　STA 通过集中器主动抄表测试用例的报文交互流程

（5）软件平台模拟电能表向待测 STA 返回抄读数据项，收到其返回的 SOF 帧（抄表报文上行）。

（6）在模拟电能表的 TTL 串口监控是否收 STA 转发的数据报文，如在 n 秒内未收到，则指示 STA 抄表下行转发失败。如在 n 秒内收到，则指示 STA 下行转发数据成功，模拟电能表针对数据报文进行解析并应答电能表当前时间报文。

（7）软件平台监控是否能够在 n 秒内收到 STA 转发的电能表当前时间报文，如未收到，则指示 STA 抄表上行转发失败，如收到数据与电能表应答报文不同，则指示 STA 抄表上行转发数据错误，否则指示 STA 抄表上行转发数据成功，此测试流程结束，最终结论为此项测试通过。

5.14.5　STA 通过路由主动抄表测试用例

STA 通过路由主动抄表测试用例依据《低压电力线高速载波通信互联互通技术规范 第 4-3 部分：应用层通信协议》，验证被测设备 STA 是否能够通过路由主动抄表方式，成功完成抄表。本测试用例的检查项目如下。

（1）测试 STA 转发下行抄表数据时是否与 CCO 下发的数据报文相同。

（2）测试 STA 转发上行抄表数据时其报文端口号是否为 0x11。

（3）测试 STA 转发上行抄表数据时其报文 ID 是否为 0x0002（路由主动抄表）。

（4）测试 STA 转发上行抄表数据时其报文控制字是否为 0。

（5）测试 STA 转发上行抄表数据时其协议版本号是否为 1。

（6）测试 STA 转发上行抄表数据时其报文头长度是否在 0 ~ 64bit 范围内。

（7）测试 STA 转发上行抄表数据时其应答状态是否为 0（正常）。

（8）测试 STA 转发上行抄表数据时其转发数据的规约类型是否为 2（DL/T 645）；面向对象测试用例检测规约类型是否为 3（DL/T 698.45）。

（9）测试 STA 转发上行抄表数据时其报文序号是否与 CCO 下行报文序号一致。

（10）测试 STA 转发上行抄表数据时其选项字是否为 1（方向位：上行）。

（11）测试 STA 转发上行抄表数据时其数据（DATA）是否为 DL/T645 或 DL/T698.45

规约报文。

（12）测试 STA 上行转发数据是否与电能表应答报文相同。

STA 通过路由主动抄表测试用例的报文交互流程如图 5-98 所示。

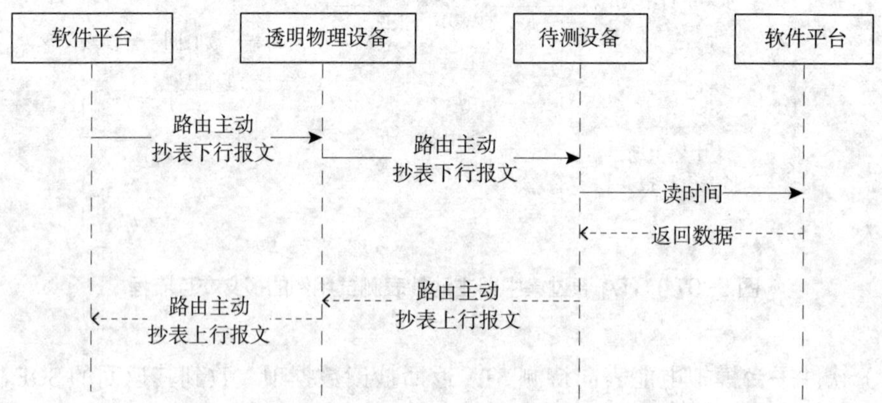

图 5-98　STA 通过路由主动抄表测试用例的报文交互流程

STA 通过路由主动抄表测试用例的测试步骤如下。

（1）连接设备，上电初始化。

（2）软件平台模拟 CCO 对入网请求的 STA 进行处理，确定站点入网成功。

（3）软件平台模拟电能表，在收到待测 STA 请求读表号后，向其下发电能表地址信息。

（4）软件平台模拟 CCO 向待测 STA 启动路由主动抄表业务（路由重启），发送 SOF 帧（抄表报文下行），用于抄读 STA 所在设备的特定数据项（DL/T 645 规约模拟电能表 000000000001；面向对象测试用例采用 DL/T 698.45 规约模拟电能表 000000000001）当前时间。

（5）软件平台模拟电能表向待测 STA 返回抄读数据项，收到其返回的 SOF 帧（抄表报文上行）。

（6）在模拟电能表的 TTL 串口监控是否收到 STA 转发的数据报文，如在 *n* 秒内未收到，则指示 STA 抄表下行转发失败。如在 *n* 秒内收到，则指示 STA 下行转发数据成功，模拟电能表针对数据报文进行解析并应答电能表当前时间报文。

（7）软件平台监控是否能够在 *n* 秒内收到 STA 转发的电能表当前时间报文，如未收到，则指示 STA 抄表上行转发失败，如收到数据与电能表应答报文不同，则指示 STA 抄表上行转发数据错误，否则指示 STA 抄表上行转发数据成功，此测试流程结束，最终结论为此项测试通过。

5.14.6　STA 在规定时间内抄表测试用例

STA 在规定时间内抄表测试用例依据《低压电力线高速载波通信互联互通技术规范　第 4-3 部分：应用层通信协议》，验证设备超时时间是否设置成功。

STA 在规定时间内抄表测试用例的报文交互流程如图 5-99 所示。

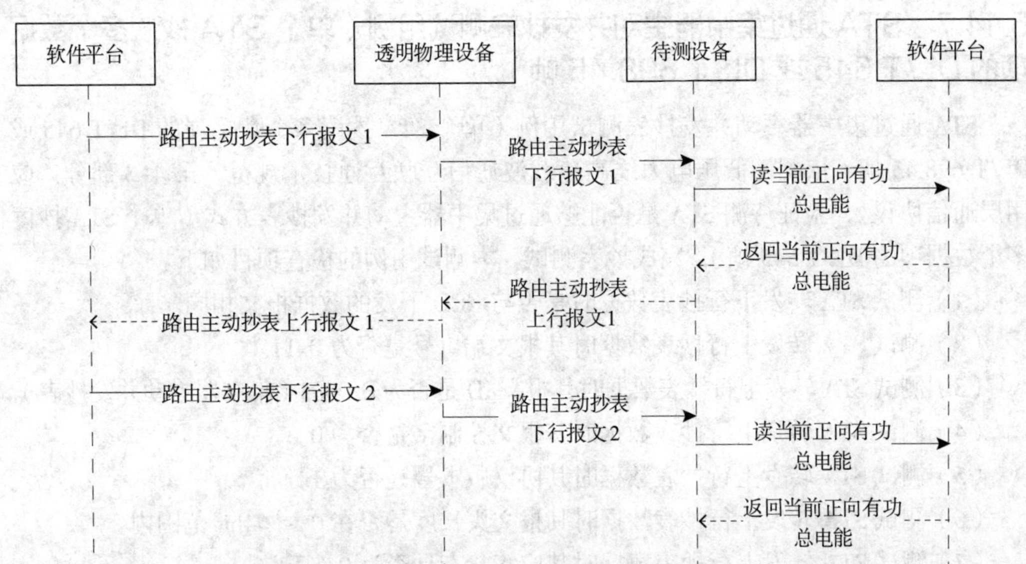

图 5-99　STA 在规定时间内抄表测试用例的报文交互流程

STA 在规定时间内抄表测试用例的测试步骤如下。

（1）连接设备，上电初始化。

（2）软件平台模拟电能表，在收到待测 STA 请求读表号后，通过串口向其下发电能表地址信息。

（3）软件平台模拟 CCO 对入网请求的 STA 进行处理，确定站点入网成功，完成组网。

（4）软件平台模拟 CCO 向待测 STA 启动路由主动抄表业务（路由重启），依次发送两条 SOF 帧（路由主动抄表下行报文 1 和路由主动抄表下行报文 2），设置设备超时时间为 1000ms，用于抄读 STA 所在设备的特定数据项（DL/T 645 规约模拟电能表 000000000001；面向对象测试用例采用 DL/T 698.45 规约模拟电能表 000000000001）正向有功总电能数据项。

（5）软件平台模拟电能表在收到下行抄表报文 1 后在 1000ms 时间内响应，并组织路由主动抄表上行 1 报文回复 CCO(软件平台)。

（6）软件平台模拟电能表在收到下行抄表报文 2 后响应时长超过 1000ms，向待测 STA 返回抄读数据项，检查是否不会组织路由主动抄表上行报文 2 回复 CCO。

（7）在模拟电能表的 TTL 串口监控是否收到 STA 转发的数据报文，如在 n 秒内未收到，则指示 STA 抄表下行转发失败。如在 n 秒内收到，则指示 STA 下行转发数据成功，模拟电能表针对数据报文进行解析并应答电能表当前时间报文。

（8）软件平台监控是否能够在 n 秒内收到 STA 转发的电能表当前时间报文，如未收到，则指示 STA 抄表上行转发失败，如收到数据与电能表应答报文不同，则指示 STA 抄表上行转发数据错误，否则指示 STA 抄表上行转发数据成功，此测试流程结束，

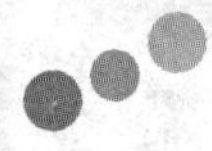

最终结论为此项测试通过。

5.14.7 STA 通过集中器主动并发抄表测试用例（单个 STA 抄读多个数据项的 DL/T 645 或 DL/T 698.45 帧）

STA 通过集中器主动并发抄表测试用例（单个 STA 抄读多个数据项的 DL/T 645 或 DL/T 698.45 帧）依据《低压电力线高速载波通信互联互通技术规范　第 4-3 部分：应用层通信协议》，验证待测 STA 是否能够通过集中器主动并发抄表方式（单个 STA 抄读多个数据项的 DL/T 645 帧），完成抄表测试。本测试用例的检查项目如下。

（1）测试 STA 转发下行抄表数据时是否与 CCO 下发的数据报文相同。

（2）测试 STA 转发上行抄表数据时其报文端口号是否为 0x11。

（3）测试 STA 转发上行抄表数据时其报文 ID 是否为 0x0003（集中器主动并发抄表）。

（4）测试 STA 转发上行抄表数据时其报文控制字是否为 0。

（5）测试 STA 转发上行抄表数据时其协议版本号是否为 1。

（6）测试 STA 转发上行抄表数据时其报文头长度是否在 0 ~ 64bit 范围内。

（7）测试 STA 转发上行抄表数据时其应答状态是否为 0（正常）。

（8）测试 STA 转发上行抄表数据时其转发数据的规约类型是否为 2（DL/T 645）；面向对象测试用例检测规约类型是否为 3(DL/T 698.45)。

（9）测试 STA 转发上行抄表数据时其报文序号是否与 CCO 下行报文序号一致。

(10) 测试 STA 转发上行抄表数据时其报文应答状态是否为 1（对应报文有应答）。

(11) 测试 STA 转发上行抄表数据时其数据（DATA）是否为多条 DL/T 645 或 DL/T 698.45 规约报文，其中表地址须一致。

STA 通过集中器主动并发抄表测试用例（单个 STA 抄读多个数据项的 DL/T 645 或 DL/T 698.45 帧）的报文交互流程如图 5-100 所示。

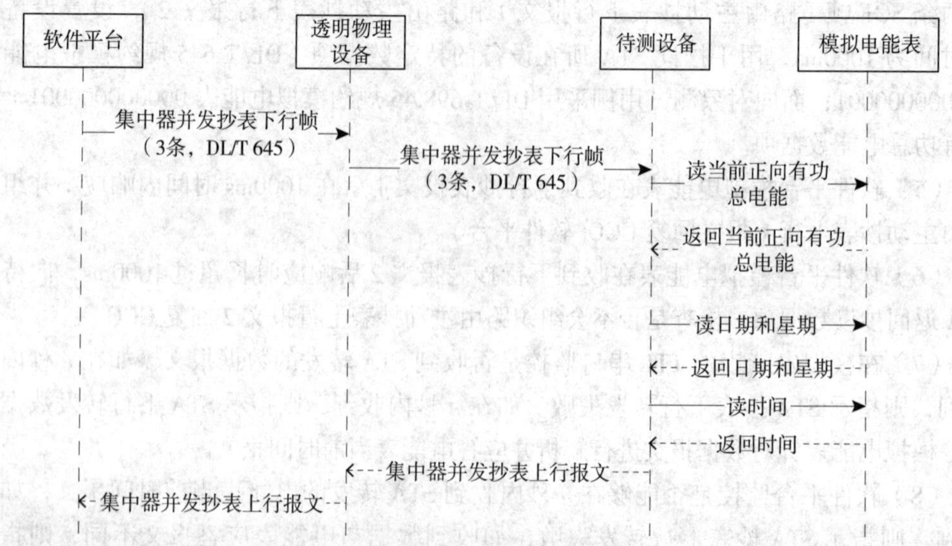

图 5-100　STA 通过集中器主动并发抄表测试用例（单个 STA 抄读多个数据项的 DL/T 645 或 DL/T 698.45 帧）的报文交互流程

STA 通过集中器主动并发抄表测试用例（单个 STA 抄读多个数据项的 DL/T 645 或 DL/T 698.45 帧）的测试步骤如下。

（1）连接设备，上电初始化。

（2）软件平台模拟电能表，在收到待测 STA 请求读表号后，向其下发电能表地址信息。

（3）软件平台模拟 CCO 对入网请求的 STA 进行处理，确定站点入网成功，完成组网。

（4）软件平台模拟 CCO 向待测 STA 启动集中器主动并发抄表业务，发送 SOF 帧（抄表报文下行），用于抄读 STA 所在设备（DL/T 645 规约模拟电能表 000000000001；面向对象测试用例采用 DL/T 698.45 规约模拟电能表 000000000001）的多个特定数据项（读当前正向有功总电能、读日期和星期、读时间）。

（5）待测 STA 收到下行抄表报文后分别读取下挂电能表的当前正向有功总电能、日期和星期、时间，待测 STA 以规定的时间频率与电能表进行交互。

（6）软件平台模拟电能表向待测 STA 返回抄读数据项，待测 STA 组织 SOF 帧（抄表报文上行）回复 CCO。

（7）在模拟电能表的 TTL 串口监控是否收 STA 转发的数据报文，如在 *n* 秒内未收到，则指示 STA 抄表下行转发失败。如在 *n* 秒内收到，则指示 STA 下行转发数据成功，模拟电能表针对数据报文进行解析并应答电能表当前报文。

（8）软件平台监控是否能够在 *n* 秒内收到 STA 转发的电能表当前时间报文，如未收到，则指示 STA 抄表上行转发失败，如收到数据与电能表应答报文不同，则指示 STA 抄表上行转发数据错误，否则指示 STA 抄表上行转发数据成功，此测试流程结束，最终结论为此项测试通过。

5.14.8 STA 通过集中器主动并发抄表测试用例（多个 STA 抄读同一数据项的 DL/T 645 或 DL/T 698.45 帧）

STA 通过集中器主动并发抄表测试用例（多个 STA 抄读同一数据项的 DL/T 645 或 DL/T 698.45 帧）依据《低压电力线高速载波通信互联互通技术规范 第 4–3 部分：应用层通信协议》，验证待测 STA 是否能够通过集中器主动并发抄表方式（多个 STA 抄读同一数据项的 645 帧），完成抄表测试。本测试用例的检查项目如下。

（1）测试 STA 转发下行抄表数据时是否与 CCO 下发的数据报文相同 .

（2）测试 STA 转发上行抄表数据时其报文端口号是否为 0x11。

（3）测试 STA 转发上行抄表数据时其报文 ID 是否为 0x0003（集中器主动并发抄表）。

（4）测试 STA 转发上行抄表数据时其报文控制字是否为 0。

（5）测试 STA 转发上行抄表数据时其协议版本号是否为 1。

（6）测试 STA 转发上行抄表数据时其报文头长度是否在 0 ~ 64bit 范围内。

（7）测试 STA 转发上行抄表数据时其应答状态是否为 0（正常）。

（8）测试 STA 转发上行抄表数据时其转发数据的规约类型是否为 2（DL/T 645）；面向对象测试用例检测规约类型是否为 3(DL/T 698.45)。

（9）测试 STA 转发上行抄表数据时其报文序号是否与 CCO 下行报文序号一致。

（10）测试 STA 转发上行抄表数据时其报文应答状态是否为 1（对应报文有应答）。

STA 通过集中器主动并发抄表测试用例（多个 STA 抄读同一数据项的 DL/T 645 或 DL/T 698.45 帧）的网络拓扑如图 5-101 所示。

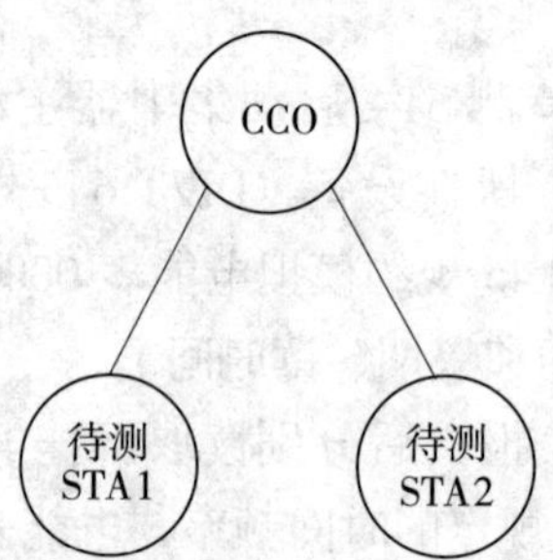

图 5-101　STA 通过集中器主动并发抄表测试用例（多个 STA 抄读同一数据项的 DL/T 645 或 DL/T 698.45 帧）的网络拓扑

STA 通过集中器主动并发抄表测试用例（多个 STA 抄读同一数据项的 DL/T 645 或 DL/T 698.45 帧）的报文交互流程如图 5-102 所示。

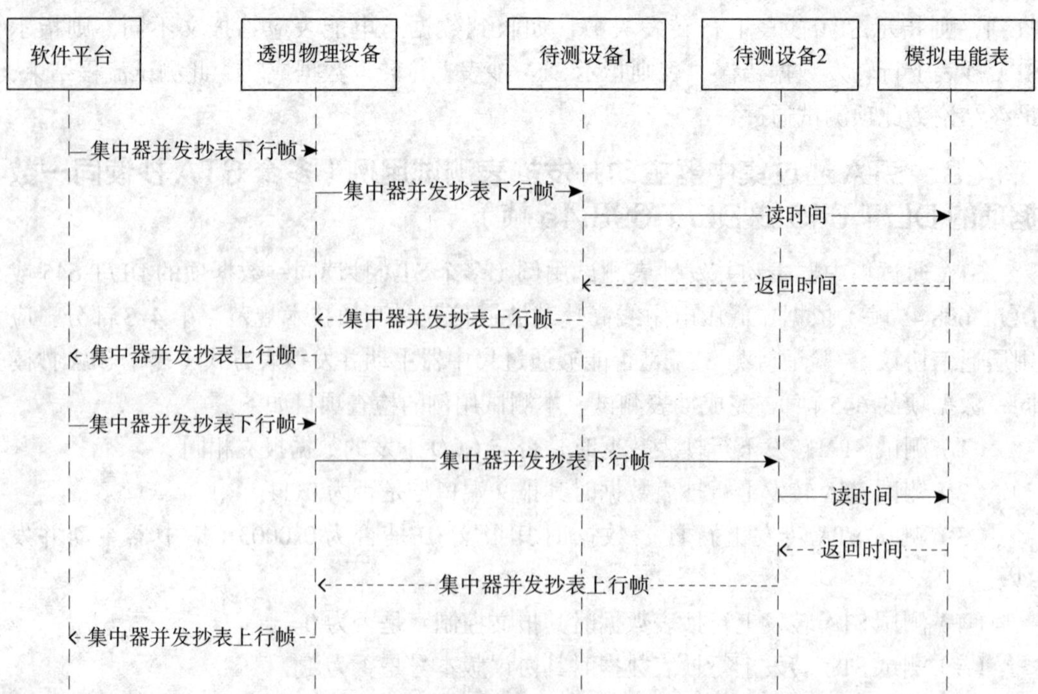

图 5-102　STA 通过集中器主动并发抄表测试用例（多个 STA 抄读同一数据项的 DL/T 645 或 DL/T 698.45 帧）的报文交互流程

STA 通过集中器主动并发抄表测试用例（多个 STA 抄读同一数据项的 DL/T 645 或 DL/T 698.45 帧）的测试步骤如下。

（1）连接设备，上电初始化。

（2）软件平台模拟电能表，在收到待测 STA 请求读表号后，向其下发电能表地址信息。

（3）软件平台模拟 CCO 对入网请求的 STA 进行处理，确定站点入网成功，完成组网。

（4）软件平台模拟 CCO 向待测 STA 启动集中器主动并发抄表业务，发送 SOF 帧（抄表报文下行），用于抄读 STA1 和 STA2 所在设备（DL/T 645 规约模拟电能表 000000000001、000000000002；面向对象测试用例采用 DL/T 698.45 规约模拟电能表 000000000001、000000000002）的当前时间数据项。

（5）软件平台模拟 CCO 向 STA1 下发抄表下行报文抄读电能表当前时间数据项，STA1 正确回复抄表上行报文；待 STA1 回复抄表上行报文后，软件平台模拟 CCO 向 STA2 下发抄表下行报文抄读电能表当前时间数据项，STA2 正确回复抄表上行报文。

（6）在模拟电能表的 TTL 串口监控是否收 STA 转发的数据报文，如在 *n* 秒内未收到，则指示 STA 抄表下行转发失败。如在 *n* 秒内收到，则指示 STA 下行转发数据成功，模拟电能表针对数据报文进行解析并应答电能表当前报文。

（7）软件平台监控是否能够在 *n* 秒内收到 STA 转发的电能表当前时间报文，如未收到，则指示 STA 抄表上行转发失败，如收到数据与电能表应答报文不同，则指示 STA 抄表上行转发数据错误，否则指示 STA 抄表上行转发数据成功，此测试流程结束，最终结论为此项测试通过。

5.15　应用层从节点主动注册一致性测试用例

5.15.1　CCO 作为 DUT，正常流程测试用例

CCO 作为 DUT，正常流程测试用例依据《低压电力线高速载波通信互联互通技术规范　第 4-3 部分：应用层通信协议》，验证 DUT 的从节点注册流程是否正确。本测试用例的检查项目如下。

（1）确认 DUT 下发的启动从节点注册报文中，报文端口号是否为 0x11。

（2）确认 DUT 下发的启动从节点注册报文中，报文 ID 是否为 0x0012。

（3）确认 DUT 下发的启动从节点注册报文中，报文控制字是否为 0。

（4）确认 DUT 下发的启动从节点注册报文中，协议版本号是否为 1。

（5）确认 DUT 下发的启动从节点注册报文中，报文头长度是否符合实际。

（6）确认 DUT 下发的启动从节点注册报文中，强制应答标志是否为 0（固定值）。

（7）确认 DUT 下发的启动从节点注册报文中，从节点注册参数是否为 1（启动从节点主动注册命令）。

（8）确认 DUT 下发的查询从节点注册结果报文中，报文端口号是否为 0x11。

（9）确认 DUT 下发的查询从节点注册结果报文中，报文 ID 是否为 0x0011。

（10）确认 DUT 下发的查询从节点注册结果报文中，报文控制字是否为 0。

（11）确认 DUT 下发的查询从节点注册结果报文中，协议版本号是否为 1。

（12）确认 DUT 下发的查询从节点注册结果报文中，报文头长度是否符合实际。

（13）确认 DUT 下发的查询从节点注册结果报文中，强制应答标志是否为 0（非强制应答）。

（14）确认 DUT 下发的查询从节点注册结果报文中，从节点注册参数是否为 0（查询从节点注册结果命令）。

（15）确认 DUT 下发的查询从节点注册结果报文中，源 MAC 地址是否为 CCO 的 MAC 地址。

（16）确认 DUT 下发的查询从节点注册结果报文中，目的 MAC 地址是否为 STA 的 MAC 地址。

（17）确认 DUT 通过“06HF4/Q/GDW 1376.2”命令上报注册结果是否与实际匹配。

CCO 作为 DUT，正常流程测试用例的报文交互流程如图 5-103 所示。

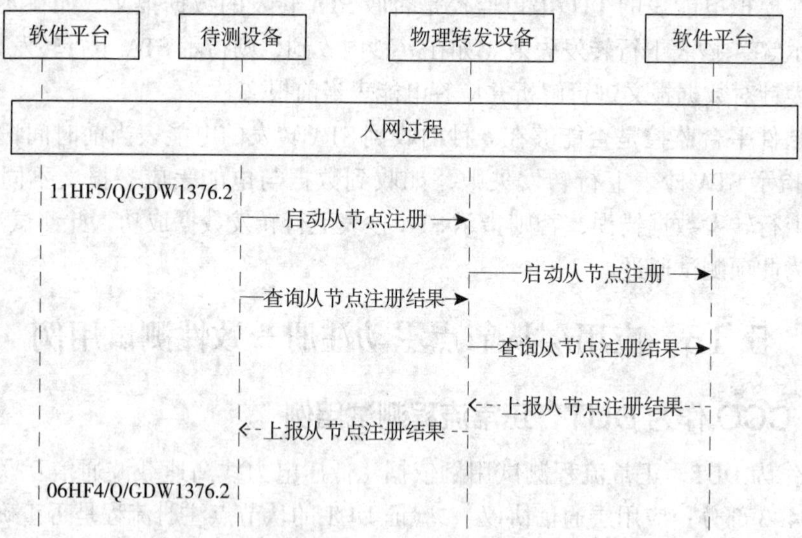

图 5-103　CCO 作为 DUT，正常流程测试用例的报文交互流程

CCO 作为 DUT，正常流程测试用例的测试步骤如下。

（1）DUT 上电，确保 DUT 通过物理转发设备成功入网。

（2）软件平台向 DUT 发送“11HF5/Q/GDW 1376.2”命令，激活 DUT 下发“启动从节点注册”命令。

（3）在从节点注册过程中，DUT 下发“查询从节点注册结果”命令。

（4）软件平台让物理转发设备上报查询从节点注册结果，确保存在 3 块电能表：1 号 DL/T 645—2007 电能表、2 号 DL/T 645—1997 电能表、3 号 DL/T 698 电能表。

（5）DUT 通过“06HF4/Q/GDW 1376.2”命令上报从节点注册信息。

5.15.2　CCO 作为 DUT，报文序号测试用例

CCO 作为 DUT，报文序号测试用例依据《低压电力线高速载波通信互联互通技术规范　第 4-3 部分：应用层通信协议》，验证 DUT 是否正确检查报文序号。

CCO 作为 DUT，报文序号测试用例的报文交互流程如图 5-104 所示。

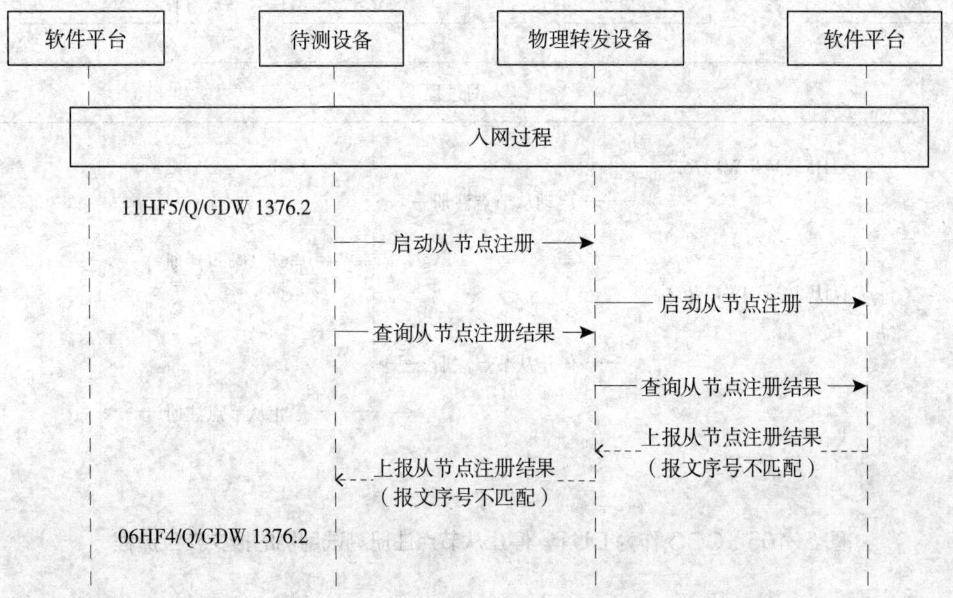

图 5-104　CCO 作为 DUT，报文序号测试用例的报文交互流程

CCO 作为 DUT，报文序号测试用例的测试步骤如下。

（1）DUT 上电，确保 DUT 通过物理转发设备成功入网。

（2）软件平台向 DUT 发送“11HF5/Q/GDW 1376.2”命令，激活 DUT 下发“启动从节点注册”命令。

（3）在从节点注册过程中，DUT 下发“查询从节点注册结果”命令。

（4）软件平台让物理转发设备上报查询从节点注册结果，确保存在 3 块电能表：1 号 DL/T 645—2007 电能表、2 号 DL/T 645—1997 电能表、3 号 DL/T 698 电能表，并且报文序号与 DUT 下发的“查询从节点注册结果”命令中的不吻合。

（5）DUT 通过“06HF4/Q/GDW 1376.2”命令上报从节点注册信息。

5.15.3　CCO 作为 DUT，停止从节点注册测试用例

CCO 作为 DUT，停止从节点注册测试用例依据《低压电力线高速载波通信互联互通技术规范　第 4-3 部分：应用层通信协议》，验证 DUT 是否正确发出停止从节点注册帧。本测试用例的检查项目如下。

（1）确认 DUT 下发的停止从节点注册报文中，报文端口号是否为 0x11。

（2）确认 DUT 下发的停止从节点注册报文中，报文 ID 是否为 0x0012。

（3）确认 DUT 下发的停止从节点注册报文中，报文控制字是否为 0。

（4）确认 DUT 下发的停止从节点注册报文中，协议版本号是否为 1。

（5）确认 DUT 下发的停止从节点注册报文中，报文头长度是否符合实际。

CCO 作为 DUT，停止从节点注册测试用例的报文交互流程如图所示 5-105 所示。

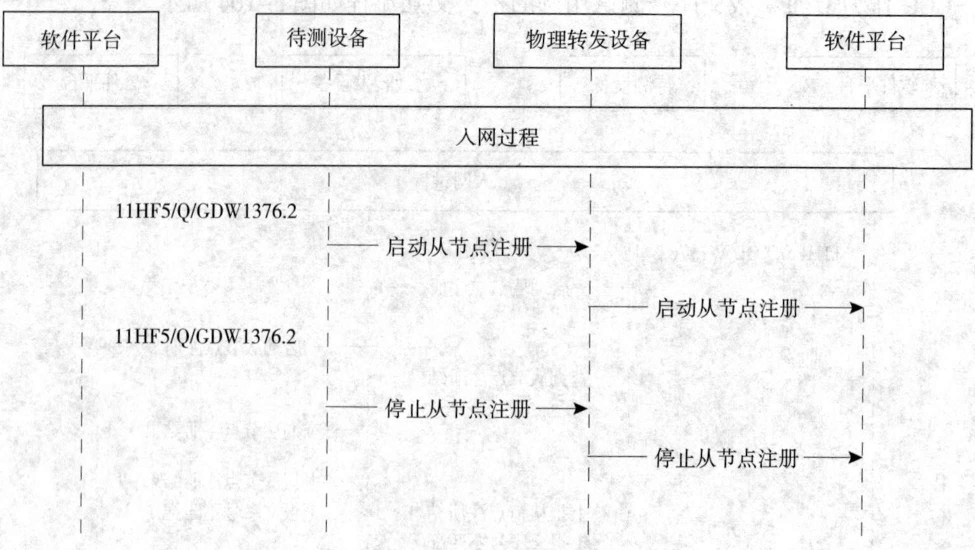

图 5-105　CCO 作为 DUT，停止从节点注册测试用例的报文交互流程

CCO 作为 DUT，停止从节点注册测试用例的测试步骤如下。

（1）DUT 上电，确保 DUT 通过物理转发设备成功入网。

（2）软件平台向 DUT 发送“11HF5/Q/GDW 1376.2”命令，激活 DUT 下发“启动从节点注册”命令。

（3）在确保搜表没有完成的情况下，软件平台向 DUT 发送“11HF6/ Q/GDW 1376.2”命令，激活 DUT 下发“停止从节点注册”命令。

5.15.4　STA 从节点主动注册正常流程测试用例

STA 从节点主动注册正常流程测试用例依据《低压电力线高速载波通信互联互通技术规范　第 4-3 部分：应用层通信协议》，验证当 DUT 为电能表模块时，其从节点注册流程是否正确。本测试用例的检查项目如下。

（1）确认 DUT 上报的查询从节点注册结果报文（以下简称回复报文）中，报文端口号是否为 0x11。

（2）确认 DUT 回复报文中的报文 ID 是否为 0x0011。

（3）确认 DUT 回复报文中的报文控制字是否为 0。

（4）确认 DUT 回复报文中的协议版本号是否为 1。

（5）确认 DUT 回复报文中的报文头长度是否为 26bit。

（6）确认 DUT 回复报文中的状态字段是否为 0。

（7）确认 DUT 回复报文中的从节点注册参数是否为 0。

（8）确认 DUT 回复报文中的电能表数量是否为 1。

（9）确认 DUT 回复报文中的产品类型是否为 0（电能表）。

（10）确认 DUT 回复报文中的设备地址是否为平台分配给模块的地址。

（11）确认 DUT 回复报文中的报文序号是否与 CCO 所下发的一致。

（12）确认 DUT 回复报文中的源 MAC 地址是否为 DUT 的 MAC 地址。

（13）确认 DUT 回复报文中的目的 MAC 地址是否为 CCO 的 MAC 地址。

（14）确认 DUT 回复报文中的电能表地址是否为平台分配给模块的地址。

（15）确认 DUT 回复报文中的模块类型是否为 0（电能表通信模块）。

STA 从节点主动注册正常流程测试用例的报文交互流程如图 5-106 所示。

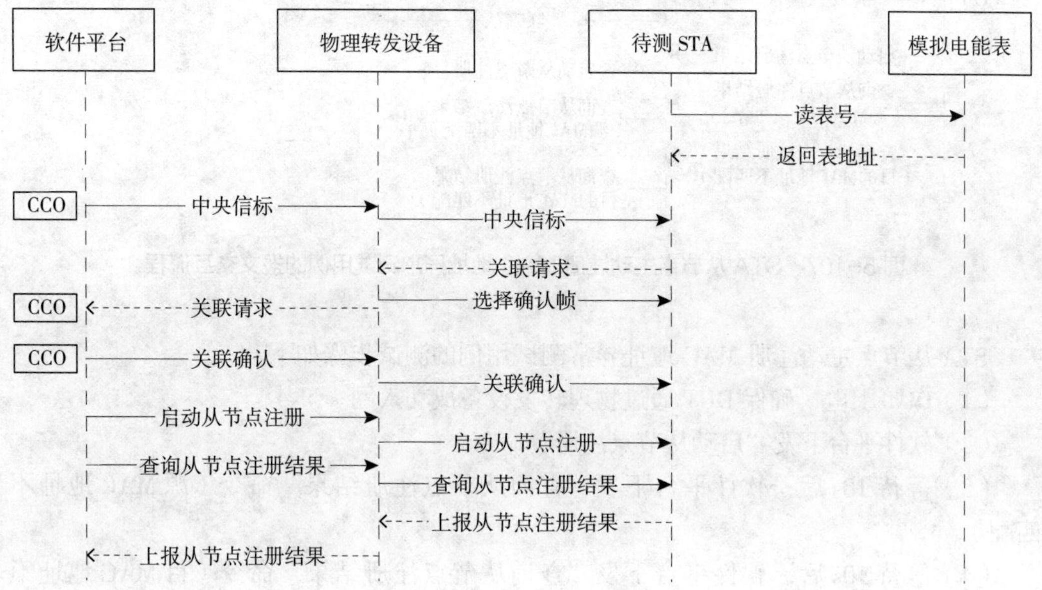

图 5-106　STA 从节点主动注册正常流程测试用例的报文交互流程

STA 从节点主动注册正常流程测试用例的测试步骤如下。

（1）DUT 上电，确保 DUT 通过物理转发设备成功入网。

（2）软件平台通过物理转发设备下发“启动从节点注册”命令。

（3）等待 1min 后，软件平台通过物理转发设备下发“查询从节点注册结果”命令。

5.15.5　STA 从节点主动注册 MAC 地址异常测试用例

STA 从节点主动注册 MAC 地址异常测试用例依据《低压电力线高速载波通信互联互通技术规范　第 4-3 部分：应用层通信协议》，验证当“查询从节点注册结果”命令中的源 MAC 地址或者目的 MAC 地址不匹配时，DUT 是否不响应。本测试用例的检查项目如下。

（1）在步骤 3 中，确认 DUT 是否不上报注册结果。

（2）在步骤 4 中，确认 DUT 是否不上报注册结果。

STA 从节点主动注册 MAC 地址异常测试用例的报文交互流程如图 5-107 所示。

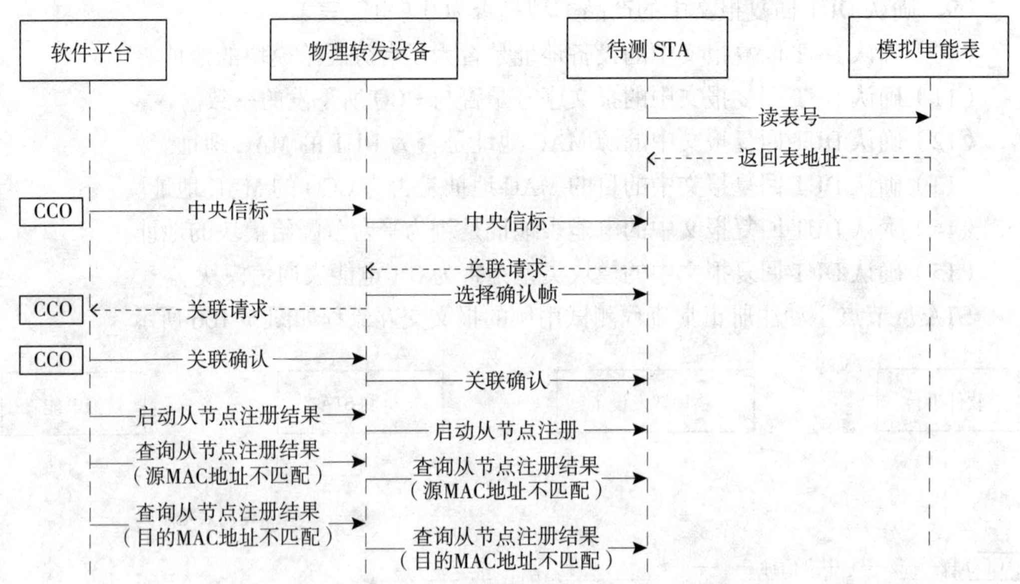

图 5-107　STA 从节点主动注册 MAC 地址异常测试用例的报文交互流程

STA 从节点主动注册 MAC 地址异常测试用例的测试步骤如下。

（1）DUT 上电，确保 DUT 通过物理转发设备成功入网。

（2）软件平台下发“启动从节点注册”命令。

（3）等待 10s 后，软件平台下发“查询从节点注册结果”命令（源 MAC 地址不匹配）。

（4）等待 10s 后，软件平台下发“查询从节点注册结果”命令（目 MAC 地址不匹配）。

5.16　应用层校时一致性测试用例

5.16.1　CCO 发送广播校时消息测试用例

CCO 发送广播校时消息测试用例依据《低压电力线高速载波通信互联互通技术规范　第 4-3 部分：应用层通信协议》，验证 CCO 发送的广播校时消息是否符合本标准。本测试用例的检查项目如下。

（1）一致性评价模块应在定时器到时前，检测到 CCO 发送的广播校时 SOF 帧。

（2）一致性评价模块比较接收到的 SOF 帧的应用报文头是否符合标准帧格式规范。

（3）一致性评价模块比较接收到的广播校时报文的日历时间应和系统时间相匹配（误差不超过 2s），否则测试失败。

CCO 发送广播校时消息测试用例的报文交互流程如图 5-108 所示。

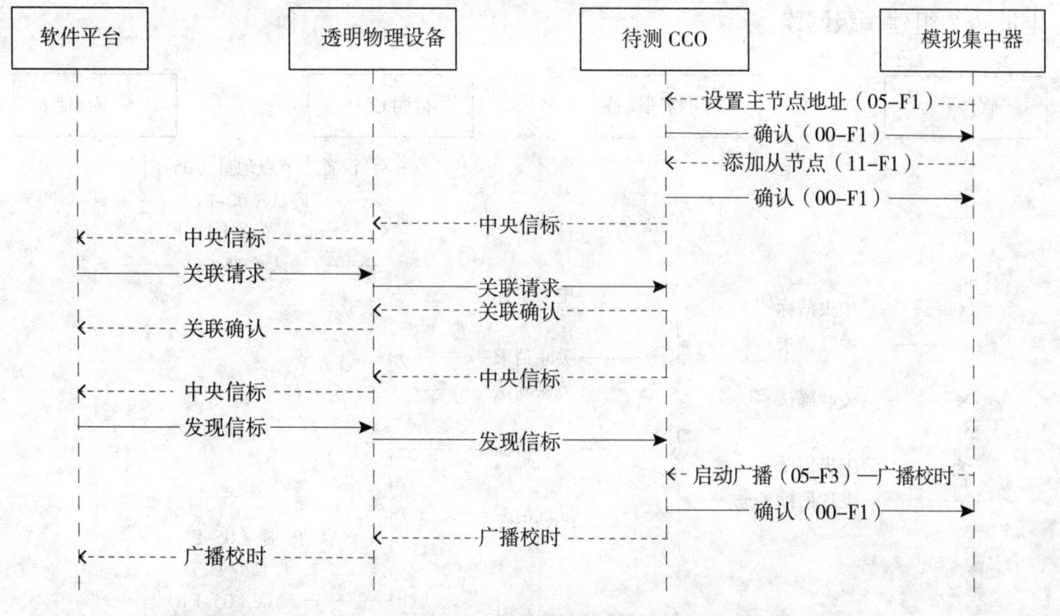

图 5-108　CCO 发送广播校时消息测试用例的报文交互流程

CCO 发送广播校时消息测试用例的测试步骤如下。

（1）软件平台选择组网案例，待测 CCO 上电。

（2）组网案例通过透明物理设备模拟 STA 发送组网相关帧，配合待测 CCO 和模拟集中器，组建一级网络。

（3）软件平台选择广播校时测试用例。

（4）测试用例启动模拟集中器通过串口向待测 CCO 发送符合 Q/GDW 1376.2 格式的集中器广播校时帧，同时启动定时器（定时时长 3s）。

（5）待测 CCO 启动广播校时任务，发送广播校时 SOF 帧到电力线。

（6）在定时器到时前，若透明物理设备收到待测 CCO 发送的广播校时 SOF 帧，则上传到测试平台，再传到一致性评价模块，若未收到广播校时 SOF 帧，则测试失败。

（7）一致性评价模块判断广播校时 SOF 帧的应用报文头及应用数据是否符合标准要求。

5.16.2　STA 对符合标准规范的校时消息的处理测试用例

STA 对符合标准规范的校时消息的处理测试用例依据《低压电力线高速载波通信互联互通技术规范　第 4-3 部分：应用层通信协议》，验证符合标准规范的校时消息是否能够被 STA 正确处理。

STA 对符合标准规范的校时消息的处理测试用例的报文交互流程如图 5-109 所示。

STA 对符合标准规范的校时消息的处理测试用例的测试步骤如下。

（1）软件平台选择组网案例，待测 STA 上电。

（2）组网案例通过透明物理设备模拟 CCO 发送组网相关帧，配合待测 STA 和模拟

电能表，组建一级网络。

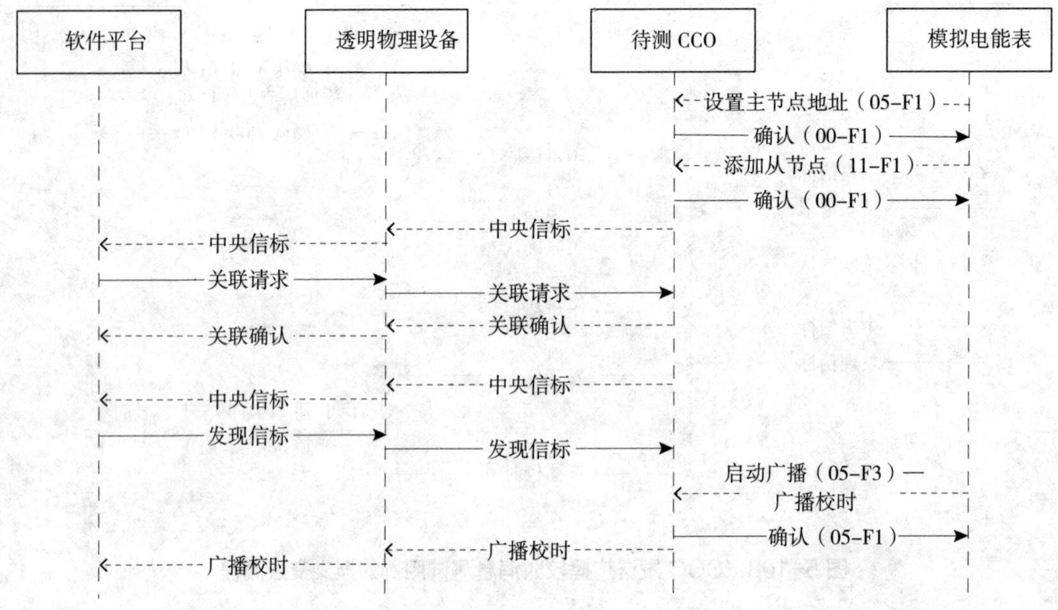

图 5-109　STA 对符合标准规范的校时消息的处理测试用例的报文交互流程

（3）软件平台选择广播校时测试用例。

（4）测试用例通过透明物理设备模拟 CCO 发送广播校时 SOF 帧，并启动定时器（定时时长 3s）。

（5）待测 STA 收到广播校时 SOF 帧后，从串口将广播校时帧发送到模拟电能表。

（6）在定时器到时前，若模拟电能表将收到广播校时帧，则送给一致性评价模块；若没有收到广播校时帧，则测试失败。

（7）一致性评价模块判断待测 STA 的广播校时帧是否和发送的广播校时帧相同，若相同，则测试通过，若不同，则测试失败。

5.16.3　STA 对应用数据内容非 DL/T 645 或 DL/T 698.45 格式的校时消息处理测试用例

STA 对应用数据内容非 DL/T 645 或 DL/T 698.45 格式的校时消息处理测试用例依据《低压电力线高速载波通信互联互通技术规范　第 4-3 部分：应用层通信协议》，验证：应用数据内容非 DL/T 645 或 DL/T 698.45 格式的消息是否能够被 STA 正确处理。

STA 对应用数据内容非 DL/T 645 或 DL/T 698.45 格式的校时消息处理测试用例的报文交互流程如图 5-110 所示。

STA 对应用数据内容非 DL/T 645 或 DL/T 698.45 格式的校时消息处理测试用例的测试步骤如下。

（1）软件平台选择组网案例，待测 STA 上电。

（2）组网案例通过透明物理设备模拟 CCO 发送组网相关帧，配合待测 STA 和模拟电能表，组建一级网络。

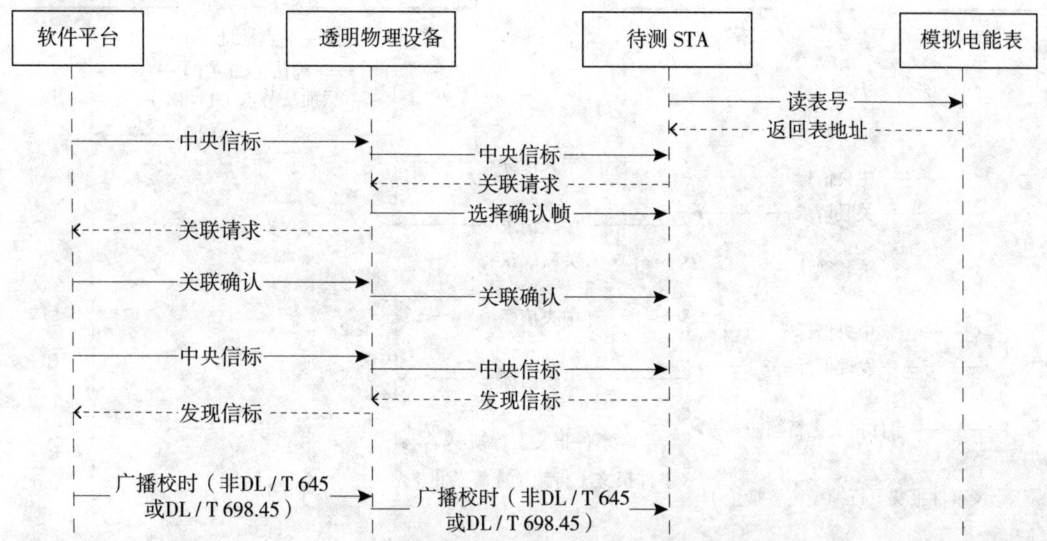

图 5-110　STA 对应用数据内容非 DL/T 645 或 DL/T 698.45 格式的校时消息处理测试用例的报文交互流程

（3）软件平台选择广播校时测试用例。

（4）测试用例通过透明物理设备模拟 CCO 发送非 DL/T 645 格式且非 DL/T 698.45 格式的广播校时 SOF 帧，并启动定时器（定时时长 3s）。

（5）在定时器到时前，若模拟电能表未接收到该帧，则在定时器到时后，将接收结果送给一致性评价模块；若接收到非 DL/T 645 格式且非 DL/T 698.45 格式帧，则测试失败。

（6）一致性评价模块判断测试结果。

5.17　应用层事件上报一致性测试用例

5.17.1　CCO 收到 STA 事件主动上报的应答确认测试用例

CCO 收到 STA 事件主动上报的应答确认测试用例依据《低压电力线高速载波通信互联互通技术规范　第 4-3 部分：应用层通信协议》，验证待测 CCO 在收到 STA 主动上报的事件后，是否能够根据集中器应答确认，产生并发送应答确认报文。本测试用例的检查项目如下。

（1）事件报文下行帧（应答确认）中的“方向位”是否为 0。

（2）事件报文下行帧（应答确认）中的“启动位”是否为 0。

（3）事件报文下行帧（应答确认）中的“功能码”是否为 1。

（4）事件报文下行帧（应答确认）中的“协议版本号”是否为 1。

CCO 收到 STA 事件主动上报的应答确认测试用例的报文交互流程如图 5-111 所示。

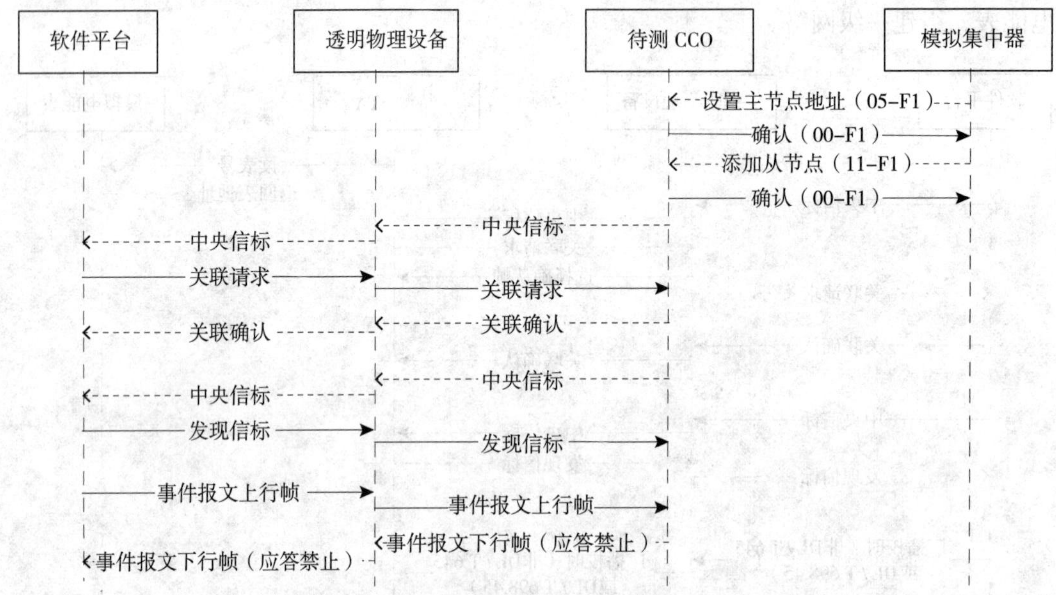

图 5-111　CCO 收到 STA 事件主动上报的应答确认测试用例的报文交互流程

CCO 收到 STA 事件主动上报的应答确认测试用例的测试步骤如下。

（1）待测 CCO 与透明物理转发设备处于隔变环境。

（2）软件平台（集中器）模拟集中器向待测 CCO 下发主节点地址（Q/GDW 1376.2 协议格式报文），并添加从节点地址（Q/GDW 1376.2 协议格式报文）。

（3）软件平台模拟集中器向待测 CCO 发送 05-F2（允许从节点上报）命令，待测 CCO 应答确认。

（4）软件平台（STA）向待测 CCO 发送入网请求，CCO 批准入网，分配 TEI，并确保组网完成。

（5）软件平台（STA）产生事件报文上行帧，透明物理设备转发该帧至待测 CCO。

（6）待测 CCO 收到事件报文上行帧，产生并发送事件报文下行帧（应答确认），透明物理设备收到该帧后，上报软件平台（STA）。

（7）软件平台（STA）判断事件报文下行帧（应答确认）是否满足帧格式要求。

5.17.2　CCO 收到 STA 事件主动上报的应答禁止事件主动上报测试用例

CCO 收到 STA 事件主动上报的应答禁止事件主动上报测试用例依据《低压电力线高速载波通信互联互通技术规范　第 4-3 部分：应用层通信协议》，验证待测 CCO 在收到集中器下发的禁止从节点上报帧后，当 STA 主动上报事件时，是否按格式产生并发送禁止上报报文。本测试用例的检查项目如下。

（1）事件报文下行帧（禁止上报）中的“方向位”是否为 0。

（2）事件报文下行帧（禁止上报）中的“启动位”是否为 0。

（3）事件报文下行帧（禁止上报）中的“功能码”是否为 3。

（4）事件报文下行帧（禁止上报）中的“协议版本号”是否为 1。

（5）软件平台（集中器）是否收到待测 CCO 上报的从节点事件帧（收到则测试不通过，未收到则测试通过）。

CCO 收到 STA 事件主动上报的应答禁止事件主动上报测试用例的报文交互流程如图 5-112 所示。

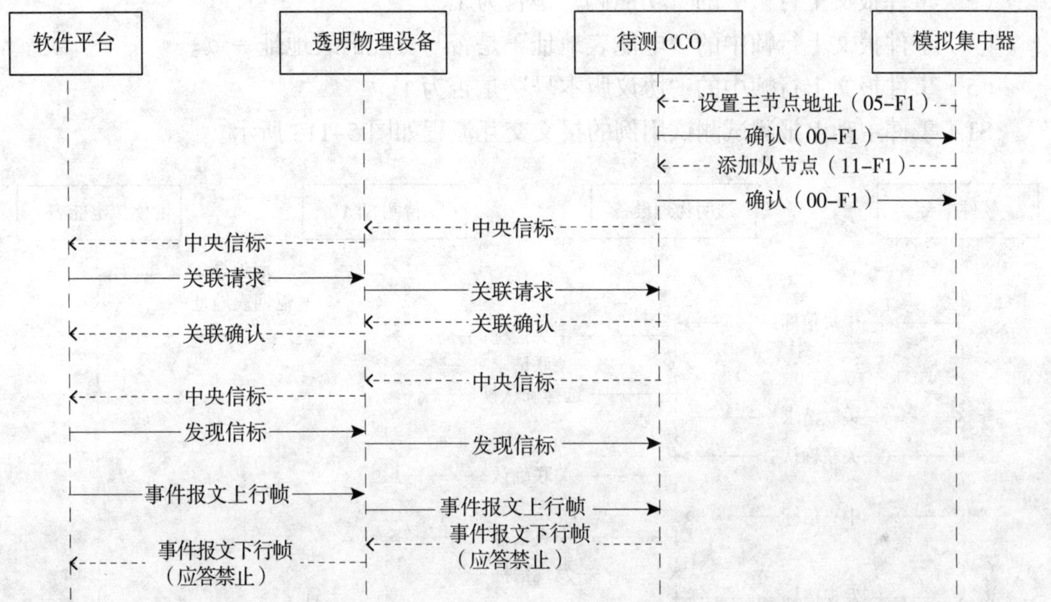

图 5-112　CCO 收到 STA 事件主动上报的应答禁止事件主动上报测试用例的报文交互流程

CCO 收到 STA 事件主动上报的应答禁止事件主动上报测试用例的测试步骤如下。

（1）待测 CCO 与透明物理转发设备处于隔变环境。

（2）软件平台（集中器）模拟集中器向待测 CCO 下发主节点地址（Q/GDW 1376.2 协议格式报文），并添加从节点地址（Q/GDW 1376.2 协议格式报文）。

（3）软件平台（STA）向待测 CCO 发送入网请求，CCO 批准入网，并确保组网完成。

（4）软件平台（集中器）向待测 CCO 下发禁止从节点上报帧（Q/GDW 1376.2 协议格式报文），待测 CCO 应答确认。

（5）软件平台产生事件报文上行帧，报文序号设置为 1，透明物理设备转发该帧至待测 CCO。

（6）待测 CCO 收到事件报文上行帧，判断事件状态为禁止上报的类型，产生并发送事件报文下行帧（禁止上报）。

（7）透明物理设备收到该报文后，将其转发给软件平台（STA），软件平台（STA）判断事件报文下行帧（禁止上报）是否满足帧格式要求。

5.17.3　STA 事件主动上报测试用例

STA 事件主动上报测试用例依据《低压电力线高速载波通信互联互通技术规范　第

4-3 部分：应用层通信协议》，验证待测 STA 在检测到 EventOut 引脚变化后，是否按报文格式发送应用层事件报文。本测试用例的检查项目如下。

（1）事件报文上行帧中的“方向位”是否为 1。

（2）事件报文上行帧中的“启动位”是否为 1。

（3）事件报文上行帧中的“功能码”是否为 1。

（4）事件报文上行帧中的“电能表地址”是否与分配的表地址一致。

（5）事件报文上行帧中的“协议版本号”是否为 1。

STA 事件主动上报测试测试用例的报文交互流程如图 5-113 所示。

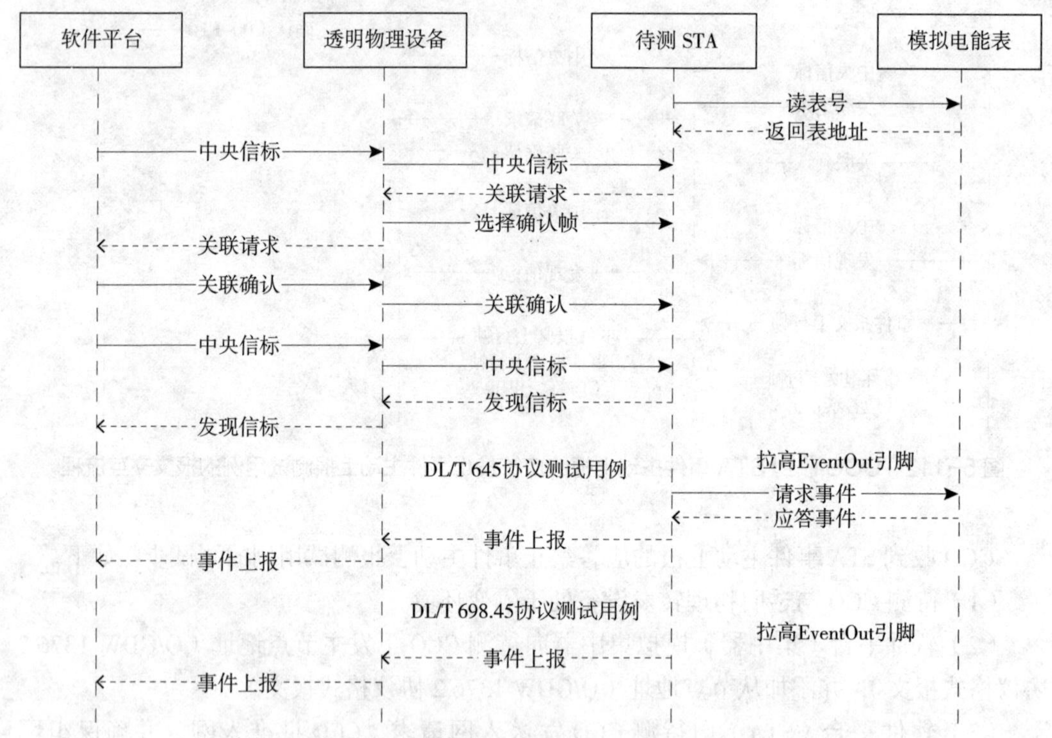

图 5-113　STA 事件主动上报测试测试用例的报文交互流程

STA 事件主动上报测试测试用例的测试步骤如下。

（1）待测 STA 与透明物理转发设备处于隔变环境。

（2）软件平台 (电能表) 模拟电能表，在收到待测 STA 请求读表号后，向其下发电能表地址信息。

（3）软件平台 (CCO) 通过透明物理设备处理待测 STA 的入网请求，分配 TEI=2 给待测 STA，确保待测 STA 成功入网。

（4）若为 DL/T 645 协议测试用例，则按以下步骤进行。

① 软件平台（电能表）将待测 STA 的 EventOut 引脚输出高阻态，在收到待测 STA 发来的读数据主站请求帧 (DL/T 645 协议) 后，模拟失电压事件，应答状态事件数据

(DL/ T 645 协议)。

② 待测 STA 将状态事件按应用层事件报文封装并发送，透明物理设备将接收到的应用层事件报文转发至软件平台 (CCO)。

③ 软件平台 (CCO) 判定应用层事件报文是否符合规定的帧格式。

④ 若为面向对象测试用例，按以下步骤进行。

⑤ 软件平台（电能表）将待测 STA 的 EventOut 引脚输出高阻态。

⑥ 待测 STA 发送应用层事件报文，透明物理设备将接收到的应用层事件报文转发至软件平台 (CCO)。

⑦ 软件平台 (CCO) 判定应用层事件报文是否符合规定的帧格式。

5.17.4　STA 在 CCO 应答缓存区满情况下，发起事件主动上报测试用例

STA 在 CCO 应答缓冲区满情况下，发起事件主动上报测试用例依据《低压电力线高速载波通信互联互通技术规范　第 4-3 部分：应用层通信协议》，验证待测 STA 在收到 CCO 应答缓存区满报文后，是否会重发报文且报文格式满足要求。待测 STA 是否在规定时间内重发事件报文上行帧，且格式满足：

（1）两帧事件报文上行帧中的“方向位”是否均为 1。

（2）两帧事件报文上行帧中的“启动位”是否均为 1。

（3）两帧事件报文上行帧中的“功能码”是否均为 1。

（4）两帧事件报文上行帧中的“电能表地址”是否与分配的表地址一致。

（5）两帧事件报文上行帧中的“协议版本号”是否为 1。

STA 在 CCO 应答缓冲区满情况下，发起事件主动上报测试用例的报文交互流程如图 5-114 所示。

STA 在 CCO 应答缓冲区满情况下，发起事件主动上报测试用例的测试步骤如下。

（1）待测 STA 与透明物理设备处于隔变环境。

（2）软件平台 (电能表) 在收到待测 STA 请求读表号后，向其下发电能表地址信息。

（3）软件平台 (CCO) 通过透明物理设备处理待测 STA 的入网请求，分配 TEI=2 给待测 STA，确保待测 STA 成功入网。

（4）若为 DL/T 645 协议测试用例，按以下步骤进行。

① 软件平台（电能表）将待测 STA 的 EventOut 引脚输出高阻态，在收到待测 STA 发来的读数据主站请求帧 (DL/T 645 协议) 后，模拟失电压事件，应答状态事件数据 (DL/T 645 协议)。

② 待测 STA 将状态事件按应用层事件报文封装并发送，透明物理设备将接收到的应用层事件报文转发至软件平台 (CCO)。

③ 软件平台 (CCO) 产生事件报文下行帧（缓存区满），通过透明物理设备将该报文转发至待测 STA。

④ 在 120s 内，软件平台 (CCO) 若收到待测 STA 重发的事件报文上行帧，且格式满

足要求，则测试通过，否则测试不通过。

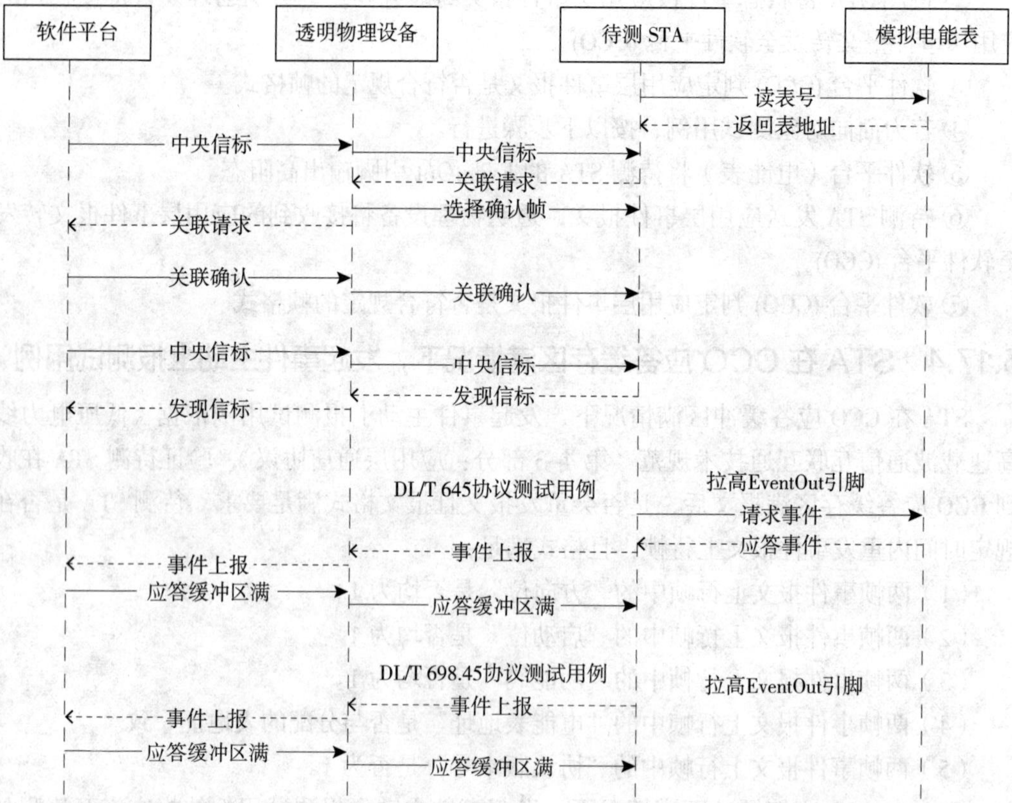

图 5-114　STA 在 CCO 应答缓冲区满情况下，发起事件主动上报测试用例的报文交互流程

（5）若为面向对象测试用例，按以下步骤进行。

① 软件平台（电能表）将待测 STA 的 EventOut 引脚输出高阻态。

② 待测 STA 发送应用层事件报文，透明物理设备将接收到的应用层事件报文转发至软件平台 (CCO)。

③ 软件平台 (CCO) 产生事件报文下行帧（缓存区满），通过透明物理设备将该报文转发至待测 STA。

④ 在 120s 内，软件平台 (CCO) 若收到待测 STA 重发的事件报文上行帧，且格式满足要求，则测试通过，否则测试不通过。

5.17.5　STA 在 CCO 禁止事件主动上报情况下，不发起事件主动上报测试用例

STA 在 CCO 禁止事件主动上报情况下，不发起事件主动上报测试用例依据《低压电力线高速载波通信互联互通技术规范　第 4-3 部分：应用层通信协议》，验证待测 STA 在检收到 CCO 禁止事件主动上报帧后，当新的事件产生时，是否不发送应用层事件报文。本测试用例的检查项目如下。

（1）事件报文上行帧中的“方向位”是否为 1。

（2）事件报文上行帧中的“启动位”是否为 1。

（3）事件报文上行帧中的“功能码”是否为 1。

（4）第一帧事件报文上行帧中的“报文序号”是否为 1。

（5）事件报文上行帧中的“电能表地址”是否为平台给待测模块分配的地址。

（6）事件报文上行帧中的“协议版本号”是否为 1。

（7）检查电能表第 2 次将 EventOut 引脚输出高阻态时，STA 是否会查询事件（DL/T 645 测试用例）。

（8）检查电能表第 2 次将 EventOut 引脚输出高阻态时，STA 是否发送应用层事件报文（面向对象测试用例）。

STA 在 CCO 禁止事件主动上报情况下，不发起事件主动上报测试用例的报文交互流程如图 5-115 所示。

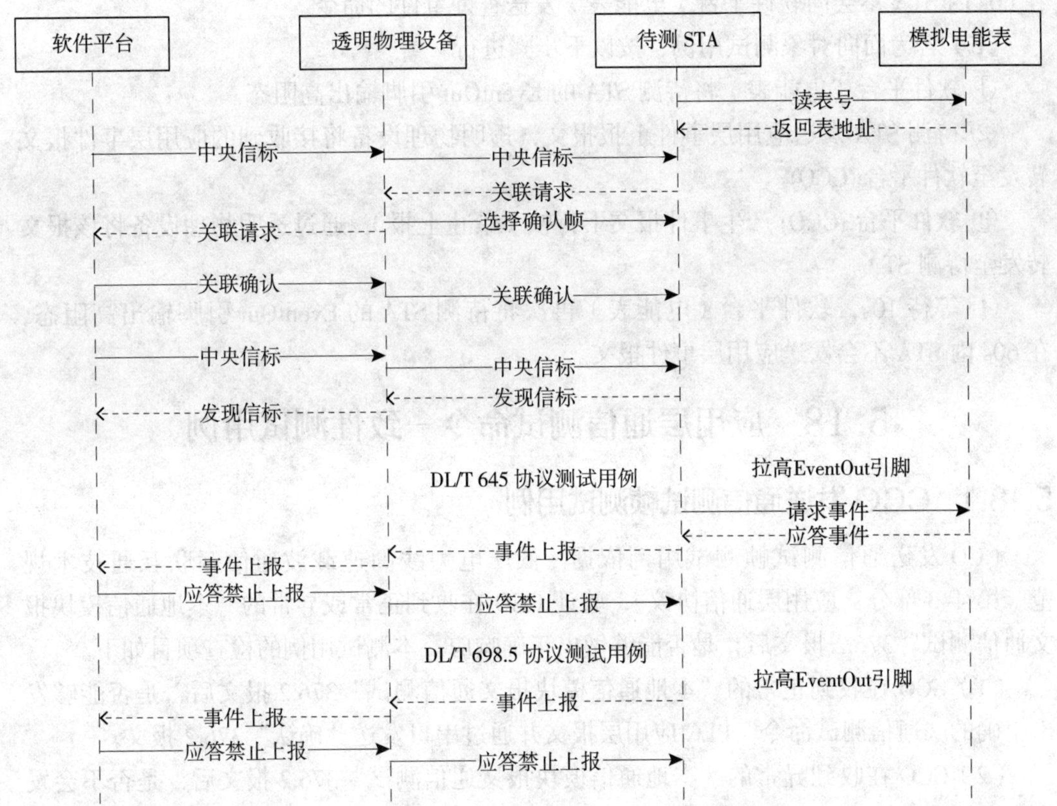

图 5-115　STA 在 CCO 禁止事件主动上报情况下，不发起事件主动上报测试用例的报文交互流程

STA 在 CCO 禁止事件主动上报情况下，不发起事件主动上报测试用例的测试步骤如下。

（1）待测 STA 与透明物理设备处于隔变环境。

（2）软件平台（电能表）模拟电能表，在收到待测 STA 请求读表号后，向其下发电能表地址信息。

（3）软件平台(CCO)模拟CCO功能通过透明物理设备处理待测STA的入网请求，分配TEI=2给待测STA，确保待测STA成功入网。

（4）若为DL/T 645协议测试用例，按以下步骤进行。

① 软件平台（电能表）将待测STA的EventOut引脚输出高阻态，在收到待测STA发来的读数据主站请求帧（DL/T 645协议)后，模拟失电压事件，应答状态事件数据(DL/T 645协议)。

② 待测STA将状态事件按应用层事件报文封装并发送，透明物理设备将接收到的应用层事件报文转发至软件平台(CCO)。

③ 软件平台(CCO)产生事件报文下行帧（禁止上报），通过透明物理设备将该报文转发至待测STA。

④ 等待10s，软件平台（电能表）再次将待测STA的EventOut引脚输出高阻态，在60s内STA不会向软件平台（电能表）发送查询事件的命令。

（5）若为面向对象测试用例，按以下步骤进行。

① 软件平台（电能表）将待测STA的EventOut引脚输出高阻态。

② 待测STA发送应用层事件上报报文，透明物理设备将接收到的应用层事件报文转发至软件平台(CCO)。

③ 软件平台(CCO)产生事件报文下行帧（禁止上报），通过透明物理设备将该报文转发至待测STA。

④ 等待10s，软件平台（电能表）再次将待测STA的EventOut引脚输出高阻态，在60s内STA不会发送应用层事件报文。

5.18 应用层通信测试命令一致性测试用例

5.18.1 CCO发送通信测试帧测试用例

CCO发送通信测试帧测试用例依据《低压电力线高速载波通信互联互通技术规范 第4-3部分：应用层通信协议》，验证CCO在收到正常或异常的“本地通信模块报文通信测试”376.2报文后，是否能够做出正确响应。本测试用例的检查项目如下。

（1）CCO在收到正常的“本地通信模块报文通信测试”376.2报文后，是否能够发出正确的“通信测试命令”PLC应用层报文并通过串口发送“确认”376.2报文。

（2）CCO在收到异常的“本地通信模块报文通信测试”376.2报文后，是否不会发出“通信测试命令”PLC应用层报文并通过串口发送“否认”376.2报文。

CCO发送通信测试帧测试用例的报文交互流程如图5-116所示。

CCO发送通信测试帧测试用例的测试步骤如下。

（1）连接设备，上电初始化。

（2）软件平台模拟集中器，通过串口向待测CCO下发“设置主节点地址”命令，在收到“确认”后，再通过串口向待测CCO下发“添加从节点”命令，将目标网络站点的 MAC 地址下发到 CCO 中，等待“确认”。

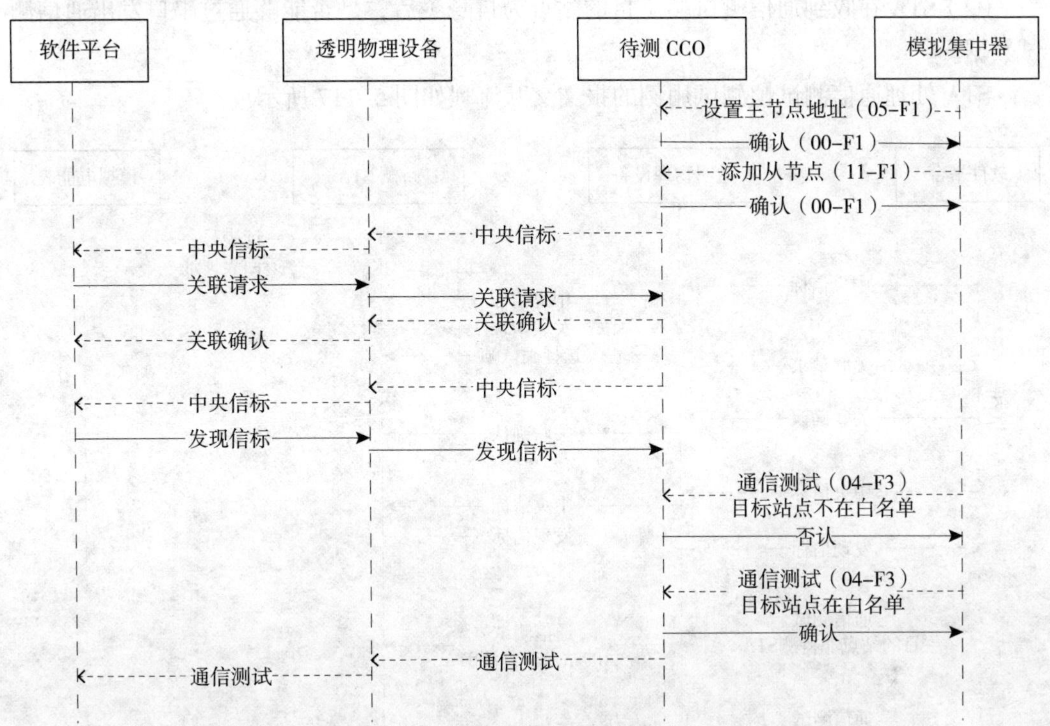

图 5-116　CCO 发送通信测试帧测试用例的报文交互流程

（3）软件平台收到待测 CCO 发送的“中央信标”后，模拟未入网 STA 向待测 CCO 发送“关联请求”报文，在收到待测 CCO 发送的“关联确认”报文后，确定模拟 STA 入网成功。

（4）软件平台模拟集中器，通过串口向待测 CCO 下发“本地通信模块报文通信测试”命令（目标站点不在白名单中），同时开启定时器（定时时长 2s）。定时器溢出前，查看是否收到待测 CCO 从串口发来的“否认”报文（表号不存在）。

（5）软件平台模拟集中器，通过串口向待测 CCO 下发正确的“本地通信模块报文通信测试”命令，同时开启定时器（定时时长 2s）。定时器溢出前，查看是否收到待测 CCO 从透明设备发来的“通信测试命令”报文和从串口发来的“确认”报文。

注：所有需要“选择确认帧”确认的测试用例，若没有收到“选择确认帧”，则测试失败。所有的本测试例不关心的报文被收到后，直接丢弃，不做判断。

5.18.2　STA 处理通信测试帧测试用例

STA 处理通信测试帧测试用例依据《低压电力线高速载波通信互联互通技术规范　第 4-3 部分：应用层通信协议》，验证 STA 在收到 CCO 发送的通信测试帧后，是否做出正确响应。本测试用例的检查项目如下。

（1）STA 在收到通信测试帧（目的站点非自身）后，是否不会通过串口发出通信测试数据。

（2）STA 在收到通信测试帧（目的站点为自身）后，是否能够通过串口发出通信测试数据。

STA 处理通信测试帧测试用例的报文交互流程如图 5-117 所示。

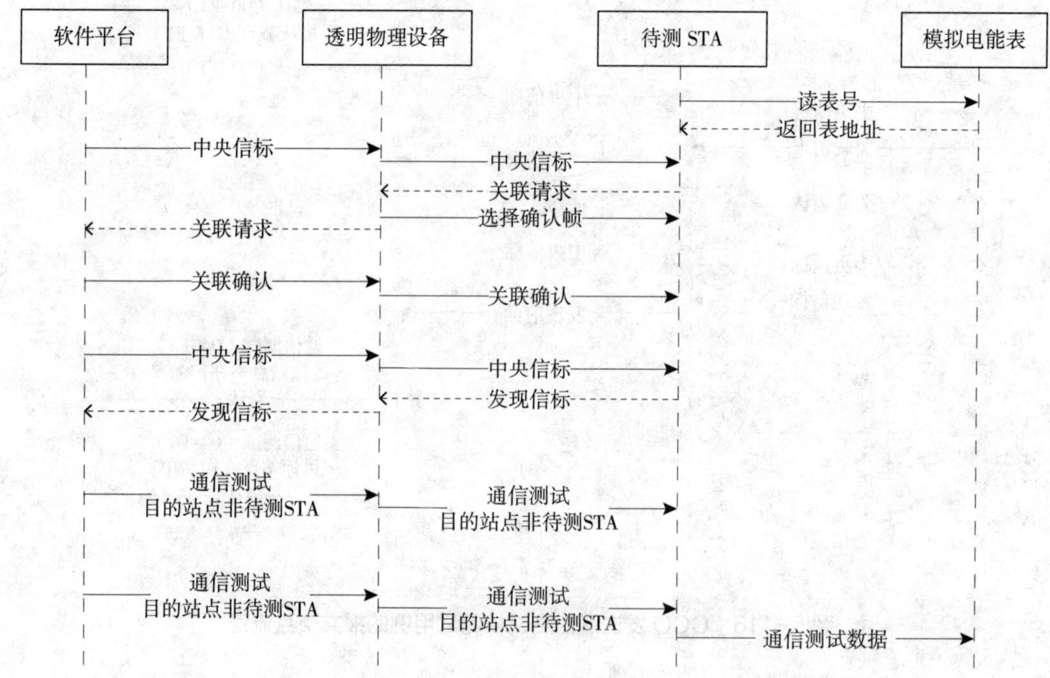

图 5-117　STA 处理通信测试帧测试用例的报文交互流程

STA 处理通信测试帧测试用例的测试步骤如下。

（1）连接设备，将待测 STA 连接在特定相线，上电初始化。

（2）软件平台模拟电能表，在收到待测 STA 的读表号请求后，通过串口向其下发表地址。

（3）软件平台模拟 CCO 通过透明物理设备向待测 STA 设备发送“中央信标”，在收到待测 STA 发出的“关联请求”报文后，向其发送“关联确认”报文，令其入网。

（4）软件平台模拟 CCO 通过透明物理设备向待测 STA 设备发送“通信测试帧”（目的站点非待测 STA），同时启动定时器（定时时长 2s）。定时器溢出前，查看是否不会收到待测 STA 从串口发出的通信测试数据。

（5）软件平台模拟 CCO 通过透明物理设备向待测 STA 设备发送正确的“通信测试帧”，同时启动定时器（定时时长 2s）。定时器溢出前，查看是否能够收到待测 STA 从串口发出的通信测试数据。

5.19　应用层系统升级一致性测试用例

5.19.1　CCO 在线升级流程测试用例

CCO 在线升级流程测试用例依据《低压电力线高速载波通信互联互通技术规范　第 4–3 部分：应用层通信协议》，验证待测 CCO 是否能够接收模拟集中器发送过来的 STA 升级文件并通过电力线网络对 STA 进行升级操作。本测试用例的检查项目如下。

（1）检测 CCO 在接收完子节点升级文件后，查看是否能在规定时间内发送开始升级报文。

（2）检测 CCO 在发送完所有文件数据包后，查看是否发送查询站点升级状态报文。

（3）检测模拟 STA 回复升级状态应答报文后，查看 CCO 是否下发执行升级报文。

CCO 在线升级流程测试用例的报文交互流程如图 5–118 所示。

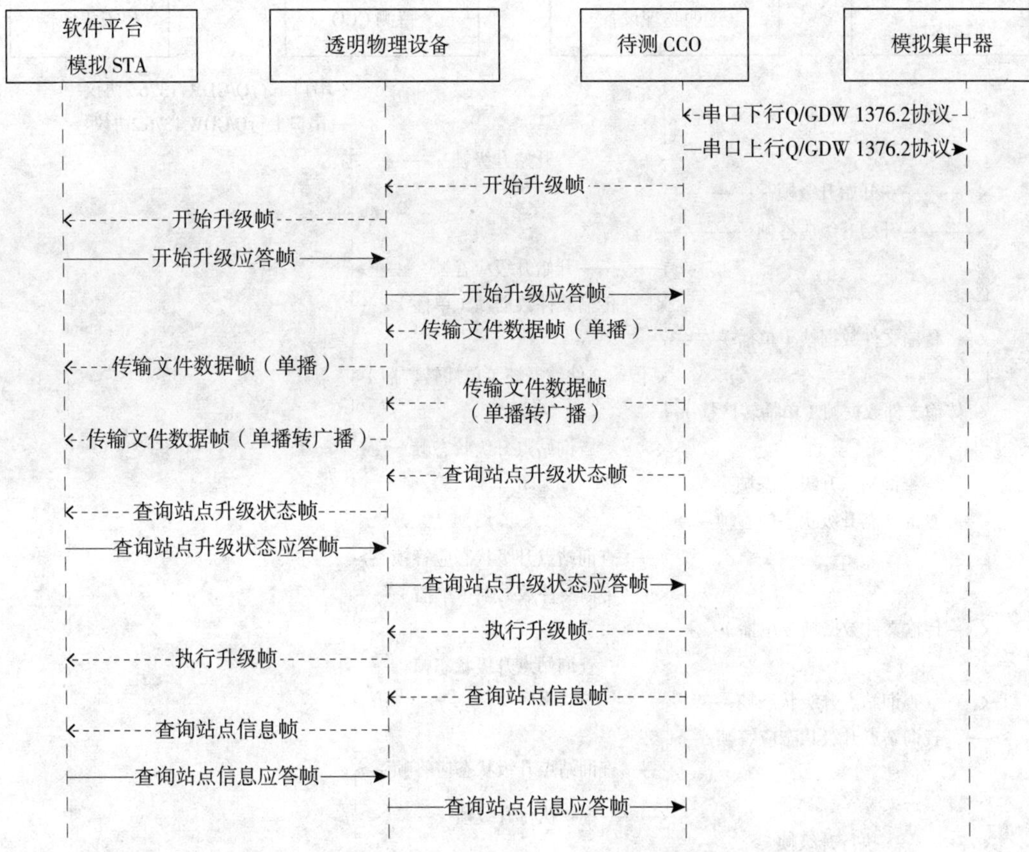

图 5–118　CCO 在线升级流程测试用例的报文交互流程

CCO 在线升级流程测试用例的测试步骤如下。

（1）系统完成组网过程。

（2）软件平台模拟集中器，发送 AFN=15，Fn=1（清除下装文件操作），模拟集中

器通过 Q/ GDW 1376.2 帧下发子节点升级文件。

（3）CCO 下发开始升级报文，软件平台模拟 STA 回复开始升级应答报文。

（4）CCO 下发传输文件数据报文。

（5）CCO 下发查询站点升级状态报文，软件平台模拟 STA 回复查询站点升级状态应答报文，该报文提示所有数据包接收完成。

（6）CCO 下发执行升级报文。

5.19.2 CCO 在线升级补包机制测试用例

CCO 在线升级补包机制测试用例依据《低压电力线高速载波通信互联互通技术规范　第 4–3 部分：应用层通信协议》，验证待测 CCO 是否能够通过补包机制在恶劣通信环境下确保在线升级的成功率。本测试用例的检查项目如下。

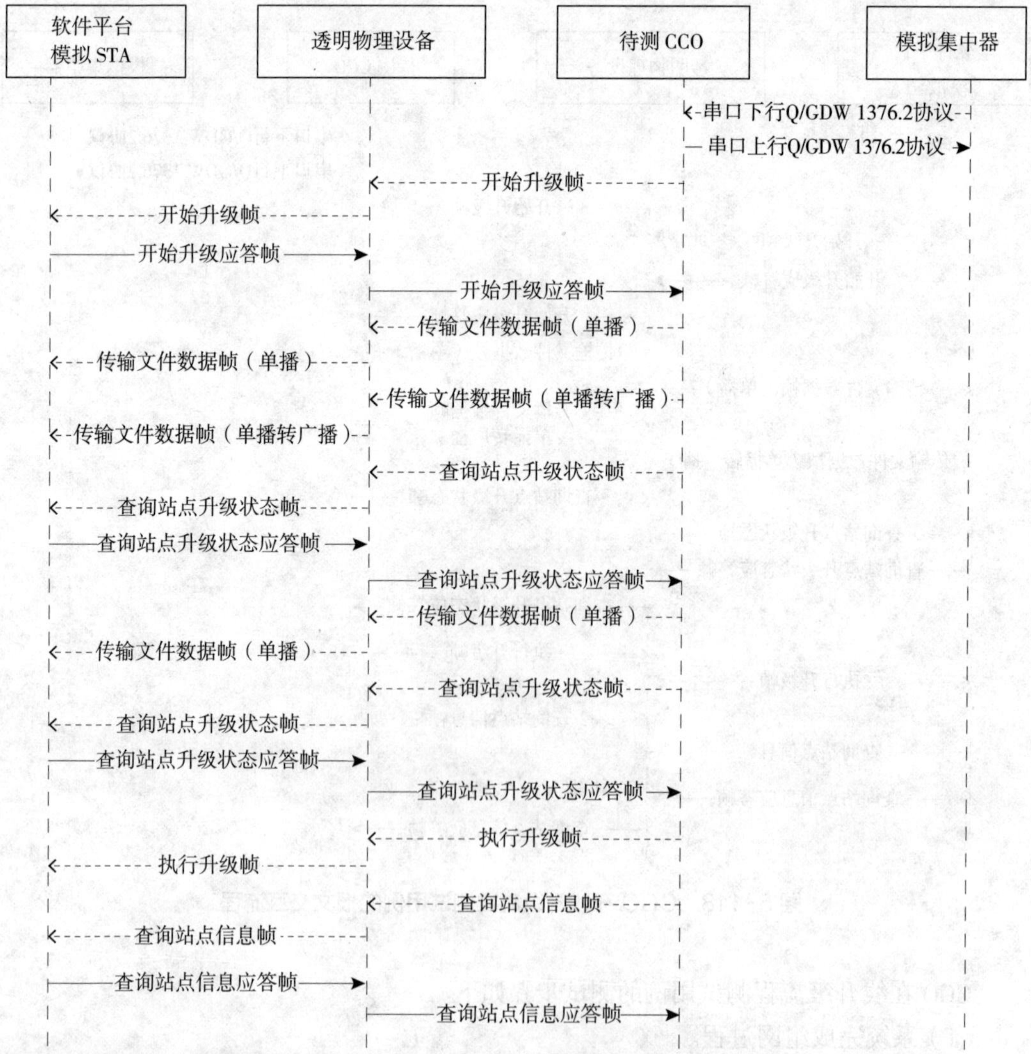

软件平台模拟 STA
透明物理设备
待测 CCO
模拟集中器
串口下行Q/GDW 1376.2协议
串口上行Q/GDW 1376.2协议
开始升级帧
开始升级帧
开始升级应答帧
开始升级应答帧
传输文件数据帧（单播）
传输文件数据帧（单播）
传输文件数据帧（单播转广播）
传输文件数据帧（单播转广播）
查询站点升级状态帧
查询站点升级状态帧
查询站点升级状态应答帧
查询站点升级状态应答帧
传输文件数据帧（单播）
传输文件数据帧（单播）
查询站点升级状态帧
查询站点升级状态帧
查询站点升级状态应答帧
查询站点升级状态应答帧
执行升级帧
执行升级帧
查询站点信息帧
查询站点信息帧
查询站点信息应答帧
查询站点信息应答帧

图 5–119　CCO 在线升级补包机制测试用例的报文交互流程

（1）检测模拟 STA 回复部分升级块接收失败升级状态应答报文后，查看 CCO 是否补发未成功传输文件数据报文。

（2）检测 CCO 在补发接收失败文件数据包后，查看是否发送查询站点升级状态报文。

（3）检测模拟 STA 回复数据块全部接收完成查询站点升级状态应答报文后，查看 CCO 是否下发执行升级报文。

CCO 在线升级补包机制测试用例的报文交互流程如图 5-119 所示。

CCO 在线升级补包机制测试用例的测试步骤如下。

（1）系统完成组网过程。

（2）软件平台模拟集中器，发送 AFN=15，Fn=1（清除下装文件操作）。

（3）模拟集中器通过 Q/ GDW 1376.2 帧发送 AFN=15，Fn=1（子节点升级文件）。

（4）CCO 下发开始升级报文，软件平台模拟 STA 回复开始升级应答报文。

（5）CCO 下发传输文件数据报文。

（6）CCO 下发查询站点升级状态报文，软件平台模拟 STA 回复查询站点升级状态应答报文，该报文提示部分数据包接收失败。

（7）CCO 下发未成功传输文件数据报文。

（8）CCO 下发查询站点升级状态报文，软件平台模拟 STA 回复查询站点升级状态应答报文，该报文提示所有数据包接收完成。

（9）CCO 下发执行升级报文。

5.19.3　STA 在线升级流程测试用例

STA 在线升级流程测试用例依据《低压电力线高速载波通信互联互通技术规范　第 4-3 部分：应用层通信协议》，验证待测 STA 是否能够通过 CCO 发送的升级报文，按照规约要求的步骤完成在线升级。本测试用例的检查项目如下。

（1）检测 STA(空闲态) 能否在接收到查询站点信息报文后回复查询站点信息应答报文。

（2）检测 STA(空闲态) 能否在接收到开始升级报文后回复开始升级应答报文。

（3）检测 STA(接收进行态) 能否在接收到传输文件数据报文 (单播转广播) 时广播发送传输文件数据报文。

（4）检测 STA(接收进行态) 能否在接收到查询站点升级状态报文时回复查询站点升级状态应答报文。

（5）检测 STA(升级完成态) 在接收到执行升级报文后是否在规定时间间隔完成复位。复位时间间隔起始点为 CCO 发送执行升级报文的时间，终止点为 STA 下挂模拟电能表收到 STA 下发的首个 645 数据报文时间。

（6）检测 STA 复位并重新组网完成后，能否在接收到查询站点信息报文后回复查询站点信息应答报文，且文件长度和 CRC 是否与下发的更新文件一致。

STA 在线升级流程测试用例的报文交互流程如图 5-120 所示。

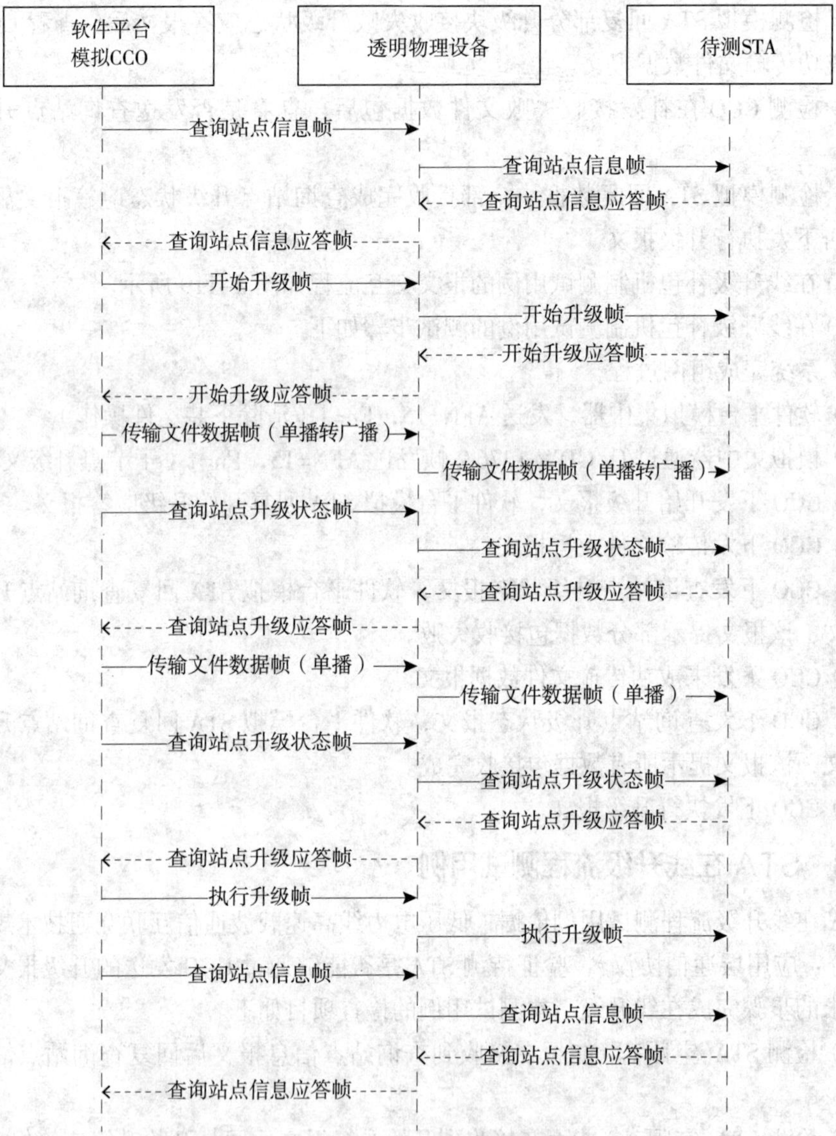

软件平台模拟CCO
透明物理设备
待测STA
查询站点信息帧
查询站点信息帧
查询站点信息应答帧
查询站点信息应答帧
开始升级帧
开始升级帧
开始升级应答帧
开始升级应答帧
传输文件数据帧（单播转广播）
传输文件数据帧（单播转广播）
查询站点升级状态帧
查询站点升级状态帧
查询站点升级应答帧
查询站点升级应答帧
传输文件数据帧（单播）
传输文件数据帧（单播）
查询站点升级状态帧
查询站点升级状态帧
查询站点升级应答帧
查询站点升级应答帧
执行升级帧
执行升级帧
查询站点信息帧
查询站点信息帧
查询站点信息应答帧
查询站点信息应答帧

图 5-120　STA 在线升级流程测试用例的报文交互流程

STA 在线升级流程测试用例的测试步骤如下。

（1）系统完成组网过程。

（2）软件平台模拟 CCO 下发查询站点信息报文，查看是否能在规定时间内收到查询站点信息应答报文。

（3）软件平台模拟 CCO 下发开始升级报文，查看是否能在规定时间内收到开始升级应答报文。

（4）软件平台模拟 CCO 下发传输文件数据报文（单播转广播），查看是否能在规定时间收到待测 STA 发送的广播传输文件数据报文。

（5）软件平台模拟 CCO 下发传输文件数据报文(单播)，升级块大小默认为最大 400B，下同。

（6）假定待下发传输文件数据报文总数为 *N* 包，软件平台在完成 30%*N*、60%*N*、100%*N* 包传输文件数据报文下发后，模拟 CCO 下发查询站点升级状态报文，查看是否能在规定时间内收到查询站点升级状态应答报文。完成 30%、60% 时查询块状态使用的块数为实际发送的块数，完成 100% 时使用 0XFFFF 查询所有的块状态。

（7）软件平台模拟 CCO 下发查询站点信息报文，查看是否能在规定时间内收到查询站点信息应答报文。

（8）软件平台在完成所有传输文件数据报文下发后，模拟 CCO 下发执行升级报文，并设定试运行时间和复位时间，等待 STA 复位。

（9）软件平台向待测设备发送相应的频段切换帧，并等待系统完成组网过程。

（10）软件平台模拟 CCO 下发查询站点信息报文，查看是否能在规定时间内收到查询站点信息应答报文，且文件长度和 CRC 是否与下发的更新文件一致。

5.19.4　STA 停止升级机制测试用例

STA 停止升级机制测试用例依据《低压电力线高速载波通信互联互通技术规范　第 4-3 部分：应用层通信协议》，验证待测 STA 是否能够正确响应 CCO 发送的停止升级报文，终止当前的升级操作，在终止升级后，能否重新开始新的升级操作。本测试用例的检查项目如下。

（1）监测 STA 是否按要求发送相应的应答报文。

（2）停止升级报文升级 ID 为 0 或者实际升级 ID 时，STA 均可正常终止本次升级操作。

（3）检测 STA 停止升级后，接收到 CCO 下发的查询站点信息报文，查看是否能在规定时间内收到查询站点信息应答报文。

（4）检测 STA 停止升级后，能否在接收到查询站点升级状态报文时回复查询站点升级状态应答报文，且内容正确。

（5）检测 STA 停止升级后，能否正常完成新的升级操作。

STA 停止升级机制测试用例的报文交互流程如图 5-121 所示。

STA 停止升级机制测试用例的测试步骤如下。

（1）执行 STA 在线升级流程测试正常升级步骤（1）~（4）。

（2）假定待下发传输文件数据报文总数为 *N* 包，软件平台在完成 30%*N* 包传输文件数据报文下发后，模拟 CCO 下发查询站点升级状态报文，查看是否能在规定时间内收到查询站点升级状态应答报文，查询块状态使用的块数为实际发送的块数。

（3）软件平台模拟 CCO 下发停止升级报文。

（4）软件平台模拟 CCO 下发查询站点信息报文，查看是否能在规定时间内收到查询站点信息应答报文。

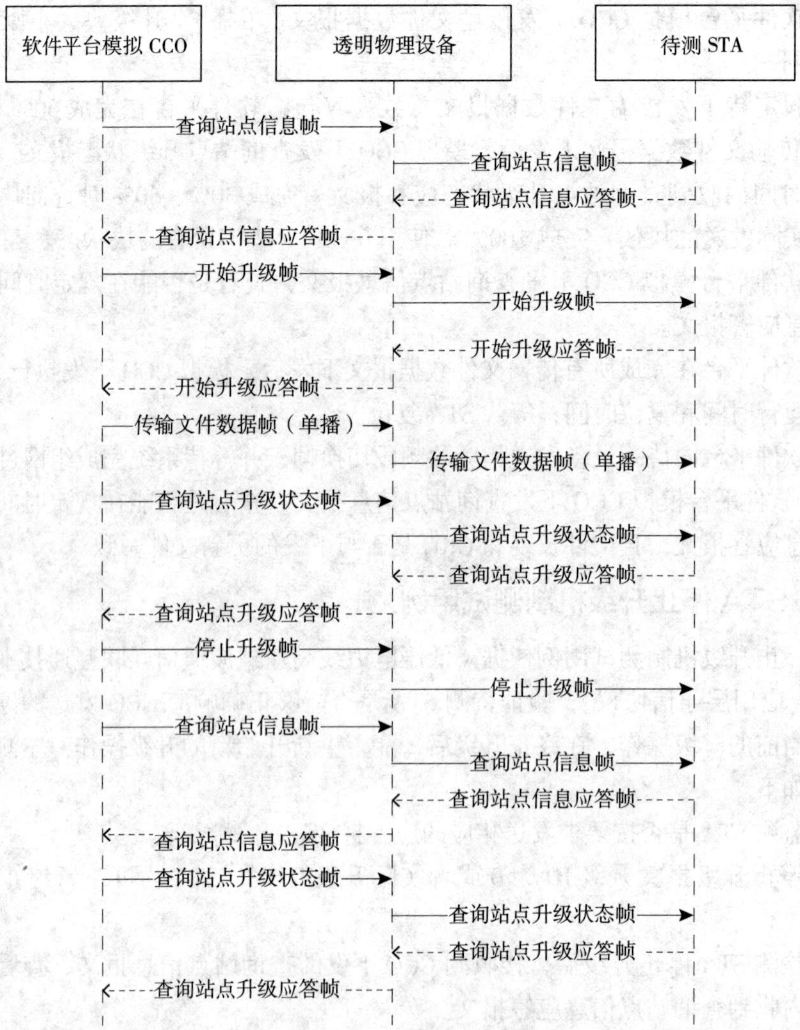

图 5-121　STA 停止升级机制测试用例的报文交互流程

（5）软件平台模拟 CCO 下发查询站点升级状态报文，查看是否能在规定时间内收到查询站点升级状态应答报文。

（6）重复测试用例 STA 在线升级流程测试正常升级测试步骤。

5.19.5　STA 升级时间窗机制测试用例

STA 升级时间窗机制测试用例依据《低压电力线高速载波通信互联互通技术规范　第 4-3 部分：应用层通信协议》，验证：待测 STA 是否能够通过升级时间窗机制，在升级失败后放弃升级；在升级文件全部收全、未收到重启命令的情况下在规定的时间窗到期后自行重启。本测试用例的检查项目如下。

（1）检测 STA 在升级至 30% 时，等待升级时间窗设定的时间后，能否自动放弃当前升级操作，升级状态应答报文所有升级块状态全部清 0。

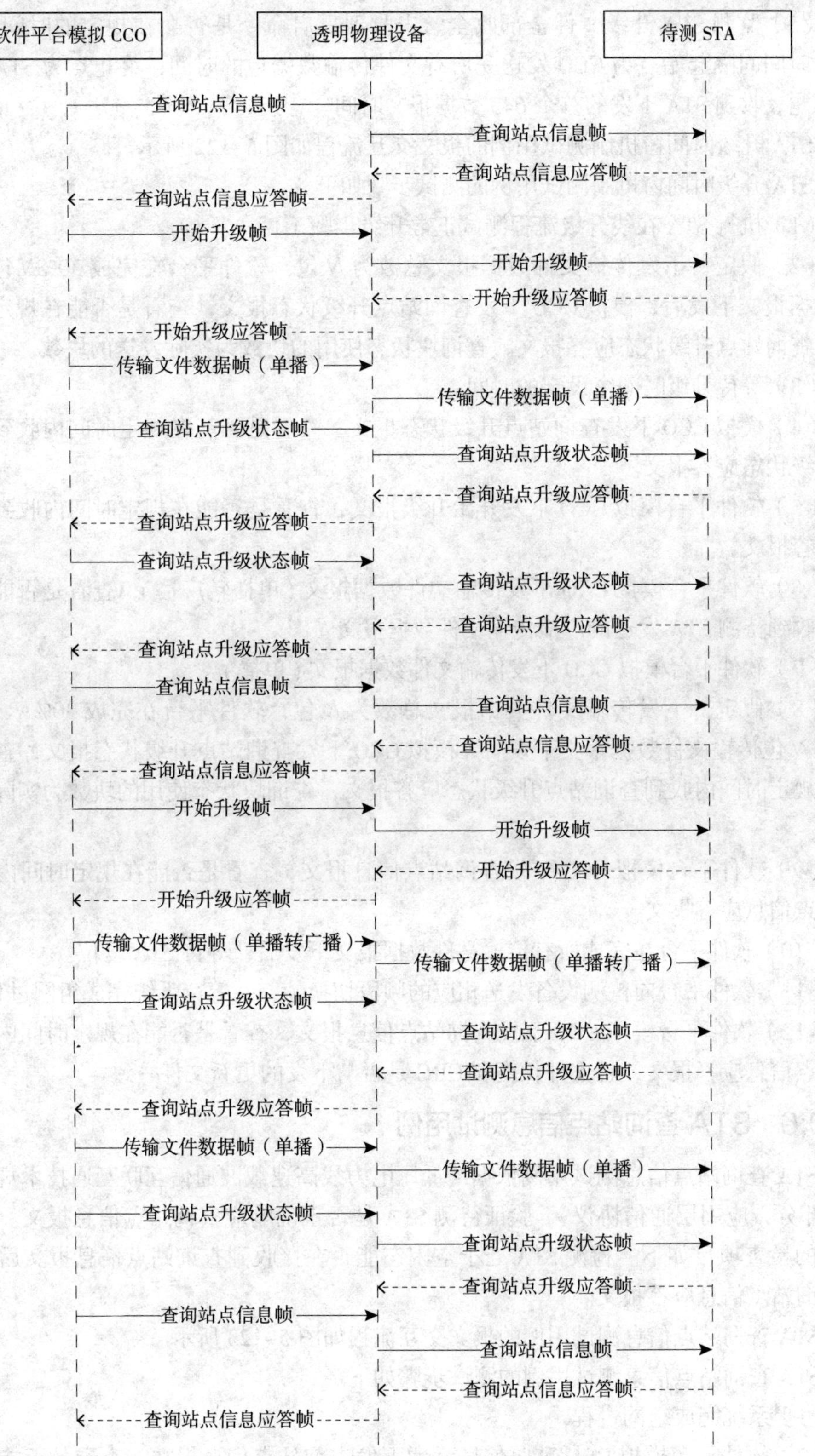

图 5-122　STA 升级时间窗机制测试用例的报文交互流程

（2）监测 STA 升级文件全部收全、未收到重启命令是否会在规定的时间窗复位，复位时间间隔起始点为 CCO 发送完所有文件传输数据包的时间，终止点为 STA 下挂模拟电能表收到 STA 下发的首个 645 数据报文时间。

STA 升级时间窗机制测试用例的报文交互流程如图 5-122 所示。

STA 升级时间窗机制测试用例的测试步骤如下。

（1）执行 STA 在线升级流程测试正常升级步骤（1）~（4）。

（2）假定待下发传输文件数据报文总数为 *N* 包，软件平台在完成 30%*N* 包传输文件数据报文下发后，模拟 CCO 下发查询站点升级状态报文，查看是否能在规定时间内收到查询站点升级状态应答报文，查询块状态使用的块数为实际发送的块数。

（3）等待升级时间窗设定的时间。

（4）模拟 CCO 下发查询站点升级状态报文，查看是否能在规定时间内收到查询站点升级状态应答报文。

（5）软件平台模拟 CCO 下发开始升级报文，查看是否能在规定时间内收到开始升级应答报文。

（6）软件平台模拟 CCO 下发传输文件数据报文（单播转广播），查看是否能在规定时间收到待测 STA 发送的广播传输文件数据报文。

（7）软件平台模拟 CCO 下发传输文件数据报文（单播）。

（8）假定待下发传输文件数据报文总数为 *N* 包，软件平台在完成 30%*N*、50%*N*、100%*N* 包传输文件数据报文下发后，模拟 CCO 下发查询站点升级状态报文，查看是否能在规定时间内收到查询站点升级状态应答报文，查询块状态使用的块数为实际发送的块数。

（9）软件平台模拟 CCO 下发查询站点信息报文，查看是否能在规定时间内收到查询站点信息应答报文。

（10）软件平台在完成所有传输文件数据报文下发后，等待 STA 复位。

（11）软件平台向待测设备发送相应的频段切换帧，并等待系统完成组网过程。

（12）软件平台模拟 CCO 下发查询站点信息报文，查看是否能在规定时间内收到查询站点信息应答报文，且文件长度和 CRC 是否与下发的更新文件一致。

5.19.6 STA 查询站点信息测试用例

STA 查询站点信息测试用例依据《低压电力线高速载波通信互联互通技术规范　第 4-3 部分：应用层通信协议》，验证待测 STA 是否正确响应查询站点信息报文。本测试用例的检查项目如下。检测 STA 处于空闲态能否在接收到查询站点信息报文后正确回复查询站点信息应答报文。

STA 查询站点信息测试用例的报文交互流程如图 5-123 所示。

STA 查询站点信息测试用例的测试步骤如下。

（1）系统完成组网过程。

（2）软件平台模拟 CCO 乱序信息元素下发查询站点信息报文，查看是否能在规定时间内收到查询站点信息应答报文。

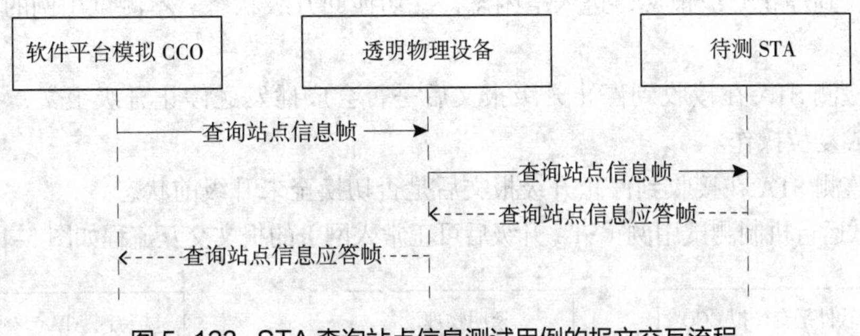

图 5-123　STA 查询站点信息测试用例的报文交互流程

5.19.7　STA 试运行机制测试用例（STA 升级后无法入网）

STA 试运行机制测试用例（STA 升级后无法入网）依据《低压电力线高速载波通信互联互通技术规范　第 4-3 部分：应用层通信协议》，验证：待测 STA 是否能够通过试运行机制，在试运行失败后切换为升级前状态；在试运行成功后，切换为空闲态。本测试用例的检查项目如下。

（1）检测 STA 在试运行失败后是否在设定的试运行时间完成复位操作。

（2）监测 STA 在试运行失败后是否切换至未升级前状态。

STA 试运行机制测试用例（STA 升级后无法入网）的报文交互流程如图 5-124 所示。

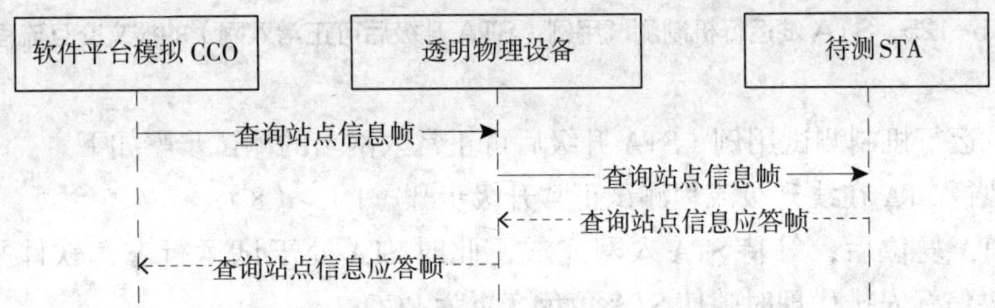

图 5-124　STA 试运行机制测试用例（STA 升级后无法入网）的报文交互流程

STA 试运行机制测试用例（STA 升级后无法入网）的测试步骤如下。

（1）执行 STA 在线升级流程测试正常升级步骤（1）~（8）。

（2）STA 复位后，模拟 CCO 不发送中央信标使 STA 处于未入网状态。

（3）等待试运行时间结束，观察 STA 是否发生复位。

（4）模拟 CCO 正常发送中央信标，等待系统完成组网过程。

（5）软件平台模拟 CCO 下发查询站点信息报文，查看是否能在规定时间内收到查询站点信息应答报文，且文件长度和 CRC 是否与未升级前文件一致。

5.19.8　STA 试运行机制测试用例（STA 升级后可正常入网）

STA 试运行机制测试用例（STA 升级后可正常入网）依据《低压电力线高速载波通

信互联互通技术规范　第 4-3 部分：应用层通信协议》，验证待测 STA 能否处于试运行态时，接收到停止升级报文，进入空闲态，并切换回升级状态。本测试用例的检查项目如下。

（1）检测 STA 在接收到停止升级报文后是否会广播发送停止升级报文，并在发送完成后完成复位操作。

（2）监测 STA 在接收到停止升级报文后是否切换至未升级前状态。

STA 试运行机制测试用例（STA 升级后可正常入网）的报文交互流程如图 5-125 所示。

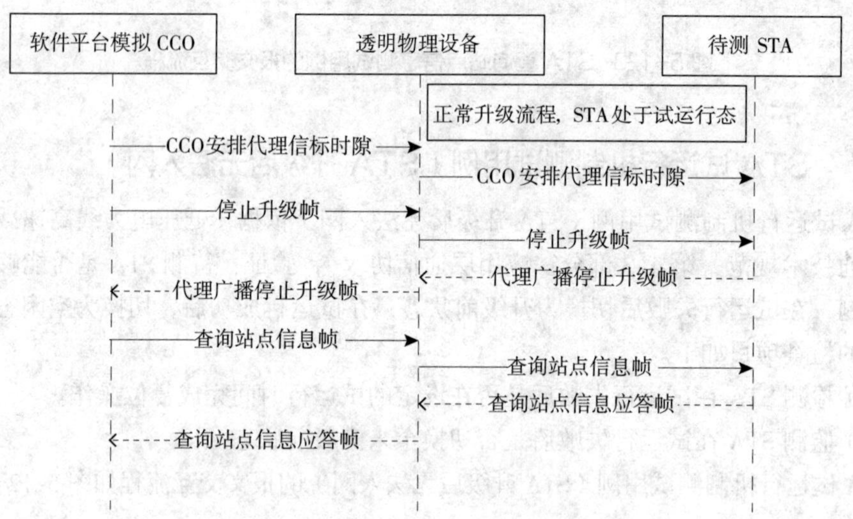

图 5-125　STA 试运行机制测试用例（STA 升级后可正常入网）的报文交互流程

STA 试运行机制测试用例（STA 升级后可正常入网）的测试步骤如下。

（1）执行 STA 在线升级流程测试正常升级步骤（1）~（8）。

（2）STA 复位后，等待 STA 入网完成，此时 STA 处于试运行态，软件平台模拟 CCO 在中央信标安排代理时隙使 STA 角色变更为 PCO。

（3）模拟 CCO 下发停止升级报文。

（4）查看 STA 是否会广播停止升级报文。

（5）等待 STA 复位，完成组网过程。

（6）软件平台模拟 CCO 下发查询站点信息报文，查看是否能在规定时间内收到查询站点信息应答报文。

5.19.9　STA 在线升级补包机制测试用例

STA 在线升级补包机制测试用例依据《低压电力线高速载波通信互联互通技术规范　第 4-3 部分：应用层通信协议》，验证：待测 STA 是否能够通过补包机制在恶劣通信环境下确保在线升级的成功率。本测试用例的检查项目如下。

（1）检测 CCO 在下发 90%N 数据包后，下发查询站点升级状态报文，应能收到站点升级状态应答报文，且升级包位图正确。

（2）CCO 在下发完所有数据包后，下发查询站点升级状态报文，应能收到站点升级状态应答报文，且升级包位图正确。

（3）STA 复位并重新组网完成后，检测 STA 能否在接收到查询站点信息报文后回复查询站点信息应答报文，且文件长度和 CRC 是否与下发的更新文件一致。

STA 在线升级补包机制测试用例的报文交互流程如图 5-126 所示。

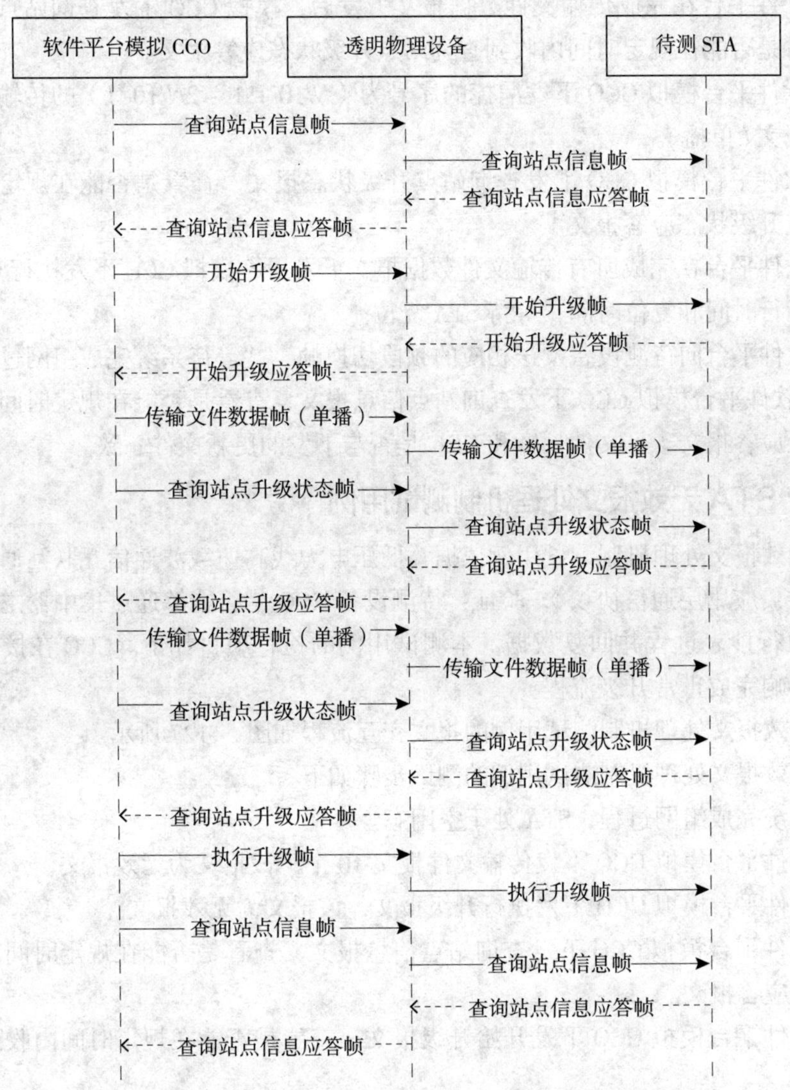

图 5-126　STA 在线升级补包机制测试用例的报文交互流程

STA 在线升级补包机制测试用例的测试步骤如下。

（1）系统完成组网过程。

（2）软件平台模拟 CCO 下发查询站点信息报文，查看是否能在规定时间内收到查询站点信息应答报文。

（3）软件平台模拟 CCO 下发开始升级报文，查看是否能在规定时间内收到开始升级应答报文。

（4）假定待下发传输文件数据报文总数为 N 包，下发序号为 1~N/10、2N/10~N 的传输文件报文，中间漏掉序号为（N/10 + 1 ~ 2N/10 - 1）的传输报文不下发。软件平台模拟 CCO 下发传输文件数据报文(单播)，升级块大小默认为最大 400B，下同。

（5）软件平台在完成传输文件数据报文下发后，模拟 CCO 下发查询站点升级状态报文，查看是否能在规定时间内收到查询站点升级状态应答报文。

（6）软件平台模拟 CCO 下发漏掉的序号为（N/10 + 1 ~ 2N/10–1）的传输报文传输文件数据报文(单播)。

（7）软件平台模拟 CCO 下发查询站点升级状态报文，查看是否能在规定时间内收到查询站点升级状态应答报文。

（8）软件平台在完成所有传输文件数据报文下发后，模拟 CCO 下发执行升级报文，并设定试运行时间和复位时间，等待 STA 复位。

（9）软件平台向待测设备发送相应的频段切换帧，并等待系统完成组网过程。

（10）软件平台模拟 CCO 下发查询站点信息报文，查看是否能在规定时间内收到查询站点信息应答报文，且文件长度和 CRC 是否与下发的更新文件一致。

5.19.10 STA 无效报文处理机制测试用例

STA 无效报文处理机制测试用例依据《低压电力线高速载波通信互联互通技术规范 第 4–3 部分：应用层通信协议》，验证：待测设备 CCO 是否能够通过集中器主动抄表方式，正确执行抄表过程并回复数据。本测试用例的检查项目如下。CCO 在接收到无效报文时不影响完成正常升级流程。

STA 无效报文处理机制测试用例的报文交互流程如图 5–127 所示。

STA 无效报文处理机制测试用例的测试步骤如下。

（1）系统完成组网过程，STA 处于空闲态。

（2）软件平台模拟 CCO 下发传输文件报文 10 个，该报文为无效报文。

（3）软件平台模拟 CCO 下发执行升级报文，该报文为无效报文。

（4）软件平台模拟 CCO 下发查询站点信息报文，查看是否能在规定时间内收到查询站点信息应答报文。

（5）软件平台模拟 CCO 下发开始升级报文，查看是否能在规定时间内收到开始升级应答报文。

（6）软件平台模拟 CCO 下发开始升级报文，查看是否能在规定时间内收到开始升级应答报文，此报文为重复无效报文。

（7）假定待下发传输文件数据报文总数为 N 包，软件平台模拟 CCO 下发传输文件数据报文(单播)，升级块大小默认为最大 400B，下同。

（8）软件平台在完成 30%N 包传输文件数据报文下发后，模拟 CCO 下发开始升级报文，此报文为无效报文。

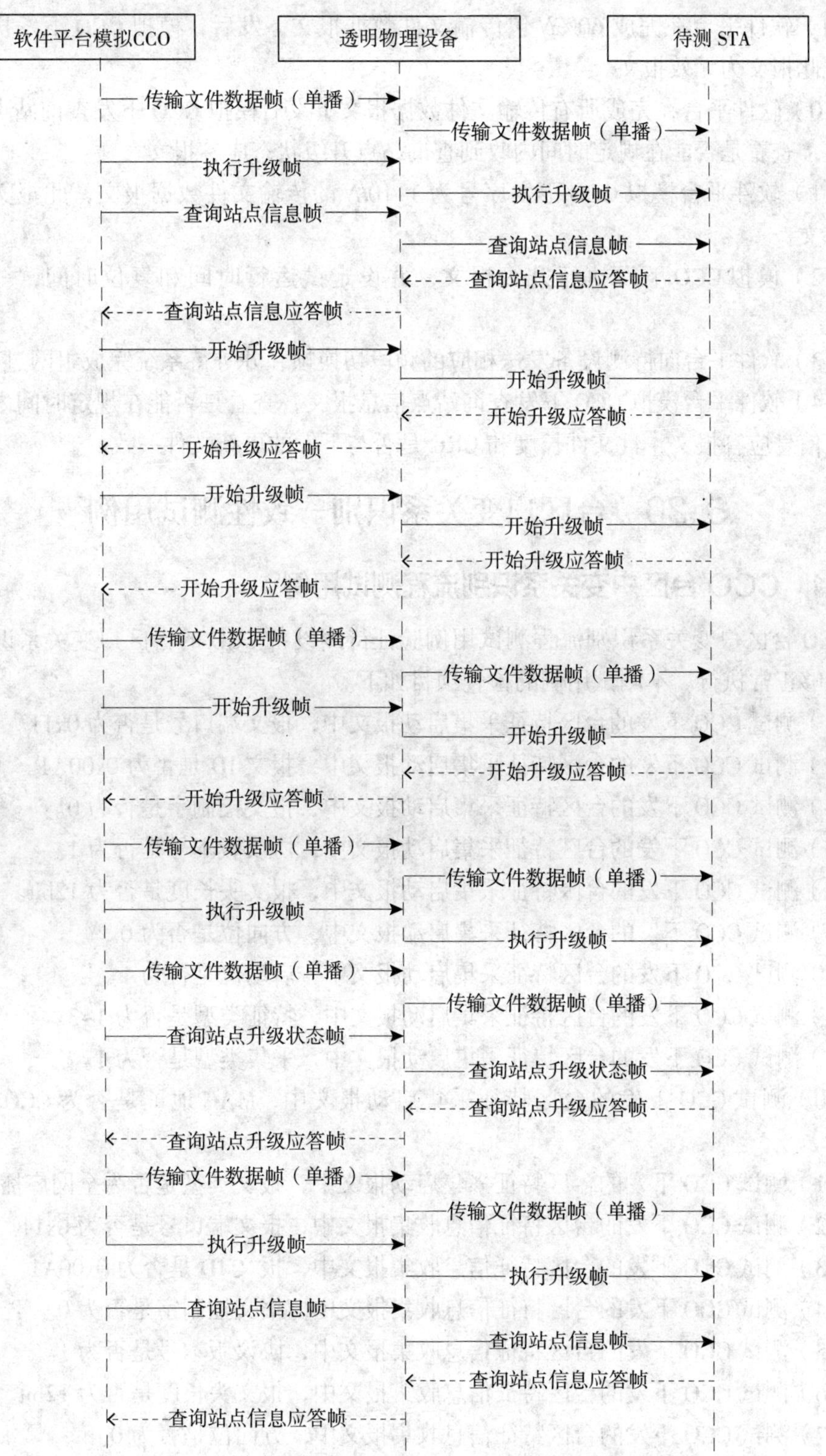

图 5-127　STA 无效报文处理机制测试用例的报文交互流程

（9）软件平台在完成60%N包传输文件数据报文下发后，模拟CCO下发执行升级报文，此报文为无效报文。

（10）软件平台在完成所有传输文件数据报文下发后模拟CCO下发查询站点升级状态报文，查看是否能在规定时间内收到查询站点升级状态应答报文。

（11）软件平台模拟CCO下发序号为1~10/N的传输文件数据报文，此报文为重复无效报文。

（12）模拟CCO下发执行升级报文，并设定试运行时间和复位时间，等待STA复位。

（13）软件平台向待测设备发送相应的频段切换帧，并等待系统完成组网过程。

（14）软件平台模拟CCO下发查询站点信息报文，查看是否能在规定时间内收到查询站点信息应答报文，且文件长度和CRC是否与下发的更新文件一致。

5.20 台区户变关系识别一致性测试用例

5.20.1 CCO台区户变关系识别流程测试用例

CCO台区户变关系识别流程测试用例验证待测设备CCO的台区户变关系识别流程是否能够正常执行。本测试用例的检查项目如下。

（1）测试CCO下发的台区特征采集启动报文中，报文端口号是否为0x11。

（2）测试CCO下发的台区特征采集启动报文中，报文ID是否为0x00A1。

（3）测试CCO下发的台区特征采集启动报文中，报文控制字是否为0。

（4）测试CCO下发的台区特征采集启动报文中，协议版本号是否为1。

（5）测试CCO下发的台区特征采集启动报文中，报文头长度是否为12bit。

（6）测试CCO下发的台区特征采集启动报文中，方向位是否为0。

（7）测试CCO下发的台区特征采集启动报文中，启动位是否为1。

（8）测试CCO下发的台区特征采集启动报文中，特征类型是否为1~3。

（9）测试CCO下发的台区特征采集启动报文中，采集类型是否为1。

（10）测试CCO下发的台区特征采集启动报文中，MAC地址是否为CCO主节点地址。

（11）测试CCO下发的台区特征采集启动报文中，报文类型是否为全网广播。

（12）测试CCO下发的台区特征信息收集报文中，报文端口号是否为0x11。

（13）测试CCO下发的台区特征信息收集报文中，报文ID是否为0x00A1。

（14）测试CCO下发的台区特征信息收集报文中，报文控制字是否为0。

（15）测试CCO下发的台区特征信息收集报文中，协议版本号是否为1。

（16）测试CCO下发的台区特征信息收集报文中，报文头长度是否为12bit。

（17）测试CCO下发的台区特征信息收集报文中，方向位是否为0。

（18）测试CCO下发的台区特征信息收集报文中，启动位是否为1。

（19）测试CCO下发的台区特征信息收集报文中，MAC地址是否为STA的MAC

地址。

（20）测试 CCO 下发的台区特征信息收集报文中，特征类型是否为 1~3。

（21）测试 CCO 下发的台区特征信息收集报文中，采集类型是否为 2。

（22）测试 CCO 下发的台区特征信息收集报文中，报文类型是否为单播。

（23）测试 CCO 下发的台区特征信息告知报文中，报文端口号是否为 0x11。

（24）测试 CCO 下发的台区特征信息告知报文中，报文 ID 是否为 0x00A1。

（25）测试 CCO 下发的台区特征信息告知报文中，报文控制字是否为 0。

（26）测试 CCO 下发的台区特征信息告知报文中，协议版本号是否为 1。

（27）测试 CCO 下发的台区特征信息告知报文中，报文头长度是否为 12bit。

（28）测试 CCO 下发的台区特征信息告知报文中，方向位是否为 0。

（29）测试 CCO 下发的台区特征信息告知报文中，启动位是否为 1。

（30）测试 CCO 下发的台区特征信息告知报文中，MAC 地址是否为 CCO 的主节点地址。

（31）测试 CCO 下发的台区特征信息告知报文中，特征类型是否为 1~3。

（32）测试 CCO 下发的台区特征信息告知报文中，采集类型是否为 3。

（33）测试 CCO 下发的台区特征信息告知报文中，报文类型是否为全网广播。

（34）测试 CCO 下发的台区判别结果查询报文中，报文端口号是否为 0x11。

（35）测试 CCO 下发的台区判别结果查询报文中，报文类型是否为单播。

（36）测试 CCO 下发的台区判别结果查询报文中，报文 ID 是否为 0x00A1。

（37）测试 CCO 下发的台区判别结果查询报文中，报文控制字是否为 0。

（38）测试 CCO 下发的台区判别结果查询报文中，协议版本号是否为 1。

（39）测试 CCO 下发的台区判别结果查询报文中，报文头长度是否为 12bit。

（40）测试 CCO 下发的台区判别结果查询报文中，方向位是否为 0。

（41）测试 CCO 下发的台区判别结果查询报文中，启动位是否为 1。

（42）测试 CCO 下发的台区判别结果查询报文中，MAC 地址是否为 STA 的 MAC 地址。

（43）测试 CCO 下发的台区判别结果查询报文中，特征类型是否为 1~3。

（44）测试 CCO 下发的台区判别结果查询报文中，采集类型是否为 4。

备注：

① 12 ~ 22 项和 23 ~ 33 项二选一。

② 34 ~ 44 项非必测。

CCO 台区户变关系识别流程测试用例的报文交互流程如图 5-128 所示。

CCO 台区户变关系识别流程测试用例的测试步骤如下。

（1）连接设备，上电初始化。

（2）软件平台模拟集中器向待测 CCO 下发“参数区初始化”命令，在收到“确认”后，向待测 CCO 下发“设置主节点地址”命令，在收到“确认”后，向待测 CCO 下发“添加从节点”命令，将目标网络站点的 MAC 地址下发到 CCO 中，等待“确认”，等待

组网完成。

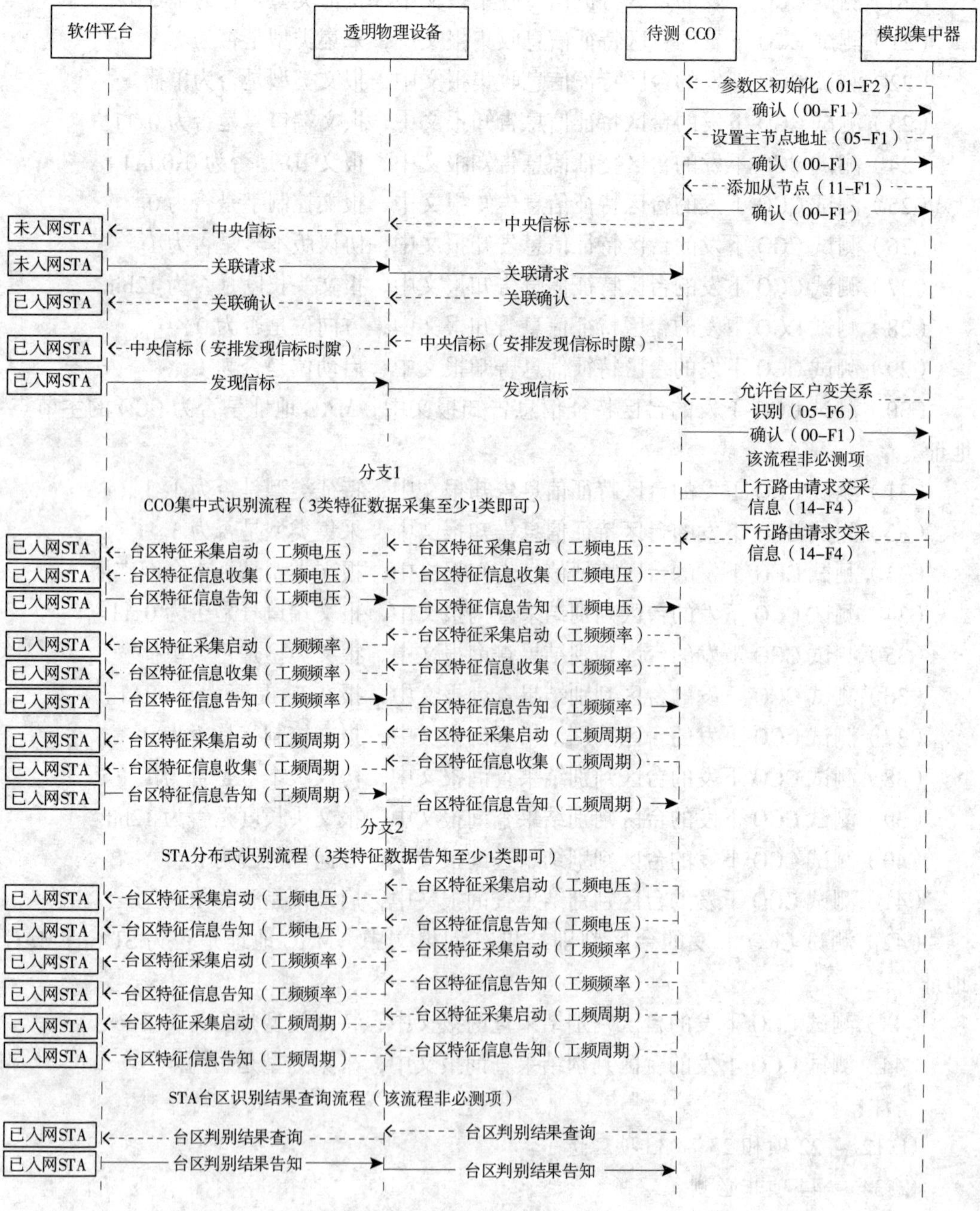

软件平台　透明物理设备　待测 CCO　模拟集中器

参数区初始化（01-F2）
确认（00-F1）
设置主节点地址（05-F1）
确认（00-F1）
添加从节点（11-F1）
确认（00-F1）
未入网STA　中央信标　中央信标
未入网STA　关联请求　关联请求
已入网STA　关联确认　关联确认
已入网STA　中央信标（安排发现信标时隙）　中央信标（安排发现信标时隙）
已入网STA　发现信标　发现信标
允许台区户变关系识别（05-F6）
确认（00-F1）
该流程非必测项
上行路由请求交采信息（14-F4）
下行路由请求交采信息（14-F4）

分支1
CCO集中式识别流程（3类特征数据采集至少1类即可）

已入网STA　台区特征采集启动（工频电压）　台区特征采集启动（工频电压）
已入网STA　台区特征信息收集（工频电压）　台区特征信息收集（工频电压）
已入网STA　台区特征信息告知（工频电压）　台区特征信息告知（工频电压）
已入网STA　台区特征采集启动（工频频率）　台区特征采集启动（工频频率）
已入网STA　台区特征信息收集（工频频率）　台区特征信息收集（工频频率）
已入网STA　台区特征信息告知（工频频率）　台区特征信息告知（工频频率）
已入网STA　台区特征采集启动（工频周期）　台区特征采集启动（工频周期）
已入网STA　台区特征信息收集（工频周期）　台区特征信息收集（工频周期）
已入网STA　台区特征信息告知（工频周期）　台区特征信息告知（工频周期）

分支2
STA分布式识别流程（3类特征数据告知至少1类即可）

已入网STA　台区特征采集启动（工频电压）　台区特征采集启动（工频电压）
已入网STA　台区特征信息告知（工频电压）　台区特征信息告知（工频电压）
已入网STA　台区特征采集启动（工频频率）　台区特征采集启动（工频频率）
已入网STA　台区特征信息告知（工频频率）　台区特征信息告知（工频频率）
已入网STA　台区特征采集启动（工频周期）　台区特征采集启动（工频周期）
已入网STA　台区特征信息告知（工频周期）　台区特征信息告知（工频周期）

STA台区识别结果查询流程（该流程非必测项）

已入网STA　台区判别结果查询　台区判别结果查询
已入网STA　台区判别结果告知　台区判别结果告知

图 5-128　CCO 台区户变关系识别流程测试用例的报文交互流程

（3）软件平台模拟集中器向待测 CCO 下发“允许台区户变关系识别”命令，等待“确认”，用于启动待测 CCO 的台区户变关系识别功能。

（4）软件平台收到待测 CCO 的“上行路由请求交采信息”命令后，软件平台向其下发“下行路由请求交采信息”报文（平台支持对该报文的回复，但不会将其作为判断测试结果成败的依据）。

（5）待测 CCO 将会自选台区户变关系识别策略，只要能够进入“CCO 集中式识别”流程和“STA 分布式识别”流程两个流程中的一个即可，两个流程的交互过程如下。

①“CCO 集中式识别”流程：CCO 发送“台区特征采集启动”报文，然后发送“台区特征信息收集”报文，软件平台模拟 STA 回复“台区特征信息告知”报文，软件平台对收到的报文格式进行判断（工频电压、工频频率和工频周期 3 类数据只要能采集 1 类即可）。

②“STA 分布式识别”流程：CCO 发送“台区特征采集启动”报文，然后发送“台区特征信息告知”报文，软件平台对收到的报文格式进行判断（工频电压、工频频率和工频周期 3 类数据只要能告知 1 类即可）。

（6）启动 60s 定时器，等待待测 CCO 发出“台区判别结果查询”报文（该报文非必测项）；定时器超时前，收到该报文，判断报文格式是否正确，结束测试；若定时器超时，则结束测试。

（7）若收到的各类报文格式均符合协议，则测试通过；否则，测试失败。

5.20.2　STA 台区户变关系识别流程测试用例（CCO 集中式识别）

STA 台区户变关系识别流程测试用例（CCO 集中式识别）验证待测设备 STA 的台区户变关系识别流程（CCO 集中式识别）是否能够正常执行。本测试用例的检查项目如下。

（1）测试 STA 回复的台区特征信息告知报文中，报文端口号是否为 0x11。

（2）测试 STA 回复的台区特征信息告知报文中，报文 ID 是否为 0x00A1。

（3）测试 STA 回复的台区特征信息告知报文中，报文控制字是否为 0。

（4）测试 STA 回复的台区特征信息告知报文中，协议版本号是否为 1。

（5）测试 STA 回复的台区特征信息告知报文中，报文头长度是否为 12bit。

（6）测试 STA 回复的台区特征信息告知报文中，方向位是否为 1。

（7）测试 STA 回复的台区特征信息告知报文中，启动位是否为 0。

（8）测试 STA 回复的台区特征信息告知报文中，MAC 地址是否为 STA 的 MAC 地址。

（9）测试 STA 回复的台区特征信息告知报文中，特征类型是否为 1~3。

（10）测试 STA 上报的台区特征信息告知报文中，报文类型是否为单播。

（11）测试 STA 回复的台区特征信息告知报文中，采集类型是否为 3。

STA 台区户变关系识别流程测试用例（CCO 集中式识别）的报文交互流程如图 5-129 所示。

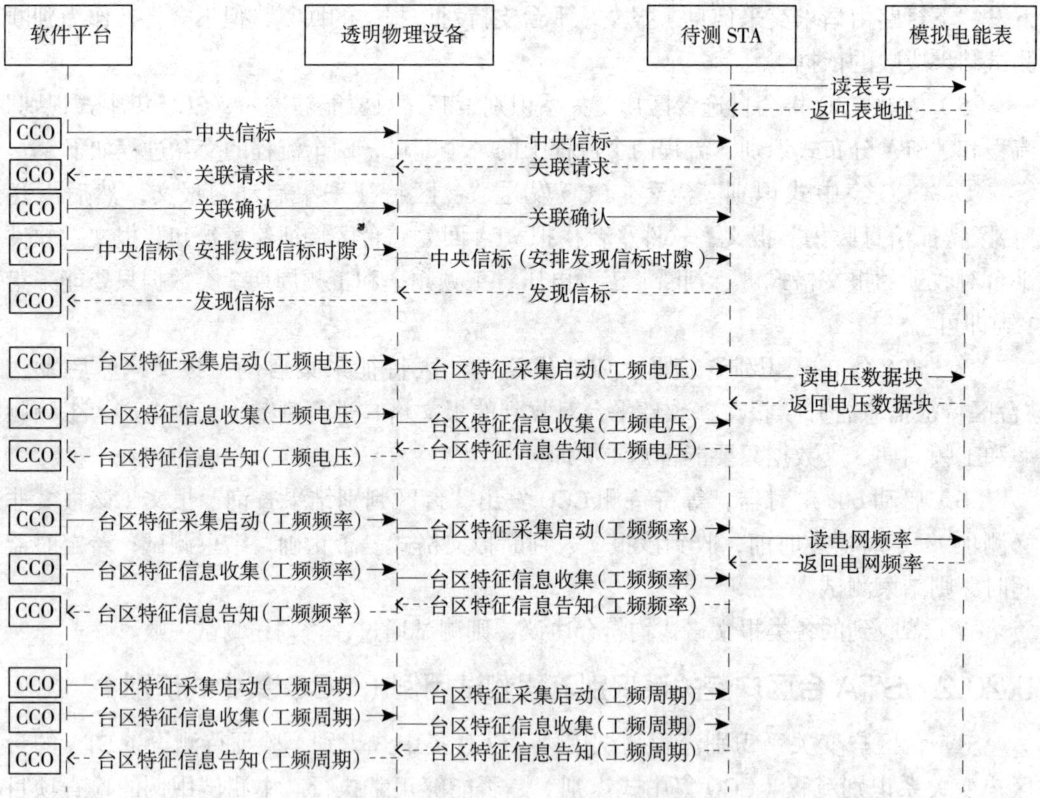

图 5-129　STA 台区户变关系识别流程测试用例（CCO 集中式识别）的报文交互流程

STA 台区户变关系识别流程测试用例（CCO 集中式识别）的测试步骤如下。

（1）连接设备，上电初始化。

（2）软件平台模拟电能表，在收到待测 STA 的读表号请求后，向其下发电能表地址信息。

（3）软件平台模拟 CCO 对入网请求的 STA 进行处理，确定站点入网成功。

（4）软件平台模拟 CCO 向待测 STA 发送“台区特征采集启动(工频电压)”报文，待测 STA 从串口发出“读电压数据块”报文，软件平台模拟电能表从串口回复“返回电压数据块”报文，软件平台模拟 CCO 向待测 STA 发送“台区特征信息收集(工频电压)”报文，待测 STA 向软件平台回复“台区特征信息告知(工频电压)”报文，软件平台检查报文格式是否正确。

（5）软件平台模拟 CCO 向待测 STA 发送“台区特征采集启动(工频频率)”报文，待测 STA 从串口发出“读电网频率”报文，软件平台模拟电能表从串口回复“返回电网频率”报文，软件平台模拟 CCO 向待测 STA 发送“台区特征信息收集(工频频率)”报文，待测 STA 向软件平台回复“台区特征信息告知(工频频率)”报文，软件平台检查报文格式是否正确。

（6）软件平台模拟 CCO 向待测 STA 发送“台区特征采集启动(工频周期)”报文，

等待一段时间后，软件平台模拟 CCO 向待测 STA 发送“台区特征信息收集(工频周期)”报文，待测 STA 向软件平台回复“台区特征信息告知(工频周期)”报文，软件平台检查报文格式是否正确。

（7）若收到的各类报文格式均符合协议，则测试通过；否则，测试失败。

5.20.3 STA 台区户变关系识别流程测试用例（STA 分布式识别）

STA 台区户变关系识别流程测试用例（STA 分布式识别）验证待测设备 STA 的台区户变关系识别流程（STA 分布式识别）是否能够正常执行。本测试用例的检查项目如下。

（1）测试 STA 上报的台区判别结果告知报文中，报文端口号是否为 0x11。

（2）测试 STA 上报的台区判别结果告知报文中，报文 ID 是否为 0x00A1。

（3）测试 STA 上报的台区判别结果告知报文中，报文控制字是否为 0。

（4）测试 STA 上报的台区判别结果告知报文中，协议版本号是否为 1。

（5）测试 STA 上报的台区判别结果告知报文中，报文头长度是否为 12bit。

（6）测试 STA 上报的台区判别结果告知报文中，方向位是否为 1。

（7）测试 STA 上报的台区判别结果告知报文中，MAC 地址是否为 STA 的 MAC 地址。

（8）测试 STA 上报的台区判别结果告知报文中，报文类型是否为单播。

（9）测试 STA 上报的台区判别结果告知报文中，采集类型是否为 5。

STA 台区户变关系识别流程测试用例（STA 分布式识别）的报文交互流程如图 5-130 所示。

STA 台区户变关系识别流程测试用例（STA 分布式识别）的测试步骤如下。

（1）连接设备，上电初始化。

（2）软件平台模拟电能表，在收到待测 STA 的读表号请求后，向其下发电能表地址信息。

（3）软件平台模拟 CCO 对入网请求的 STA 进行处理，确定站点入网成功。

（4）软件平台模拟 CCO 向待测 STA 发送“台区特征采集启动(工频电压)”报文，待测 STA 从串口发出“读电压数据块”报文，软件平台模拟电能表从串口回复“返回电压数据块”报文，软件平台模拟 CCO 向待测 STA 发送“台区特征信息告知(工频电压)”报文。

（5）软件平台模拟 CCO 向待测 STA 发送“台区特征采集启动(工频频率)”报文，待测 STA 从串口发出“读电网频率”报文，软件平台模拟电能表从串口回复“返回电网频率”报文，软件平台模拟 CCO 向待测 STA 发送“台区特征信息告知(工频频率)”报文。

（6）软件平台模拟 CCO 向待测 STA 发送“台区特征采集启动(工频周期)”报文，等待一段时间后，软件平台模拟 CCO 向待测 STA 发送“台区特征信息告知(工频周期)”报文。

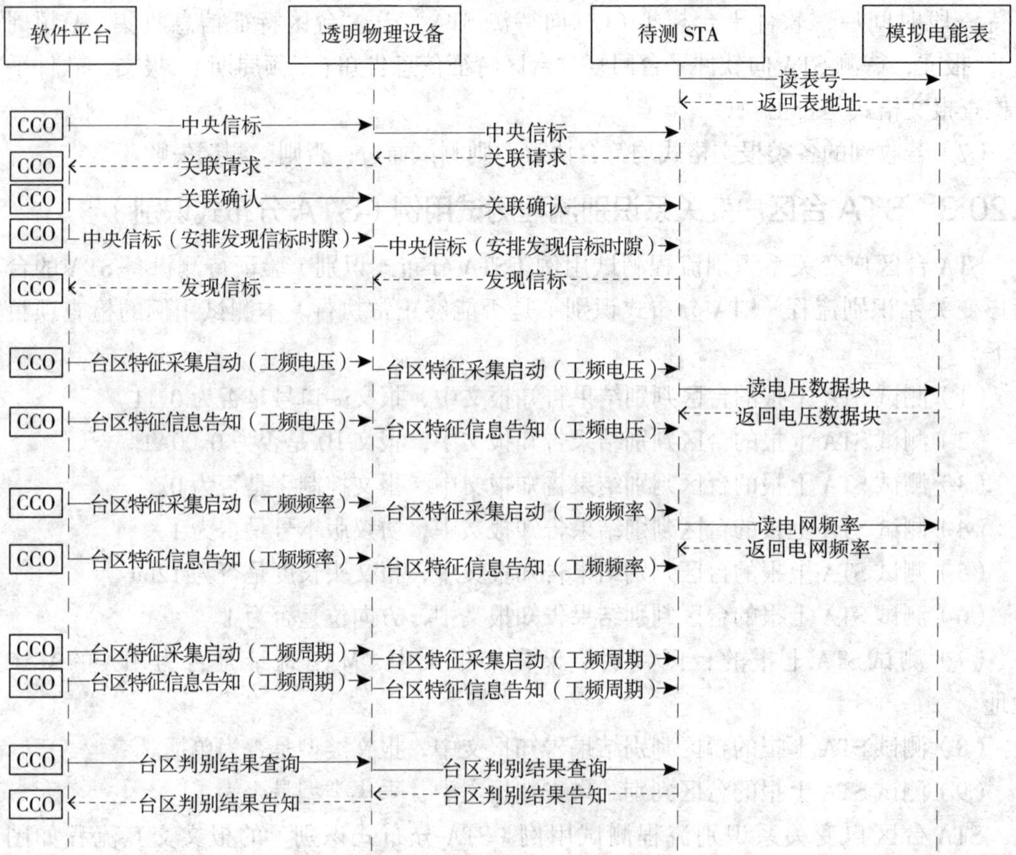

软件平台　透明物理设备　待测 STA　模拟电能表

读表号
返回表地址
CCO 中央信标　中央信标
CCO 关联请求　关联请求
CCO 关联确认　关联确认
CCO 中央信标（安排发现信标时隙）　中央信标（安排发现信标时隙）
CCO 发现信标　发现信标
CCO 台区特征采集启动（工频电压）　台区特征采集启动（工频电压）
读电压数据块
返回电压数据块
CCO 台区特征信息告知（工频电压）　台区特征信息告知（工频电压）
CCO 台区特征采集启动（工频频率）　台区特征采集启动（工频频率）
读电网频率
返回电网频率
CCO 台区特征信息告知（工频频率）　台区特征信息告知（工频频率）
CCO 台区特征采集启动（工频周期）　台区特征采集启动（工频周期）
CCO 台区特征信息告知（工频周期）　台区特征信息告知（工频周期）
CCO 台区判别结果查询　台区判别结果查询
CCO 台区判别结果告知　台区判别结果告知

图 5-130　STA 台区户变关系识别流程测试用例（STA 分布式识别）报文交互流程

（7）等待一段时间后，软件平台模拟 CCO 向待测 STA 发送“台区判别结果查询”报文，等待待测 STA 发送“台区判别结果告知”报文，检查报文格式是否正确。

（8）若收到的各类报文格式均符合协议，则测试通过；否则，测试失败。

5.20.4　台区改切快速识别测试用例（CCO 拒绝列表上报）

台区改切快速识别测试用例（CCO 拒绝列表上报）验证待测设备 STA 的台区改切快速识别流程能否被正确执行。本测试用例的检查项目如下。

（1）测试 CCO 下发的关联确认报文中，关联请求的确认结果是否为 0x01。

（2）测试 CCO 上报的拒绝从节点入网事件报文中，拒绝节点数量是否正确。

（3）测试 CCO 上报的拒绝从节点入网事件报文中，从节点地址是否对应。

（4）测试 CCO 上报的拒绝从节点入网事件报文回复时间是否超时。

（5）测试 CCO 上报的拒绝从节点入网事件报文中，通信协议类型是否为 0x05。

台区改切快速识别测试用例（CCO 拒绝列表上报）的报文交互流程如图 5-131 所示。

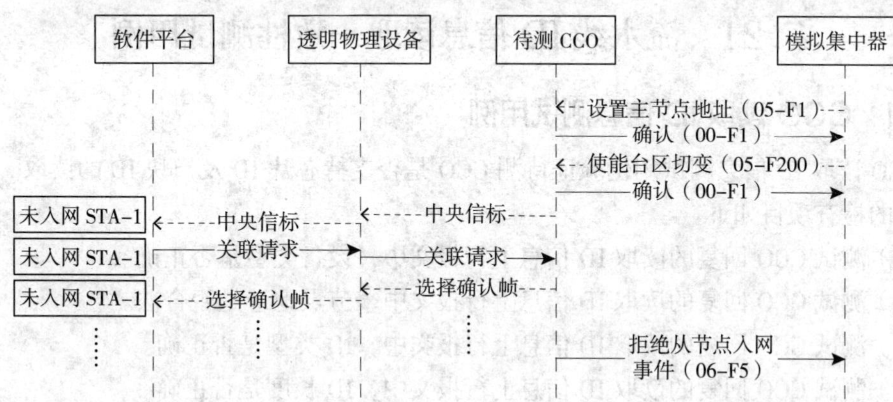

图 5-131　台区改切快速识别测试用例（CCO 拒绝列表上报）报文交互流程

台区改切快速识别测试用例（CCO 拒绝列表上报）的测试步骤如下。

（1）连接设备，上电初始化。

（2）软件平台模拟集中器向待测 CCO 下发“设置主节点地址”命令，等待“确认”。

（3）软件平台模拟集中器向待测 CCO 下发“使能 HPLC 标志”命令，等待“确认”，用于使能台区改切识别功能。

（4）待测 CCO 向软件模拟 STA-1 后发送中央信标，软件平台模拟 STA-1 向待测 CCO 发起关联请求报文（设备类型不能为 CCO、抄控器、中继器），等待待测 CCO 回复关联确认报文（确认结果为 0x01 站点不在白名单）。

（5）在以下两种情形下分别检测 CCO 向模拟集中器发送的上行“拒绝从节点入网事件”报文。

① 情形 1。

a. 汇聚功能验证：软件平台模拟 STA-2 向待测 CCO 发起关联请求，等待 60s 后，若在 120s 超时时间内收到正确的拒绝从节点入网事件报文（报文包括 STA-1 地址和 STA-2 地址），则测试通过，超时则测试失败。

b. 去重功能验证：软件平台模拟 STA-1 向待测 CCO 再次发起关联请求，等待 60s 后，若在 120s 超时时间内收到正确的拒绝从节点入网事件报文，则测试失败，超时时间内未收到拒绝从节点入网事件报文则测试通过。

② 情形 2。

软件平台模拟其他 STA 发起关联请求，并判断每个 CCO 发回的关联确认报文的合法性，软件平台确保每个关联请求之间时间间隔小于 60s，共发送 32 个不同的 STA 入网请求。启动定时器，若 120s 超时时间内收到正确的拒绝从节点入网事件报文（上报列表应同时包含 32 个已拒绝入网 STA 地址），符合要求则测试通过。定时器超时则测试失败。

（6）若收到的各类报文格式均符合协议，则测试通过；否则，测试失败。

5.21 流水线 ID 信息读取一致性测试用例

5.21.1 CCO 读取 ID 信息测试用例

CCO 读取 ID 信息测试用例验证待测 CCO 是否支持芯片 ID 及模块 ID 的读取。本测试用例的检查项目如下。

（1）测试 CCO 回复的读取 ID 信息上行报文中，设备类型是否正确。

（2）测试 CCO 回复的读取 ID 信息上行报文中，节点地址是否合法。

（3）测试 CCO 回复的读取 ID 信息上行报文中，ID 类型是否正确。

（4）测试 CCO 回复的读取 ID 信息上行报文中，ID 长度是否正确。

（5）测试 CCO 回复的读取 ID 信息上行报文中，ID 信息是否合法。

CCO 读取 ID 信息测试用例的报文交互流程如图 5-132 所示。

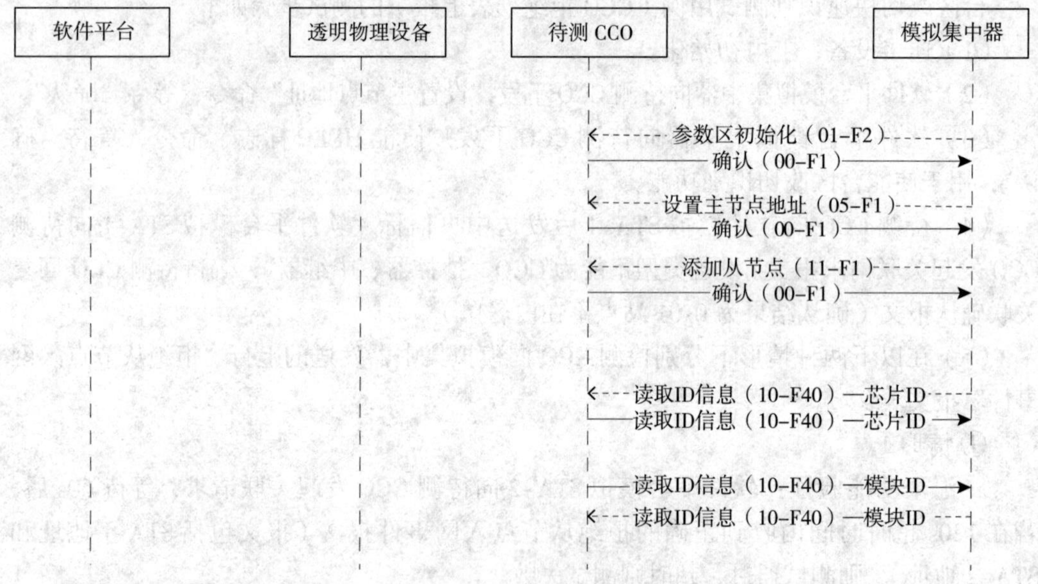

图 5-132 CCO 读取 ID 信息测试用例的报文交互流程

CCO 读取 ID 信息测试用例的测试步骤如下。

（1）连接设备，上电初始化。

（2）软件平台模拟集中器向待测 CCO 下发“参数区初始化”命令，在收到“确认”后，向待测 CCO 下发“设置主节点地址”命令，在收到“确认”后，向待测 CCO 下发“添加从节点”命令，将目标网络站点的 MAC 地址下发到 CCO 中，等待“确认”。

（3）软件平台模拟集中器向待测 CCO 下发“读取 ID 信息”命令，设备类型为 CCO，ID 类型为芯片 ID。

（4）软件平台收到待测 CCO 的“读取 ID 信息”上行报文后，判断报文内容是否合法。

（5）软件平台模拟集中器向待测 CCO 下发“读取 ID 信息”命令，设备类型为 CCO，ID 类型为模块 ID。

（6）软件平台收到待测 CCO 的“读取 ID 信息”上行报文后，判断报文内容是否合法。

（7）若收到的各类报文内容均符合协议，则测试通过；否则，测试失败。

5.21.2　STA 读取 ID 信息测试用例

STA 读取 ID 信息测试用例验证待测 STA 是否支持芯片 ID 及模块 ID 的读取。本测试用例的检查项目如下。

（1）测试 STA 回复的本地查询 ID 信息应答报文中，控制码、数据域长度是否正确。

（2）测试 STA 回复的本地查询 ID 信息应答报文中，参数类型、参数长度是否正确。

（3）测试 STA 回复的本地查询 ID 信息应答报文中，参数内容是否合法 。

（4）测试 STA 回复的查询 ID 信息上行报文中，报文 ID 是否为 0xA2。

（5）测试 STA 回复的查询 ID 信息上行报文中，报文端口号是否为 0x11。

（6）测试 STA 回复的查询 ID 信息上行报文中，方向位是否为 1。

（7）测试 STA 回复的查询 ID 信息上行报文中，ID 类型是否正确。

（8）测试 STA 回复的查询 ID 信息上行报文中，报文序号是否正确。

（9）测试 STA 回复的查询 ID 信息上行报文中，ID 长度是否正确。

（10）测试 STA 回复的查询 ID 信息上行报文中，ID 信息是否合法。

（11）测试 STA 回复的查询 ID 信息上行报文中，设备类型是否正确。

STA 读取 ID 信息测试用例的报文交互流程如图 5-133 所示。

STA 读取 ID 信息测试用例的测试步骤如下。

（1）连接设备，上电初始化。

（2）软件平台模拟电能表，在收到待测 STA 的读表号请求后，向其下发电能表地址信息。

（3）软件平台通过模拟表工装向 STA 发送 DL/T-645“本地查询 ID 信息”报文，参数类型为芯片 ID。

（4）软件平台收到 STA 回复的“本地查询 ID 信息”响应报文后，判断报文内容是否合法。

（5）软件平台通过模拟表工装向 STA 发送 DL/T-645“本地查询 ID 信息”报文，参数类型为模块 ID。

（6）软件平台收到 STA 回复的“本地查询 ID 信息”响应报文后，判断报文内容是否合法。

（7）软件平台和透明物理设备模拟抄控器，首先在频段 1 发送信标，用于待测设备进行时钟同步，进一步通过载波向待测模块发送“查询 ID 信息下行报文”，查询芯片 ID，若无“查询 ID 信息上行报文”返回，在其他频段继续发送信标和“查询 ID 信息下行报文”。

（8）若收到“查询 ID 信息上行”报文，则判断报文内容是否合法。

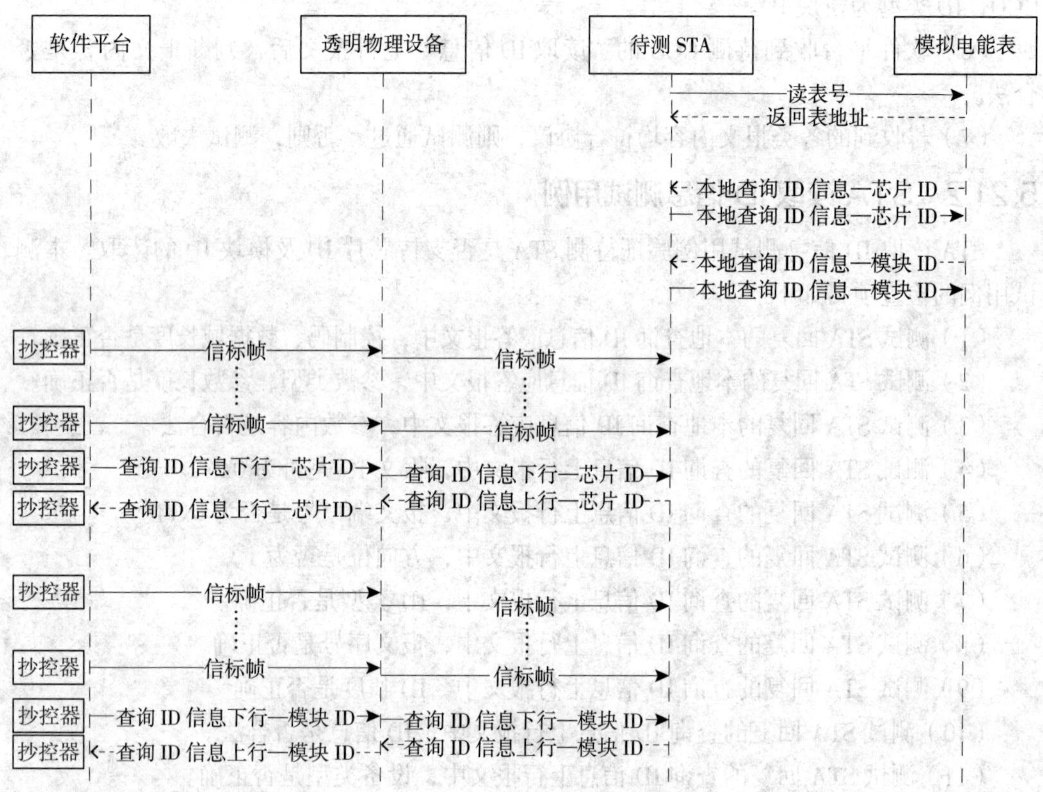

图 5-133　STA 读取 ID 信息测试用例的报文交互流程

（9）软件平台和透明物理设备模拟抄控器，首先在频段 1 发送信标，用于待测设备进行时钟同步，进一步通过载波向待测模块发送“查询 ID 信息下行报文”，查询模块 ID，若无“查询 ID 信息上行报文”返回，在其他频段继续发送信标和“查询 ID 信息下行报文”。

（10）若收到“查询 ID 信息上行报文”，则判断报文内容是否合法。

（11）若收到的各类报文内容均符合协议，则测试通过；否则，测试失败。

第6章 互操作性测试用例

6.1 互操作性测试环境

测试系统包括16只屏蔽箱体、21个载波隔离衰减器、4个噪声注入设备、4个阻抗变换设备、1个三相人工电源网络，预留物理层监听设备接口。

互操作性测试环境示意图如图6-1所示。

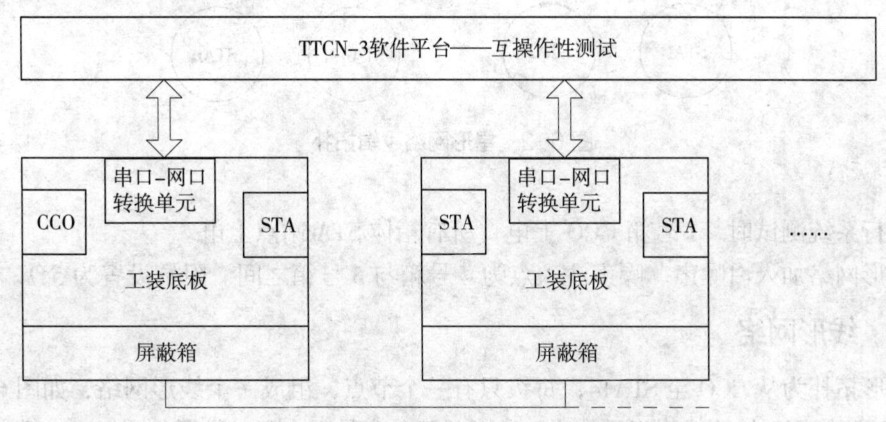

图6-1 互操作性测试环境示意图

互操作性测试系统由以下部分组成。

（1）软件平台：模拟待测设备后端的集中器及电能表业务，测试待测CCO、STA对电采业务的支持性，验证待测设备间的互操作性。

（2）串口-网口转换单元：将待测设备串口与软件平台相连，将待测设备接入工装与工装控制程序相连。

（3）工装：接入待测设备，实现待测设备的应用串口通信及接口信号监控，模拟电能表响应STA请求表地址、抄表结果、响应事件等。一个接入工装可以接入多个待测设备，模拟电能表箱的多通信节点场景。

（4）CCO/STA：根据网络配置，可为待测CCO/STA、陪测CCO/STA。

（5）屏蔽接入硬件平台：包括屏蔽箱、通信线缆、衰减器、干扰注入设备、测试设备等，实现各种测试场景。

6.2 互操作性测试用例的网络拓扑

互操作性测试用例共由10个不同的测试用例组成，包括全网组网测试用例、新增站点入网测试用例、站点离线测试用例、代理变更测试用例、全网抄表测试用例、广播

校时测试用例、搜表功能测试用例、事件主动上报测试用例、实时费控测试用例和多网络综合测试用例。互操作性测试用例执行过程中涉及的网络拓扑为星形网络、线性网络、树形网络、多网络。

6.2.1 星形网络

星形网络为所有 STA 节点与 CCO 直接通信时的拓扑，如图 6-2 所示。当信道衰减很低时，所有站点选择 CCO 作为代理。

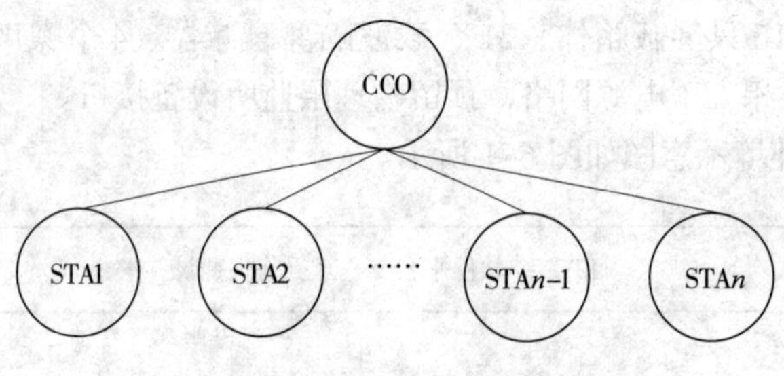

图 6-2 星形网络逻辑拓扑

进行系统测试时，1 号箱 CCO 上电，所有箱体 STA 站点上电。

星形网络加入白噪声。噪声注入点为 4 号箱与 5 号箱之间。阻抗设置为 5Ω。

6.2.2 线形网络

线形拓扑为从 CCO 至 STA14，每级只有一个节点，组成一个线形网络，如图 6-3 所示。线形网络用于检测线形组网能力，包含时隙分配是否合理，是否共同组成 14 级拓扑。

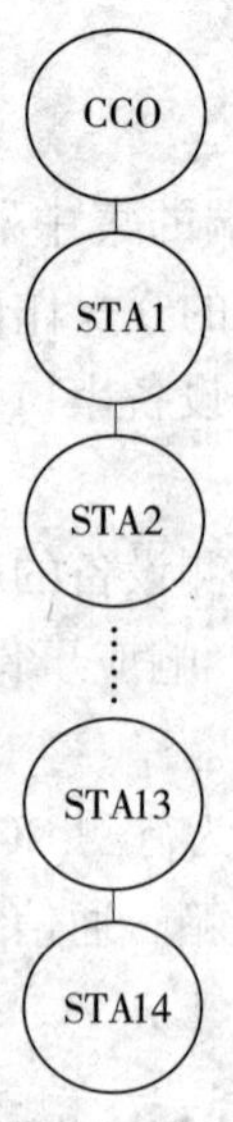

图 6-3 线形网络逻辑拓扑

进行系统测试时，1 号箱 CCO 上电，测试时，每个表箱只上电 1 个模块。通过合理设置台体的衰减值，形成线性网络。

噪声选择窄带噪声，噪声为带内噪声 3MHz。噪声位置为 4 号箱和 5 号箱中间。阻抗设置为 100Ω。

6.2.3　树形网络

树形网络为介于星形网络和线形网络之间的拓扑，是现场最常见的拓扑类型，如图 6-4 所示。测试系统让所有站点上电，通过合理设置台体的衰减值，形成 6 至 7 级的树形网络。

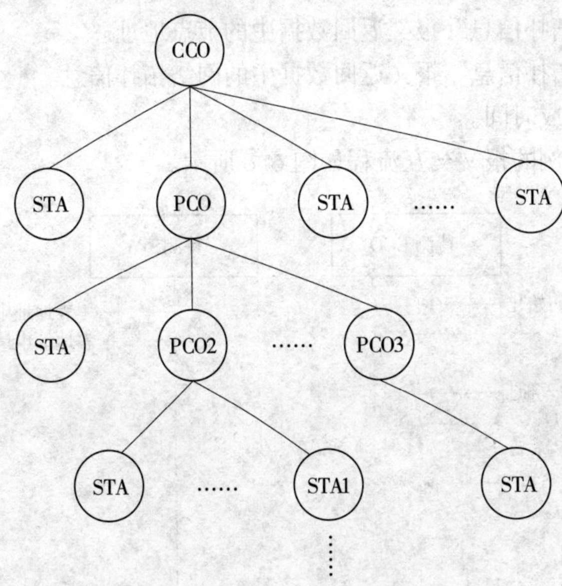

图 6-4　树形网络逻辑拓扑

进行系统测试时，1 号箱 CCO 上电，所有箱体 STA 站点上电。噪声选择脉冲噪声，位置为 4、5 号箱之间。阻抗设置为 50Ω。

6.2.4　多网络

多网络逻辑拓扑如图 6-5 所示。

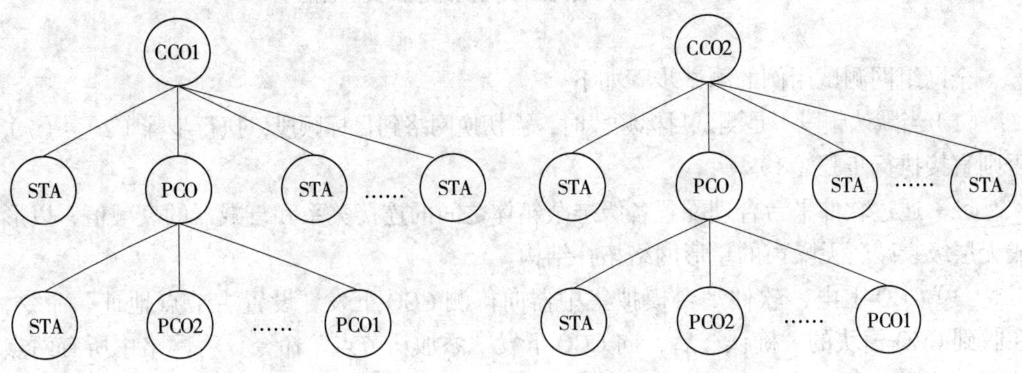

图 6-5　多网络逻辑拓扑

进行系统测试时，1、6、7、10、13、16 号共 6 个表箱 CCO 上电。6、7、10、13、16 号箱的 CCO 为陪测 CCO，1 号箱的 CCO 为待测 CCO。

6.3 全网组网测试用例

全网组网测试用例验证多 STA 站点时组网准确性和效率，测试网络类型分别为星形网络、线形网络、树形网络、多网络的组网情况。本测试用例的检查项目如下。

（1）“查询网络拓扑信息”报文返回数据中的节点总数量。

（2）“查询网络拓扑信息”报文返回数据中的节点地址。

（3）“查询网络拓扑信息”报文返回数据中的网络拓扑信息。

（4）统计组网完成时间。

全网组网测试用例的报文交互流程如图 6-6 所示。

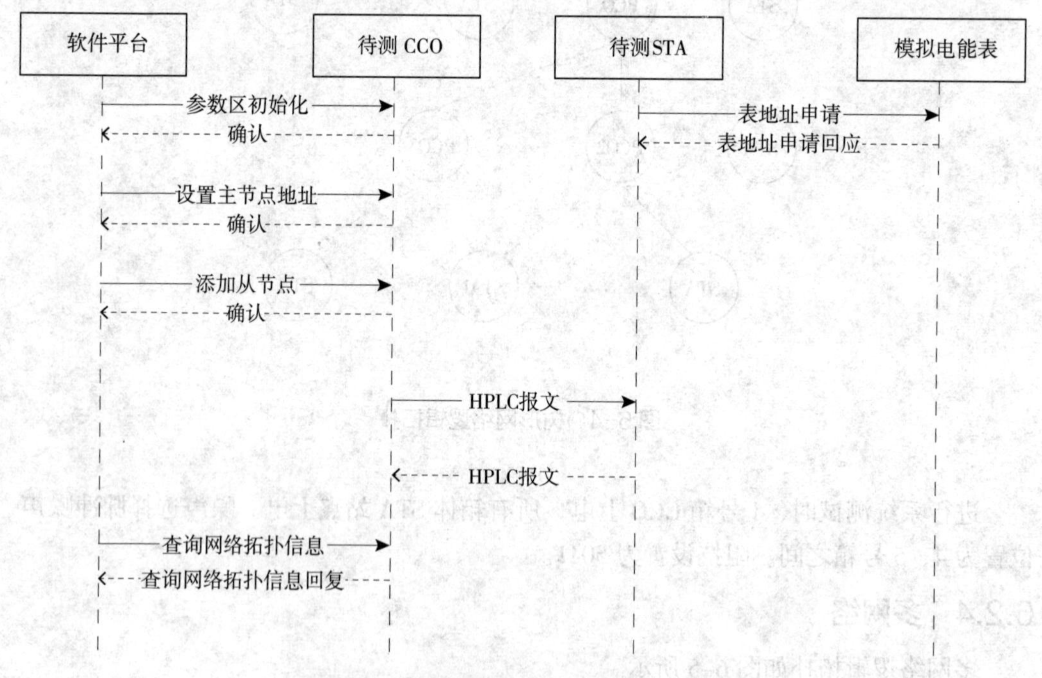

图 6-6　全网组网测试用例的报文交互流程

全网组网测试用例的测试步骤如下。

（1）当默认频段不是测试目标频段时，需切换网络到目标频段，执行步骤（2）~（7），否则直接执行步骤（8）。

（2）通过软件平台合理配置各级屏蔽箱体之间的连接关系和衰减器的衰减值，以形成无层级衰减、无噪声的星形网络拓扑结构。

（3）CCO 上电，软件平台模拟集中器向待测 CCO 下发“设置主节点地址”命令，在收到 CCO 模块的“确认”后，向 CCO 下发“添加从节点”命令，将网络中所有站点的表地址档案同步到 CCO 中。

（4）STA 上电，软件平台模拟电能表，在收到 STA 的读表号请求后，向其下发表地址。

（5）软件平台启动计时器 1。

（6）定时时间内，软件平台周期性向待测 CCO 下发“查询网络拓扑信息”命令，查看返回的从节点总数量是否满足预期值（档案个数的 98% ~ 100%），若满足则继续核对返回节点地址和网络拓扑信息。若以上信息全部比对正确，停止计时器 1，软件平台模拟集中器向待测 CCO 下发“设置工作频段”命令（Q/GDW 1376.2：AFN=05H，F16），设置主节点的工作频段为测试目标频段，并启动计时器 2（定时时长 5min），计时器 2 定时时间到，表明频段切换完毕，执行步骤（8）。

（7）计时器 1 定时时间到，测试不通过。

（8）通过软件平台合理配置各级屏蔽箱体之间的连接关系和衰减器的衰减值，以形成星形网络拓扑结构。

（9）若测试目标频段是默认频段，则 CCO 上电，软件平台模拟集中器向待测 CCO 下发“设置主节点地址”命令，在收到 CCO 模块的“确认”后，向 CCO 下发“添加从节点”命令，将网络中所有站点的表地址档案同步到 CCO 中。

（10）若测试目标频段是默认频段，则 STA 上电，软件平台模拟电能表，在收到 STA 的读表号请求后，向其下发表地址。

（11）软件平台启动计时器 3。

（12）计时器 3 定时时间内，软件平台周期性向待测 CCO 下发“查询网络拓扑信息”命令，查看返回的从节点总数量是否满足预期值（档案个数的 98% ~ 100%），若满足则继续核对返回节点地址和网络拓扑信息。若以上信息全部比对正确，停止计时器 3，并且监控报文得知网络中的从节点和主节点均已工作在目标频段，则测试通过，否则测试不通过。

（13）计时器 3 定时时间到，测试不通过。

（14）修改步骤（8）网络拓扑结构分别为线形网络、树形网络、多网络结构，重复步骤（1）~（13）进行测试。

6.4　新增站点入网测试用例

新增站点入网测试用例验证多 STA 站点时新增站点入网的准确性和效率。本测试用例的检查项目如下。

（1）“查询网络拓扑信息”报文返回数据中的“节点总数量”。

（2）“查询网络拓扑信息”报文返回数据中的“节点地址”。

（3）“查询网络拓扑信息”报文返回数据中的“网络拓扑信息”。

（4）统计新增站点入网完成时间。

新增站点入网测试用例的报文交互流程如图 6-7 所示。

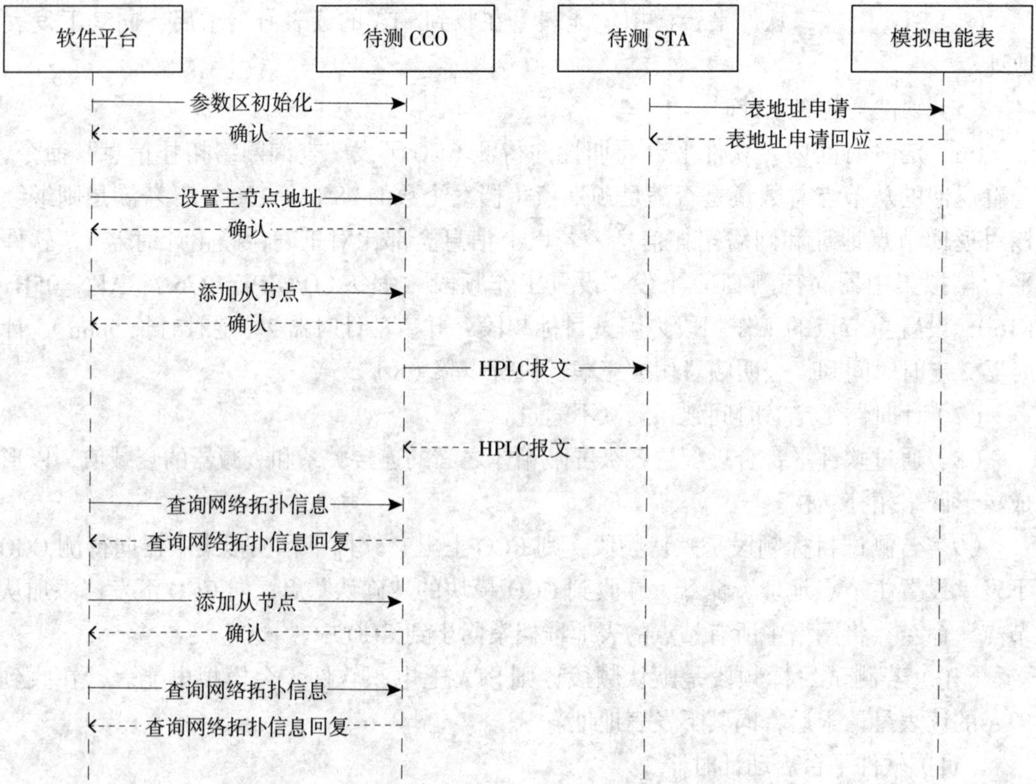

软件平台 待测 CCO 待测 STA 模拟电能表

参数区初始化
确认
表地址申请
表地址申请回应
设置主节点地址
确认
添加从节点
确认
HPLC报文
HPLC报文
查询网络拓扑信息
查询网络拓扑信息回复
添加从节点
确认
查询网络拓扑信息
查询网络拓扑信息回复

图 6-7　新增站点入网测试用例的报文交互流程

新增站点入网测试用例的测试步骤如下。

（1）当默认频段不是测试目标频段时，需切换网络到目标频段，执行步骤（2）~（7），否则直接执行步骤（8）。

（2）通过软件平台合理配置各级屏蔽箱体之间的连接关系和衰减器的衰减值，以形成无层级衰减、无噪声的星形网络拓扑结构。

（3）CCO 上电，软件平台模拟集中器向待测 CCO 下发“设置主节点地址”命令，在收到 CCO 模块的“确认”后，向 CCO 下发“添加从节点”命令，将网络中部分站点的表地址档案同步到 CCO 中。

（4）STA 上电，软件平台模拟电能表，在收到 STA 的读表号请求后，向其下发表地址。

（5）软件平台启动计时器 1。

（6）定时时间内，软件平台周期性向测试 CCO 下发“查询网络拓扑信息”命令，查看返回的从节点总数量是否满足预期值（档案个数的 98% ~ 100%），若满足则继续核对返回节点地址和网络拓扑信息。若以上信息全部比对正确，停止计时器 1，软件平台模拟集中器向待测 CCO 下发“设置工作频段”命令（Q/GDW 1376.2：AFN=05H，F16），设置主节点的工作频段为测试目标频段，并启动计时器 2（定时时长 5min），计时器 2 定时时间到，表明频段切换完毕，执行步骤（8）。

（7）计时器 1 定时时间到，测试不通过。

（8）通过软件平台合理配置各级屏蔽箱体之间的连接关系和衰减器的衰减值，以形成星形网络拓扑结构。

（9）若测试目标频段是默认频段，则 CCO 上电，软件平台模拟集中器向待测 CCO 下发“设置主节点地址”命令，在收到 CCO 模块的“确认”后，向 CCO 下发“添加从节点”命令，将网络中部分站点的表地址档案同步到 CCO 中。

（10）若测试目标频段是默认频段，则 STA 上电，软件平台模拟电能表，在收到 STA 的读表号请求后，向其下发表地址。

（11）软件平台启动计时器 3。

（12）定时时间内，软件平台周期向待测 CCO 下发“查询网络拓扑信息”命令，查看返回的从节点总数量是否满足预期值（档案个数的 98% ~ 100%），若满足则继续核对返回节点地址和网络拓扑信息。若以上信息全部比对正确，停止定时器 3，并且监控报文得知网络中的从节点和主节点均已工作在目标频段，则执行步骤（13），否则测试不通过。

（13）计时器 3 定时时间到，测试不通过。

（14）软件平台模拟集中器向待测 CCO 下发“添加从节点”命令，向 CCO 模块添加待增加的表地址档案。

（15）软件平台启动计时器 4。

（16）定时时间内，软件平台周期向待测 CCO 下发“查询网络拓扑信息”命令，查看返回的从节点总数量是否满足预期值（档案个数的 98% ~ 100%），若满足则继续核对返回节点地址和网络拓扑信息。若以上信息全部比对正确，则统计耗时，测试通过。

（17）计时器 4 定时时间到，测试不通过。

（18）修改步骤（8）网络拓扑结构分别为线形网络、树形网络，重复步骤（1）~（17）进行测试。

6.5　站点离线测试用例

站点离线测试用例验证多 STA 站点时站点离线准确性和效率。本测试用例的检查项目如下。

（1）“查询网络拓扑信息”报文返回数据中的“节点总数量”。

（2）“查询网络拓扑信息”报文返回数据中的“节点地址”。

（3）“查询网络拓扑信息”报文返回数据中的“网络拓扑信息”。

（4）统计删除从节点后，拓扑更新完成时间。

站点离线测试用例的报文交互流程如图 6-8 所示。

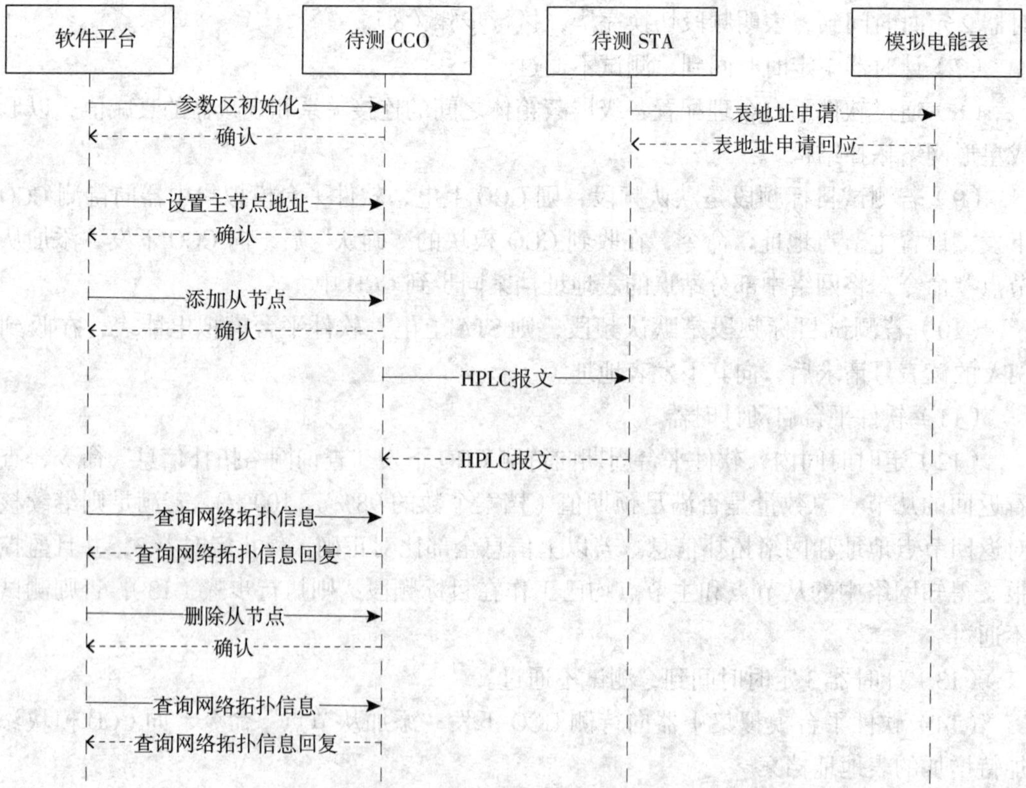

软件平台
待测 CCO
待测 STA
模拟电能表
参数区初始化
确认
表地址申请
表地址申请回应
设置主节点地址
确认
添加从节点
确认
HPLC报文
HPLC报文
查询网络拓扑信息
查询网络拓扑信息回复
删除从节点
确认
查询网络拓扑信息
查询网络拓扑信息回复

图 6-8　站点离线测试用例的报文交互流程

本测试用例的测试步骤如下。

（1）当默认频段不是测试目标频段时，需切换网络到目标频段，执行步骤（2）~（7），否则直接执行步骤（8）。

（2）通过软件平台合理配置各级屏蔽箱体之间的连接关系和衰减器的衰减值，以形成无层级衰减、无噪声的星形网络拓扑结构。

（3）CCO 上电，软件平台模拟集中器向待测 CCO 下发“设置主节点地址”命令，在收到 CCO 模块的“确认”后，向 CCO 下发“添加从节点”命令，将网络中所有站点的表地址档案同步到 CCO 中。

（4）STA 上电，软件平台模拟电能表，在收到 STA 的读表号请求后，向其下发表地址。

（5）软件平台启动计时器 1。

（6）定时时间内，软件平台周期性向待测 CCO 下发“查询网络拓扑信息”命令，查看返回的从节点总数量是否满足预期值（档案个数的 98% ~ 100%），若满足则继续核对返回节点地址和网络拓扑信息。若以上信息全部比对正确，停止计时器 1，软件平台模拟集中器向待测 CCO 下发“设置工作频段”命令（Q/GDW 1376.2：AFN=05H，F16），设置主节点的工作频段为测试目标频段，并启动计时器 2（定时时长 5min）。计时器2定时时间到，表明频段切换完毕，执行步骤（8）。

（7）计时器1定时时间到，测试不通过。

（8）通过软件平台合理配置各级屏蔽箱体之间的连接关系和衰减器的衰减值，以形成星形网络拓扑结构。

（9）若测试目标频段是默认频段，则CCO上电，软件平台模拟集中器向待测CCO下发“设置主节点地址”命令，在收到CCO模块的“确认”后，向CCO下发“添加从节点”命令，将网络中所有站点的表地址档案同步到CCO中。

（10）若测试目标频段是默认频段，则STA上电，软件平台模拟电能表，在收到STA的读表号请求后，向其下发表地址。

（11）软件平台启动计时器3。

（12）定时时间内，软件平台周期性向待测CCO下发“查询网络拓扑信息”命令，查看返回的从节点总数量是否满足预期值（档案个数的98% ~ 100%），若满足则继续核对返回节点地址和网络拓扑信息。若以上信息全部比对正确，停止定时器3，并且监控报文得知网络中的从节点和主节点均已工作在目标频段，则执行步骤（14），否则测试不通过。

（13）计时器3定时时间到，测试不通过。

（14）软件平台模拟集中器向待测CCO下发“删除从节点”命令，删除待删除从节点。

（15）软件平台启动计时器4。

（16）定时时间内，软件平台周期性向待测CCO下发“查询网络拓扑信息”命令，查看返回节点总数量是否满足预期值（档案个数的98%~100%），若满足则继续核对返回节点地址和网络拓扑信息，若以上信息全部比对正确，测试通过，统计耗时。

（17）计时器4定时时间到，测试不通过。

（18）修改步骤（8）网络拓扑结构分别为线形网络、树形网络，重复步骤（1）~（17）进行测试。

6.6 代理变更测试用例

代理变更测试用例验证多STA站点时站点代理变更的能力。本测试用例的检查项目如下。

（1）“查询网络拓扑信息”报文返回数据中的“节点总数量”。

（2）“查询网络拓扑信息”报文返回数据中的“节点地址”。

（3）“查询网络拓扑信息”报文返回数据中的“网络拓扑信息”。

（4）统计代理变更完成时间。

代理变更测试用例的报文交互流程如图6-9所示。

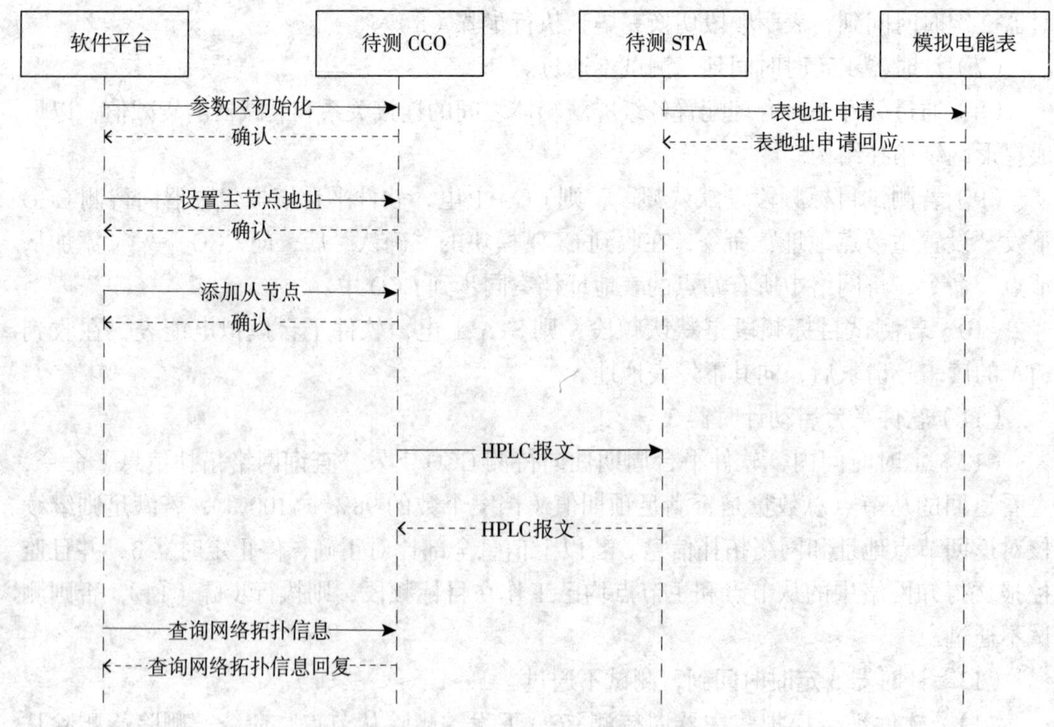

图 6-9　代理变更测试用例的报文交互流程

代理变更测试用例的测试步骤如下。

（1）当默认频段不是测试目标频段时，需切换网络到目标频段，执行步骤（2）~（7），否则直接执行步骤（8）。

（2）通过软件平台合理配置各级屏蔽箱体之间的连接关系和衰减器的衰减值，以形成无层级衰减、无噪声的星形网络拓扑结构。

（3）CCO 上电，软件平台模拟集中器向待测 CCO 下发“设置主节点地址”命令，在收到 CCO 模块的“确认”后，向 CCO 下发“添加从节点”命令，将网络中所有站点的表地址档案同步到 CCO 中。

（4）STA 上电，软件平台模拟电能表，在收到 STA 的读表号请求后，向其下发表地址。

（5）软件平台启动计时器 1。

（6）定时时间内，软件平台周期性向待测 CCO 下发“查询网络拓扑信息”命令，查看返回的从节点总数量是否满足预期值（档案个数的 98%~100%），若满足则继续核对返回节点地址和网络拓扑信息。若以上信息全部比对正确，停止计时器 1，软件平台模拟集中器向待测 CCO 下发“设置工作频段”命令（Q/GDW 1376.2：AFN=05H，F16），设置主节点的工作频段为测试目标频段，并启动计时器 2（定时时长 5min），计时器 2 定时时间到，表明频段切换完毕，执行步骤（8）。

（7）计时器 1 定时时间到，测试不通过。

（8）通过软件平台合理配置各级屏蔽箱体之间的连接关系和衰减器的衰减值，以形成线形网络拓扑结构。

（9）若测试目标频段是默认频段，则 CCO 上电，软件平台模拟集中器向待测 CCO 下发“设置主节点地址”命令，在收到 CCO 模块的“确认”后，向 CCO 下发“添加从节点”命令，将网络中所有站点的表地址档案同步到 CCO 中。

（10）若测试目标频段是默认频段，则 STA 上电，软件平台模拟电能表，在收到 STA 的读表号请求后，向其下发表地址。

（11）软件平台启动计时器 3。

（12）定时时间内，软件平台周期性向待测 CCO 下发“查询网络拓扑信息”命令，查看返回的从节点总数量是否满足预期值（档案个数的 98% ~ 100%），若满足则继续核对返回节点地址和网络拓扑信息。若以上信息全部比对正确，停止定时器 3，并且监控报文得知网络中的从节点和主节点均已工作在目标频段，则执行步骤 14，否则测试不通过。

（13）计时器 3 定时时间到，测试不通过。

（14）修改衰减器，将 3 号箱与 4 号箱之间的衰减值调整为 0，同时将 3 号箱断电。观察 4 号箱站点能否选择 2 号箱作为代理。

（15）软件平台启动计时器 4。

（16）定时时间内，软件平台周期性向待测 CCO 下发“查询网络拓扑信息”命令，查看返回节点总数量是否满足预期值 [（档案个数 –3 号箱节点个数）的 98%~100%]，若满足则继续核对返回节点地址和网络拓扑信息，若以上信息全部比对正确，测试通过，统计耗时。

（17）计时器 4 定时时间到，测试不通过。

（18）修改网络拓扑结构为树形网络，重复步骤（1）~（17）进行测试。

6.7　全网抄表测试用例

全网抄表测试用例验证多 STA 站点时全网抄表效率和准确性。本测试用例的检查项目如下。

（1）是否全部入网。

（2）点抄成功率是否不小于 98% 以及平均抄读时间。

（3）并发抄表成功率是否不小于 98% 以及平均抄读时间。

全网抄表测试用例的报文交互流程如图 6–10 所示。

全网抄表测试用例的测试步骤如下。

（1）连接设备，将待测 CCO 和待测 STA 上电初始化，设置模拟电能表协议类型（DL/T 645 或 DL/T 698.45）。

（2）软件平台模拟电能表，在收到待测 STA 的读表号请求后，向其下发表地址。

（3）通过软件平台合理配置各级屏蔽箱体之间的连接关系和衰减器的衰减值，以形成测试用多级网络拓扑结构。

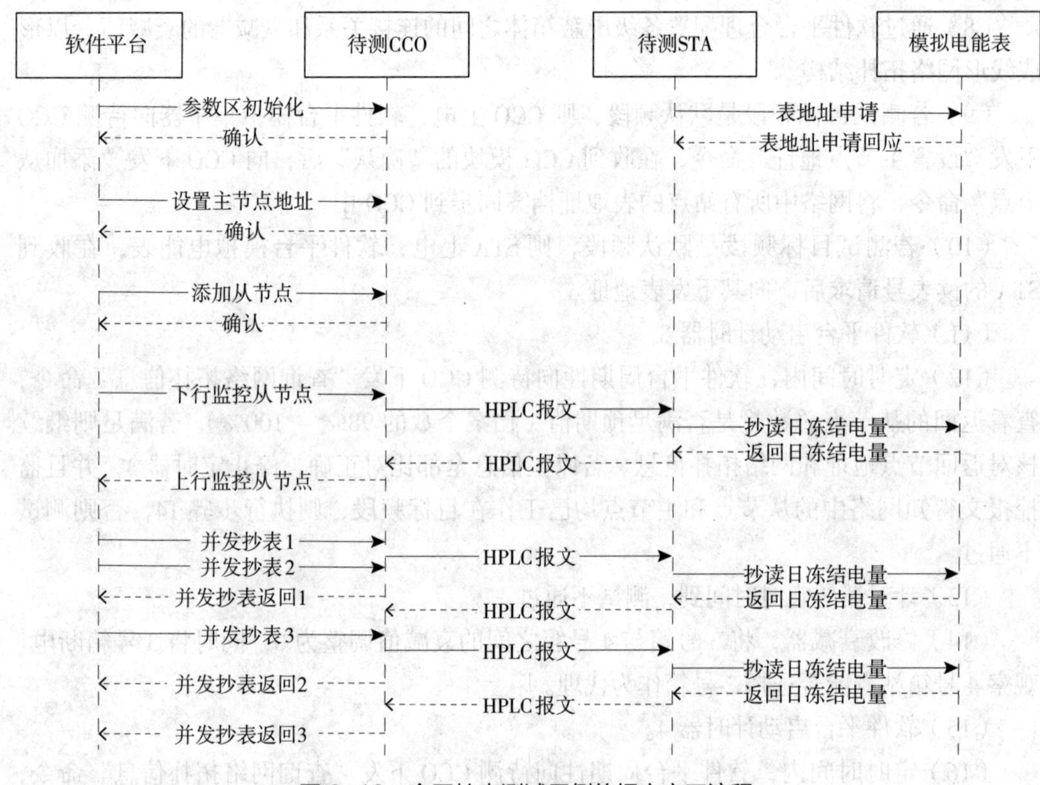

图 6-10　全网抄表测试用例的报文交互流程

（4）软件平台模拟集中器向待测 CCO 下发“设置主节点地址”命令，在收到 CCO 模块的“确认”后，向待测 CCO 下发“添加从节点”命令（若为 DL/T 645 协议测试用例，协议类型为 2；若为面向对象测试用例，协议类型为 3），将多级网络中所有站点的表地址档案同步到 CCO 中。

（5）软件平台启动计时器。

（6）软件平台周期性向待测 CCO 下发“查询网络拓扑信息”命令，查看入网节点总数量、节点地址，确保节点在目标频段（切换频段操作和全网组网测试用例步骤相同）组网成功（组网成功率不小于 98%）。

（7）软件平台查询 CCO 的抄表最大超时时间 t(Q/GDW 1376.2 协议 AFN03HF7)，设置软件平台抄读每块表的最大超时时间为 t+5s。

（8）软件平台模拟集中器向待测 CCO 发送目标站点为 STA 的 Q/GDW 1376.2 协议 AFN13HF1（“监控从节点”命令）启动集中器主动抄表业务，用于点抄 STA 所在设备的日冻结电量。软件平台启动计时器，若在超时时间内无数据返回，软件平台对该表进行重新抄读，最大抄读 10 轮；抄读完成则此测试流程结束，检查返回数据正确则此测试通过。

（9）软件平台设置抄读每块表的并发数据超时时间为 90s，依次轮抄所有 STA 表“并发抄表”命令、日冻结电量、日冻结时间、当前有功电量。若某块表超时时间内无正确并发数据返回，重新抄读，最大抄读 10 轮。抄读完成则此测试流程结束，检查返回数据正确则此测试通过。

（10）软件平台统计每种抄表的成功率和延时。

6.8　广播校时测试用例

广播校时测试用例验证多 STA 站点时广播校时命令是否能准确下发。本测试用例的检查项目如下。

（1）测试模拟电能表是否收到广播校时帧。根据组网情况，成功率不小于 98%。

（2）测试模拟电能表收到的广播校时时间应和运行平台系统时间匹配。

广播校时测试用例的报文交互流程如图 6-11 所示。

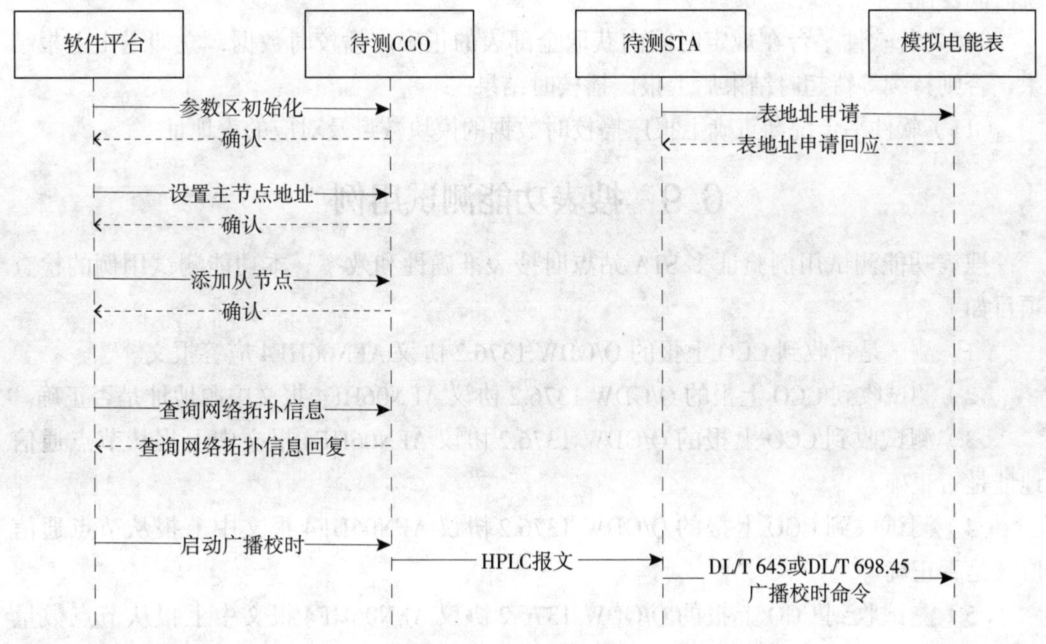

图 6-11　广播校时测试用例的报文交互流程

广播校时测试用例的测试步骤如下。

（1）连接设备，将待测 CCO 和待测 STA 上电初始化，设置模拟电能表协议类型（DL/T 645 或 DL/T 698.45）。

（2）软件平台模拟电能表，在收到待测 STA 的读表号请求后，向其下发表地址。

（3）通过软件平台合理配置各级屏蔽箱体之间的连接关系和衰减器的衰减值，以形成测试用多级网络拓扑结构。

（4）软件平台模拟集中器向待测 CCO 下发“设置主节点地址”命令，在收到 CCO 模块的“确认”后，向待测 CCO 下发“添加从节点”命令（若为 DL/T 645 协议测试用例，协议类型为 2；若为面向对象测试用例，协议类型为 3），将多级网络中所有站点的表地址档案同步到 CCO 中。

（5）软件平台周期性向待测 CCO 下发“查询网络拓扑信息”命令，查看入网节点总数量，确保节点在目标频段（切换频段操作和全网组网待测用例步骤相同）组网成功（组网成功率不小于 98%）。

（6）启动工装板所有槽位的透传功能。

（7）软件平台模拟集中器向待测 CCO 下发 Q/GDW 1376.2 协议 AFN05HF3（“启动广播校时”命令）。

（8）软件平台启动定时器，检查模拟电能表在定时器到时前，所有节点是否可以从 STA 串口接收到广播校时数据帧。

（9）软件平台模拟电能表解析接收到的广播校时帧，广播校时时间应和运行平台系统时间匹配。

（10）若软件平台在规定时间内获取全部表的正确广播校时数据，立即退出上报结果，否则持续等待超时结束后上报广播校时结果。

（11）软件平台统计正确上报广播校时数据的模块数量及对应的表地址。

6.9 搜表功能测试用例

搜表功能测试用例验证多 STA 站点时搜表准确性和效率。本功能测试用例的检查项目如下。

（1）测试是否收到 CCO 上报的 Q/GDW 1376.2 协议 AFN06HF4 应答报文。

（2）测试收到 CCO 上报的 Q/GDW 1376.2 协议 AFN06HF4 报文中源地址是否正确。

（3）测试收到 CCO 上报的 Q/GDW 1376.2 协议 AFN06HF4 报文中上报从节点通信地址是否正确。

（4）测试收到 CCO 上报的 Q/GDW 1376.2 协议 AFN06HF4 报文中上报从节点通信协议是否正确。

（5）测试收到 CCO 上报的 Q/GDW 1376.2 协议 AFN06HF4 报文中上报从节点数量是否正确。

（6）测试收到 CCO 上报的 Q/GDW 1376.2 协议 AFN06HF4 报文中上报从节点设备类型是否正确。

（7）测试累计收到 CCO 上报的 Q/GDW 1376.2 协议 AFN06HF4 报文中上报从节点数量的总计数是否正确。

（8）监控收到 CCO 上报的 Q/GDW 1376.2 协议 AFN10HF4 应答报文中注册运行状态。

（9）统计搜表完成耗时，并统计搜表成功数量，根据组网情况，成功率不小于 98%。

搜表功能测试用例的报文交互流程如图 6-12 所示。

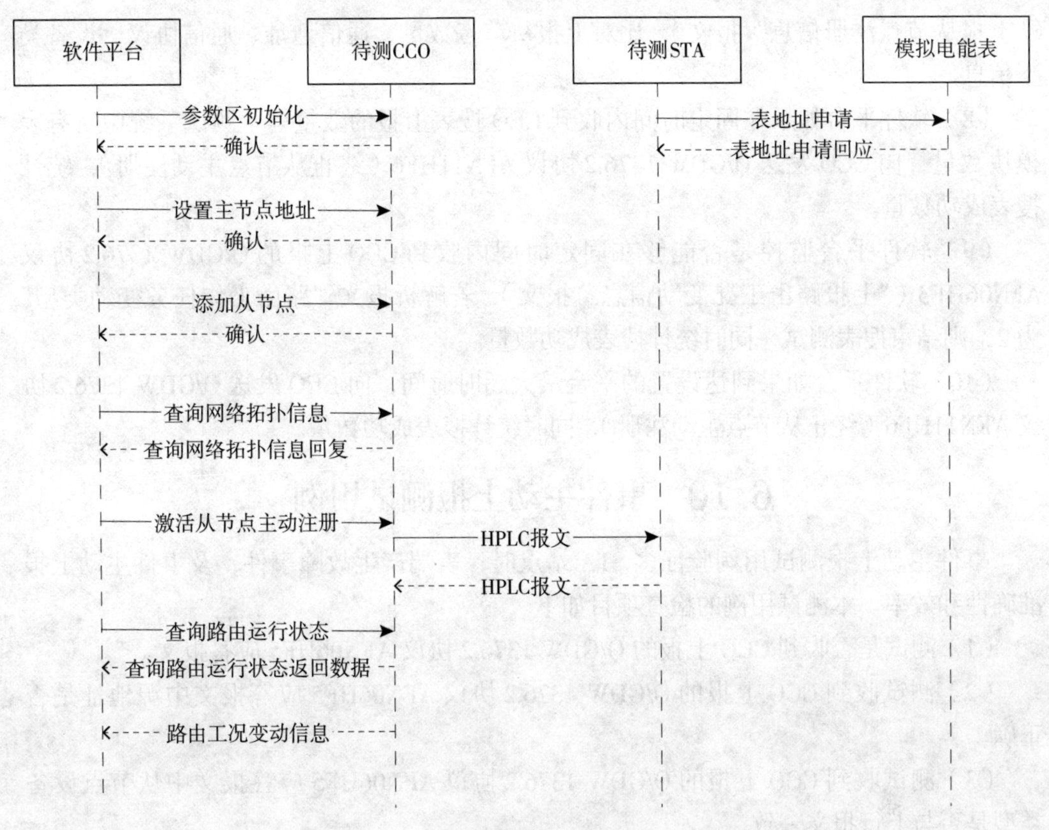

图 6-12　搜表功能测试用例的报文交互流程

搜表功能测试用例的测试步骤如下。

（1）连接设备，将待测 CCO 和待测 STA 上电初始化，设置模拟电能表协议类型（DL/T 645 或 DL/T 698.45）。

（2）软件平台模拟电能表，在收到待测 STA 的读表号请求后，向其下发表地址。

（3）通过软件平台合理配置各级屏蔽箱体之间的连接关系和衰减器的衰减值，以形成测试用多级网络拓扑结构。

（4）软件平台模拟集中器向待测 CCO 下发“设置主节点地址”命令，在收到 CCO 模块的“确认”后，向待测 CCO 下发“添加从节点”命令（若为 DL/T 645 协议测试用例，协议类型为 2；若为面向对象测试用例，协议类型为 3），将多级网络中所有站点的表地址档案同步到 CCO 中。

（5）软件平台周期性向待测 CCO 下发“查询网络拓扑信息”命令，查看入网节点总数量，确保节点在目标频段（切换频段操作和全网组网测试用例步骤相同）组网成功（组网成功率不小于 98%）。

（6）软件平台模拟集中器向待测 CCO 下发 Q/GDW 1376.2 协议 AFN11HF5（“激活从节点主动注册”命令），设置 CCO 搜表持续时间 30min。

（7）软件平台监控在固定时间内收到 CCO 上报的 Q/GDW 1376.2 协议 AFN06HF4

（“上报从节点注册信息”报文），比对上报从节点数量、通信地址、通信协议、设备类型信息。

（8）软件平台如果在固定时间内收到CCO搜表上报的数量等于测试系统中所有表模块数量，向CCO发送Q/GDW 1376.2协议AFN11HF6（终止从节点主动注册），统计搜表成功数量。

（9）软件平台监控是否能够在固定时间内收到CCO上报的Q/GDW 1376.2协议AFN06HF3（“上报路由工况变动信息”报文），若解析报文“路由工作任务变动类型”为2，则结束搜表测试，同时统计搜表成功数量。

（10）软件平台如果到达设置的平台最大超时时间，向CCO发送Q/GDW 1376.2协议AFN11HF6（终止从节点主动注册），同时统计搜表成功数量。

6.10 事件主动上报测试用例

事件主动上报测试用例验证多STA站点时，表端产生故障事件，及事件主动上报准确性和效率。本测试用例的检查项目如下。

（1）测试是否收到CCO上报的Q/GDW 1376.2协议AFN06HF5应答报文。

（2）测试收到CCO上报的Q/GDW 1376.2协议AFN06HF5应答报文中源地址是否正确。

（3）测试收到CCO上报的Q/GDW 1376.2协议AFN06HF5应答报文中从节点设备类型是否与上行报文一致。

（4）测试收到CCO上报的Q/GDW 1376.2协议AFN06HF5应答报文中通信协议类型是否与上行报文一致。

（5）测试收到CCO上报的Q/GDW 1376.2协议AFN06HF5报文中事件状态字内容是否准确。

（6）统计各个模块上报完成耗时、事件上报成功率(成功率不小于98%)。

事件主动上报测试用例的报文交互流程如图6-13所示。

事件主动上报测试用例的测试步骤如下。

（1）连接设备，将待测CCO和待测STA上电初始化，设置模拟电能表协议类型（DL/T 645或DL/T 698.45）。

（2）工装在收到模块的读表号请求后，自动为模块分配通信地址。

（3）通过软件平台合理配置各级屏蔽箱体之间的连接关系和衰减器的衰减值，以形成测试用多级网络拓扑结构。

（4）软件平台模拟集中器向测试CCO下发“参数区初始化”命令，收到“确认”，向待测CCO下发“设置主节点地址”命令，在收到CCO模块的“确认”后，向待测CCO下发“添加从节点”命令（若为DL/T 645协议测试用例，协议类型为2；若为面向对象测试用例，协议类型为3），将多级网络中所有站点的表地址档案同步到CCO中。

（5）软件平台周期性向待测CCO下发“查询网络拓扑信息”命令，查看入网节点总数量，确保节点在目标频段（切换频段操作和全网组网测试用例步骤相同）组网成功

（组网成功率不小于 98%）。

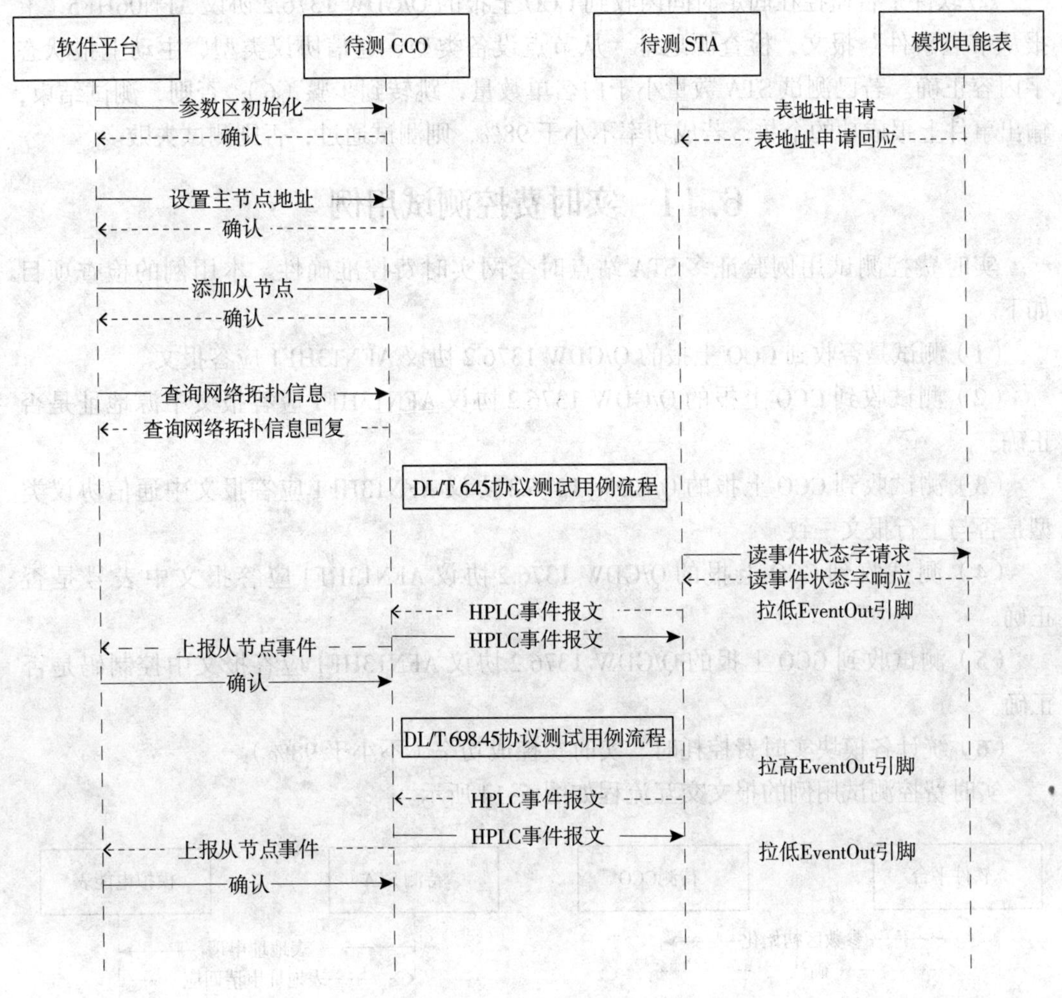

图 6-13　事件主动上报测试用例的报文交互流程

（6）若所测用例为 DL/T 645 协议测试用例，按照以下步骤进行。

① 软件平台模拟电能表拉高 EventOut 引脚触发电能表故障事件发生，待测 STA 发出“读事件状态字请求”报文，生成故障事件，模拟返回“读事件状态字响应”报文，同时拉低 EventOut 引脚。

② 软件平台监控在固定时间内收到 CCO 上报的 Q/GDW 1376.2 协议 AFN06HF5（“上报从节点事件”报文），检查源地址、从节点设备类型、通信协议类型、上报 DL/T 645 报文故障事件状态字内容正确。若已测试 STA 数量小于白名单数量，跳转到步骤（6）；否则，测试结束，输出事件上报成功的个数，若成功率不小于 98%，则测试通过，否则测试失败。

（7）若所测用例为面向对象测试用例，按照以下步骤进行。

① 软件平台模拟电能表拉高 EventOut 引脚触发电能表故障事件发生，待测 STA 发

出“PLC 事件报文”。

② 软件平台监控在固定时间内收到 CCO 上报的 Q/GDW 1376.2 协议 AFN06HF5“上报从节点事件”报文，检查源地址、从节点设备类型、通信协议类型、主动上报状态字内容正确。若已测试 STA 数量小于白名单数量，跳转到步骤（6）；否则，测试结束，输出事件上报成功的个数，若成功率不小于 98%，则测试通过，否则测试失败。

6.11　实时费控测试用例

实时费控测试用例验证多 STA 站点时全网实时费控准确性。本用例的检查项目如下。

（1）测试是否收到 CCO 上报的 Q/GDW 1376.2 协议 AFN13HF1 应答报文。

（2）测试收到 CCO 上报的 Q/GDW 1376.2 协议 AFN13HF1 应答报文中源地址是否正确。

（3）测试收到 CCO 上报的 Q/GDW 1376.2 协议 AFN13HF1 应答报文中通信协议类型是否与上行报文一致。

（4）测试收到 CCO 上报的 Q/GDW 1376.2 协议 AFN13HF1 应答报文中表号是否正确。

（5）测试收到 CCO 上报的 Q/GDW 1376.2 协议 AFN13HF1 应答报文中控制码是否正确。

（6）统计各模块实时费控耗时、实时费控成功率（不小于 98%）。

实时费控测试用例的报文交互流程如图 6-14 所示。

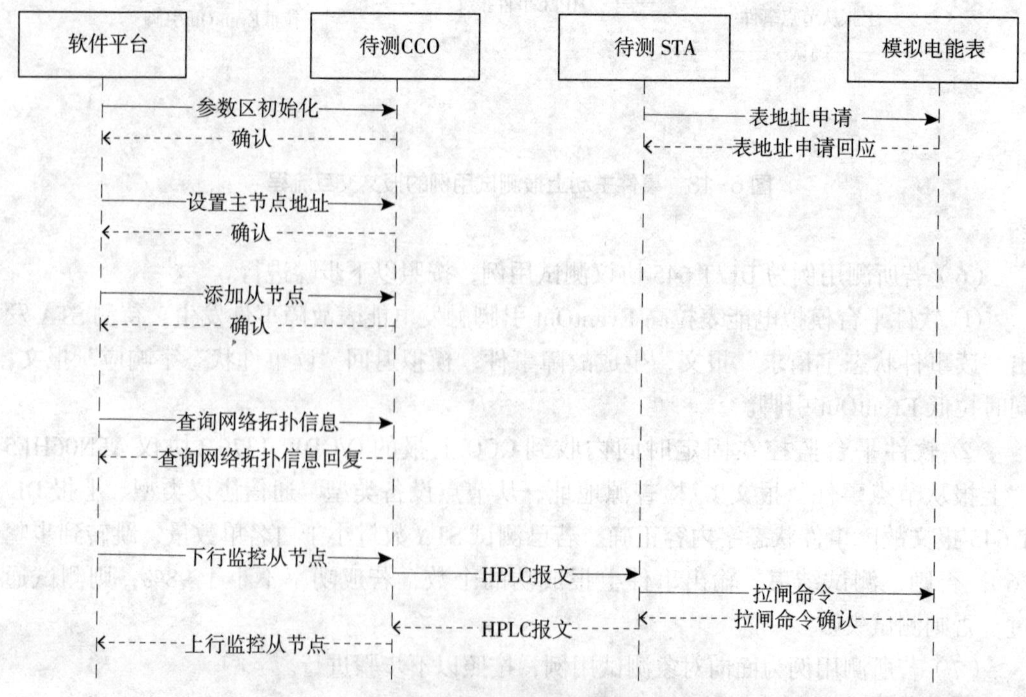

图 6-14　实时费控测试用例的报文交互流程

实时费控测试用例的测试步骤如下。

（1）连接设备，将待测 CCO 和待测 STA 上电初始化，设置模拟电能表协议类型（DL/T 645 或 DL/T 698.45）。

（2）工装在收到模块的读表号请求后，自动为模块分配通信地址。

（3）通过软件平台合理配置各级屏蔽箱体之间的连接关系和衰减器的衰减值，以形成测试用多级网络拓扑结构。

（4）软件平台模拟集中器向测试 CCO 下发“参数区初始化”命令，收到“确认”后，向待测 CCO 下发“设置主节点地址”命令，在收到 CCO 模块的“确认”后，向待测 CCO 下发“添加从节点”命令（若为 DL/T 645 协议测试用例，协议类型为 2；若为面向对象测试用例，协议类型为 3），将多级网络中所有站点的表地址档案同步到 CCO 中。

（5）软件平台周期性向待测 CCO 下发“查询网络拓扑信息”命令，查看入网节点总数量、节点地址，确保节点在目标频段（切换频段操作和全网组网测试用例步骤相同）组网成功（组网成功率不小于 98%）。

（6）软件平台模拟集中器向待测 CCO 发送目标站点为 STA 的 Q/GDW 1376.2 协议 AFN13HF1（“监控从节点”命令）启动集中器实时费控命令，用于拉合闸 STA 所在设备。软件平台启动计时器。

（7）软件平台模拟电能表应答实时费控请求。

（8）软件平台监控是否能够在固定时间内收到 CCO 上报的 Q/GDW 1376.2 协议 AFN13HF1 应答报文，如未收到或收到的内容不对，则指示 CCO 实时费控失败，否则指示 CCO 实时费控成功。

（9）软件平台依次费控所有 STA 模拟表设备。全部费控完成后，检查返回数据正确并且成功率不小于 98%，则最终结论为此项测试通过。

6.12　多网络综合测试用例

多网络综合测试用例验证在多网络条件下，待测网络的抄表成功率、相位识别成功率。本测试用例的检查项目如下。

（1）是否全部入网。

（2）点抄成功率不小于 98%，延时。

（3）并发抄表（1 个数据项）成功率不小于 98%，延时。

（4）并发抄表（3 个数据项）成功率不小于 98%，延时。

（5）相位识别成功率不小于 98%。

多网络综合测试用例的报文交互流程如图 6-15 所示。

多网络综合测试用例的测试步骤如下。

（1）连接设备，将测试工装供电切换到 A 相供电，将待测 CCO 和待测 STA 上电初始化，设置模拟电能表协议类型（DL/T 645 或 DL/T 698.45）。

（2）工装在收到模块的读表号请求后，自动为模块分配通信地址。

（3）通过软件平台合理配置各级屏蔽箱体之间的连接关系和衰减器的衰减值，以形

成测试用 6 个网络的多网络拓扑结构。

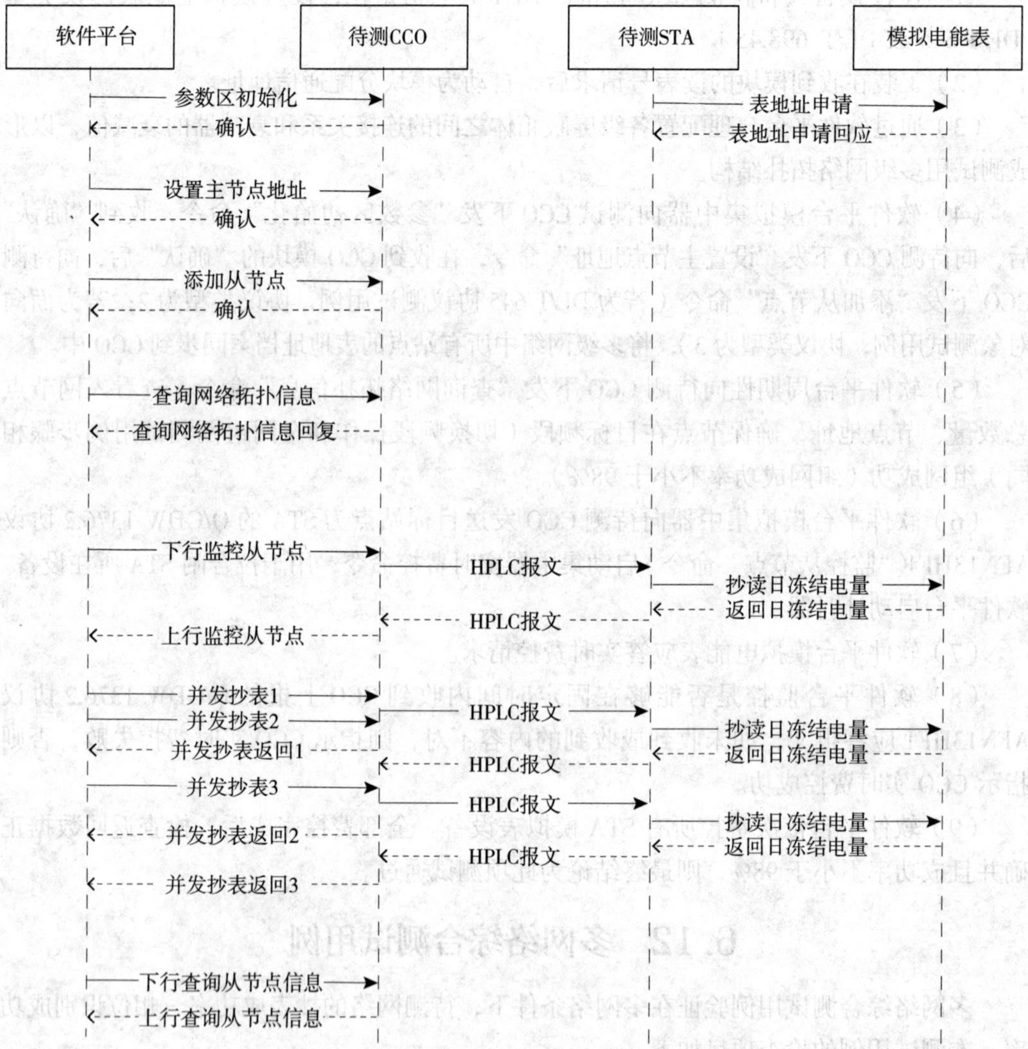

软件平台
待测CCO
待测STA
模拟电能表
参数区初始化
确认
表地址申请
表地址申请回应
设置主节点地址
确认
添加从节点
确认
查询网络拓扑信息
查询网络拓扑信息回复
下行监控从节点
HPLC报文
抄读日冻结电量
返回日冻结电量
HPLC报文
上行监控从节点
并发抄表1
并发抄表2
HPLC报文
抄读日冻结电量
并发抄表返回1
返回日冻结电量
HPLC报文
并发抄表3
HPLC报文
抄读日冻结电量
并发抄表返回2
返回日冻结电量
HPLC报文
并发抄表返回3
下行查询从节点信息
上行查询从节点信息

图 6-15　多网络综合测试用例的报文交互流程

（4）软件平台模拟集中器向待测 CCO 下发“设置主节点地址”命令，在收到 CCO 模块的“确认”后，向待测 CCO 下发“参数区初始化”命令，收到“确认”后，向待测 CCO 下发“添加从节点”命令（若为 DL/T 645 协议测试用例，协议类型为 2；若为面向对象测试用例，协议类型为 3），将多级网络中所有站点的表地址档案分别同步到 6 个 CCO 中。

（5）软件平台启动计时器。

（6）软件平台周期性向待测 CCO 下发“查询网络拓扑信息”命令，查看入网节点总数量、节点地址，确保节点在目标频段（切换频段操作和全网组网测试用例步骤相同）组网成功（组网成功率不小于 98%）。统计待测 CCO 组网完成的时间。

（7）软件平台模拟集中器向待测 CCO 发送目标站点为 STA 的 Q/GDW 1376.2 协议 AFN13HF1（“监控从节点”命令）启动集中器主动抄表业务，用于点抄 STA 所在设备日冻结电量。软件平台启动计时器。

（8）软件平台发送“并发抄表”命令（抄读 1 个数据项），依次抄读待测 CCO 下挂所有 STA 的日冻结电量。

（9）平台发送“并发抄表”命令（抄读 3 个数据项），依次抄读待测 CCO 下挂所有 STA 的日冻结电量、日冻结时间、当前有功电量。

（10）平台向待测 CCO 发送“查询从节点信息”命令，读取待测 CCO 下挂模块的相位信息，并与当前所接实际相位进行比对，统计相位识别成功率。

（11）平台向待测 CCO 发送监控从节点报文，读取待测上行监控从节点报文信息域的相线信息，并与当前所接实际相位进行比对，统计相位识别成功率。

（12）平台将测试工装的供电切换到 B/C 相供电，重复步骤（1）~（10），共进行 3 轮测试。

（13）输出 A/B/C 三相线下的抄表成功率和相位识别成功率，若成功率不小于 98%，则测试通过，否则测试失败。

第7章 低压电力线高速载波通信测试常见问题及解决方法

7.1 工控机或软件环境异常

长时间停留在用例执行准备过程中时，操作如下。

（1）检查加密狗是否正确插入。

（2）检查工控机环境是否为英文版。

（3）如上述两者均确认无问题，则联系管理员解决。

7.2 与硬件设备交互异常

（1）ERROR 类型 1，用例备注一列显示："Error message was received from MC: Establishment of port mapping ../connection refused by other side/can not connect to server"：硬件设备拒绝连接或无法连接，且此异常可能造成后续案例连续失败。

解决方法：检查各设备 IP 是否能够 ping 通，如果 ping 不通，检查网线连接；如果能 ping 通，断电重启测试系统（注意：模拟集中器电能表底板断电重启后，需要等待约 1min 方能重新开始测试）。

（2）ERROR 类型 2，用例备注一列显示："TCP test port(xx): Connection was interrupter by the other side"：硬件设备连接断开。

解决方法：重新复测案例。

（3）ERROR 类型 5：在抗频偏测试过程中，透明接入单元切换时钟异常，用例 EROOR，且可能导致后续用例出现异常或失败。

解决方法：断电重启透明物理设备，重新开始测试。

（4）FAIL 类型 1，用例备注一列显示："query tx ntb fail"：查询透明接入单元 NTB 失败，且此异常可能造成后续用例连续失败。

解决方法：断电重启透明物理设备，重新复测用例。

（5）FAIL 类型 3：用例备注一列显示："wait meter request time out"：模拟电能表串口透传上报表地址异常。

解决方法：确认插槽号设置位置与待测设备实际放置位置是否相符；重新拔插待测设备或者断电重启模拟集中器 / 电能表底板。

7.3 用例或运行环境异常

ERROR 类型 3，用例备注一列显示："Tying to send a message to MC, but the control connection is down."：TITAN 执行用例异常。

解决方法：重新复测用例。

7.4 操作不当导致的异常

（1）FAIL 类型 4：用例备注一列显示“receive simu_set_baud_rate nack”。

解决方法：菜单栏→设置→用例执行设置→模块通道号：确认待测设备通道号设置正确，确定即可。

（2）FAIL 类型 5：用例备注一列显示“BIN read err!”。

解决方法：菜单栏→设置→用例执行设置，确保 CCO 升级文件路径 /STA 升级文件路径选择正确，路径不含中文。

7.5 待测模块自身发送报文异常导致异常

ERROR 类型 4，用例备注一列显示：“While RAW-encoding type@.../ unbound value..”“While RAW-decoding type@...”：用例代码进入异常处理状态，可能接收到了用例未考虑到的异常报文。

解决方法：重新复测用例，并保存出现此异常错误的日志文件，如果必现，则基本可以确认是待测设备的问题，待测设备发送的报文不在异常保护范围内。

7.6 未知异常

ERROR 类型 5，仅提示 ERROR，无异常信息。

解决方法：这种情况为环境异常，检查环境连接是否完好，并进行多次复测；如果持续出现该异常，且其他用例不出现，则可以确认是待测设备问题，待测设备发送的异常报文，触发了用例异常。

7.7 一些执行时间较长的非异常用例情况

（1）NID 冲突的网间协调（>30min）。

（2）STA 升级相关用例（升级包较大时，最长可能达 20min）。

（3）性能测试相关用例，时间长短与报文测试次数相关（可通过“关键日志”信息查看当前用例测试的衰减值及 TMI）。

7.8 互操作性测试用例异常处理

（1）确保已经上强电，避免影响多网络综合测试中的相位识别，或者待测设备的通信性能。

（2）模块未入网，导致用例失败。如果用例执行很长时间之后（或者最终组网失败时），日志信息始终提示：“not in net mac:xxxxxx”，表明有 xxxxxx 模块未入网，可以根据此提示信息中的 MAC 地址，找到对应模块位置，确认待测设备是否和插槽接触不良，导致未入网。

（3）成功率（如抄表、搜表、事件上报等）不达标，导致用例失败。根据日志信息提示的具体失败的 MAC 地址，如“13F1 Fail Mac xxxxxx”“NOT PASS xxxxxx”，找到具体的 xxxxxx 待测设备位置，确认待测设备是否接触良好，或重新插拔以确保待测设备和插槽接触良好。

（4）广播校时、搜表用例异常。这种情况是由日志输出过多造成的，出现该异常时，停止用例，关闭日志进行测试，即去掉日志选项中的“用户打印”选项。

（5）用例启动后长时间无响应，用例不停止，或执行异常，可能是由测试事件上报、实时费控、广播校时、搜表测试途中发生异常导致的，须断电重启测试系统。

（6）避免网络或测试系统环境异常等偶然因素造成个别模块抄读失败导致的用例失败，建议在确认待测设备都已插好后，进行复测。

（7）测试过程中出现：“rst xxx timeout”，确认台体无异常后，可尝试通过重启软件解决。

附录A 名词术语及缩略语

附表 A–1　名词术语及定义

序号	名词术语	英文全称	定义
1	高速载波通信单元	high speed carrier communication unit	采用高速载波技术在电力线上进行数据传输的通信模块或通信设备
2	路由	routing	通信网络中建立和维护从 CCO 到各个 STA 的传输路径及从各个 STA 至 CCO 的路径的过程
3	关联	association	用来在通信网络中创建成员隶属关系的一种服务
4	高速载波通信网络	high speed carrier communication network	以低压电力线为通信媒介，实现低压电力用户用电信息及其他用能客户用能信息的汇聚、传输、交互的通信网络，其主要采用正交频分复用技术，频段使用 2~12MHz、2.4 ~ 5.6MHz、0.7 ~ 3MHz、1.7 ~ 3MHz 中的一种
5	中央协调器	central coordinator	通信网络中的主节点角色，负责完成组网控制、网络维护与管理等功能，其对应的设备实体为集中器本地通信单元
6	站点	station	通信网络中的从节点角色，其对应的设备实体为通信单元，包括电能表通信单元、Ⅰ型采集器通信单元或Ⅱ型采集器
7	代理协调器	proxy coordinator	中央协调器与站点或者站点与站点之间进行数据中继转发的站点，简称代理
8	多网络共存	coexistence of multiple networks	多个中央协调器距离较近、信号相互干扰的场景
9	多网络协调	coordination of multiple networks	在多网络共存场景下，各个网络的中央协调器进行短网络标识符和带宽的协调，保证多个网络同时正常工作
10	互联互通	interconnection and interworking	多个不同源芯片设计厂商的通信单元可在同一个通信网络中相互兼容并实现互操作的能力

续表

序号	名词术语	英文全称	定义
11	信标	beacon	中央协调器、代理和站点发送的携带有网络管理和维护信息的用于特定目的的管理消息。中央协调器发送的信标称为中央信标，代理发送的信标称为代理信标，站点发送的信标称为发现信标
12	信标周期	beacon period	中央协调器根据网络规模确定的周期性发送中央信标的时间间隔
13	代理主路径	the preferred path via proxy	站点与代理之间形成的路径
14	代理变更	proxy switching	站点根据网络通信情况选择不同站点作为代理的过程
15	业务报文	service datagram	应用层产生的用于获取抄表数据的报文。应用层所承载的业务报文应符合 DL/T 645、DL/T 698.45、Q/GDW 1376.2 的规定
16	绑定载波侦听多址接入	bind CSMA	信标周期中可以分配给某个特定优先级或某个特定种类的业务使用的 CSMA 时隙。当有多个站点都满足使用绑定 CSMA 时隙的条件时，多个站点之间进一步通过 CSMA 竞争机制获取绑定 CSMA 的使用权
17	心跳检测	heartbeats detection	站点周期性发送心跳报文，其他站点及中央协调器据此判断此站点的在线或离线状态的过程
18	管理消息	management message	用于完成高速载波通信网络组网、网络维护等功能而定义的报文
19	发现列表	discover lists	通信网络中所有节点周期性广播发送的、携带有邻居站点列表信息的管理消息
20	白名单	white lists	通信网络中设置的允许接入该网络的终端设备的 MAC 地址列表
21	黑名单	black lists	通信网络中设置的不允许接入该网络的终端设备的 MAC 地址列表
22	网络标识符	network identifier	用于标识一个高速载波通信网络的唯一身份识别号
23	网络标识符协调	coordination of NID	多网络共存场景下，多个网络的网络标识符存在冲突，各个网络的中央协调器之间通过协商保证网络标识符不冲突的过程

续表

序号	名词术语	英文全称	定义
24	带宽协调	coordination of bandwidth	多网络共存场景下，中央协调器之间进行带宽协调的过程
25	并发抄表	parallel meters reading	集中器连续向多个站点发送并发抄表命令，多个站点收到命令后向集中器返回各自抄表内容的过程
26	耦合器	coupler	用于将信号叠加至电力线或从电力线上耦合出信号的设备
27	衰减器	attenuator	用于引入预定衰减，进而降低高速载波信号强度的设备

附表 A-2 缩略语一览表

序号	缩略语	中文名称	英文全称
1	ACK	确认消息	Acknowledgement
2	BCD	二进制编码的十进制数	Binary Coded Decimal
3	BIFS	突发帧间隔	Burst Inter Frame Space
4	BPC	信标周期计数	Beacon Period Count
5	BPCS	信标帧载荷校验序列	Beacon Payload Check Sequence
6	BT	信标类型	Beacon Type
7	BTS	信标时间戳	Beacon Time Stamp
8	CCO	中央协调器	Central Coordinator
9	CIFS	竞争帧间隔	Contention Inter Frame Space
10	CRC	循环冗余校验	Cyclic Redundancy Check
11	CSMA/CA	带冲突避免的载波侦听多址	Carrier Sense Multiple Access with Collision Avoidance
12	DT	定界符类型	Delimiter Type
13	DUT	被测设备	Device Under Test
14	EIFS	扩展帧间隔	Extension Inter Frame Space
15	FC	帧控制	Frame Control
16	FCCS	帧控制校验序列	Frame Control Check Sequence

续表

序号	缩略语	中文名称	英文全称
17	FL	帧长	Frame Length
18	FPGA	现场可编程门阵列	Field Programmable Gate Array
19	HPLC	高速电力线通信	High Speed Power Line Communication
20	ICV	完整性校验值	Integrity Check Value
21	ITU	国际电信联盟	International Telecommunications Union
22	LID	链路标识符	Link Identifier
23	LSB	最低有效位	Least Significant Bit
24	MAC	媒介访问控制	Media Access Control
25	MME	管理消息表项	Management Message Entry
26	MPDU	MAC 层协议数据单元	MAC Protocol Data Unit
27	MSDU	MAC 层服务数据单元	MAC Service Data Unit
28	NID	网络标识符	Network Identifier
29	NTB	网络基准时间	Network Time Base
30	ODA	原始目的地址	Original Destination Address
31	ODTEI	原始目的终端设备标识	Original Destination Terminal Equipment Identifier
32	OFDM	正交频分复用	Orthogonal Frequency Division Multiplexing
33	OSA	原始源地址	Original Source Address
34	OSTEI	原始源终端设备标识	Original Source Terminal Equipment Identifier
35	PBCS	物理块校验序列	PHY Block Check Sequence
36	PCO	代理协调器	Proxy COordinator
37	PHY	物理层	Physical Layer
38	PLC	电力线通信	Power Line Communication
39	RSVD	保留	Reserved
40	SACK	选择确认	Selective Acknowledgement
41	SNR	信噪比	Signal to Noise Ratio
42	SOF	帧起始	Start Of Frame
43	SSN	分段序列号	Segment Sequence Number

续表

序号	缩略语	中文名称	英文全称
44	STA	站点	Station
45	TDMA	时分多址	Time Division Multiple Access
46	TEI	终端设备标识	Terminal Equipment Identifier
47	VCS	虚拟载波侦听	Virtual Carrier Sensing
48	VF	可变区域	Variant Field
49	VLAN	虚拟局域网	Virtual Local Area Network

附录B 低压电力线高速载波通信互联互通测试报文

低压电力线高速载波通信互联互通测试用例涉及如下报文。

附表 B-1　抄表下行报文格式说明

<table>
<tr><th>域</th><th>字节号</th><th>比特位</th><th>域大小 (bit)</th></tr>
<tr><td>协议版本号</td><td rowspan="2">0</td><td>0~5</td><td>6</td></tr>
<tr><td rowspan="2">报文头长度</td><td>6~7</td><td rowspan="2">6</td></tr>
<tr><td rowspan="2">1</td><td>0~3</td></tr>
<tr><td>配置字</td><td>4~7</td><td>4</td></tr>
<tr><td>转发数据的规约类型</td><td rowspan="2">2</td><td>0~3</td><td>4</td></tr>
<tr><td rowspan="2">转发数据长度</td><td>4~7</td><td rowspan="2">12</td></tr>
<tr><td>3</td><td>0~7</td></tr>
<tr><td>报文序号</td><td>4、5</td><td>0~15</td><td>16</td></tr>
<tr><td>设备超时时间</td><td>6</td><td>0~7</td><td>8</td></tr>
<tr><td>选项字</td><td>7</td><td>0~7</td><td>8</td></tr>
</table>

附表 B-2　抄表上行报文格式说明

<table>
<tr><th>域</th><th>字节号</th><th>比特位</th><th>域大小 (bit)</th></tr>
<tr><td>协议版本号</td><td rowspan="2">0</td><td>0~5</td><td>6</td></tr>
<tr><td rowspan="2">报文头长度</td><td>6~7</td><td rowspan="2">6</td></tr>
<tr><td rowspan="2">1</td><td>0~3</td></tr>
<tr><td>应答状态</td><td>4~7</td><td>4</td></tr>
<tr><td>转发数据的规约类型</td><td rowspan="2">2</td><td>0~3</td><td>4</td></tr>
<tr><td rowspan="2">转发数据长度</td><td>4~7</td><td rowspan="2">12</td></tr>
<tr><td>3</td><td>0~7</td></tr>
<tr><td>报文序号</td><td>4、5</td><td>0~15</td><td>16</td></tr>
<tr><td>选项字</td><td>6、7</td><td>0~15</td><td>16</td></tr>
</table>

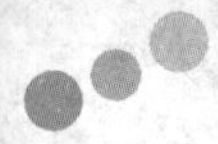

附表 B-3　从节点注册下行报文格式说明

<table>
<tr><th>域</th><th>字节号</th><th>比特位</th><th>域大小 (bit)</th></tr>
<tr><td>协议版本号</td><td rowspan="2">0</td><td>0~5</td><td>6</td></tr>
<tr><td rowspan="2">报文头长度</td><td>6~7</td><td rowspan="2">6</td></tr>
<tr><td rowspan="3">1</td><td>0~3</td></tr>
<tr><td>强制应答标志</td><td>4</td><td>1</td></tr>
<tr><td>从节点注册参数</td><td>5~7</td><td>3</td></tr>
<tr><td>保留</td><td>2、3</td><td>0~15</td><td>16</td></tr>
<tr><td>报文序号</td><td>4~7</td><td>0~7</td><td>32</td></tr>
</table>

附表 B-4　查询从节点注册结果下行报文格式说明

<table>
<tr><th>域</th><th>字节号</th><th>比特位</th><th>域大小 (bit)</th></tr>
<tr><td>协议版本号</td><td>0</td><td>0~5</td><td>6</td></tr>
<tr><td rowspan="2">报文头长度</td><td>0</td><td>6~7</td><td rowspan="2">6</td></tr>
<tr><td rowspan="3">1</td><td>0~3</td></tr>
<tr><td>强制应答标志</td><td>4</td><td>1</td></tr>
<tr><td>从节点注册参数</td><td>5~7</td><td>3</td></tr>
<tr><td>保留</td><td>2、3</td><td>0~15</td><td>16</td></tr>
<tr><td>报文序号</td><td>4~7</td><td>0~7</td><td>32</td></tr>
<tr><td>源 MAC 地址</td><td>8~13</td><td>0~47</td><td>48</td></tr>
<tr><td>目的 MAC 地址</td><td>14~19</td><td>0~47</td><td>48</td></tr>
</table>

附表 B-5　查询从节点注册结果上行报文格式说明

<table>
<tr><th>域</th><th>字节号</th><th>比特位</th><th>域大小 (bit)</th></tr>
<tr><td>协议版本号</td><td rowspan="2">0</td><td>0~5</td><td>6</td></tr>
<tr><td rowspan="2">报文头长度</td><td>6~7</td><td rowspan="2">6</td></tr>
<tr><td>1</td><td>0~3</td></tr>
</table>

续表

域	字节号	比特位	域大小 (bit)
状态字段	1	4	1
从节点注册参数		5~7	3
电能表数量	2	0~7	8
产品类型	3	0~7	8
设备地址	4~9	0~47	48
设备 ID	10~15	0~47	48
报文序号	16~19	0~31	32
保留	20~23	0~31	32
源 MAC 地址	24~29	0~47	48
目的 MAC 地址	30~35	0~47	48
电能表地址	36~41	0~47	48
规约类型	42	0~7	8
模块类型	43	0~3	4
保留		4~7	4

附表 B-6　停止从节点注册下行报文格式说明

域	字节号	比特位	域大小 (bit)
协议版本号	0	0~5	6
报文头长度		6~7	6
	1	0~3	
保留 1		4~7	4
保留 2	2、3	0~15	16
报文序号	4~7	0~31	32

附表 B-7　校时下行报文格式说明

<table>
<tr><th>域</th><th>字节号</th><th>比特位</th><th>域大小 (bit)</th></tr>
<tr><td>协议版本号</td><td rowspan="2">0</td><td>0~5</td><td>6</td></tr>
<tr><td rowspan="2">报文头长度</td><td>6~7</td><td rowspan="2">6</td></tr>
<tr><td rowspan="2">1</td><td>0~3</td></tr>
<tr><td>保留 1</td><td>4~7</td><td>4</td></tr>
<tr><td>保留 2</td><td rowspan="2">2</td><td>0~3</td><td>4</td></tr>
<tr><td rowspan="2">数据长度</td><td>4~7</td><td rowspan="2">12</td></tr>
<tr><td>3</td><td>0~7</td></tr>
</table>

附表 B-8　事件报文格式说明

<table>
<tr><th>域</th><th>字节号</th><th>比特位</th><th>域大小 (bit)</th></tr>
<tr><td>协议版本号</td><td rowspan="2">0</td><td>0~5</td><td>6</td></tr>
<tr><td rowspan="2">报文头长度</td><td>6~7</td><td rowspan="2">6</td></tr>
<tr><td rowspan="4">1</td><td>0~3</td></tr>
<tr><td>方向位</td><td>4</td><td>1</td></tr>
<tr><td>启动位</td><td>5</td><td>1</td></tr>
<tr><td rowspan="2">功能码</td><td>6 或 7</td><td rowspan="2">6</td></tr>
<tr><td rowspan="2">2</td><td>0~3</td></tr>
<tr><td rowspan="2">转发数据长度</td><td>4~7</td><td rowspan="2">12</td></tr>
<tr><td>3</td><td>0~7</td></tr>
<tr><td>报文序号</td><td>4、5</td><td>0~15</td><td>16</td></tr>
<tr><td>电能表地址</td><td>6~11</td><td>0~7</td><td>48</td></tr>
</table>

附表 B-9　通信测试下行报文格式说明

域	字节号	比特位	域大小 (bit)
协议版本号	0	0~5	6

续表

<table>
<tr><th>域</th><th>字节号</th><th>比特位</th><th>域大小 (bit)</th></tr>
<tr><td rowspan="2">报文头长度</td><td>0</td><td>6 或 7</td><td rowspan="2">6</td></tr>
<tr><td rowspan="2">1</td><td>0~3</td></tr>
<tr><td>保留</td><td>4~7</td><td>4</td></tr>
<tr><td>转发数据的规约类型</td><td rowspan="2">2</td><td>0~3</td><td>4</td></tr>
<tr><td rowspan="2">转发数据长度</td><td>4~7</td><td rowspan="2">12</td></tr>
<tr><td>3</td><td>0~7</td></tr>
</table>

附表 B–10　确认 / 否认报文报文格式说明

<table>
<tr><th>域</th><th>字节号</th><th>比特位</th><th>域大小 (bit)</th></tr>
<tr><td>协议版本号</td><td rowspan="2">0</td><td>0~5</td><td>6</td></tr>
<tr><td rowspan="2">报文头长度</td><td>6 或 7</td><td rowspan="2">6</td></tr>
<tr><td rowspan="4">1</td><td>0~3</td></tr>
<tr><td>方向位</td><td>4</td><td>1</td></tr>
<tr><td>确认位</td><td>5</td><td>1</td></tr>
<tr><td>保留</td><td>6 或 7</td><td>2</td></tr>
<tr><td>报文序号</td><td>2、3</td><td>0~15</td><td>16</td></tr>
</table>

附表 B–11　开始升级下行报文数据字段说明

<table>
<tr><th>域</th><th>字节号</th><th>比特位</th><th>域大小 (bit)</th></tr>
<tr><td>协议版本号</td><td rowspan="2">0</td><td>0~5</td><td>6</td></tr>
<tr><td rowspan="2">报文头长度</td><td>6 或 7</td><td rowspan="2">6</td></tr>
<tr><td rowspan="2">1</td><td>0~3</td></tr>
<tr><td rowspan="2">保留</td><td>4~7</td><td>4</td></tr>
<tr><td>2、3</td><td>0~15</td><td>16</td></tr>
<tr><td>升级 ID</td><td>4~7</td><td>0~31</td><td>32</td></tr>
<tr><td>升级时间窗</td><td>8、9</td><td>0~15</td><td>16</td></tr>
</table>

续表

域	字节号	比特位	域大小 (bit)
升级块大小	10、11	0~15	16
升级文件大小	12~15	0~31	32
文件 CRC 校验	16~19	0~31	32

附表 B-12　停止升级下行报文数据字段说明

<table>
<tr><th>域</th><th>字节号</th><th>比特位</th><th>域大小 (bit)</th></tr>
<tr><td>协议版本号</td><td rowspan="2">0</td><td>0~5</td><td>6</td></tr>
<tr><td rowspan="2">报文头长度</td><td>6 或 7</td><td rowspan="2">6</td></tr>
<tr><td rowspan="2">1</td><td>0~3</td></tr>
<tr><td rowspan="2">保留</td><td>4~7</td><td>4</td></tr>
<tr><td>2、3</td><td>0~15</td><td>16</td></tr>
<tr><td>升级 ID</td><td>4~7</td><td>0~31</td><td>32</td></tr>
</table>

附表 B-13　传输文件数据下行报文字段说明

<table>
<tr><th>域</th><th>字节号</th><th>比特位</th><th>域大小 (bit)</th></tr>
<tr><td>协议版本号</td><td rowspan="2">0</td><td>0~5</td><td>6</td></tr>
<tr><td rowspan="2">报文头长度</td><td>6 或 7</td><td rowspan="2">6</td></tr>
<tr><td rowspan="2">1</td><td>0~3</td></tr>
<tr><td>保留</td><td>4~7</td><td>4</td></tr>
<tr><td>数据块大小</td><td>2、3</td><td>0~15</td><td>16</td></tr>
<tr><td>升级 ID</td><td>4~7</td><td>0~31</td><td>32</td></tr>
<tr><td>数据块编号</td><td>8~11</td><td>0~31</td><td>32</td></tr>
</table>

附表 B-14　查询站点升级状态下行报文数据字段说明

<table>
<tr><th>域</th><th>字节号</th><th>比特位</th><th>域大小 (bit)</th></tr>
<tr><td>协议版本号</td><td rowspan="2">0</td><td>0~5</td><td>6</td></tr>
<tr><td rowspan="2">报文头长度</td><td>6 或 7</td><td rowspan="2">6</td></tr>
<tr><td rowspan="2">1</td><td>0~3</td></tr>
<tr><td>保留</td><td>4~7</td><td>4</td></tr>
<tr><td>连续查询的块数</td><td>2、3</td><td>0~15</td><td>16</td></tr>
<tr><td>起始块号</td><td>4~7</td><td>0~31</td><td>32</td></tr>
<tr><td>升级 ID</td><td>8~11</td><td>0~31</td><td>32</td></tr>
</table>

附表 B-15　执行升级下行报文数据字段说明

<table>
<tr><th>域</th><th>字节号</th><th>比特位</th><th>域大小 (bit)</th></tr>
<tr><td>协议版本号</td><td rowspan="2">0</td><td>0~5</td><td>6</td></tr>
<tr><td rowspan="2">报文头长度</td><td>6 或 7</td><td rowspan="2">6</td></tr>
<tr><td rowspan="2">1</td><td>0~3</td></tr>
<tr><td>保留</td><td>4~7</td><td>4</td></tr>
<tr><td>等待复位时间</td><td>2、3</td><td>0~15</td><td>16</td></tr>
<tr><td>升级 ID</td><td>4~7</td><td>0~31</td><td>32</td></tr>
<tr><td>试运行时间</td><td>8~12</td><td>0~31</td><td>32</td></tr>
</table>

附表 B-16　查询站点信息下行报文数据字段说明

<table>
<tr><th>域</th><th>字节号</th><th>比特位</th><th>域大小 (bit)</th></tr>
<tr><td>协议版本号</td><td rowspan="2">0</td><td>0~5</td><td>6</td></tr>
<tr><td rowspan="2">报文头长度</td><td>6 或 7</td><td rowspan="2">6</td></tr>
<tr><td rowspan="2">1、2</td><td>0~3</td></tr>
<tr><td>保留</td><td>4~15</td><td>12</td></tr>
<tr><td>信息列表元素个数</td><td>3</td><td>0~7</td><td>8</td></tr>
</table>

附表 B-17　开始升级上行报文数据字段说明

<table>
<tr><th>域</th><th>字节号</th><th>比特位</th><th>域大小 (bit)</th></tr>
<tr><td>协议版本号</td><td>0</td><td>0~5</td><td>6</td></tr>
<tr><td rowspan="2">报文头长度</td><td>0</td><td>6 或 7</td><td rowspan="2">6</td></tr>
<tr><td rowspan="2">1</td><td>0~3</td></tr>
<tr><td rowspan="2">保留</td><td>4~7</td><td>4</td></tr>
<tr><td>2</td><td>0~7</td><td>8</td></tr>
<tr><td>开始升级结果码</td><td>3</td><td>0~7</td><td>8</td></tr>
<tr><td>升级 ID</td><td>4~7</td><td>0~31</td><td>32</td></tr>
</table>

附表 B-18　开始升级上行报文数据字段说明

<table>
<tr><th>域</th><th>字节号</th><th>比特位</th><th>域大小 (bit)</th></tr>
<tr><td>协议版本号</td><td rowspan="2">0</td><td>0~5</td><td>6</td></tr>
<tr><td rowspan="2">报文头长度</td><td>6 或 7</td><td rowspan="2">6</td></tr>
<tr><td rowspan="2">1</td><td>0~3</td></tr>
<tr><td>升级状态</td><td>4~7</td><td>4</td></tr>
<tr><td>有效块数</td><td>2、3</td><td>0~15</td><td>16</td></tr>
<tr><td>起始块号</td><td>4~7</td><td>0~31</td><td>32</td></tr>
<tr><td>升级 ID</td><td>8~11</td><td>0~31</td><td>32</td></tr>
</table>

附表 B-19　查询站点信息上行报文数据字段说明

<table>
<tr><th>域</th><th>字节号</th><th>比特位</th><th>域大小 (bit)</th></tr>
<tr><td>协议版本号</td><td rowspan="2">0</td><td>0~5</td><td>6</td></tr>
<tr><td rowspan="2">报文头长度</td><td>6 或 7</td><td rowspan="2">6</td></tr>
<tr><td rowspan="2">1</td><td>0~3</td></tr>
<tr><td rowspan="2">保留</td><td>4~7</td><td>4</td></tr>
<tr><td>2</td><td>0~7</td><td>8</td></tr>
<tr><td>信息数据列表元素个数</td><td>3</td><td>0~7</td><td>8</td></tr>
<tr><td>升级 ID</td><td>4~7</td><td>0~31</td><td>32</td></tr>
</table>

附表 B-20 MAC 帧头格式

<table>
<tr><th>字段</th><th>字节号</th><th>比特位</th><th>字段大小 (bit)</th></tr>
<tr><td>版本</td><td rowspan="2">0</td><td>0~3</td><td>4</td></tr>
<tr><td rowspan="2">原始源 TEI</td><td>4~7</td><td rowspan="2">12</td></tr>
<tr><td>1</td><td>0~7</td></tr>
<tr><td rowspan="2">原始目的 TEI</td><td>2</td><td>0~7</td><td rowspan="2">12</td></tr>
<tr><td rowspan="2">3</td><td>0~3</td></tr>
<tr><td>发送类型</td><td>4~7</td><td>4</td></tr>
<tr><td>发送次数限值</td><td rowspan="2">4</td><td>0~4</td><td>5</td></tr>
<tr><td>保留</td><td>5~7</td><td>3</td></tr>
<tr><td rowspan="2">MSDU 序列号</td><td>5</td><td>0~7</td><td rowspan="2">16</td></tr>
<tr><td>6</td><td>0~7</td></tr>
<tr><td>MSDU 类型</td><td>7</td><td>0~7</td><td>8</td></tr>
<tr><td rowspan="2">MSDU 长度</td><td>8</td><td>0~7</td><td rowspan="2">11</td></tr>
<tr><td rowspan="3">9</td><td>0~2</td></tr>
<tr><td>重启次数</td><td>3~6</td><td>4</td></tr>
<tr><td>代理主路径标识</td><td>7</td><td>1</td></tr>
<tr><td>路由总跳数</td><td rowspan="2">10</td><td>0~3</td><td>4</td></tr>
<tr><td>路由剩余跳数</td><td>4~7</td><td>4</td></tr>
<tr><td>广播方向</td><td rowspan="4">11</td><td>0、1</td><td>2</td></tr>
<tr><td>路径修复标志</td><td>2</td><td>1</td></tr>
<tr><td>MAC 地址标志</td><td>3</td><td>1</td></tr>
<tr><td rowspan="2">保留</td><td>4~7</td><td rowspan="2">12</td></tr>
<tr><td>12</td><td>0~7</td></tr>
<tr><td>组网序列号</td><td>13</td><td>0~7</td><td>8</td></tr>
<tr><td>保留</td><td>14</td><td>0~7</td><td>8</td></tr>
<tr><td>保留</td><td>15</td><td>0~7</td><td>8</td></tr>
<tr><td>原始源 MAC 地址</td><td>0 或 16~21</td><td>0~7</td><td>0 或 48</td></tr>
<tr><td>原始目的 MAC 地址</td><td>0 或 22~27</td><td>0~7</td><td>0 或 48</td></tr>
</table>

附表 B-21　信标帧载荷字段

字段	字节号	比特位	字段大小（bit）
信标类型	0	0 或 2	3
组网标志位		3	1
保留		4 或 5	2
开始关联标志位		6	1
信标使用标志位		7	1
组网序列号	1	0~7	8
CCO MAC 地址	2	0~7	48
	3	0~7	
	4	0~7	
	5	0~7	
	6	0~7	
	7	0~7	
信标周期计数	8	0~7	32
	9	0~7	
	10	0~7	
	11	0~7	
保留	12~19	0~7	64
信标管理信息	20~128 或 20~512	0~7	可变长
帧载荷校验序列	129~132 或 513~516	0~7	32

附表 B-22　关联请求报文格式

字段	字节号	比特位	字段大小 (bit)
站点 MAC 地址	0~5	0~7	48

续表

字段	字节号	比特位	字段大小 (bit)
候选代理 TEI0	6	0~7	12
	7	0~3	
保留	7	4~7	4
……	……	……	……
候选代理 TEI4	14	0~7	12
	15	0~3	
保留	15	4~7	4
相线	16	0 或 1	2
		2 或 3	2
		4 或 5	2
保留		6 或 7	2
设备类型	17	0~7	8
MAC 地址类型	18	0~7	8
保留	19	0~7	8
站点关联随机数	20~23	0~7	8
厂家自定义信息	24~41	0~7	18
站点版本信息	42~51	0~7	10
硬复位累积次数	52、53	0~7	2
软复位累积次数	54、55	0~7	2
代理类型	56	0~7	1
保留	57~59	0~7	3
端到端序列号	60~63	0~7	4
管理 ID 信息	64~87	0~7	24

附表 B-23　关联确认报文格式

字段	字节号	比特位	字段大小 (bit)
站点 MAC 地址	0~5	0~7	48

续表

字段	字节号	比特位	字段大小 (bit)
CCO MAC 地址	6~11	0~7	48
结果	12	0~7	8
站点层级	13	0~7	8
站点 TEI	14	0~7	12
	15	0~3	
保留	15	4~7	4
代理 TEI	16	0~7	12
	17	0~3	
保留	17	4~7	4
总分包数	18	0~7	8
分包序号	19	0~7	8
站点关联随机数	20~23	0~7	32
重新关联时间	24~27	0~7	32
端到端序列号	28~31	0~7	32
路径序号	32~35	0~7	32
保留	36~39	0~7	32
路由表信息	可变长	0~7	可变长

附表 B-24　关联汇总指示报文格式

字段	字节号	比特位	字段大小 (bit)
结果	0	0~7	8
站点层级	1	0~7	8
CCO MAC 地址	2~7	0~7	48
代理 TEI	8	0~7	12
	9	0~3	
保留	9	4~7	保留
保留	10	0~7	8

续表

字段	字节号	比特位	字段大小 (bit)
汇总站点数	11	0~7	8
保留	12~15	0~7	32
站点信息	可变长	0~7	可变长

附表 B-25　代理变更请求报文格式

字段	字节号	比特位	字段大小 (bit)
站点 TEI	0	0~7	12
	1	0~3	
保留	1	4~7	4
新代理 TEI0	2	0~7	12
	3	0~3	
保留	3	4~7	4
……	……	……	……
新代理 TEI4	10	0~7	12
	11	0~3	
保留	11	4~7	保留
旧代理 TEI	12	0~7	12
	13	0~3	
保留	13	4~7	4
代理类型	14	0~7	8
原因	15	0~7	8
端到端序列号	16~19	0~7	32
站点相线	20	0 或 1	2
		2 或 3	2
		4 或 5	2
保留		6 或 7	2
保留	21~23	0~7	24

附表 B-26　代理变更请求确认报文格式

字段	字节号	比特位	字段大小 (bit)
结果	0	0~7	8
总分包数	1	0~7	8
分包序号	2	0~7	8
保留	3	0~7	8
站点 TEI	4	0~7	12
	5	0~3	
保留	5	4~7	4
代理 TEI	6	0~7	12
	7	0~3	
保留	7	4~7	4
端到端序列号	8~11	0~7	32
路径序号	12~15	0~7	32
子站点数	16、17	0~7	16
保留	18、19	0~7	16
子站点条目	可变长	0~7	可变长

附表 B-27　代理变更请求确认报文（位图版）格式

字段	字节号	比特位	字段大小 (bit)
结果	0	0~7	8
保留	1	0~7	8
位图大小	2、3	0~7	16
站点 TEI	4	0~7	12
	5	0~3	
保留	5	4~7	4
代理 TEI	6	0~7	12
	7	0~3	
保留	7	4~7	4

续表

字段	字节号	比特位	字段大小 (bit)
端到端序列号	8~11	0~7	32
路径序号	12~15	0~7	32
保留	16~19	0~7	32
子站点位图	可变长	0~7	可变长

附表 B-28　离线指示报文格式

字段	字段大小 (bit)
原因	16
站点总数	16
延迟时间	16
保留	80
站点 MAC 地址	可变长

附表 B-29　心跳检测报文格式

字段	字节号	比特位	字段大小 (bit)
原始源 TEI	0	0~7	12
	1	0~3	
保留	1	4~7	4
发现站点数最大的站点 TEI	2、3	0~7	12
	3	0~3	
保留	3	4~7	4
最大的发现站点数	4、5	0~7	16
位图大小	6、7	0~7	16
发现站点位图	可变长	0~7	可变长

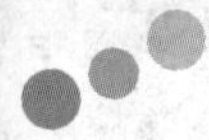

附表 B-30 发现列表报文格式

字段	字节号	比特位	字段大小 (bit)
TEI	0	0~7	12
	1	0~3	
代理 TEI	1	4~7	12
	2	0~7	
角色	3	0~3	4
层级	3	4~7	4
MAC 地址	4~9	0~7	48
CCO MAC 地址	10~15	0~7	48
相线	16	0~5	6
保留	16	6~7	2
代理站点信道质量	17	0~7	8
代理站点通信成功率	18	0~7	8
代理站点下行通信成功率	19	0~7	8
站点总数	20、21	0~7	16
发送发现列表报文个数	22	0~7	8
上行路由条目总数	23	0~7	8
路由周期到期剩余时间	24、25	0~7	16
位图大小	26、27	0~7	16
最小通信成功率	28	0~7	8
保留	29~31	0~7	24
上行路由条目信息	可变长	0~7	可变长
发现站点列表位图	可变长	0~7	可变长
接收发现列表信息	可变长	0~7	可变长

附表 B-31　通信成功率上报报文格式

字段	字节号	比特位	字段大小 (bit)
TEI	0	0~7	12
	1	0~3	
站点总数	2、3	0~7	16
通信成功率信息	可变长	0~7	可变长

附表 B-32　网络冲突上报报文格式

字段	字节号	字段大小（bit）
CCO MAC 地址	0	48
	1	
	2	
	3	
	4	
	5	
邻居网络个数	6	8
网络号字节宽度	7	8
邻居网络条目	可变长	可变长

附表 B-33　过零 NTB 采集指示报文格式

字段	字节号	比特位	字段大小 (bit)
TEI	0	0~7	12
	1	0~3	
保留	1	4~7	4
采集站点	2	0~7	8
采集周期	3	0~7	8
采集数量	4	0~7	8
保留	5~7	0~7	24

附表 B-34　过零 NTB 告知报文格式

字段	字节号	比特位	字段大小 (bit)
TEI	0	0~7	12
	1	0~3	
保留	1	4~7	4
告知总数量	2	0~7	8
相线 1 差值告知数量	3	0~7	8
相线 2 差值告知数量	4	0~7	8
相线 3 差值告知数量	5	0~7	8
基准 NTB	6~9	0~7	32
相线 1 过零 NTB 差值	可变长	0~7	可变长
相线 2 过零 NTB 差值	可变长	0~7	可变长
相线 3 过零 NTB 差值	可变长	0~7	可变长

附表 B-35　路由请求报文格式

字段	字节号	字段大小 (bit)
版本	0	8
路由请求序列号	1~4	32
保留	5	3
路径优选标志	5	1
负载数据类型	5	4
负载数据长度	6	8
负载数据	可变长	可变长

附表 B-36　路由回复报文格式

字段	字节号	字段大小 (bit)
版本	0	8
路由请求序列号	1~4	32

续表

字段	字节号	字段大小 (bit)
保留	5	4
负载数据类型	5	4
负载数据长度	6	8
负载数据	可变长	可变长

附表 B-37　路由错误报文格式

字段	字节号	字段大小 (bit)
版本	0	8
路由请求序列号	1~4	32
保留	5	8
不可达站点数量	6	8
不可达站点列表	可变长	可变长

附表 B-38　路由应答报文格式

字段	字节号	字段大小 (bit)
版本	0	8
保留	1~3	24
路由请求序列号	4~7	32

附表 B-39　链路确认请求报文格式

字段	字节号	字段大小 (bit)
版本	0	8
路由请求序列号	1~4	32
保留	5	8
确认站点数量	6	8
确认站点列表	可变长	可变长

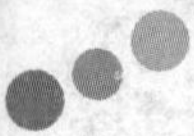

附表 B-40　链路确认回应报文格式

字段	字节号	字段大小 (bit)
版本	0	8
层级	1	8
信道质量	2	8
路径优选标志	3	1
保留	3	7
路由请求序列号	4~7	32

低压电力线高速载波通信互联互通测试用例一览表

低压电力线高速载波通信互联互通测试用例包括 3 部分：性能测试、协议一致性测试和互操作性测试。测试用例共 146 项，详见附表 C–1。

附表 C–1　低压电力线高速载波通信互联互通测试用例一览表

<table>
<tr><th>序号</th><th colspan="4">检测条目</th></tr>
<tr><td>1</td><td rowspan="7">性能测试用例</td><td colspan="3">工作频段及功率谱密度测试用例</td></tr>
<tr><td>2</td><td colspan="3">抗白噪声性能测试用例</td></tr>
<tr><td>3</td><td colspan="3">抗频偏性能测试用例</td></tr>
<tr><td>4</td><td colspan="3">抗衰减性能测试用例</td></tr>
<tr><td>5</td><td colspan="3">抗窄带噪声性能测试用例</td></tr>
<tr><td>6</td><td colspan="3">抗脉冲噪声性能测试用例</td></tr>
<tr><td>7</td><td colspan="3">通信速率性能测试用例</td></tr>
<tr><td>8</td><td rowspan="10">协议一致性测试用例</td><td rowspan="2">物理层协议一致性测试用例</td><td colspan="2">TMI 模式遍历测试用例</td></tr>
<tr><td>9</td><td colspan="2">ToneMask 功能测试用例</td></tr>
<tr><td>10</td><td rowspan="8">数据链路层协议一致性测试用例</td><td rowspan="6">数据链路层信标机制一致性测试用例</td><td>CCO 发送中央信标的周期性与合法性测试用例</td></tr>
<tr><td>11</td><td>CCO 通过代理组网过程中的中央信标测试用例</td></tr>
<tr><td>12</td><td>CCO 组网过程中的中央信标测试用例</td></tr>
<tr><td>13</td><td>CCO 通过多级代理组网过程中的中央信标测试用例</td></tr>
<tr><td>14</td><td>STA 多级站点入网过程中的代理信标测试用例</td></tr>
<tr><td>15</td><td>STA 在收到中央信标后发送发现信标的周期性和合法性测试用例</td></tr>
<tr><td>16</td><td rowspan="2">数据链路层时隙管理一致性测试用例</td><td>CCO 对全网站点进行时隙规划并在规定时隙发送相应帧测试用例</td></tr>
<tr><td>17</td><td>STA/PCO 在规定时隙发送相应帧测试用例</td></tr>
</table>

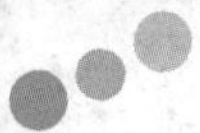

续表

序号	检测条目			
18	协议一致性测试用例	数据链路层协议一致性测试用例	数据链路层信道访问一致性测试用例	CCO 的 CSMA 时隙访问测试用例
19				CCO 的冲突退避测试用例
20				STA 的 CSMA 时隙访问测试用例
21				STA 的冲突退避测试用例
22			数据链路层 MAC 报文数据处理协议一致性测试用例	长 MPDU 帧载荷长度 72 长 MAC 帧头的 SOF 帧是否能够被正确处理测试用例
23				长 MPDU 帧载荷长度 136 长 MAC 帧头的 SOF 帧是否能够被正确处理测试用例
24				长 MPDU 帧载荷长度 264 长 MAC 帧头的 SOF 帧是否能够被正确处理测试用例
25				长 MPDU 帧载荷长度 520 长 MAC 帧头的 SOF 帧是否能够被正确处理测试用例
26				长 MPDU 帧载荷长度 72 短 MAC 帧头的 SOF 帧是否能够被正确处理测试用例
27				长 MPDU 帧载荷长度 136 短 MAC 帧头的 SOF 帧是否能够被正确处理测试用例
28				长 MPDU 帧载荷长度 264 短 MAC 帧头的 SOF 帧是否能够被正确处理测试用例
29				长 MPDU 帧载荷长度 520 短 MAC 帧头的 SOF 帧是否能够被正确处理测试用例
30				短 MPDU 帧载荷长度 72 长 MAC 帧分多包 MPDU 的 SOF 帧是否能够被正确处理测试用例
31				短 MPDU 帧载荷长度 136 长 MAC 帧分多包 MPDU 的 SOF 帧是否能够被正确处理测试用例
32				短 MPDU 帧载荷长度 264 长 MAC 帧分多包 MPDU 的 SOF 帧是否能够被正确处理测试用例
33				短 MPDU 帧载荷长度 520 长 MAC 帧分多包 MPDU 的 SOF 帧是否能够被正确处理测试用例
34				短 MPDU 帧载荷长度 72 短 MAC 帧分多包 MPDU 的 SOF 帧是否能够被正确处理测试用例
35				短 MPDU 帧载荷长度 136 短 MAC 帧分多包 MPDU 的 SOF 帧是否能够被正确处理测试用例

续表

序号	检测条目			
36	协议一致性测试用例	数据链路层协议一致性测试用例	数据链路层MAC报文数据处理协议一致性测试用例	短 MPDU 帧载荷长度 264 短 MAC 帧分多包 MPDU 的 SOF 帧是否能够被正确处理测试用例
37				短 MPDU 帧载荷长度 520 短 MAC 帧分多包 MPDU 的 SOF 帧是否能够被正确处理测试用例
38				长 MPDU 帧载荷多包 MPDU 的 SOF 帧有错误报文是否对被测模块造成异常测试用例
39				短 MPDU 帧载荷多包 MPDU 的 SOF 帧有错误报文是否对被测模块造成异常测试用例
40			数据链路层选择确认重传一致性测试用例	CCO 对符合标准的 SOF 帧的处理测试用例
41				CCO 对物理块校验异常的 SOF 帧的处理测试用例
42				CCO 对不同网络或地址不匹配的 SOF 帧的处理测试用例
43				CCO 在发送单播 SOF 帧后，接收到对应的 SACK 帧能否正确处理测试用例
44				CCO 在发送单播 SOF 帧后，接收非对应的 SACK 帧后能否正确处理测试用例
45				STA 对符合标准的 SOF 帧的处理测试用例
46				STA 对物理块校验异常的 SOF 帧的处理测试用例
47				STA 对不同网络或地址不匹配的 SOF 帧的处理测试用例
48				STA 在发送单播 SOF 帧后，接收到对应的 SACK 帧能否正确处理测试用例
49				STA 在发送单播 SOF 帧后，接收到非对应的 SACK 帧能否正确处理测试用例
50			数据链路层报文过滤一致性测试用例	CCO 处理全网广播报文测试用例
51				CCO 处理代理广播报文测试用例
52				STA 全网广播情况下处理具有相同 MSDU 号和相同重启次数的报文测试用例
53				STA 全网广播情况下处理具有相同 MSDU 号和不同重启次数的报文测试用例
54				STA 代理广播情况下处理具有相同 MSDU 号和相同重启次数的报文测试用例

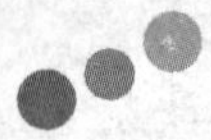

续表

序号	检测条目			
55	协议一致性测试用例	数据链路层协议一致性测试用例	数据链路层报文过滤一致性测试用例	STA 代理广播情况下处理具有相同 MSDU 号和不同重启次数的报文测试用例
56				STA 单播报文情况下站点的报文过滤测试用例
57			数据链路层单播/广播一致性测试用例	CCO 对单播/全网广播/代理广播/本地广播报文的处理测试用例
58				STA 对单播/全网广播/代理广播/本地广播报文的处理测试用例
59				PCO 对单播/全网广播/代理广播/本地广播报文的处理测试用例
60			数据链路层时钟同步（PHY 时钟与网络时间同步）一致性测试用例	CCO 的网络时钟同步测试用例
61				STA/PCO 的网络时钟同步测试用例（中央信标指引入网）
62				STA/PCO 的网络时钟同步测试用例（发现信标指引入网）
63				STA/PCO 的网络时钟同步测试用例（代理信标指引入网）
64			数据链路层多网协调与共存一致性测试用例	CCO 发送网间协调帧测试用例
65				CCO 对网间协调帧的处理测试用例
66				CCO 在 NID 发生冲突时的网间协调测试用例
67				CCO 在带宽发生冲突时的网间协调测试用例
68				CCO 在 NID 和带宽同时发生冲突时的网间协调测试用例
69				CCO 认证 STA 入网测试用例
70				STA 多网络环境下的主动入网测试用例
71				STA 单网络环境下的主动入网测试用例
72			数据链路层单网络组网一致性测试用例	CCO 通过 1 级单站点入网测试用例（允许）
73				CCO 通过 1 级单站点入网测试用例（拒绝）
74				CCO 通过 1 级多站点入网测试用例（允许）
75				CCO 通过多级单站点入网测试用例（允许）
76				CCO 通过多级单站点入网测试用例（拒绝）

续表

序号	检测条目			
77	协议一致性测试用例	数据链路层协议一致性测试用例	数据链路层单网络组网一致性测试用例	STA 通过中央信标中关联标志位入网测试用例
78				STA 通过作为 2 级站点入网测试用例
79				STA 通过作为 15 级站点入网测试用例
80				STA 通过作为 1 级 PCO 使站点入网测试用例
81				STA 通过作为多级 PCO 使站点入网测试用例
82			数据链路层网络维护一致性测试用例	CCO 发现列表报文测试用例
83				CCO 发离线指示让 STA 离线测试用例
84				CCO 判断 STA 离线未入网测试用例
85				STA-1 级站点发现列表报文测试用例
86				STA-2 级站点发现列表报文测试用例
87				STA 代理站点发现列表报文、心跳检测报文、通信成功率上报报文测试用例
88				STA 连续两个路由周期收不到信标主动离线测试用例
89				STA 连续 4 个路由周期通信成功率为 0 主动离线测试用例
90				STA 收到组网序列号发生变化后主动离线测试用例
91				STA 收到离线指示报文后主动离线测试用例
92				STA 检测到其层级超过 15 级主动离线测试用例
93				STA 动态路由维护测试用例
94				STA 实时路由修复测试用例
95				STA 实时路由修复作为中继节点测试用例
96				STA 实时路由修复失败测试用例
97				STA 相线识别测试用例
98		应用层协议一致性测试	应用层抄表一致性测试用例	CCO 通过集中器主动抄表测试用例
99				CCO 通过路由主动抄表测试用例
100				CCO 通过集中器主动并发抄表测试用例
101				STA 通过集中器主动抄表测试用例
102				STA 通过路由主动抄表测试用例

续表

序号	检测条目			
103	协议一致性测试用例	应用层协议一致性测试	应用层抄表一致性测试用例	STA 在规定时间内抄表测试用例
104				STA 通过集中器主动并发抄表测试用例（单个 STA 抄读多个数据项的 DL/T 645 和 DL/T 698.45 帧）
105				STA 通过集中器主动并发抄表测试用例（多个 STA 抄读同一数据项的 DL/T 645 和 DL/T 698.45 帧）
106			应用层从节点主动注册一致性测试用例	CCO 作为 DUT, 正常流程测试用例
107				CCO 作为 DUT, 报文序号测试用例
108				CCO 作为 DUT, 停止从节点注册测试用例
109				STA 从节点主动注册正常流程测试用例
110				STA 从节点主动注册 MAC 地址异常测试用例
111			应用层校时一致性测试用例	CCO 发送广播校时消息测试用例
112				STA 对符合标准规范的校时消息的处理测试用例
113				STA 对应用数据内容非 DL/T 645 和 DL/T 698.45 格式的校时消息处理测试用例
114			应用层事件上报一致性测试用例	CCO 收到 STA 事件主动上报的应答确认测试用例
115				CCO 收到 STA 事件主动上报的应答禁止事件主动上报测试用例
116				STA 事件主动上报测试用例
117				STA 在 CCO 应答缓存区满情况下，发起事件主动上报测试用例
118				STA 在 CCO 禁止事件主动上报情况下，不发起事件主动上报测试用例
119			应用层通信测试命令一致性测试用例	CCO 发送通信测试帧测试用例
120				STA 处理通信测试帧测试用例
121			应用层系统升级一致性测试用例	CCO 在线升级流程测试用例
122				CCO 在线升级补包机制测试用例
123				STA 在线升级流程测试用例
124				STA 停止升级机制测试用例

续表

序号	检测条目			
125	协议一致性测试用例	应用层协议一致性测试	应用层系统升级一致性测试用例	STA 升级时间窗机制测试用例
126				STA 查询站点信息测试用例
127				STA 试运行机制测试用例（STA 升级后无法入网）
128				STA 试运行机制测试用例（STA 升级后可正常入网）
129				STA 在线升级补包机制测试用例
130				STA 无效报文处理机制测试用例
131			台区户变关系识别一致性测试用例	CCO 台区户变关系识别流程测试用例
132				STA 台区户变关系识别流程测试用例（CCO 集中式识别）
133				STA 台区户变关系识别流程测试用例（STA 分布式识别）
134				台区改切快速识别测试（用例）（CCO 拒绝列表上报）
135			流水线 ID 信息读取一致性测试用例	CCO 读取 ID 信息测试用例
136				STA 读取 ID 信息测试用例
137	互操作性测试用例	全网组网测试用例		
138		新增站点入网测试用例		
139		站点离线测试用例		
140		代理变更测试用例		
141		全网抄表测试用例		
142		广播校时测试用例		
143		搜表功能测试用例		
144		事件主动上报测试用例		
145		实时费控测试用例		
146		多网络综合测试用例